中国科学院大学教材出版中心资助

中国科学院大学研究生教学辅导书系列

半导体材料物理与技术

杨建荣　著

科学出版社
北京

内 容 简 介

半导体材料是二级学科"微电子与固体电子学"的一个分支学科，本书将这一分支学科的专业知识划分为半导体材料概述、物理性能、晶体生长、热处理、性能测量和工艺基础技术6个组成部分，通过把分散在众多教科书、专著和文献资料中的专业知识系统地纳入这一学科体系框架，使之成为一本全面介绍半导体材料物理知识、工艺基本原理和实用化技术的专业书籍。由于篇幅的限制，本书并未深入涉及物理学基本原理的推导、各种材料的性能参数和各类制备工艺的技术细节，需要时读者可运用搜索引擎来获取相关的内容。

本书可作为具备半导体物理基础知识的在校研究生的教学参考书，也可作为从事半导体材料和芯片研发的科研人员的参考书和工具书。

图书在版编目(CIP)数据

半导体材料物理与技术 / 杨建荣著. —北京：科学出版社，2020.1

ISBN 978-7-03-062732-2

Ⅰ. ①半…　Ⅱ. ①杨…　Ⅲ. ①半导体材料—物理性质—研究　Ⅳ. ①TN304

中国版本图书馆 CIP 数据核字(2019)第 243634 号

责任编辑：王　威 / 责任校对：谭宏宇
责任印制：黄晓鸣 / 封面设计：殷　靓

科学出版社 出版
北京东黄城根北街 16 号
邮政编码：100717
http://www.sciencep.com
南京展望文化发展有限公司排版
当纳利(上海)信息技术有限公司印刷
科学出版社发行　各地新华书店经销

*

2020 年 1 月第　一　版　开本：B5(720×1000)
2020 年 1 月第一次印刷　印张：19 1/4
字数：360 150

定价：78.00 元

前　言

随着现代互联网通信、物联网、机器人、无人驾驶、人工智能、场景体验等现代新兴产业的发展，人类社会正在从过去的通信时代、当今的信息或数字时代，进一步迈向以智能装备、智能管理和智能创造为特征的人工智能时代。在这一跨时代的发展过程中，人类对半导体新材料和新器件（芯片）的需求将又一次快速增长，半导体产业的升级换代也将不断加快。为了适应时代的发展，加快半导体技术的进步，我们需要创新思维，研究新概念和新理论，研发新材料、新技术和新产品，而实现创新的基础则是已有理论、知识和技术的积累。

半导体技术在学科上属于"微电子和固体电子学"，基于这一专业技术发展起来的产业亦称为微电子产业，该学科又分为半导体微电子物理学、半导体材料物理与技术、半导体器件物理与技术、半导体集成电路设计与制造（即固体电子学）和器件可靠性物理与技术等多个分支学科。微电子和固体电子学所涉及的材料不仅包含半导体晶体材料，还包括介电材料、液晶材料和固态有机化合物等材料，即使是半导体材料，除了传统的无机晶体材料外，还包括有机无机混合的钙钛矿晶体材料，但从理论的完备性、应用的广泛性以及产品的生产规模来看，基于单质和化合物的无机半导体材料在本学科领域中占据主导地位。

半导体材料物理与技术的物理基础是量子力学、电动力学、热力学和普通物理学等基础理论，涉及的专业基础理论有固体物理、半导体物理、能带理论、相图理论、晶体生长理论和缺陷化学理论等，涉及的专业技术包括材料生长技术、热处理技术、材料物性测量技术和半导体工艺技术等。此外，半导体材料的种类繁多，涉及各种材料的学术专著成千上万，发表在国内外期刊的文献更是不计其数。但是，反过来要找到一本专注于半导体材料物理与技术，且基础性、技术性和系统性兼顾的学术专著却很困难。撰写本书的初衷是把分散于各种基础理论书籍和研究论文中与半导体材料物理与技术相关的基础知识、基本原理、实用化技术和最新研究成果系统地纳入半导体材料物理与技术的知识体系框架，形成一部关于半导体材料的专业书籍，以帮助相关专业读者更好地学习、了解和掌握半导体材料的物理性能和制备技术，并能帮助读者从半导体物理和工艺技术原理的层面去认识和理解材料的物理性能参数和材料制备的工艺技术,同时也能帮助读者更好更快更方便地获取前人已积累的海量文献资料。

基于以上想法,本人根据自己从事半导体材料研究所积累的理论知识、工作经验和技术资料,在查阅了大量的书籍和文献资料的基础上,将与半导体材料专业技术相关的知识要点提取出来,并根据自己的理解将相关内容分成 6 个部分,即半导体材料概述、材料物理性能、晶体生长、热处理、材料性能测量和半导体工艺基础技术。其中半导体材料物理性能被划分为三大类 12 个方面,共涉及 100 多个材料性能参数;晶体生长部分涵盖了晶体生长的基础理论、体晶生长技术、外延技术和近年来快速发展的低维材料的生长技术,论述时着重从机理上去认识和分析材料生长技术的特点和实验现象;半导体材料的热处理包括了热处理的物理机制、实现方式和实际应用,这部分内容是本人结合自身研究工作的结果对这一技术领域所做的系统性总结;材料性能的测量技术被划分为 8 大类,每个类别又包含了多种测量方法,除了关注测量技术的系统性和完备性之外,也特别关注测量数据的正确理解、分析和使用;半导体工艺基础技术涉及辅助材料的使用、净化(或纯化)工艺、真空技术、加热技术、源材料制备技术和材料加工技术等 6 个方面,在介绍这些技术的基本原理和常用方法的同时,特别注重介绍决定工艺成败的注意事项和技术诀窍。由于本书涉及固体物理、半导体物理、能带理论、材料的光学性质、电学性质、材料的相图理论、材料热力学理论、缺陷理化学平衡理论、晶体生长理论、晶体生长技术、材料热处理技术、材料参数的测试与评价技术、材料制备的工艺技术以及材料应用领域的相关知识等诸多内容,在写作上采用了小而全且短而精的叙述方式,在介绍具体内容时不得不舍去一些更基础的原理介绍、公式推导和更详细的技术细节,需要时读者可通过查询关键词并运用现代检索技术,快速获取相关的专业知识。

作为一名半导体材料科研工作者,本人深感在过去的工作中未能很好地从半导体物理的层面去认识材料的性能,也未能从热力学层面去很好地认识材料的相图和制备工艺,对相关专业技术的原理或物理机理的认识比较肤浅,这些问题的存在制约了本人解决复杂问题的能力,也制约了研究水平的快速提升。正因如此,作者希望通过撰写《半导体材料物理与技术》一书,能够帮助从事半导体材料研发和生产的相关人员提升解决半导体材料与芯片复杂问题的基础能力,帮助微电子与固体电子学学科的研究生更好更全面地掌握半导体材料专业知识。

与此同时，我也深感将众多教材、专著和文献资料中的知识与技术整合成物理与技术兼备的专业书籍是一项难度非常大的工作，《半导体材料物理与技术》的编写仅仅是一次初步的尝试。受限于本人的物理基础水平、工艺技术知识、经验和能力，本书远未达到经典专业书籍的水准。另外，文中对一些概念和方法的介绍难免也会存在一定的局限性，因此，建议读者能将质疑、批判和创新思维贯穿于整个阅读过程之中。

最后，我想感谢我的导师，也是我的人生楷模汤定元先生，他是我国红外事业的开创者，在本书即将出版之际他离开了我们，生前他老人家最关心的是科学事业的发展，同时也非常关心科学技术的传承，他让我懂得传承和创新是科学技术发展中不可或缺的两个方面。

本书能够出版也要感谢中国科学院上海技术物理研究所给我创造了很好的工作条件，特别要感谢中国科学院红外成像材料与器件重点实验室的领导和同事：何力研究员和丁瑞军研究员，正是因为有他们的支持和帮助，我才有机会深度参与半导体材料的科研工作、有条件从事研究生的教学工作和有信心做好本书的撰写工作。本书的出版得到了中国科学院大学教材出版中心资助；在编写和出版的过程中，得到了匡定波院士和褚君浩院士的鼓励，也得到了材料器件研究中心和研究生部的同事们的帮助，在此一并表示衷心的感谢！

中国科学院上海技术物理研究所研究生部

杨建荣

2019 年 7 月 5 日

目 录

第 1 章　概　　述

半导体材料是一种具有导电且能与光子产生相互作用功能的材料，经过近百年的发展，基于半导体材料的芯片产业已发展成为当今社会的一个支柱产业。“半导体材料物理与技术”是在半导体物理学的发展和半导体材料的应用过程中逐步形成和完善的一门专业学科，它与半导体微电子物理学、半导体器件物理与技术、半导体集成电路设计与制造（即固体电子学）和半导体器件可靠性物理与技术一起隶属于微电子与固体电子学，其内容涵盖了半导体材料物理性能、半导体材料生长、热处理、性能测试与评价以及半导体材料工艺的基础技术 5 个大的方面。图 1－1 给出了这一专业学科的知识体系及其支撑学科和相邻学科的分布情况。

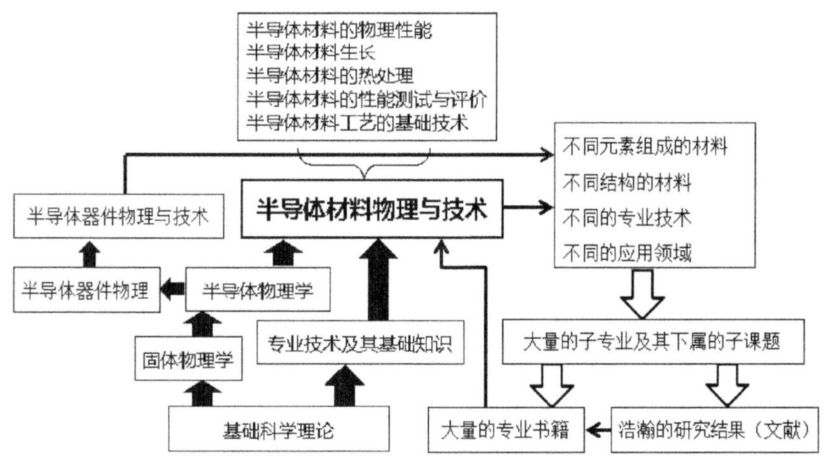

图 1－1　“半导体材料物理与技术”学科的知识体系
及其支撑学科和相邻学科的分布情况

从 1949 年第一片 Si 单晶材料在贝尔实验室诞生到当今低维半导体材料的出现，半导体材料的种类和产量发生了翻天覆地的变化。半导体材料从Ⅵ族元素的 Si 材料和 Ge 材料发展到Ⅲ－Ⅴ族和Ⅱ－Ⅵ族化合物材料，从体晶材料发展到外延材料、异质结、量子阱、超晶格材料、纳米材料和二维材料，直至今日，新的半导体材料仍在不断涌现。与此同时，半导体芯片则从分立的电子器件发展到今天的超大规模集成电路，同时还发展出了发光器、激光器、光电能量转换器和光电探测器等一大批光电子器件。由此形成的计算机、通信、太阳能、照明与显示以及各种电子元器件和传感器等产业已成为当今国民经济的支柱产业，其应用已渗透到实体经济、金融和文化、服务业、互联网和智能社会的方方面面。基于半导体材料的计算机技术是第三次工业革命(亦称信息技术革命)的重要标志,随着以互联网+、工业智能化和生物技术为代表的第四次工业革命时代的到来,各种新产品和新技术的发展依然离不开对半导体功能材料的需求。半个多世纪以来,“半导体材料物理与技术”的发展始终围绕着两条主线,即在固体物理前沿学科的引领下,人们不断探索和发展新材料,并将其转化成能够满足实用化需求的半导体材料,与此同时,在芯片产业化和工程化应用需求的牵引下,人们始终不渝地将“大尺寸、高均匀性、低缺陷、高性能和低成本”作为发展材料制备技术的终极目标。

1.1 半导体材料

半导体材料是一种功能材料,它能对光、电、热、磁、声等的作用产生特定的响应。从材料结构上看,它可以是单质材料,也可以是混晶材料、化合物材料、异质结材料或超晶格材料。它可以是体晶材料,也可以是外延材料。即使是同一种材料,它也可以是单晶材料、多晶材料或非晶材料。半导体材料既可按照功能分类,也可按照原子结构分类。以 Si 材料为例,它有单质的体晶材料和外延材料,也有与其他Ⅵ族原子结合在一起的 SiC、SiGe 和 SiGeSn 等混晶材料。Si 材料既可以是单晶材料,也可以是多晶材料和非晶材料。在应用上,Si 材料既是电子材料,也是光电子材料,广泛应用于电子元器件、集成电路、光电探测器、太阳能电池和热敏型红外探测器等不同领域。图 1-2 给出了半导体材料常用的若干种分类方法。

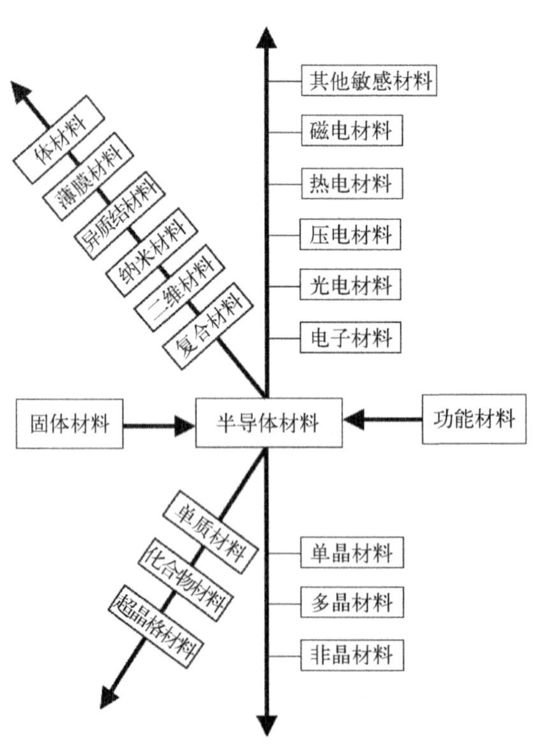

图 1-2　半导体材料的若干种分类方法

顾名思义,半导体材料是一种导电性能介于导体和绝缘体之间的材料。通常将室温下电阻率介于 $10^{-3} \sim 10^{9}\ \Omega \cdot cm$ 的材料归于半导体材料,如此宽泛的范围源于半导体材料所处的工作温度存在很大的差异(从低于液氦温度到大于500℃),如以实际工作状态下的材料导电性能为衡量标准,半导体材料电阻率的范围要窄很多。通过对材料掺杂浓度的控制,半导体材料在工作状态下的载流子浓度和电阻率还将受到进一步的调控。

按照固体物理理论，晶体材料中的本征载流子浓度取决于材料价带与导带之间的能量间隙（即禁带宽度）、能带结构中电子的态密度和有效质量，禁带宽度越大，电子从价带通过热激发跃迁到导带成为载流子的浓度就越小。从能带角度看，半导体材料的禁带宽度大都落在50 meV到5 eV之间。图1-3为常用半导体材料在禁带宽度和晶格常数坐标系中的分布图，由于材料的禁带宽度与原子之间相互作用的强弱相关，随着材料晶格常数的增大，禁带宽度总体上呈现出下降的趋势。

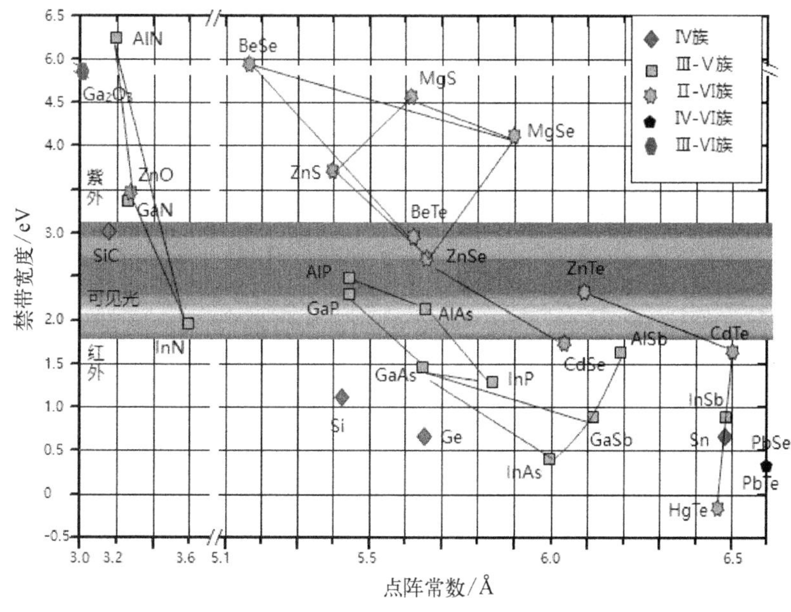

图1-3 室温下常用半导体材料禁带宽度和晶格常数的分布图

从图1-3也可以看出，半导体材料主要包含了Ⅳ族原子（Si、Ge、C和Sn）构成的单质晶体或混晶材料、Ⅲ族原子（Ga、In和Al等）与Ⅴ族原子（As、P、Sb和N等）结合而成的二元或多元Ⅲ-Ⅴ族化合物材料以及由Ⅱ族原子（Zn、Cd、Hg、Mg和Be等）与Ⅵ族原子（Te、Se、S和O等）构成的二元或多元Ⅱ-Ⅵ族化合物材料。Si材料是一种在常温下呈现半导体性能的材料[1]，其特点是资源极其丰富且拥有理想的SiO_2表面钝化层，它是目前应用最为广泛的半导体材料。Ⅲ-Ⅴ族化合物材料则因其具有直接带隙而拥有很高的光电转换效率，进而成为制备光电子器件的最佳材料[2]。Ⅱ-Ⅵ族化合物材料的特点是禁带宽度的覆盖范围很宽[3]，如用光子波长来衡量的话，它可以从红外光一直覆盖到蓝光，在光电子领域，它能对上述两类半导体材料形成了很好的补充。另外，随着近年来功率器件的发展，Ⅲ-Ⅵ族的Ga_2O_3化合物材料也开始成为一种重要的半导体材料[4]。除了以上这几类半导体材料外,还存在一些小众化的半导体化合物材料,如Ⅵ-Ⅵ族元素组成的 PbTe、PbSe 和 PbSnTe 等材料[5]和掺 Mn 或掺 Fe 的磁性半导体材料等[6]。

除了从材料的组成上可以衍生出一系列半导体材料之外,通过对材料性能和结构的调控(亦称能带工程技术)也能获得许多新型的半导体材料[7-9],常用的调控手段包括异质结、量子阱、超晶格、δ 掺杂、纳米结构和二维材料等,即利用材料性能和结构在实空间上的变化或材料的边缘效应来改变材料的能带结构和物理性能。由此诞生出的新材料包括 GeSi/Si、AlGaAs/GaAs、InGaAs/GaAs、InAsSb/InAs、GaSb/InAs、GaInAs/InP、InGaN/GaN、ZnO/ZnMgO 和 PbSnTe/PbTe 等异质结、量子阱和超晶格材料,以及通过减小材料尺寸获得的纳米线和量子点材料。近几年,以石墨烯和拓扑绝缘体为代表的二维材料的出现又为拓展新型半导体材料提供了新的发展方向。

从物理本质上看,普通的薄膜材料(单层外延材料)与体材料在能带结构上并不存在区别,但是从材料的应用角度看,两者有时也会存在显著的差异。例如, Si 的外延片是制备双极型器件的优选材料;将 Si 材料加工成亚微米厚的 SOI(silicon on insulator)材料后,器件的漏电流可大幅度减小[10];采用外延方法可以在异质衬底上生长外延材料,也可以获得组分均匀性远优于体晶材料的多元化合物材料,进而给材料的性能带来质的变化。

1.2　半导体材料物理与技术

半导体材料物理包括半导体材料的物理基础、材料的物理性能和工艺技术的物理原理,半导体材料技术则包括材料的生长技术、热处理技术、材料性能测量技术和工艺基础技术。半导体材料学科是由半导体材料物理与工艺技术所构成的学科,物理是基础,技术是手段,没有好的物理基础就没有好的技术,没有好的技术就无法获得好的半导体材料。

1.2.1　半导体材料的物理基础

纵观半导体材料的发展历史,半导体材料的物理性能研究和应用技术研究都离不开基础理论的支撑,半导体材料的从业人员或研究人员做的是宏观世界中的事情,想的却是材料内微观世界中的物理图像,跨越两个世界的桥梁就是与半导体材料相关的基础理论和基于理论所建立起来的测量技术。固体物理和半导体物理是半导体材料物理的基础理论[11-12],普通物理、电动力学、量子力学和热力学统计物理则是这些专业基础理论的理论基础。半导体材料专业的研究人员还需掌握一些更为专业的基础理论,例如,能带理论、载流子输运理论、半导体光学性质、表面物理、相图理论和材料缺陷化学理论等。

从材料使用的角度来看,用户最关心的是材料的光电性能,即材料中的电子状态(或结构)及其在外场(电磁场和光子)作用下的变化规律,即电子在实空间、能量和动量上的分布,以及在实空间上发生迁移和在动量空间上发生能级跃迁的行为特性。描述材料中电子结构的物理图像是电子的能带结构,它源于半导体材料的能带理论[13],而能带理论的基础则是量子力学。反过来看,正是有了量子力学和能带理论,才有了我们对半导体材料光电性能的表述方法。能带理论、量子力学和电动力学等理论也为我们进一步描述电子的迁移和跃迁奠定了理论基础,并由此引出了材料的导电特性和电子与光子相互作用的特性。

从材料制备的角度来看,所有材料的制备工艺都是材料性能在受热力学规律控制的条件下发生改变的一种过程,这些性能主要包括材料的成分、原子排列的结构(晶体结构)、缺陷、电学性能和光学性能等,高温下的材料性能同时也决定着或影响着材料的使用性能。半导体制备技术所涉及的物理原理和理论也很广泛,如材料的晶体生长理论、相图理论、缺陷化学平衡理论、原子扩散理论、材料测试技术原理、真空技术原理、传热学理论和流体力学理论等,对相关理论进行系统化的学习将有助于对材料制备技术的理解,有助于对测试结果的分析,也有助于材料制备技术的改进和新技术的研发。

在工艺技术上,半导体材料制备工艺不仅包括自身特有的晶体材料生长技术、半导体材料热处理技术和材料性能测量技术,还包含了支撑材料制备工艺的很多基础性技术,这些技术包括材料的加工、清洗和腐蚀,材料制备系统的加热、温控、密封、真空、部件的运动和工艺过程的自动化控制,以及材料清洗使用的高纯水、制备工艺中使用的高纯气体和工艺环境需要的洁净空气等工艺质量保障技术。以热力学和热力学统计物理为基础的材料相图理论[14]、缺陷化学平衡理论[15]、原子扩散理论[16]、真空技术理论[17]和基础化学等是支撑材料制备技术发展的基础理论,而普通物理、普通化学、电子学理论、机械原理和计算机技术也贯穿于整个材料制备工艺的基础性技术之中。

理论是思考问题和认识问题的基础,也是分析问题的工具。随着计算机技术的快速发展,近年来计算机仿真技术获得了快速发展,对理论仿真工具的使用越来越普及。在晶体生长方面,比利时的 FEMAG Soft、德国的 CrysVUn 和俄罗斯 STR 公司的 CGSim 都已成为商业化的晶体生长模拟软件;相图分析方面的软件有 CALPHAD(calculation of phase diagram)、Thermo-Calc 和 Lukas Program;Synopsys 公司的 Sentaurus TCAD(technology compute aided design)、Lumerical DEVICE 和 Comsol 等软件可用于对材料与器件的光学、电学和电磁学特性的模拟计算。理论工具的应用能帮助我们提高工作效率,降低工艺技术研发的成本。

半导体材料技术的发展自始至终都离不开理论的引导和支撑,半导体材料在早期的发展主要基于对元素和化合物导电性质的认识。得益于量子力学、固体物理和能带理论的研究成果,以 Si、GaAs、HgCdTe 为代表的半导体材料在 20 世纪中叶获得了快速发展。到了 20 世纪末,随着能带工程理论的出现,以异质结、量子阱、超晶格材料和纳米材料为代表的结构型半导体材料获得了快速发展。到了 2000 年前后,作为材料学和计算机交叉科学的计算材料学开始成为材料研究与发展的一门新学科,它通过设定材料物理性能和其他要素(如成本、环保和稳定性等),并基于材料热力学、分子或缺陷动力学和第一性原理等理论,运用以多目标优化为导向的晶体结构预测方法和高通量智能计算技术,对材料组成、结构、性能和功能四大要素进行计算机搜索,以寻找新材料或优化已有材料。

1.2.2　半导体材料的物理性能

无缺陷的非掺杂半导体材料被称为本征材料,本征材料的原子组成和空间排列结构无疑是材料最基本的特性,由它所决定的材料特性也被称为材料的本征特性。由于材料制备工艺的原因,实际使用的半导体材料在结构上总是或多或少存在着一些缺陷,这些缺陷的存在会影响到材料的能带结构、电学性能、光学特性、磁学特性和热学特性,真实材料的特性是用户所关心的,它反映了材料的使用特性。材料在高温下的特性则是与材料制备工艺密切相关的材料性能,所涉及的性能主要是材料的热力学性能,即与生长工艺和热处理工艺相关的材料相图及其相关的材料热力学常数。本征材料的基本特性、实际材料的使用特性和材料在制备过程中的热力学特性合在一起,就构成了半导体材料的全部物理特性,相关特性所涉及的材料性能和参数主要包括以下几个方面。

1. 本征材料的基本特性

本征半导体材料在结构上分为单一结构的均匀材料、异质结材料和低维或低维多重结构材料,均匀材料和异质结材料的尺寸一般都大于微米数量级,在忽略表面或界面效应的条件下,其基本的物理性能与材料的外形尺寸无关,低维或低维多重结构材料的性能则与材料受限维度的尺寸或表征材料结构的尺寸有关。

半导体材料绝大多数为晶体材料,材料内的原子按周期性排列的方式占据各自的格点位置,原子的排列方式(或称晶体结构)为材料的本征特性。半导体材料大都为立方晶系中的金刚石结构(或闪锌矿结构)和六方晶系中的纤锌矿结构(亦称六方密堆结构),也有少量的材料是面心立方的岩盐型结构(亦称 NaCl 结构)和单斜晶系的晶体结构。Si 和 Ge 半导体材料为金刚石结构,化合物半导体材料(如 GaAs、InSb、CdTe 等)一般为闪锌矿结构,宽禁带的 SiC(Ⅵ-Ⅵ族)、GaN(Ⅲ-Ⅴ族)和 ZnS(Ⅱ-Ⅳ族)等半导体化合物一般为纤锌矿结构,在特定的工艺条件下有些也可能形成闪锌矿结构。Ⅳ-Ⅵ族的铅化物材料(如 PbS、PbSe 等)则为面心立方结构。

就均匀材料而言，材料的原子成分和晶体结构确立以后，材料的能带结构也就确定了，即导带和价带在 $\boldsymbol{k}$ 空间的结构、禁带宽度、本征载流子浓度和载流子的有效质量等参数也就确定了，同时确定的参数还包括材料的基本力学性能（如弹性模量、切变模量和硬度等）和热力学性能（如比热容、导热系数和膨胀系数等）。由于半导体材料大都为晶格完整性较高的材料，上述性能及参数与实际材料中存在的非均匀性、化学计量比偏离和缺陷关系不大，实际材料在这些方面的特性可以等同于本征材料的特性。

2. 材料的使用特性

受材料固有热力学特性的制约和制备工艺技术的限制，在实际制备出的材料中，总会混入一些杂质原子，也总有一些原子不能按照周期性规定的要求排列在指定的格点上，材料在晶格完整性上存在的破缺统称为材料的缺陷。正是因为存在这样或那样的缺陷，在实际材料的能带结构中总是存在着各种各样的缺陷能级，材料的费米能级和载流子浓度也会随之发生改变，进而影响到载流子在电磁场作用下的迁移特性（即材料的电学性能）和在光子作用下的跃迁特性（即材料的光学性能）。除此之外，制备工艺还会造成材料组分、杂质和缺陷分布的不均匀，进而影响到材料其他性能在空间分布上的非均匀性。作为半导体材料的用户，它们最为关心的就是材料的使用特性，也就是材料的缺陷特性、电学特性、光学特性和非均匀性特性。

3. 材料高温下的热力学特性

半导体材料大都在室温附近或低温下使用，其本征特性和实际使用特性也是指材料在常温或低温下的特性。但是，材料的制备工艺必须在高温下进行，实际材料的使用特性与其在高温下的性能密切相关，而高温下的晶体性能则与材料制备的工艺参数密切相关。高温下的材料特性主要是材料的热力学特性，它包括了相图所决定的材料状态特性和材料中原子的扩散特性。相图特性反映了材料在热力学平衡状态下的性能和非平衡状态下的演变规律，相关的性能参数有平衡态下材料的组分和化学计量比、液相材料的固化温度（结晶温度）、固相材料的熔点、固相或液相材料中原子的平衡蒸汽压和固-液两相之间材料组分或化学计量比的分凝系数等。原子在材料中的扩散系数反映的是原子在材料中的迁移特性，它与材料性能在非平衡状态下发生演变的过程密切相关。高温下材料的热学性能有比热容、导热系数和材料表面的比辐射率等，它们对材料在制备系统中的温场分布有着很大的影响。材料的这些性能参数对于改进和控制材料制备工艺，进而获取高性能的晶体材料都是非常重要的。

以上简单介绍了半导体材料性能的三个组成部分，有关这些参数的定义、物理起源、物理意义、参数与参数之间的相互关系及其计算公式等更为详细的内容，我们将在第 2 章中再做介绍。

1.2.3　半导体材料的制备技术

半导体材料的制备技术包括材料的源材料制备、体材料生长、外延生长、材料热处理、材料性能测量以及与材料制备相关的基础工艺技术，材料生长技术仅仅是半导体材料制备技术中的一项重要技术。源材料的制备技术包括原材料的提纯、化合物材料的配料与合成以及源材料的储存等技术。晶体生长已有近 100 年的历史[18]，其中，体材料生长是最古老的晶体生长技术，体材料既可直接用于制备半导体器件，同时也是所有外延材料不可或缺的衬底材料。使用最广泛的体晶生长方法是丘克拉斯基（Czochraiski）法[19]和布里奇曼（Bridgman）法[20]，Si 单晶材料基本上都采用 Czochraiski 法，而 GaAs 等Ⅲ－Ⅴ族单晶材料和 CdTe 等Ⅱ－Ⅵ族单晶材料则主要采用 Bridgman 法。除此之外，晶体生长还可使用区熔法、淬火再结晶法和高熔点材料（如 SiC、GaN 和 AlN 等）常用的物理气相传输法等。针对不同的材料，在实际的材料制备工艺中，还存在着大量经过各种各样改进的体晶材料生长技术。

外延生长分为液相外延（LPE）[21]和气相外延，气相外延又包括物理气相沉积（PVD）[22]、化学气相沉积（CVD）[23]、分子束外延（MBE）[24]和金属有机气相沉积（MOCVD）[23]等不同的外延方法，其中 CVD 是 Si 外延材料的主流技术，MOCVD 是Ⅲ－Ⅴ族化合物外延材料的主流技术，LPE 常用于Ⅱ－Ⅵ族化合物材料的制备，而 MBE 则常用于各种多层、掺杂、陡峭异质结构的材料制备。所谓外延就是在具有相同或相近晶体结构的衬底材料上通过原子晶格延伸的方式实现晶体材料生长的一种技术，外延材料的厚度一般不会超过 20 μm，薄的可以只有几纳米，所以，外延材料也经常被称为薄膜材料。外延技术的优点：利用外延提升半导体材料的晶体质量，利用廉价衬底降低材料的制造成本，突破体晶材料在尺寸上受到的限制，利用外延获得组分均匀的大尺寸化合物材料，以及利用外延获得各类异质结、量子阱和超晶格材料。

与金属热处理主要用来改变材料结构和消除应力不同，半导体材料进行热处理的作用在于掺杂、调节点缺陷的形态（原子占据晶格格点的方式）、控制点缺陷的浓度以及利用再结晶和缺陷迁移等方式减小缺陷的尺寸和密度。实现热处理工艺的方法和手段有很多，其基本原理都是将材料置于非平衡或非均匀分布的加热系统中，利用材料内部原子或不同相之间的原子，其原子化学势趋于平衡的热力学原理，有目的地驱动并控制材料内部原子的迁移和性能的改变，热处理的重要性在于许多材料只有通过热处理工艺才能使其性能达到或满足芯片对材料性能的要求。

半导体材料性能的测量也是材料制备技术的一个重要组成部分，半导体材料的性能参数有微观性能参数和宏观性能参数,材料微观性能是指材料中的原子、离子、电子、声子和其他一些准粒子的性能,许多微观性能参数必须通过其微观特性对宏观性能的影响来获取,这种影响或相关性可以根据固体物理和半导体物理进行分析和推导,因此,测量技术也是人们连通微观世界的桥梁。从测量原理上看,多数测量技术都是利用材料与外界物理和化学环境之间的相互作用所产生的宏观响应特性来感知材料微观性能的。例如,利用缺陷处材料与正常材料在化学腐蚀速率上的差异,我们可在腐蚀后的材料表面形貌上,用显微镜观察到微观缺陷形成的宏观尺度的腐蚀坑;利用入射光在材料中引发电子跃迁,通过探测出射光与入射光在强度和波长上的变化,研究者们可以了解到与电子跃迁过程相关的电子能级和载流子在能带结构上的分布;利用外磁场对材料中载流子输运特性的影响,通过检测材料中的电流和电位差,研究者们可以测量出材料的导电类型、载流子浓度和载流子迁移率;通过测量脉冲式外场激发出的材料光电响应或弛豫过程,研究者们可以探测到非平衡载流子的产生和复合特性。此外,研究者们也可以借助电子显微镜和 X 射线衍射仪直接对材料中的原子结构进行测量。借助材料中原子的吸收(或发射)光谱、光电子谱和离子的质谱等测量技术,对材料中的原子种类、含量和能带的精细结构进行测量,不过这类测量大都需要依赖贵重的大型仪器,微观特性的直接测量往往需要付出高昂的成本。

此外,材料制备工艺也离不开大量基础性工艺技术的支撑,这些基础性工艺技术包括材料的加工、洁净材料(包括工艺使用的工夹具)的清洗和腐蚀技术,也包括材料制备系统需要的加热、温场的控制、工艺腔体的密封、真空、部件的运动和工艺过程的自动控制技术,材料清洗所需的高纯水、制备工艺使用的高纯气体和工艺环境需要的洁净空气等工艺质量保障技术。材料加工技术主要是材料的切磨抛技术,切割工艺用于满足用户对材料形状的要求,研磨主要用于对材料(或衬底)的减薄,抛光则是用于去除表面损伤和控制表面的面形。近年来,根据半导体器件发展的需要,一些新的加工技术也被用于制备一些特种结构的新型材料(或复合材料)。

1.3 半导体材料的应用

表 1-1 列出了主要半导体材料及其应用的基本情况,其中,Si 材料是当今半导体材料中功能最广、性能最佳、产能最高和应用范围最大的半导体材料[10],目前电子芯片产业的 Si 片年用量已达到数千万片的规模,而光伏产业中多晶 Si 的年用量更是达到了 50 万吨的规模。作为电子材料,Si 材料可以制作 pn 结二极管、碰撞电离雪崩渡越时间二极管(IMPATT)、三极管、高电子迁移率三极管(HEMT)、异质结双极型晶体管(HBT)、结型场效应三极管(JFET)、金属-氧化物半导体场效应三极管(MOSFET)和晶闸管(功率器件)等半导体元器件,利用这些元器件可制备出

整流器、放大器、滤波器、振荡器、固态微波功率源和储存器等电子器件，并利用固体电子学技术将这些元器件集成在同一固体芯片中，构成具有复杂电子学处理功能的集成电路(IC)[25]或大容量的电子信息储存器(包括内存和闪存)[26]。集成电路分为通用型的现场可编程门列阵(FPGA)、专用型的集成电路(ASIC)和系统集成型的集成电路(SoC)，也可根据集成电路的信号特性、用途、集成度的规模和制作工艺等作进一步的分类。自 20 世纪 50 年代末集成电路诞生以来，其规模一直按着摩尔定律在不断地扩张，集成电路的线宽(栅极的宽度)逐年减小，目前 7 nm 线宽的芯片已实现量产。由 Si 材料制备的电子器件既可用于电子信号(包括模拟和数字)处理，也可用作电子信号存储、电磁信号的发射和接收，是当代计算机技术、通信技术和自动控制技术中用得最多的电子元器件。为了延续摩尔定律，集成电路技术正向着三维(3D)技术发展[27]，其中基于 3D 制造技术的 96 层 3D Nand 存储器[28]已经实现量产，128 层的存储器也即将面世。除此之外，Si 材料还被广泛应

表 1-1　半导体材料及其应用的一览表

材料种类	电子器件	光电子器件
Si(包括 SOI)	pn 二极管、三极管、结型场效应晶体管(JFET)、MOSFET、专用电子器件(放大器、整流器、滤波器振荡器等)、集成电路(FPGA，ASIC，SoC)、存储器和功率器件等	可见光探测器(CCD，APS)、微光探测器、甚长波红外探测器(Si：As 等)、γ 探测器、太阳能电池等
SiC 材料	功率器件	—
GaAs(包括 In、Al、P、Sb 等增添或替换原子的多元化合物)系列及其异质结材料	金属-半导体场效应晶体管(MESFET)、高电子迁移率晶体管(HEMT)、异质结双极型晶体管(HBT)、耿氏器件和功率器件等	发光器(LED)、激光器(LASER)、中短波红外探测器(InSb，InAsSb，InGaAs)、微光探测器和高效太阳能电池等
GaN(包括增添或替换 In 或 Al 原子)等氮化物、ZnO、SiC、C(金刚石)及其异质结材料	高温电子器件、功率器件等	蓝绿发光器、激光器和紫外探测器等
Ⅲ-Ⅴ族超晶格和量子阱	—	红外探测器(GaAs/AlGaAs、InAs/GaSb、InAs/InAsSb)、量子级联激光器(QCL)和带间级联激光器(ICL)等
Ⅱ-Ⅵ族化合物(HgCdTe、CdTe 和 CdZnTe 等)及其异质结材料	—	红外探测器(HgCdTe)、γ 探测器(CdZnTe)和 CdTe 太阳能电池等
Ⅲ-Ⅵ族 Ga_2O_3 材料	功率器件	—
Ge-Si、PbSe、PbTe、PbSnTe、ZnSe、GaMnAs 和 MnHgTe 等	历史上曾经或目前仍在少量研究和使用的材料，如红外激光器和探测器等	
纳米线、量子点、二维材料和拓扑绝缘体材料	处于实验室功能演示验证阶段，目前尚未进入实际应用	

用于光电子探测和能量转换,作为光电子探测,Si 材料对从可见光到 X 射线波段中的光子都能通过直接或间接的方式实现光电转换[29]。早年的所有可见光照相机和摄像机都采用基于场效应管的电荷耦合器件(CCD)[29],近年来,基于 pn 结光电效应的、低成本的 CMOS - APS 器件取得了重大突破[30],再一次大幅度拓展了 Si 材料作为可见光成像器件的应用范围。在红外波段,Si 材料利用杂质能级上的电子跃迁,可以实现红外光的光电转换,用 Si 掺杂材料制备的杂质带导电(IBC)器件是目前 20~50 μm 甚长波红外探测器的主流器件[31]。而在 10 μm 左右的红外波段,非晶硅的热电效应也被用于制备室温工作的红外探测器[32]。由Ⅳ族元素组成的 Si 基 SiGeSn 窄禁带混晶材料也能实现对红外光的探测[33],尽管 SiGeSn 混晶材料的质量目前还不能满足高性能器件的要求,但其 Si 基上红外材料的特点使得人们对它的期待依然非常强烈。在能量转换方面,多晶 Si 材料以其优越的性价比早已成为太阳能电池领域的主流器件[10]。

Ⅳ族材料中另一个获得实际应用的半导体材料是 SiC 材料[10],它的重要用途是制备功率器件,其优点是电子迁移率和热导率都很高。

以 GaAs 为代表的Ⅲ-Ⅴ族化合物材料是仅次于 Si 材料的第二大半导体材料[34]。与 Si 材料相比,它有四个标志性的优点:一是 GaAs 材料的禁带宽度(1.42 eV)大于 Si 材料(1.12 eV),这使得器件在反向偏置下的阻抗可以做得更大,因而更适合制备高速器件和低功耗器件[10, 35],这使得它在通讯和电磁波侦测领域具有广泛的应用;二是 GaAs 材料的导带中存在能谷,材料在 $I-V$ 曲线上存在负阻效应(耿氏效应)[36],同样,GaAs/AlGaAs(或 AlGaN/AlN)双势垒量子阱材料也具有类似的负阻效应,利用材料的负阻效应,可以制备出产生微波功率源的 GaAs 隧道二极管和 GaAs/AlGaAs(或 AlGaN/AlN)双势垒量子阱共振隧穿二极管器件(RTD)[37-38];三是 GaAs 系列的Ⅲ-Ⅴ族化合物材料是一种直接带隙材料,根据半导体材料带间辐射的物理机制,直接带隙材料的发光效率要远高于间接带隙材料。凭借材料发光效率的优势,Ⅲ-Ⅴ族化合物材料几乎独占了半导体发光器(LED)和激光器(LASER)的所有应用领域,是现代固体光源的主要提供者;四是可供Ⅲ-Ⅴ族化合物材料选择的元素较多,通过 Ga、In、Al、As、P、Sb 和 N 等原子在Ⅲ-Ⅴ族化合物中的相互替代,可以对材料的禁带宽度和晶格常数进行优化设计,以满足外延高质量的异质结、量子阱和超晶格材料的需求,这一优势大大拓展了Ⅲ-Ⅴ族化合物在电子器件、发光器件和探测器件领域的应用范围。GaAs 材料虽然难以制作出高性能的 MOSFET,但可以采用肖特基势垒构成的栅极制备出金属-半导体场效应晶体管(MESFET)。利用异质结和 δ 掺杂技术可以制备高性能 HEMT 和 HBT 等高速电子器件。Ⅲ-Ⅴ族异质结构的量子阱材料同样也是制备各种高性能发光器和激光器(从可见光到短波红外)的优选材料[10],并已成为发展现代光通信技术和显示技术的核心元器件。在中波红外波段,由Ⅲ-Ⅴ族材料构建的量子级联激光器

(QCL)[39]和带间级联激光器(ICL)[40]在固体激光器中独占鳌头。在探测器领域,InSb 和 InGaAs 是性能非常好的中波和短波红外探测器材料[41-42]。利用异质结势阱中形成的子能级、超晶格形成的微带和多数载流子势垒可制备多种不同类型的红外探测器,其中用 GaAs/AlGaAs 量子阱[43]、InAs/GaSb Ⅱ类超晶格[44]和 xBn 结构的 InAsSb 材料[45]制备出的红外焦平面探测器都已经获得了实际应用。此外,GaAs 材料制备的光伏器件也是一种高效的太阳能电池[46],将多层禁带宽度不同的薄膜集成在一起制备出的多级光伏器件是目前转换效率(40%以上)最高的太阳能电池,这类器件满足了许多高端应用的需求。

相比当代支柱产业的 Si 材料和Ⅲ-Ⅴ族化合物材料而言,Ⅱ-Ⅵ族化合物材料只能算是半导体领域中的一种特色材料,其中最有特色的材料是碲化物材料。HgCdTe 材料是一种窄禁带半导体材料[47],自 1957 年被发明以来,它一直是性能最佳、应用最广泛的红外探测器材料,通过调节材料中的 Cd 组分,碲镉汞探测器能在探测性能处于最佳的条件下对整个红外波段(1~20 μm)内不同波长的光子进行探测,高性能的碲镉汞红外探测器在空间对地观察、军事侦察、灾害与资源评估以及导弹制导和防御等领域发挥着不可替代的作用。目前,红外光电探测器的发展正在朝着超大规模(小光敏元)[48]、弱信号(甚至单光子)[49]、多维探测(空间、光谱、偏振和相位等)[50]、高温工作[51]和低成本[52]等方向发展。CdTe 材料则是制备太阳能电池的好材料,CdTe 光伏器件的综合效益在所有太阳能电池中名列前茅[53],在全球以太阳能电池发电的电站中,CdTe 太阳能电池的优势非常明显;CdZnTe 材料的特色在于它是一种性能最佳的 γ 探测器材料[54],在安检、医疗影像、核设施保护、战场环境监控等方面有着重要的应用,同时它又是高性能碲镉汞外延材料的最佳衬底材料。

除了以上三大类半导体材料外,也还存在着一些其他类型的半导体材料,如Ⅳ-Ⅵ族的 PbS、PbSe 和 PbSnTe 材料,Ⅳ-Ⅳ族的 SiC 和 Ge-Si 超晶格材料,以及掺 Mn 或 Fe 的磁性半导体材料。铅化物制备的红外探测器在 20 世纪中叶是先进的红外器件,但随着更优材料的出现和对铅化物使用的限制,这些材料已很少使用。宽禁带材料 SiC 的应用近年来受到了越来越多的关注,它与同样是宽禁带的 GaN、ZnO 和 Ga_2O_3材料一起被称为是继 Si 和 GaAs 之后的第三代半导体材料,主要用于研制具有小面积、高热导、低导通电阻、耐高温、耐高压特性的高功率和低损耗电子器件[10],以及蓝绿光和紫外光波段的探测器[55]、发光器[56]和激光器[57]等半导体元器件,以满足开关电源、驱动电源、高密度数据存储、全色光源等应用的需求。但是,SiC 作为功率器件的应用也受到来自 Ga_2O_3材料的挑战,Ga_2O_3材料不仅具有更宽的禁带宽度(4.9 eV)外,而且可以使用溶体法生长出低成本的体晶材料。

随着半导体芯片规模的不断增大,器件的尺寸则在不断减小,当器件尺寸降低到纳米数量级时，材料的能带结构将受到边缘效应的影响，这也引发了人们对纳米材料与器件开展研究的兴趣。从20世纪90年代开始，对纳米线和量子点材料的研究一直是新型半导体材料的研究热点。纳米材料包括单纳米线（或单量子点）材料和多纳米线（或多量子点）聚合体材料。纳米材料的能带结构可通过材料的尺寸加以调控，材料的载流子输运特性也可以通过材料尺寸、掺杂和边缘修饰等技术加以调控，纳米材料的出现大大拓展了半导体物理研究的范畴。但是，半导体纳米材料向电子器件和光电子器件应用转化的成果却远不如传统半导体材料，制约其成功应用的原因主要来自对纳米材料生长技术的控制能力还达不到应用的要求，纳米器件的性能也无法达到传统器件的性能，纳米器件的集成化制造技术也远远满足不了集成器件的要求。作为光电器件，纳米材料对外场产生的响应信号太小，在常规的工作条件下，纳米器件常常因响应信号远小于背景噪声或输出系统的噪声而无法输出。近年来，在石墨烯材料[58]的带动下，比纳米尺度更小的单原子层或多原子层材料（二维材料）已成为新型半导体材料研究的最大热点[59]，典型的材料有 Be_2Se_3、MoS_2和黑鳞等。随着研究工作的大量展开，越来越多的二维材料正在涌现出来，人们对纳米材料的研究热情也快速转向二维材料（包括拓扑绝缘体），并梦想通过拓扑绝缘体对电子自旋特性的控制和利用，为量子计算机的实现寻找新的技术途径。但是，在实用化方面，二维材料也遇到了和纳米材料相类似的问题。低维材料能否为大规模集成电路和光电子器件的发展探索出新的道路不仅有待于器件工作原理和工作模式的创新，同时也有待于材料生长、芯片加工和性能检测等技术的重大突破。

参考文献

[1] 尹建华，李志伟.半导体硅材料基础.北京：化学工业出版社，2009.

[2] 谢孟贤，刘诺.化合物半导体材料与器件.成都：电子科技大学出版社，2000.

[3] Capper P, Garland J W. Mercury cadmium telluride: Growth, properties and applications. New York: John Wiley & Sons Lid., 2011.

[4] Higashiwaki M, Sasaki K, Murrakami H, et al. Recent progress in Ga_2O_3 power devices. Semicond. Sci. Technol., 2016, 31: 034001.

[5] Ishida A, Sugiyama Y, Isaji Y, et al. 2 W high efficiency PbS mid-infrared surface emitting laser. Appl. Phys. Lett., 2011, 99: 121109.

[6] Jain M. Diluted magnetic semiconductors. Singapore: World Scientific Publishing Co.Pte. Lid., 1991.

[7] 郑厚植. 半导体超晶格物理、材料及新器件结构的探索.长沙：湖南科学技术出版社，2012.

[8] 康昌鹤，杨树人. 半导体超晶格材料及其应用. 北京：国防工业出版社，1995.

[9] Bhahacharya P. Properties of Ⅲ-Ⅴ quantum wells and superlattices. Stevenage: INSPEC, 1996.

[10] 何杰，夏建白.半导体科学与技术（第二版）.北京：科学出版社，2017.

[11] 谢希德. 固体能带理论. 上海：复旦大学出版社,2000.
[12] 刘恩科,朱秉升,罗普生.半导体物理学(第七版).北京：电子工业出版社,2011.
[13] Singleton J. 固体能带理论和电子性质.北京：科学出版社,2009.
[14] 潘金生,仝健明,田民波.材料科学基础. 北京：清华大学出版社, 2011.
[15] Kröger F A. The chemistry of imperfect crystals. 2nd ed. Amsterdam：North-Holland Pub. Co., 1974.
[16] Mehrer H. 固体中的扩散. 北京：世界图书出版社,2014.
[17] 李军建, 王小菊. 真空技术.北京：国防工业出版社,2014.
[18] Feigelson R. 50 years progress in crystal growth. Amsterdam：Elsevier B.V.,2004.
[19] 刘丁. 直拉硅单晶生长过程建模与控制. 北京：科学出版社,2015.
[20] 徐家跃,范世. 坩埚下降法晶体生长. 北京：化学工业出版社,2015.
[21] Capper P, Mauk M. Liquid phase epitaxy of electronic,optical and optoelectronic materials. New York：John Wiley & Sons Lid., 2007.
[22] 方应翠.真空镀膜原理与技术.北京：科学出版社,2014.
[23] Seshan K. Handbook of thin film deposition process and techniques：Principle, methods, equipment and application. 2nd ed. New York：Noyes Publications, 2002.
[24] Orton J, Foxon T. Molecular beam epitaxy：A short history. Oxford：Oxford University Press, 2015.
[25] 朱贻玮. 集成电路产业 50 年回眸. 北京：电子工业出版社,2016.
[26] Bhattacharyya A. Silicon based unified memory devices and technology. Boca Raton：CRC Press, 2017.
[27] Friedman G, Savidis I, Pavlidis V F. Three-dimensional integrated circuit design. 2nd ed. Burlington：Morgan Kaufmann, 2017.
[28] Aritome S. Nand flash memory technologies. New York：Join Wiley & Sons, Inc., 2016.
[29] Durini D. High performance silicon imaging：Fundamentals and applications of CMOS and CCD sensors. Cambridge：Woodhead Publishing, 2014.
[30] Bigasa M, Cabrujaa E, Forestb J, et al. Review of CMOS image sensors. Microelectron. J., 2006, 37：433－451.
[31] Love P J, Hoffman A W, Lum N A, et al. 1024 × 1024 Si：As IBC detector arrays for JWST MIRI.SPIE, 2005, 5902：590209.
[32] Terre W A, Cannata R, Franklin P, et al. Microbolometer development and production at indigo systems. SPIE, 2003, 5074：518－526.
[33] Soref R A, Perry C H. Predicted band gap of the new semiconductor SiGeSn. J. Appl. Phys., 1991, 69：539－541.
[34] Adachi S. GaAs and related materials. Bulk semiconducting and superlattice properties. Singapore：World Scientific publishing Co.Pte. Lid., 1999.
[35] Kai F, Chang C Y. GaAs high-speed devices：Physics, technology, and circuit applications. New York：Wiley-Interscience,1994.
[36] Gunn J B. Microwave oscillation of current in Ⅲ－Ⅴ semiconductors. Solid State Commun.,

1963, 1: 88-91

[37] Sawaki N, Suzuki N, Okuno E, et al. Real space transfer of two dimensional electrons in double quantum well structures. Solid-State Electron. , 1988, 31: 351 - 354.

[38] Šermukšnis E, Liberis J, Matulionis A, et al. Hot-electron real-space transfer and longitudinal transport in dual AlGaN/AlN/{AlGaN/GaN} channels. Semicond. Sci. Technol., 2015, 30: 035003.

[39] Yang R Q, Lin C H, Yang B H. Type - II quantum cascade lasers, SPIE, 1998, 3284: 308 - 317.

[40] Yang R Q, Tian Z B, Cai Z H. Interband-cascade infrared photodetectors with superlattice absorbers. J. Appl. Phys., 2010, 107: 054514.

[41] Gershon G, Avnon E, Brumer M, et al.10 μm pitch family of InSb and XBn detectors for MWIR imaging. SPIE, 2017, 10177: 1017711.

[42] Rutz F, Bächle A, Aidam R, et al. InGaAs SWIR photodetectors for night vision. SPIE, 2019, 11002: 1100211.

[43] Schneider H, Liu H C. The quantum-well infrared photodetectors: Physics and applications. Heidelberg: Springer, 2007.

[44] Walther M, Daumer V, Rutz F, et al. Industrialization of type - II superlattice infrared detector technology at Fraunhofer IAF. SPIE, 2019, 11002: 110020C.

[45] Shtrichman I, Aronov D, Ezra M B, et al. High operating temperature epi-InSb and XBn-InAsSb photodetectors. SPIE, 2012, 8353: 83532Y.

[46] Özen Y, Akın N, Kınacı B, et al. Performance evaluation of a GaInP/GaAs solar cell structure, with the integration of AlGaAs tunnel junction. Sd. Energy Mater. Sol. Cells, 2015, 137: 1 - 5.

[47] Rogalski A. Infrared detectors. Boca Raton: CRC Press, 2011.

[48] Zandian M, Farris M, McLevige W. Performance of science grade HgCdTe H4RG - 15 image sensors. SPIE, 2016, 9915: 99150F.

[49] Reibel Y, Kerlain A, Bonnouvie G, et al. Small Pixel Pitch solutions for Active and Passive Imaging. SPIE, 2012, 8353: 83532G.

[50] Smith E P G, Bornfreund R E, Kasai I. Status of two-color and large format HgCdTeFPA technology at raytheon vision systems. SPIE, 2006, 6127: 61271F.

[51] Kinch M A. The future of infrared: Ⅲ - Ⅴ or HgCdTe. J. Electron. Mater., 2015, 44: 2969 - 2976.

[52] Reibel Y, Taalat R, Brunner A, et al. Infrared swap detectors: Pushing the limits. SPIE, 201, 59451: 945110.

[53] Morales-Acevedo A. Design of very thin CdTe solar cells with high efficiency. Energy Procedia, 2014, 57: 3051 - 3057.

[54] Zakharchenko A A, Skrypnyk A I, Khazhmurador M A, et al. The energy dependence of the sensitivity for planar CdZnTe gamma ray detectors. SPIE, 2013, 8852: 88521B.

[55] Sood A K, Zeller J W. Puri Y R. Development of high gain GaN/AlGaN avalanche photodiode arrays for UV detection and imaging applications. Int. J. Eng. Res. Technol., 2017, 10:

129 – 150.

[56] Kim K H, Fan Z Y, Khizar M, et al. AlGaN-based ultraviolet light-emitting diodes grown on AlN epilayers. Appl.Phys. Lett., 2004, 85: 4777 – 4779.

[57] Slight T J, Yadav A, Odedina O, et al. InGaN/GaN laser diodes with high order notched gratings.IEEE Photonics Tech. Lett., 2017, 29: 2020 – 2022.

[58] Novoselov K S, Geim A K, Morozov S V, et al. Electric field effect in atomically thim carbon film. Science, 2004, 306: 666 – 669.

[59] Butler S Z, Hollen S M. Progress, challenges, and opportunities in two-dimensional materials beyond graphene. ACS Nano, 2013, 7: 2898 – 2926.

第 2 章　半导体材料的物理性能

从大的方面来看，半导体材料的特性可分为材料的本征特性、实际材料的使用特性和材料在制备过程中的热力学特性，半导体材料学中最著名的三图（即极图、能带图和相图）就分属于这三大特性。如按照材料性能的物理属性进行分类，半导体材料的特性又可分解为多种不同类型的物理特性和相应的性能参数。本章将材料性能按其物理属性分为 12 种类型，即材料的原子结构、材料的成分、材料的宏观结构、能带结构、缺陷、表面与界面、电学性能、光学性能、磁学性能、力学性能、非均匀性和热学与热力学性能。各类性能所涉及的具体内容包括材料性能参数的定义、物理意义、不同参数间的相互关系及其常用的计算公式等。

能带理论是现代微电子材料的理论基础，它是量子力学在固体物理学领域获得成功应用的重要标志，这种成功已使得这一领域的专家学者和工程技术人员完全习惯于用能带理论去思考半导体材料的电学和光学性能，并将半导体材料的能带结构、禁带宽度、载流子浓度和载流子有效质量等能带理论引入的物理量作为材料性能的基本参数。除了能带理论外，基于量子力学的固体物理还将晶体材料受激发后的状态用一些彼此独立（或屏蔽的）的基本激发单元的集合来描述，这些具有特定能量和波矢的基本激发单元也被称为元激发或准粒子，如声子、激子、等离激元和极化子等，当然也包括能带理论中的电子和空穴。引入准粒子后，固体理论的大部分问题（包括材料的物理性能及其在外场作用下的变化规律）可以用统一的方法加以阐述和理论处理，许多物理现象也能方便地从理论上得到定量的描述。因此，这些准粒子的性能参数从理论上讲也是材料性能参数的一部分。但是，若从材料使用特性的角度来考虑，除了电子和空穴之外，其他一些准粒子的性能参数并没有被作为材料基本性能的评价参数。以声子为例，尽管它对材料的迁移率和电子的跃迁概率会产生影响，但绝大部分用户只需关心直接反映材料使用性能的物理参数，而并不需要知道影响这些参数的更基本的物理参数。

在上述提及的材料特性中，很多材料性能参数之间具有相关性，有些材料参数虽然反映着材料的不同特性，但它们之间也会存在相关性，甚至会存在一一对应的关系。例如，化合物材料的组分与材料禁带宽度，材料的禁带宽度与载流子的有效质量等。由于思考问题的需要，我们不能用材料的组分去替代禁带宽度，也不能用禁带宽度替代载流子的有效质量。本章没有对不同材料参数之间的相关性做深入的分析，读者可以根据工作需要，去分析和理解材料性能参数之间的相关性。

2.1　晶体材料的原子结构

晶体结构(亦称晶格)是半导体材料最基本的特性,它是材料中原子在空间分布的点阵结构,晶格和构建晶格的原子种类决定了本征材料的所有性能参数。但是,受材料制备工艺的限制,实际材料或多或少存在着晶格缺陷或非正常格点原子缺陷,其性能也随之发生一定的变化。

为了便于思考和分析原子在空间上排列的结构,我们会从晶体中取出一个具有代表性(对称性较高)的且具有周期性重复特性的基本单元(平行六面体)作为晶格的基本组成单元,称为结晶学原胞(也称晶胞),晶胞的边长则被定义为晶格常数,它是反映晶体结构的一个重要基本参数,晶胞周期性排列的规律称之为结晶学原胞分布的点阵结构。从数学上分析,这类点阵结构共有 7 大类(或称为晶系),即正交、四方、立方、六方、三方、单斜和三斜晶系。晶体的结晶学原胞并不一定是最小的周期性原胞或点阵单元(亦称单胞),以金刚石结构为例(图 2－1),其晶胞为包含 8 个原子的正立方体,而单胞则为图中虚线所示的平行六面体,它仅包含 2 个原子,单胞按照周期性排列后组成晶格,这种周期性排列的规律被称为单胞分布的点阵结构。需要补充说明的是成分相同的晶体材料可能存在不同的晶体结构,但不同成分的晶体材料不可能有完全相同的晶体结构。图 2－1 还给出了纤锌矿和 NaCl 结构的晶胞和单胞,纤锌矿结构是密堆六方结构的套构,闪锌矿和 NaCl 则是面心立方的套构。布拉维(Bravais)于 1849 年推导出了分属于 7 大晶系的 14 种不同的空间点阵结构(亦称布拉维格子),每个空间点阵中的原子在排列上都拥有一定数量的对称操作,所有对称操作的集合称为空间群(共有 230 个)。半导体晶体材料大都为立方晶系中的金刚石结构(或闪锌矿结构)和面心结构,也有一些材料是六方晶系中的铅锌矿结构和单斜晶系的晶体结构。

Si 和 Ge 半导体材料为金刚石结构,Ⅱ－Ⅵ族和Ⅲ－Ⅴ族化合物半导体一般为闪

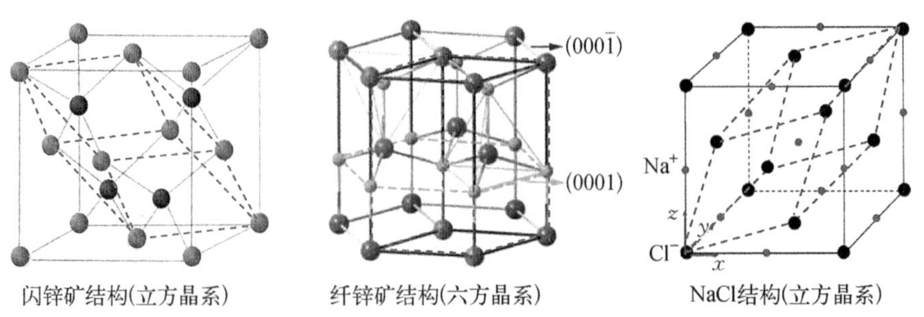

图 2－1　三种不同结晶学原胞的原子排列方式

虚线所包含的部分为相应晶体结构的单胞

锌矿结构。随着离子键的增强,宽禁带化合物(如 GaN 和 ZnO 等)材料会呈现铅锌矿结构,Ⅵ-Ⅵ族的 PbS、PbSe 和 PbSnTe 等材料为立方晶系中的 NaCl 结构,而Ⅲ-Ⅵ族的氧化物半导体材料 β-Ga_2O_3则具有单斜晶系的晶体结构。此外,还有一些多元氧化物或卤化物也具有半导体材料的特性,其结构大都为立方晶系中的钙钛矿结构。

以平行六面体晶胞三个边的取向为方向,并以边长为长度单位,所构成的矢量称为原胞基矢,分别用 $\boldsymbol{a}$、$\boldsymbol{b}$ 和 $\boldsymbol{c}$ 表示,以此为坐标体系来表征的晶列族或任意规定的指向称之为晶向,晶向 $\boldsymbol{F}$ 的一般表达式为

$$\boldsymbol{F} = \alpha\boldsymbol{a} + \beta\boldsymbol{b} + \gamma\boldsymbol{c} \tag{2-1}$$

式中,α、β、γ 互为质整数,称为晶向指数,用 $[\alpha\beta\gamma]$ 来表示。由于晶体结构具有对称性,晶体中通常会存在一组特性完全相同的晶向,这组晶向中的任一晶向用 $<\alpha\beta\gamma>$ 来表示。

在晶胞基矢构成的坐标系中,晶面族(一组相互平行的由多个格点组成的平面)或材料表面的空间取向也是用一组互为质整数的指数来表征,通常用 (hkl) 表示,称为密勒指数。例如,某晶面在坐标轴上的截距矢量为 $1\boldsymbol{a}$、$2\boldsymbol{b}$ 和 $2\boldsymbol{c}$,截距的倒数为 1、1/2 和 1/2,由其构成的互为质整数的指数(211)被定义为该晶面的密勒指数,特性相同的晶面组合中的任一晶面用 $\{hkl\}$ 表示。

晶面族中相邻面之间的间距可根据密勒指数和晶格常数进行计算,对于简立方晶格,相邻晶面的间距为

$$d = \frac{a}{\sqrt{h^2 + k^2 + l^2}} \tag{2-2}$$

式中,a 为晶格常数。对于套构形成的晶体结构(如由面心立方套构而成的闪锌矿结构),相邻原子晶面的面间距将会发生变化,并可能出现上下层面间距不相等的现象。

根据式(2-2),低密勒指数面为面间距较大的面,面与面之间的作用力相对较小,当晶体受到外力作用时,晶面一般会以间距最大的面发生断裂,断裂面称为解理面。晶体表面常取低指数面,如(111)、(110)、(100)和(211),这样的表面通常具有较低的悬挂键密度,相对比较稳定。由于晶格存在套构、化合物晶面间存在不同极性等原因,最低指数面也不一定就是解理面,例如,金刚石结构的解理面常为(111),而闪锌矿结构的解理面常为(110)。

不同晶向或晶面法线之间的夹角 θ 可以通过矢量的点积进行计算,即

$$\boldsymbol{F}1 \cdot \boldsymbol{F}2 = |\boldsymbol{F}1| \cdot |\boldsymbol{F}2| \cos\theta \tag{2-3}$$

不同晶向在空间上的相互关系可用极图表示。以<111>取向为例,其他晶向

的单位矢量可以用其在(111)晶面上的投影点(或截点)来表示[图 2－2(a)]。图中的阴影区为(111)面,以原点构建半径为单位长度的球体 *SMNP*,(111)为其赤道面,*N* 和 *S* 分别为球体的北极和南极。假设某晶向矢量 *OF* 交于球体上的 *F* 点,以南极 *S* 点向 *F* 点作射线 *SF*,它在(111) 赤面上将产生截点 $Q(x, y)$。于是,不同的晶向将分布在圆形赤面上的不同位置,由这些晶向点构成的图就称为极图或极射赤面投影图,图 2－2(b)为(111)的极射投影极图。借助极图,我们可以方便了解各晶向之间的空间关系,各晶向与<111>晶向之间的夹角 α 和在(111)面上的方位角 φ 可根据以下公式进行计算:

$$\tan\theta = \frac{OQ}{OS} \tag{2-4}$$

$$\alpha = 2\theta \tag{2-5}$$

$$\tan\varphi = \frac{x}{y} \tag{2-6}$$

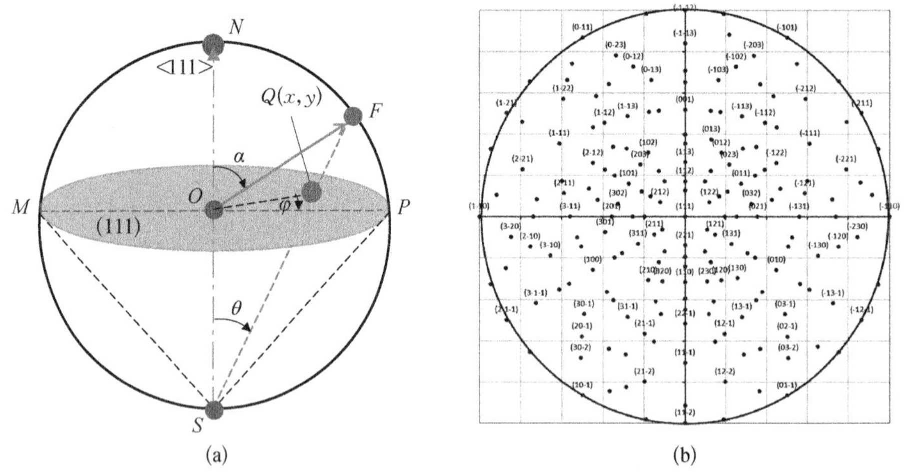

图 2－2　(111)晶面上晶向极射赤面投影的示意图(a)和极图(b)

对于由点阵套构组成的化合物材料,由于原子层之间电子价键面密度存在差异,材料表面有 *A*、*B* 面之分,以金属原子为主的表面为 *A* 面,如(111)*A* 面,非金属原子为主的表面为 *B* 面,如(111)*B* 或($\bar{1}\bar{1}\bar{1}$)面。在晶向上,通常将晶格套构时由金属原子位移到非金属原子的方向规定为正方向,如闪锌矿结构中的[111],反之则为[$\bar{1}\bar{1}\bar{1}$]。晶面中金属原子的占比称为晶面极性指数。在通常情况下,极性指数偏离 0.5 的表面容易产生极化效应。

除了晶向和晶面之外,有时我们也要会用晶带和晶带轴来描述晶体原子结构的特性,如果若干个晶面族同时平行于某一晶向,前者被称为晶带,后者则为这一晶带所对应的晶带轴(亦称晶轴)。例如,(001)、(113)、(112)、(111)、(221)、(331)、(110)等晶面均平行于晶轴[$1\bar{1}0$],这些晶面的法线方向均位于($1\bar{1}0$)面极图的圆周线上。晶轴和晶带常被用于确定材料中不同晶面的取向,如果已知某一晶带中的晶面和晶轴在材料中的取向,通过沿晶轴旋转一定的角度,即可方便地确定晶带中其他晶面的取向。

2.2 材料的成分参数

组成材料的原子种类、含量和化学计量比是表征材料成分的三个性能参数,其中组成原子分为主元素原子和杂质原子,主元素的原子含量和化学计量比是混金或化合物材料才有的材料参数。当晶体由两种以上原子组成时,各原子的数量在所有同类属性原子中的占比称为组分,例如,$Si_{1-x}Ge_x$混晶材料中 Ge 原子含量所占的比例为 x,赝二元化合物$(AC)_{1-x}(BC)_x$(或 $A_{1-x}B_xC$)中化合物 BC 所占的比例为 x。材料成分和晶体结构确定之后,材料的密度 ρ 也就确定了,因原子间的相互作用对其质量的影响可以忽略不计,材料的密度等于单位体积中所有原子的质量之和。

化学计量比是指化合物晶体中非金属原子的数量在原子总数中的占比,以化合物材料 $A_{1-y}C_y$为例,化学计量比 y 一般标注为非金属原子 C 在所有原子中的占比:

$$y = \frac{N_C}{N_A + N_C} \tag{2-7}$$

对于理想的晶体材料,化学计量比为 0.5,相对 0.5 的偏离量被称为化学计量比偏离,常用 δ 表示。如果忽略杂质替位原子的影响,这种偏离将来自材料中的原子空位和填隙原子。在晶格完整的材料中,化学计量比的偏离通常小于或远小于 10^{-3}。材料组分关系到材料的晶格常数和能带结构等主体性能参数,而化学计量比则与材料的点缺陷相关,对材料的载流子浓度、迁移率、吸收系数、少子寿命等性能参数产生影响。

除了组成材料的主元素原子外,半导体材料或多或少包含着一些杂质原子,有故意掺杂的,也有从原材料和工艺过程中引入的,其原子种类和浓度也是材料成分参数的组成部分,前者称为掺杂浓度,后者称为剩余杂质浓度。尽管杂质含量远低于主元素原子的含量,但是它也会对材料的物理性能产生显著的影响。

2.3 材料的宏观结构特性

材料的形状、结构和尺寸(包括厚度)是反映半导体材料宏观结构特性的物理性能参数。提供给用户使用的半导体材料一般为晶片,形状有圆形和矩形两种,前者亦称晶圆,通过切割晶锭而成,后者由晶圆划片而得。尺寸的大小反映了材料的制造能力,材料尺寸越大,所能制造出的芯片规模就越大,或单片制造出的芯片数量就越多,批量生产能力就越强。材料尺寸已成为反映 Si 集成电路和 GaAs 光电器件水平的标志性指标,目前先进的 Si 集成电路生产线和 GaAs 发光器件生产线分别为 12 in① 线和 6 in 线,指的就是基于材料尺寸的工艺线。晶片的厚度取决于材料的加工能力和芯片工艺对薄片材料的承载能力,厚度越薄,材料的利用率就越高,成本也就越低。外延材料的厚度与器件性能(如漏电流、结电容以及光电器件的量子效率等)密切相关,是器件设计的一个重要参数。对于外延生长的薄膜材料,其衬底和缓冲层的厚度也是材料结构参数的一部分。

除了单一结构的均匀材料外,半导体材料中还存在着各种各样的多层材料,其性能与结构参数密切相关。调控多层材料结构的方式有两类:一是将多种不同能带结构的薄层材料按晶格外延的方式组合在一起,形成异质结、一维周期性分布的量子阱和超晶格材料;二是利用材料边缘效应(尺度在纳米数量级)的低维材料,如量子点、纳米线和二维的单原子层(或多原子层)材料。除了材料的种类、化合物的组分化学计量比和掺杂可以改变这类材料的性能外,材料结构的参数也能通过层与层之间电子的相互作用、边缘效应和界面效应来改变半导体材料的性能。因此,这类材料的结构参数也是影响材料性能的基本性能参数。

异质结的结构参数就是各组成材料的厚度和排列次序,如果在界面处插入原子尺度的缓冲层,缓冲层的原子层数也是异质结构参数的组成部分。量子阱或超晶格材料的结构参数包括衬底界面处缓存层的组成和厚度、超晶格单元中各层材料的厚度和排列方式、界面缓冲层的原子组成和层数以及基本单元重复生长的数量。如果涉及多个不同单元,则还包括不同单元的排列方式。

量子点和纳米线的结构参数包括量子点或纳米线的形状、尺寸和包裹物的成分和厚度,二维材料的结构参数目前仅涉及材料的原子层数,如增加对材料性能有影响的覆盖层,则覆盖层的厚度也将是二维材料的结构参数。目前人们对低维材料的认识仍局限在能带结构、载流子浓度的分布和输运以及自旋调控等性能,对其缺陷特性的研究和认识则非常少。

2.4　材料中电子的能带结构

材料中的原子在实空间的周期性分布形成了材料的晶体结构,而材料中电子在动量空间 $\boldsymbol{k}$ 的能量分布则构成了材料的能带结构。玻尔原子理论和量子力学理

① 1 in = 2.54 cm

论表明,原子中的电子在能量上按能级分布。当多个原子发生相互作用之后,原本孤立的能级将发生分裂,当很多原子按周期性排列结合在一起后,材料内部将形成周期性分布的电势场,在周期性电势场作用下,单原子中的能级将展宽成能带。图2-3展示了从孤立原子到原子簇团,再到晶体的转变过程中,电子在能量上的分布从孤立能级到分裂能级,再拓展到能带的演变过程。多个分裂的电子能级拓展成能带后形成了晶体材料所特有的准连续的能带结构。

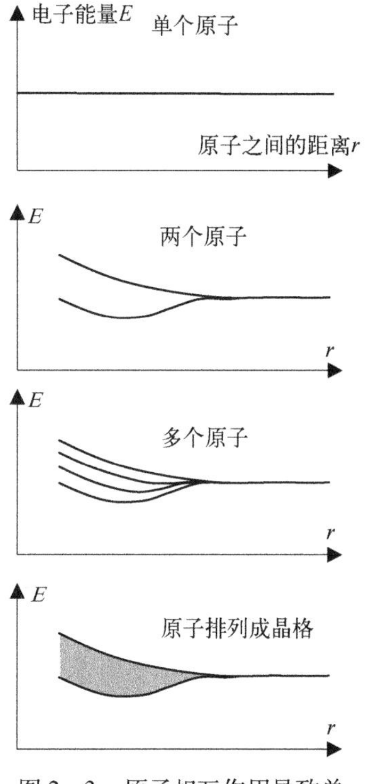

图2-3 原子相互作用导致单原子分裂的价电子能级向多原子体系的电子能带发生演变的示意图

有关孤立原子的电子能级演变到固体电子能带结构的推断也可以用量子力学理论加以证实。基于量子力学的固体能带理论把可以在晶体中迁移的原子外壳层电子看作共有化电子(准粒子),在忽略原子核运动的影响条件下,将晶体中电子的行为简化为单电子在周期势场中的行为,用布洛赫波函数表示。以简化的一维方势阱周期势场(克朗尼格-朋奈模型)为例,定态薛定谔方程:

$$\left[-\frac{\hbar^2}{2m}\frac{\mathrm{d}^2}{\mathrm{d}x^2}+U(x)\right]\psi_k(x)=E(k)\psi_k(x) \tag{2-8}$$

中电子的势能为

$$U(x)=\begin{cases}0 & (0<x<c)\\ U_0 & (c<x<a)\end{cases} \tag{2-9}$$

根据布洛赫定理,满足式(2-8)的波函数具有以下特性:

$$\begin{aligned}\psi_k(x)&=\mathrm{e}^{\mathrm{i}kx}u_k(x)\\ u_k(x)&=u_k(x+na)\end{aligned} \tag{2-10}$$

利用波函数应满足有限、单值和连续等条件,在经过一些必要的推导和简化后,最终可以得到方程[1],

$$\left(\frac{maU_0b}{\hbar^2}\right)\frac{\sin(\beta a)}{\beta a}+\cos(\beta a)=\cos(ka) \tag{2-11}$$

式中,

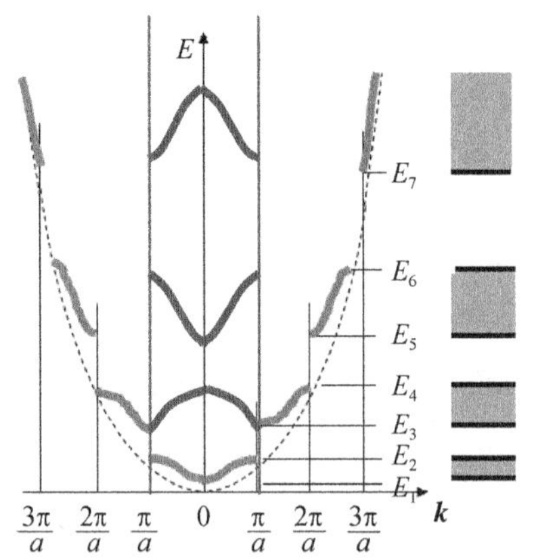

图 2－4　方势阱周期势场下的一维晶体材料能带结构图

$$k = \frac{2\pi}{a} \tag{2-12}$$

$$\beta = \frac{\sqrt{2mE}}{\hbar} \tag{2-13}$$

由于 cos(*ka*) 绝对值小于等于 1,这意味着电子不可能具有那些使得式(2－11)左边大于 1 所对应的能量值,电子能量 *E* 与动量 ***k*** 之间将具有如图 2－4 所示的能带结构。基于电子波函数在 ***k*** 空间存在的周期性:

$$\Psi_{k+n\pi/a}(x) = \Psi_k(x) \tag{2-14}$$

可以将材料在 ***k*** 空间的各个能带都画在波矢 (－π/*a*, π/*a*) 的区域内,进而构成图右侧所示的能带结构。(－π/*a*, π/*a*) 亦称为第一布里渊区(或简约布里渊区),它也是晶格倒易点阵(波矢空间)的元胞。

在实际半导体晶体材料中,周期势场的分布函数远比简单的方势阱要复杂,在空间分布上一般也是各向异性的三维分布(对于体材料)或二维分布(对于二维材料),这使得实际材料的能带结构图 (*E*－***k*** 色散关系)要比图 2－4 复杂得多。尽管如此,实际材料的能带结构仍可根据类似的原理进行理论计算。基于单电子近似理论,并采用一些近似的计算方法,如准自由电子近似、紧束缚近似、***k · p*** 微扰法、赝势法以及基于密度泛函理论和第一性原理的计算方法等,半导体材料的能带结构都可以用量子力学理论进行计算。

k · p 微扰法是一种常用的能带结构计算方法,Kane 用该方法成功地描绘出了 Si、Ge、InSb 等半导体材料的能带结构[2],因此,也被称为 Kane 能带理论。后来,该方法也被成功地应用于各种Ⅲ－Ⅴ族和Ⅱ－Ⅵ族材料及由其组成的超晶格和量子阱材料[3-4]。该理论根据原子外层电子波函数的基本特性(即 s 态、p_x态、p_y态、p_z态及其不同的自旋态),选取相应的 8 个基函数作为组成共有化电子波函数 $u_k(\boldsymbol{r})$ 的基态,通过求解薛定谔获得电子的波函数及其相应的 *E*－***k*** 色散关系(即能带结构)。结果显示,在忽略基函数之间 ***k · p*** 相互作用的零级近似下,电子的能带结构将由两重简并的导带和 6 重简并的价带组成[图 2－5(a)],在绝对零度条件下,价带是电子能够占满的能量最高的能带,导带则是紧靠价带且没有电子占据的能带。在哈密顿能量函数中引入 ***k · p*** 微扰后,简并的价带电子态中的轻空穴带将被分离出来[图 2－5(b)],再引入电子自旋与电子轨道运动所形成的磁场之间的微扰作用后,依旧简并的价带又将分裂为重空穴带和自旋轨道空穴带,形成常见的由导带、重空穴带、轻空穴带和自旋轨道分裂带组成的能带结构[图 2－5(c)]。如果进一

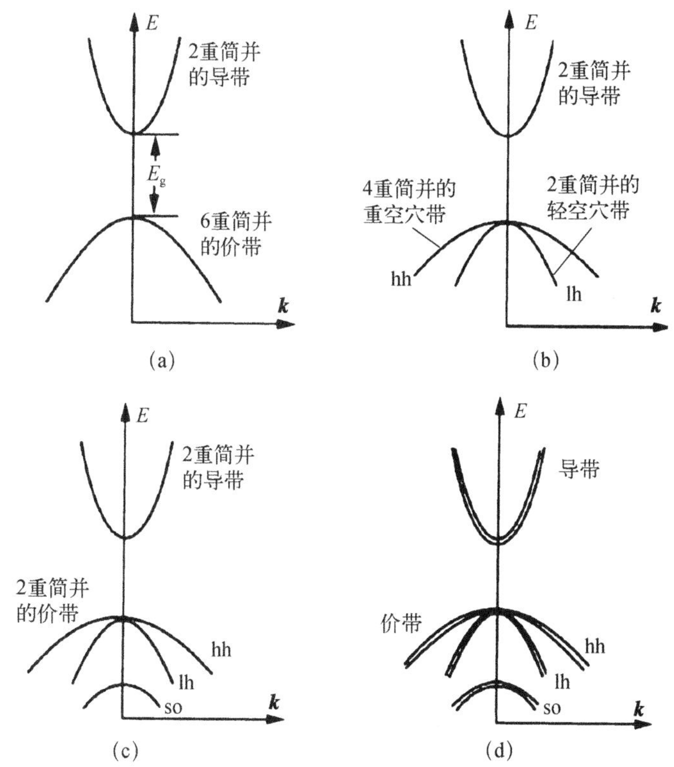

图 2－5　由 $\boldsymbol{k}\cdot\boldsymbol{p}$ 微扰法得出的能带结构

(a) 不考虑 $\boldsymbol{k}\cdot\boldsymbol{p}$ 微扰；(b) 单独考虑 $\boldsymbol{k}\cdot\boldsymbol{p}$ 的一级微扰；(c) 加入自旋轨道互作用；(d) 进一步引入导带与价带之间电子的耦合作用

步考虑导带与价带之间的电子耦合作用，上述四个自旋简并的能带将进一步分裂成八个能带[图 2－5(d)]，亦称八带模型。随着计算机计算能力的提升，基于量子力学以及密度泛函理论建立起来的第一性原理自洽计算方法也得到广泛应用[5]，用以获得各类材料中电子的能带结构、态密度分布和电磁学特性等材料性能参数。根据量子力学建立起来的能带理论，半导体材料中的共有化电子已不是传统概念上的电子，但计算结果同时也显示，共有化的电子仍具有一些与普通电子相类似的特性，如质量、迁移速率和能级间的跃迁等粒子所具有的特性。

图 2－6 给出了简立方和面心立方晶体的简约布里渊区的三维结构图，布里渊区的原点习惯上用 Γ 表示，简约布里渊区的一些特殊位置和方向则用其他一些特定的字母表示，如 X、M、R、K 和 L 等表示某些方向上简约布里渊区边缘的位置点，Δ、Σ 和 Λ 等表示波矢的某些特定方向。

由于电子在 $\boldsymbol{k}$ 空间的分布具有对称性(能带的对称性在能带图上常用 Γ_i 来表

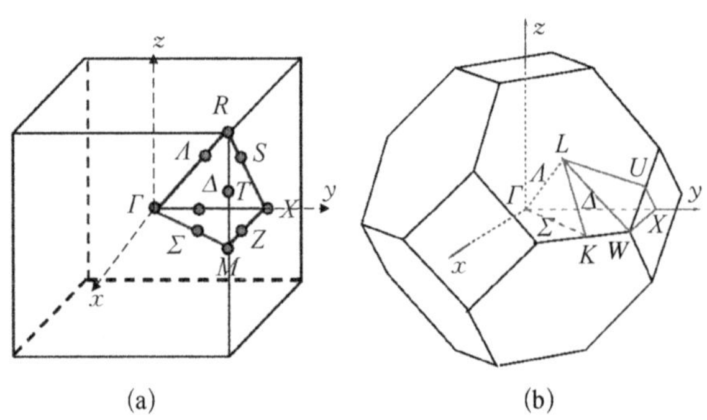

图 2-6　简约布里渊区的三维结构图及其图上 $\boldsymbol{k}$ 空间位置和方向的表示

(a) 简立方晶体;(b) 面心立方晶体

示[4]),在绝对零度条件下,价带充满了电子,其动量或运动速度的平均值为零,在外电场的作用下,能带中电子能级在 $E-\boldsymbol{k}$ 关系上的对称性分布并未受到破坏,满带中所有电子运动所产生的净电流依然为零,此时,材料呈现出绝缘体的特性。

随着温度的增加,价带中的部分电子将通过热激发进入导带,同时在价带留下一些没有电子占据的空能级,这时如给材料施加一个电场,价带和导带中的电子在 $E-\boldsymbol{k}$ 关系上的对称性分布将受到破坏,电子运动产生的净电流将不再为零,材料呈现出导电特性。为了区分导带和价带中电子对材料导电性能的影响,我们将价带中电子 $E-\boldsymbol{k}$ 分布的变化等效为空能级 $E-\boldsymbol{k}$ 分布的变化,并将空能级称为空穴或 P 型载流子,而将进入导带的电子称为自由电子或 N 型载流子,两者合在一起统称为半导体材料中的自由载流子,或简称载流子,其浓度称为载流子浓度。

除了自由载流子外,半导体材料中还存在着其他一些元激发,其中,激子是电子和空穴因库仑作用结合在一起的准粒子(整体上呈电中性),其能级的分布状态与氢原子类似,它对材料光学性能(光荧光光谱)有着较大的影响。激子又分为自由激子和束缚激子,自由激子可以在晶体中运动,但不传输电荷。自由激子被施主、受主或其他陷阱束缚后形成束缚激子。激子的形成能和束缚能也是材料性能的一个部分。

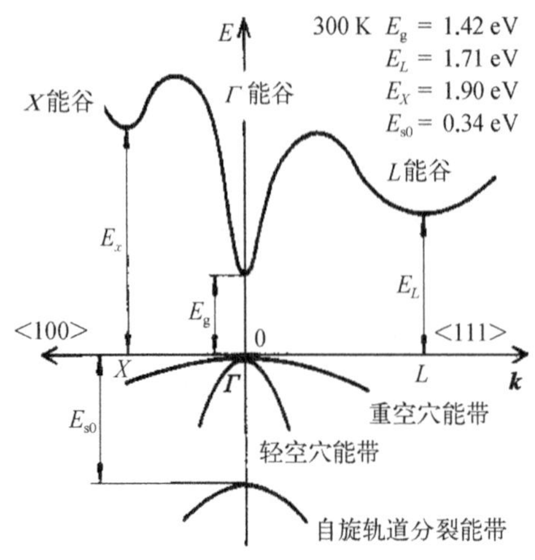

图 2-7　GaAs 半导体材料的能带结构图

由于半导体材料的特性主要取决于价带和导带的特性,材料的能带结构主要也是指价带和导带的能带结构。图 2-7 是最常见的 GaAs 材料能带结构图,由于波矢 $\boldsymbol{k}$ 为三维空间矢量,二维能带结构图的横坐标只能是特定方向的波矢矢量,例

如,图 2－7 中给出的是<100>和<111>两个波矢方向的能带结构。从能带图上我们可以获得的材料性能参数包括:

1) 导带底与价带顶之间的能量差,也称禁带宽度 E_g(或带隙)。它的大小直接影响到热激发载流子的浓度,以及材料中的电子与入射光子的相互作用(吸收和发射)。当导带底与价带顶在波矢空间中位于相同位置时(如图 2－7 中的 Γ 点),这样的材料被称为直接带隙材料,否则被称为间接带隙材料;

2) 在导带底和价带顶处能级随波矢的变化特性(一阶倒数和二阶倒数)。由于半导体材料中的载流子浓度一般远低于能带可容纳电子的数量,材料中的自由载流子主要集中在波矢较小的导带底部或价带的顶部,此处的能带结构也就决定了载流子的迁移特性和有效质量,位于导带的电子和不同价带的空穴载流子有着不同的有效质量;

3) 材料导带中存在的其他能谷。如果导带中存在其他能谷(如图 2－6 所示的 GaAs 材料),激发到能谷中的电子将处于亚稳定状态,并具有不同于正常载流子的导电特性,这类材料在 $I-V$ 特性上会展现负阻效应,半导体耿氏器件(高频振荡器)就是基于负阻效应的原理制备出来的。

材料的能带结构取决于组成材料的原子种类、组分和晶体结构,且受到材料温度的影响,禁带宽度、本征载流子浓度、载流子有效质量等与能带结构相关的参数都与材料温度有着很强的依赖关系。其中,禁带宽度 E_g 是半导体材料最有特征意义的参数,直接决定了材料的本征载流子浓度、本征吸收的截止波长或发光的特征波长等材料光电特性的性能参数。

以上讨论的都是均匀材料的能带结构,也是能带在 $\boldsymbol{k}$ 空间的结构,然而,在半导体材料的实际应用过程中,其载流子在绝大多数情况下仅局限于导带底和价带顶附近,人们对能带结构的关注也集中在 $\boldsymbol{k}$ 空间的局部区域,而其他区域的能带结构特性对材料使用性能的影响并不大。在实际应用中,半导体材料大都为空间分布不均匀的异质结构材料,例如,由不同导电性能材料组成的 pn 结材料,不同种类半导体材料组成的异质结、超晶格和量子阱材料,组分变化的化合物材料,以及受边缘或外场影响而形成的非均匀材料等。与均匀材料相比,异质结构的材料增加了能带结构参数(最常用的是导带底 E_c、价带顶 E_v 和费米能级 E_F)在实空间的分布特性,这一特性常用实空间的能带结构图来表示。

pn 结是材料成为半导体器件的主要方式之一,它是两种不同导电类型的材料组合在一起构成的材料,工艺上通过杂质扩散、杂质离子注入或直接外延不同掺杂类型的材料来获得。结区两侧的载流子因浓度不同而发生扩散,使结附近区域内的多数载流子浓度降低,形成载流子耗尽区。与此同时,耗尽区内材料的电中性条件受到破坏,并由此形成由 n 区指向 p 区的内建电场(简称内建场),使载流子在扩散运动和内建场产生的漂移运动中达到动态平衡。内建场的产生也将原本在 N 型和 P 型材料中处于不同能级位置的导带底和价带顶以连续变化的方式连接在一起，形成如图 2－8 所示的实空间能带结构分布图。对于三元化合物材料，由于其组分（也就是禁带宽度）可能存在的梯度，位于 p 区或 n 区的材料本身也有可能存在由禁带宽度梯度引入的内建场，它同样也会影响空间电荷区的分布，并对 pn 结的漏电流（扩散电流和产生复合电流）以及光电流产生影响。

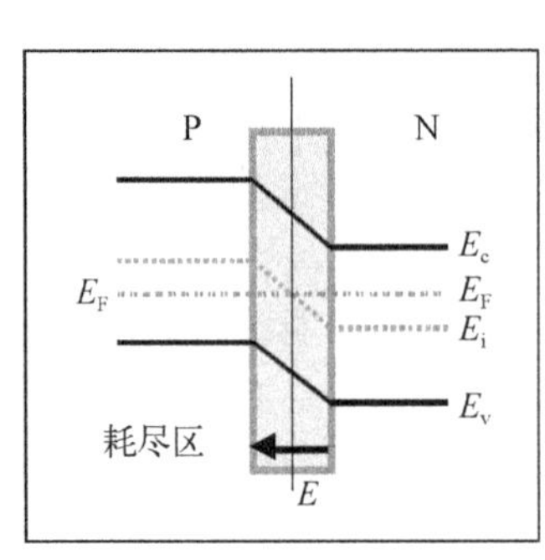

图 2－8　半导体材料 pn 结的能带结构

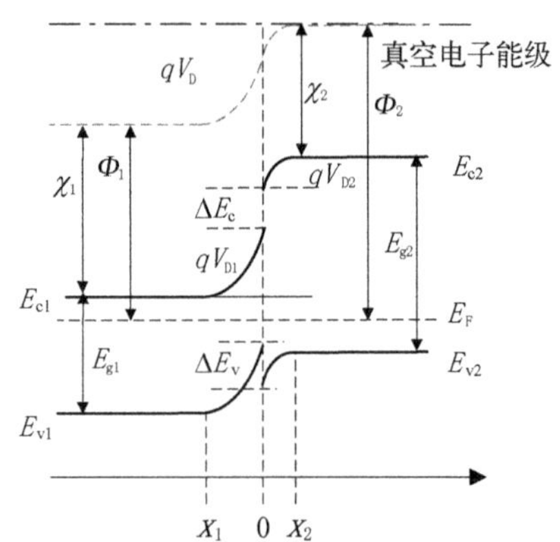

图 2－9　半导体异质结材料的能带结构图

异质结是将两种不同原子组成（或不同组分）的晶体材料，以晶格外延的方式组合在一起的复合材料。异质结实空间能带结构图的构建遵循三个原则：一是材料中电子的化学势处处相等（即费米能级相等），基于能量最低原理，其绝对位置与其中功函数 Φ（电子从费米能级激发到真空电子能级所需要的能量）大的那种材料的费米能级相一致；二是材料的禁带宽度保持不变；三是界面处两侧材料导带底之间的差值（亦称带阶）等于两者亲和势 χ（电子从导带底跃迁到真空电子能级所需的能量）的差值。根据这些原则，图 2－9 给出了 P 型和 N 型半导体材料构成的异型异质结的能带结构图，界面处导带和价带的带阶分别为

$$\Delta E_c = \chi_2 - \chi_1 \tag{2-15}$$

$$\Delta E_v = E_{g2} - E_{g1} + \Delta E_c \tag{2-16}$$

而在远离界面的区域（内建场可以忽略的位置）：

$$\Delta E_c = (E_{c2} - E_{F2}) - (E_{c1} - E_{F1}) = (\Phi_2 - \chi_2) - (\Phi_1 - \chi_1) \tag{2-17}$$

$$\Delta E_v = [E_{g2} - (\Phi_2 - \chi_2)] - [E_{g1} - (\Phi_1 - \chi_1)] \tag{2-18}$$

导带和价带在界面区域发生弯曲的幅度（qV_{D1} 和 qV_{D2}）与材料功函数之间的关系为

$$qV_{\mathrm{D}} = qV_{\mathrm{D1}} + qV_{\mathrm{D2}} = \Phi_1 - \Phi_2 \tag{2-19}$$

能带在异质结界面处的弯曲导致了内建场:

$$E = \frac{1}{q}\frac{\mathrm{d}E_{\mathrm{c}}}{\mathrm{d}x} \tag{2-20}$$

和空间电荷区的产生,同时也改变了功函数较小的材料中电子激发到真空能级所需的能量。

界面两侧材料的能带弯曲幅度、内建场和电荷密度的大小及其分布可采用安德逊能带模型,并根据静电场的泊松方程进行定量计算。以上述异型异质结为例,两侧材料能带的弯曲幅度之比为

$$\frac{V_{\mathrm{D1}}}{V_{\mathrm{D2}}} = \frac{\varepsilon_2 N_{\mathrm{D2}}}{\varepsilon_1 N_{\mathrm{A1}}} \tag{2-21}$$

式中,N_{A1} 和 N_{D2} 分别为 P 型和 N 型材料的载流子浓度,ε 为介电常数。界面两侧内建场的分布范围分别为

$$x_1 = \sqrt{\frac{2\varepsilon_1}{qN_{\mathrm{A1}}}V_{\mathrm{D1}}},\ x_2 = \sqrt{\frac{2\varepsilon_2}{qN_{\mathrm{D2}}}V_{\mathrm{D2}}} \tag{2-22}$$

受界面组分互扩散和界面缺陷能级等因素的影响,真实异质结的能带结构与理想的突变结会有所偏离。

依据同样的原理,我们也可勾画出金属与半导体材料之间能带结构图,金属材料只有费米能级(或功函数),能够对半导体材料多数载流子的输运形成通路的金属/半导体接触被称为欧姆接触,其金属的功函数需小于 N 型半导体材料的功函数(图 2-10),或大于 P 型半导体材料的功函数。与此同时,欧姆接触在界面处所导致的半导体材料能带弯曲对少子将形成势垒,对抑制少子在界面处的复合有一定的作用,有利于提高光电器件的量子效率。

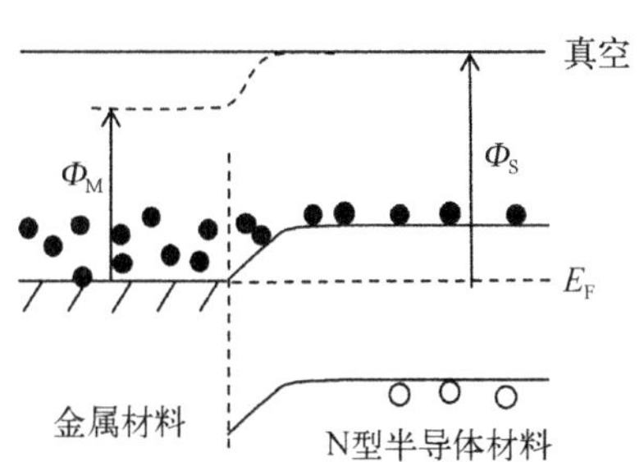

图 2-10 金属与 N 型半导体材料形成欧姆接触的能带结构图

按照两种材料禁带之间的相对位置,异质结有Ⅰ型和Ⅱ型之分(图 2-11)。异质结材料的性能参数主要包括组成异质结的材料特性、形成异质结后的带间偏移量 ΔE_{c} 和 ΔE_{v},以及材料载流子的浓度与分布。利用异质结的能带结构,人们希望对电子或空穴的流动特性加以控制,图 2-12 中的势垒是理想(忽略界面效应)中的仅让电子或空穴能够流动的异质结构,利用这样的势垒结构,可构筑图 2-12(c)

中所显示的 nBn 光子探测器。目前，nBn、nBp 和 pBp 等异质结探测器的研究正在发展之中，并已在 InAsSb/AlAsSb 红外探测器上取得了突破[6]。

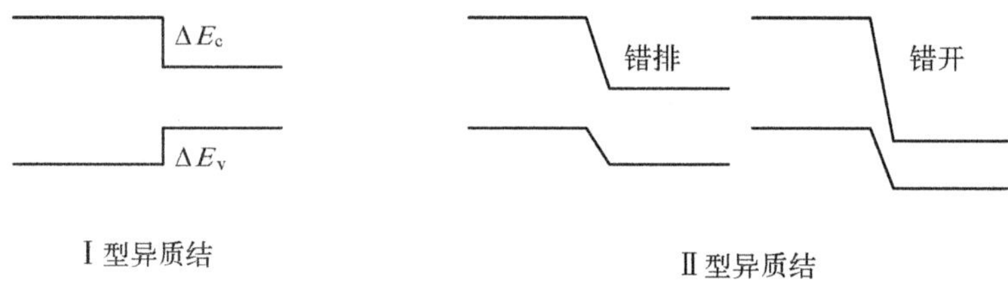

图 2-11　异质结半导体材料的能带结构

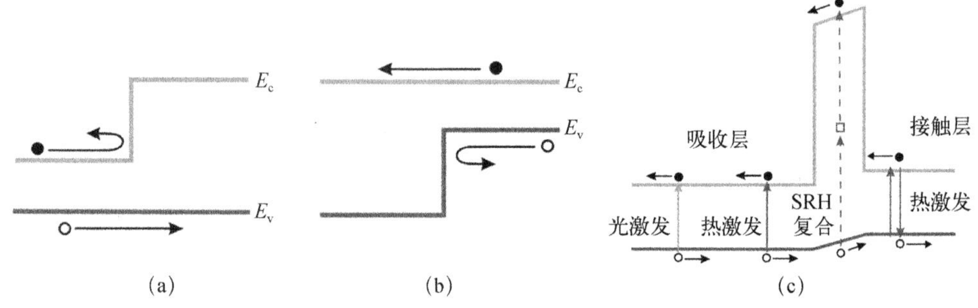

图 2-12　单一载流子导电的异质结构

(a) 电子阻挡势垒;(b) 空穴阻挡势垒;(c) 电子阻挡型 nBn 探测器的能带结构

利用异质结在界面处形成的内建场可以将掺杂区材料的载流子引入到另一侧本征材料的势阱中(或积累区)，如图 2-13 所示，由于积累层中的电子被局限在平行于界面的二维空间内，习惯上也将其称为二维电子气。因势阱中载流子受到的散射很小，载流子的迁移率得到了很大的提高，Ⅲ-Ⅴ族材料制备的高速电子器件(HEMT)正是利用了这一效应。

超晶格是多种不同性质的晶体材料交替生长而形成的具有周期性结构的薄膜材料，材料性质的差异可以来自材料的种类和组分，也可以来自掺杂或应变特性。超晶格材料的基本特性包括势垒和势阱材料的带隙、宽度和由材料掺杂特性所决定的带阶大小，超晶格材料的能带结构分为三种类型(图 2-13)。当超晶格材料的势垒较宽时，即各势阱中的电子波函数不发生耦合作用，这类超晶格材料习惯上被称为量子阱材料，其能带结构的空间分布特性按各层材料的能带特性交替排列，如图 2-14 所示，势阱材料中的电子原本在 z 方向连续的能量分布将变为分立的能级分布，即

$$E(k) = E(k_z) + \frac{h^2}{m}(k_x^2 + k_y^2) \tag{2-23}$$

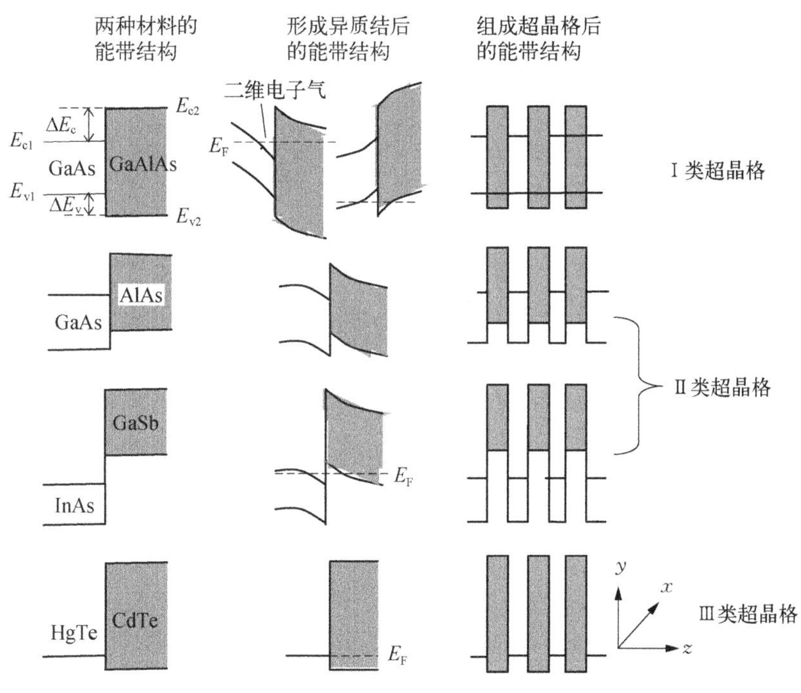

图 2-13　超晶格半导体材料的能带结构

其中，

$$k_z = \pm n\pi/W \qquad (2-24)$$

式中，W 为量子阱的宽度。

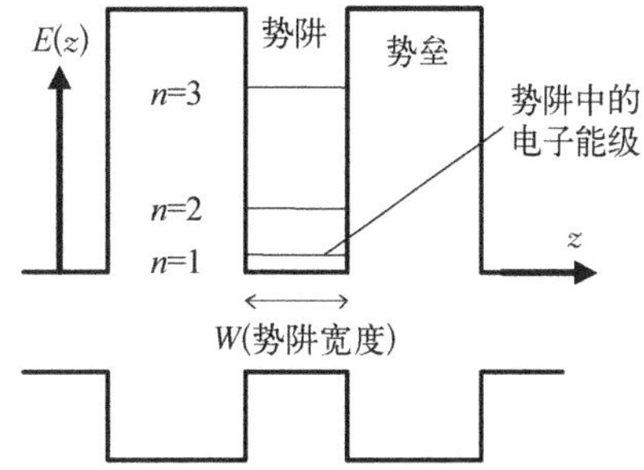

图 2-14　量子阱材料的能带结构图

当势垒层厚度很小时，阱中电子隧穿势垒的概率将变大，不同阱中的电子将产生相互作用，阱中分立的电子能级将延展为能带(亦称微带，见图 2-15)，同样的道理，势垒材料中的空穴能级也将呈现微带分布，微带间的能隙可用势垒层和势阱层的厚度进行调控[7]。超晶格材料的最大特点是微带中的电子和空穴分别局限于空间上错开的势阱和势垒区域，从理论上讲，它能有效抑制非平衡载流子的俄歇复合效应。与普通材料一样，通过使用掺杂技术，可以形成不同导电类型(p 型或 n 型)和不同载流子浓度的超晶格材料，并制备出半导体器件所需的 pn 结。近年来，超晶格材料的应用技术发展很快，但人们对超晶格材料在 $\boldsymbol{k}$ 空间的能带结构和微带中电子基本特性的认识还远没达到体晶材料的水平。

受边缘效应影响的材料(包括量子点、纳米线和二维材料)都是低维度的晶体

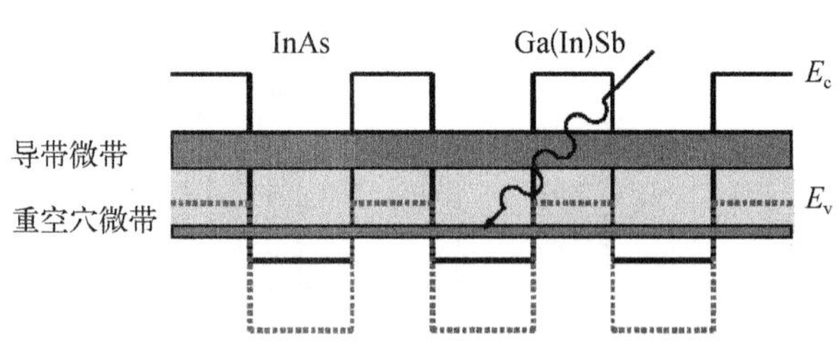

图 2 - 15　InAs/GaSb Ⅱ类超晶格材料的能带结构图

材料,晶体维度的降低将导致其倒易空间的维度出现相应的下降。量子点的尺度 L 在 1～100 nm,亦称纳米晶,属零维材料,电子在三维空间的运动都受到了限制,晶体材料的连续能带反过来又变成了分立的能级,不再存在 $\boldsymbol{k}$ 空间连续的能带结构。因原子间的电子存在相互作用,量子点的能级将由单原子能级分裂出的多能级组成,分裂能级的能隙为

$$\Delta E = \frac{h^2}{8m_0L^2}(2n + 1) \tag{2-25}$$

纳米线是一维材料,线宽为几个纳米到一百纳米,电子只能在一维空间运动,其迁移率受边界散射的影响而明显降低。在能带结构上,纳米线仅在一维的 $\boldsymbol{k}$ 空间上具有能带结构,在垂直于纳米线的方向,电子的能量为分立能级,即

$$E(k) = E(k_n) + \frac{h^2}{m}k_z^2 \tag{2-26}$$

二维材料是近几年由石墨烯带动而发展起来的新型材料,材料厚度为单个原子层或多个原子层,与量子阱的能带结构相似,在垂直于二维材料的方向上,能带退化为能级。图 2 - 16 为石墨烯材料的二维能带结构图,在二维 $\boldsymbol{k}$ 空间上存在 6 个导带与价带相交点(带隙为零),交点附近能带结构呈锥形(称狄拉克锥),该处电子的有效质量为零,运动速率接近光速。通过外加电场,带隙可被打开,呈半导体材料特性。拓扑绝缘体是另一类二维材料,研究表明,对于正带隙且自旋轨道耦合作用较强的材料(如 BiSb、Bi_2Se_3、Sb_2Te_3 和 HgCdTe 量子阱等),在自旋-轨道耦合的作用下,表面原子层的价带和导带的能带将发生翻转(俗称能带结构发生了相变),原来价带中的一部分混入导带,而导带中的一部分则混入价带,在 $\boldsymbol{k}$ 空间形成不同于原来拓扑特性的能带结构(图 2 - 17),进而在材料表面形成零能隙、自旋劈裂且具有线性色散关系的能带结构和表面态。当体材料为绝缘材料时,其表面可具有导电性质,且不同自旋特性的电子具有不同的运动方向(即不同的波矢方向),这样的表面态因受时间反演对称性的保护而具有很好的稳定性。因体内和表面的电子能带结构具有不同的拓扑形态,这样的材料被称为拓扑绝缘体。

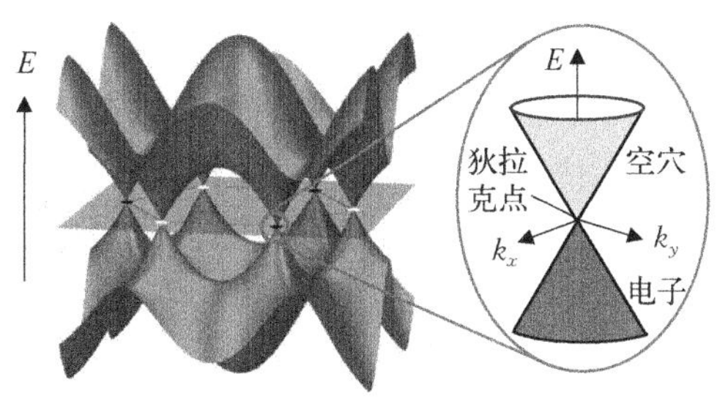

图 2-16　石墨烯的能带结构

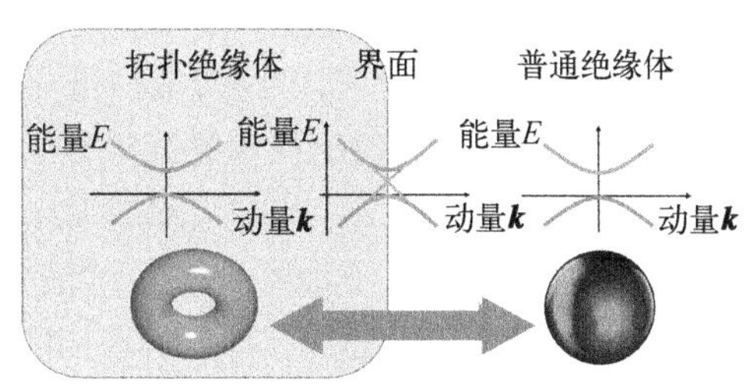

图 2-17　拓扑绝缘体的能带结构

材料的能带结构为人们思考和分析半导体材料特性构建了一幅物理图像，也是人们分析材料性能的理论基础。基于量子力学的能带计算方法和现有计算机的计算能力，并通过理论计算与实验数据的拟合，研究者们已能获得各种半导体材料的能带结构、态密度和波函数等能带性能参数。如需深入理解和掌握材料的能带理论，读者可进一步阅读固体物理和量子力学相关的研究论文或书籍[8-9]。

2.5　缺陷性能

在理论上完美无缺的半导体材料中，原子将严格按照晶格上的格点排列，但是自然界中并不存在这样的理想材料，其原因是材料制备工艺多多少少存在着各种各样的不完善和不稳定，它会造成材料中某些原子未按要求占据应有的格点，甚至导致部分原子的空间位置发生位移（占据相邻格点）或形变，或者某些不该进入材料的原子进入了材料；另一方面，即使不存在工艺上的破缺，按照热力学理论，原子的热运动也会造成部分原子因热激发而脱离格点或出现在非正常格点的位置上。从几何的角度看，晶体的缺陷可分为点缺陷、线缺陷、面缺陷和体缺陷。

2.5.1　点缺陷

在晶体材料中，原子脱离正常格点后留下的空格点被称为空位，那些占据其他原子格点的原子被称为替位原子，占据格点间空隙位置的原子被称为填隙原子，而那些不该进入材料的原子则被称为杂质（也分替位杂质和填隙杂质两种类型）。A 原子的空位、B 原子占据 A 原子格点的替位原子和填隙位置上的 B 原子的表达方式分别为 V_A、B_A 和 B_i，其浓度的表示方法为 $[V_A]$、$[B_A]$ 和 $[B_i]$。习惯上我们将没有杂质或没有故意掺杂且浓度远小于本征载流子浓度的材料称为本征材料，故意添加杂质的材料为掺杂材料。

替位原子、填隙原子、空位和杂质原子都是原子尺度的缺陷，这些缺陷统称为点缺陷。替位原子仅存在于化合物材料中，如 AB 化合物中的 A 原子占据了 B 原子所在的格点。点缺陷的数量(或浓度)与材料在平衡态下的点缺陷的化学势相关,它与材料的种类、温度以及材料所处的气相原子平衡蒸汽压有关。点缺陷的出现将对晶体内部的周期势场造成局部干扰,这种干扰会导致禁带中出现电子能级(亦称杂质能级)。理论计算的结果显示,如果替位杂质原子外壳层中的电子比正常格点原子多出 1~2 个,杂质能级将出现在靠近导带底部的位置。受原子热运动的作用,能级上的电子很容易激发到导带形成自由电子,相应的杂质缺陷被称为施主(带正电荷),缺陷能级被称为施主能级,该能级与导带底的能级差为施主的激活能;反之,如果替位杂质原子外壳层中的电子比正常格点原子少了 1~2 个,出现在禁带中的杂质能级将出现在靠近价带顶部的位置,这样的能级很容易通过热激发从价带俘获电子,从而在价带中形成空穴,相应的杂质缺陷被称为受主(带负电荷),缺陷能级被称为受主能级。当点缺陷浓度较低时(如小于 $10^{16}\,cm^{-3}$),所有杂质的能级近似于处在简并状态。当杂质原子的浓度增大到其间距接近玻尔半径后,施主(或受主)之间将发生相互作用,杂质能级也将展宽成杂质能带,在重掺杂的条件下,杂质能级有可能与导带或价带连成一体,并导致材料实际的带隙发生变化。

同族原子的替位掺杂也是一种点缺陷,尽管是电中性的,但是,由于电负性和原子半径的不同,缺陷也可以具有俘获或激发电子的能力,并可以形成载流子的束缚态,亦称等电子陷阱能级,这样缺陷称为等电子陷阱缺陷。同族原子的替位掺杂还可用于减缓其他掺杂原子引起的晶格畸变,例如,Si 材料中的 Ge 掺杂原子可以减缓相邻硼(B)原子受主造成的晶格畸变,多种原子的掺杂技术也被称为共掺杂技术。

点缺陷作为调控材料载流子浓度或其他性能的手段而被故意引入时,习惯上不把它们当作材料的缺陷看待,但是,如果它们对材料的其他性能产生不利影响时,也会被作为缺陷看待。例如,碲镉汞材料中的汞空位,它经常被作为 P 型材料的受主使用,并通过热处理工艺来调控材料的空穴浓度,此时它不作为材料的缺陷看待,但是,汞空位在提供 P 型载流子的同时,它还会影响材料中非平衡载流子的复合特性,使得材料的少子寿命降低,因此,在考虑材料载流子的复合特性时,汞空位又会被当作缺陷看待。

2.5.2　线缺陷

线缺陷亦称位错,从理论上看,它是晶体中部分材料发生晶格滑移后形成的缺陷,位于滑移和未滑移材料之间的分界线,最早由意大利数学家和物理学家维托·伏尔特拉(Vito Volterra)于 1905 年提出。在位错线附近的区域,原子在晶格上出现了错排,按材料滑移的方式或原子错排的方式,位错可分为刃位错、螺位错和同时兼有两种特征的混合位错。部分材料的滑移将导致晶体内部出现突然终止的单层原子晶面,在此晶面终止处形成的不规则原子排列即为刃位错。假想将晶体剪开(但不完全剪断),然后将剪开的部分的一侧上移(滑移)半个原子层,另一侧下移半个原子层,在“剪开线”终结处形成的原子不规则排列则为螺位错。两类位错可用滑移面上某一格点滑移前后的位移矢量来描述,俗称伯格斯矢量,它描述了位错导致的原子面扭曲的大小和方向。刃位错的伯格斯矢量在方向上垂直于位错线的方向,而螺旋位错的伯格斯矢量方向则平行于位错线的方向。位错是否能够形成和数量的多少与晶面滑移所需的能量密切相关,按照价键理论,它与键的形成能和滑移时所需断键的线密度相关,基于这样的考虑,在金刚石结构或闪锌矿结构中,最容易形成柏格斯矢量为 ***a*** /2<110>的位错有三种,即<110>走向的螺位错(滑移面为平行于<110>的任何晶面)、60°位错(滑移面为{111}面)以及<211>走向的30°位错(滑移面为{111}面),按照断键的原子种类(金属类或非金属类),位错又可分为 α 和 β 两种类型。柏格斯矢量(如 ***a*** /2<110>)为原子间距整倍数的位错又称为全位错,在层错的边界上还会存在柏格斯矢量不是原子间距整倍数的位错,如柏格斯矢量为 ***a*** /3<111>和 ***a*** /6<112>的位错,这样的位错被称为不全位错。根据位错的柏格斯矢量和滑移面,可以绘制出不同位错附近原子不规则排列的情况,图 2-18 为刃位错、螺位错和 60°位错附近原子的不规则排列和伯格斯矢量的示意图。

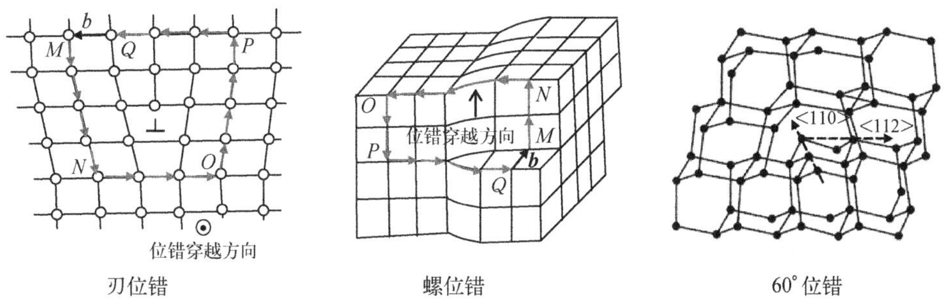

图 2-18 刃位错、螺位错和 60°位错附近原子排列的结构

b 为位错的伯格斯矢量

从图 2-18 也可以看出,如果插入的原子层不是半原子面,而是有限的若干排原子,材料中将出现多个刃位错,理论上也不能排除只插入一排原子的可能性,它也应该是一种线缺陷。如果插入的半原子面没有贯穿整个材料,它也会引入新的刃位错。如果原子面上各排原子插入的深度还存在差异,情况则将变得更加复杂。此外,位错与位错之间可能发生交叠,位错与材料内部其他缺陷也可能出现交叠,这表明位错在实际材料中的特性可能远比教科书上介绍的要复杂。但是,在一般的情况下,人们会自觉或不自觉地将这类复杂位错的密度默认为是一个小量,或仅用显露在材料表面的位错密度来评价材料中位错的特性。

位错密度有两种评价方法,一是单位体积中所有位错线的总长度,二是位错线终止在表面的密度,只有当所有位错的走向垂直于材料表面时,两种评价方法才能得到相同的数值,这一点在测量与评价材料位错性能时需引起特别的重视。在实际应用中,对位错穿越方向(相对于材料表面)进行控制有时候是非常必要的,例如,选用位错穿越方向尽量平行于表面的衬底材料有利于生长出低位错密度的材料,而通过结构设计使位错穿越 pn 结的密度降低则能有效降低器件的漏电流。

位错的位置可以在晶体中移动,如果位错的种类和特征在移动中保持不变,这样的移动称为位错的滑移,伯格斯矢量相反的两个位错移动到同一点时会发生湮灭,若没有与其他位错发生作用或移到晶体表面,位错不会湮灭,这一规律也称为伯格斯矢量的守恒定律。但是,如果材料中存在体缺陷,晶体材料中将出现内表面,它能使位错线在材料体内发生终止,进而呈现局域化的特性。

材料中的位错可以用透射电子显微镜直接进行观察,但检测成本非常高。在材料制备工艺中,一般都采用化学腐蚀的方法,它将位错以腐蚀坑的形式显露在材料表面(与表面夹角很小的位错很难腐蚀出坑),使其能用普通的光学显微镜进行检测。人们通常习惯于用腐蚀坑的密度来评价材料的位错特性,而对腐蚀坑的穿越特性和空间分布特性的测量与研究则较少。

2.5.3　面缺陷

层错和晶界是两种典型的面缺陷。层错是交替排列的晶面发生错位而产生的一种缺陷,又称为堆垛层错。以金刚石结构的晶体材料为例,(111)晶面的原子层沿[111]方向的正常堆垛顺序为三层重复的 $\cdots ABC\ ABC\ ABC\cdots$,如果局部出现 $\cdots ABC\ AB\backslash A\backslash C\ ABC\cdots$ 或者 $\cdots ABC\ A\backslash C\ ABC\cdots$ 方式的原子层错排,错排的原子层即为层错。$\cdots ABC\ AB\backslash A\backslash C\ ABC\cdots$ 是在正常排列的原子层中插入一层原子层,所形成的层错称为内禀层错,$\cdots ABC\ A\backslash C\ ABC\cdots$ 是在正常排列的原子层中抽出一层原子层,所形成的层错称为外禀层错。

晶界是具有相同晶体结构和不同取向的相邻晶体之间的界面。在晶界处,原子排列从一个取向过渡到另一个取向,晶界处原子排列由适配部分与失配部分组成,图 2-19 给出了晶体中常见的三种晶界。大角度晶界一般出现多晶体材料中,晶界处原子的排列接近无序状态。相邻晶体取向相差 $2'\sim3'$ 的晶界被称为小角度晶界,当晶粒绕垂直晶粒界面的轴旋转微小角度,也能形成由螺旋位错构成的小角度晶界。根据晶界两边原子排列的连贯性,可以将晶界划分为共格晶界和非共格晶界,如果界面处的原子面能同时满足两个晶体中原子排列的周期性要求,这样的界面称为共格晶界,一般由两侧晶体绕界面法线转动一定的角度而形成,在法线方向上两者仍具有相同的晶向,共格晶界也可当作层错来理解和处理。当晶界平行地成对出现且外侧晶体具有完全相同的结构和取向时,夹在外侧晶体之间的材料被称为孪晶,这样的晶界也被称为孪晶界或孪晶面。孪晶界也可分为共格孪晶界、半共格和非共格孪晶界三种(图 2-20),共格晶面是一种无畸变的晶面,界面能很低,约为普通晶界界面能的 1/10,界面的稳定性很好,是一种较为常见的孪晶晶界。如果两个晶体相对于孪晶面旋转了一个角度,结果导致孪晶界上只有部分原子为两部分晶体所共有,另一部分原子则出现了错排现象,这种孪晶界为半共格孪晶界,界面的能量相对较高,约为普通晶界的 2 倍。

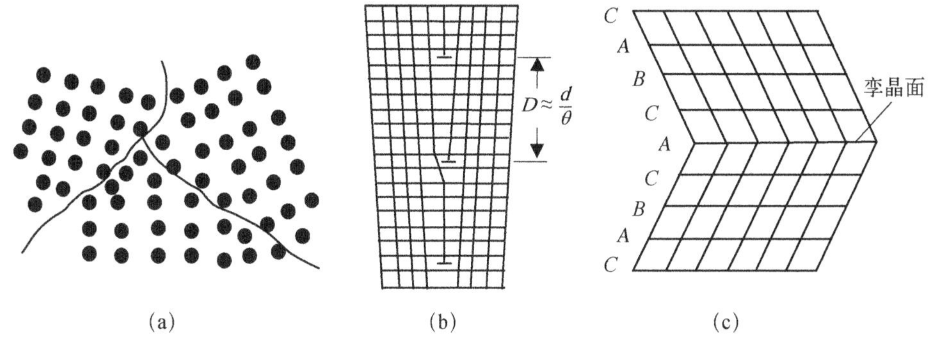

图 2-19 半导体材料中三种典型晶界的示意图

(a) 多晶晶界;(b) 小角晶界;(c) 孪晶晶界

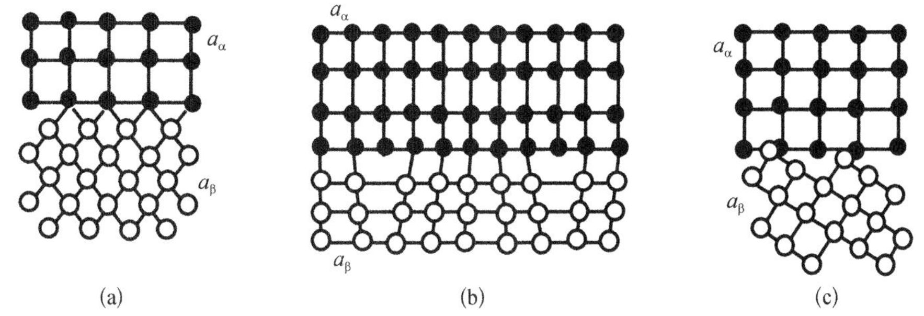

图 2-20 半导体材料中界面原子的共格特性

(a) 共格界面;(b) 半共格界面;(c) 非共格界面

在大多数半导体体晶材料中,层错和晶界的密度都比较低,带有面缺陷的晶片一般都会在检测后被淘汰,正常晶片大都为无面缺陷的晶体材料。

2.5.4 界面缺陷

体晶可以做到不含面缺陷,但外延材料与衬底之间的晶界则是材料基本特性的一部分,晶界及其晶格失配引入的缺陷(集聚在界面附近)经常存在于实际使用的外延材料中,由于失配位错的存在,此时包含位错的晶界已不再是严格的二维面缺陷。在异质衬底的外延材料中,两侧材料可以具有不同的晶格常数或晶体结构,如果界面两侧材料的晶格失配较大,在紧靠界面处的外延材料中出现大量的失配位错,材料原子结构的无序度非常高。随着外延的继续,新的晶格结构逐渐形成,晶格完整性会有一定的修复,这意味着界面附近的原子结构同时包含着有序和无序两种特性,对于过渡区材料的原子结构,目前仍缺乏深入的了解和认识。在同质衬底的外延材料或多层异质结构的外延材料中,晶界类似于孪晶中的半共格界面,界面附近的失配位错随晶格失配度增加而增加。为了能有效释放因晶格形变而产生的应力,失配位错的走向大都平行于界面(或与界面呈较小的夹角),结果导致采用位错腐蚀坑的方法并不能有效地揭示出材料失配位错的特性。晶格失配也会导致材料中的穿越位错(位错走向靠近材料的生长方向)出现增殖,这种情况在异质衬底的外延材料中尤为明显。失配位错的另外一些特性有:① 位错密度随离开界面的距离增加而减小,为了降低失配位错对半导体器件的影响,一般会对外延材料的厚度有一定的要求,有时也会采用去除衬底和界面层的方法来更好地减轻或消除失配位错的影响;② 高密度的失配位错会集聚成粗细不等的簇团(条状缺陷),在外延材料表面的 X 光貌相上呈现出特定取向的线条状分布,俗称交叉线(crosshatch)形貌。

2.5.5 体缺陷

晶体材料中局部区域(尺度在几十纳米和几十微米之间)存在的完全不同于材料晶体结构的物质或空洞统称为体缺陷,包裹物、夹杂物和析出物是不同形成机理所产生的体缺陷,在没有搞清楚缺陷的形成机理之前,缺陷名称的使用时常会出现混乱,之后,有些用错了的缺陷名称也会被继续沿用。

析出物是指固体中某元素或缺陷因过饱和而析出的一种缺陷,析出物刚形成时尺寸很小,也被称为微缺陷,随着析出过程的不断进行,或者析出物的迁移和相互聚合,析出物会逐渐长大(达到微米数量级),由于翻译的原因,析出物有时也被称为沉淀物。包裹物指的是熔体中低熔点的微滴因四周熔体固化而被包裹在固体材料内部的一种缺陷,低熔点的微滴通常是因熔体发生液-固相变时,材料化学计量比的分凝系数较大而产生的。当被包裹的液滴中有杂质聚集,或化学计量比过饱和析出围绕杂质簇团发生时,所形成的缺陷被称为夹杂物缺陷。

2.5.6 表面缺陷

这里讲的材料表面缺陷是位于材料表面的体缺陷,或者是由衬底表面体缺陷穿越到外延层表面的缺陷,或是因衬底失配在表面形成的尺寸较大的缺陷,例如,MOCVD 外延材料中常见的 Hillock 缺陷[10]就是一种由外延引起的微米数量级的体缺陷。由于器件结构都是加工在材料的表面区域,在评价材料性能时,表面缺陷也是一个非常重要的参数。

表面缺陷的尺寸、密度和分布特性是衡量材料质量的重要参数,不同尺寸的体

缺陷密度在空间的分布图是一种最全面的评价方法。源于体缺陷的表面缺陷密度 D 与体缺陷密度的关系为

$$D = \rho/d \tag{2-27}$$

式中，ρ 和 d 分别为体缺陷的密度和尺寸。当体缺陷在尺寸也存在差异时，材料表面缺陷的特性也将变得更加复杂。

在工业界，晶片的表面缺陷也被称为表面颗粒，它不仅包括了材料本身的缺陷，也包含了环境作用于材料表面所形成的缺陷，晶片的表面性能用表面颗粒的等效直径、密度及其分布来表征。

半导体材料中往往会同时存在不同类型的缺陷，也会同时存在多种同一类型的缺陷，由于很多缺陷之间存在着相互作用，缺陷在材料中并不是以孤立的方式存在着。以 Si 材料为例，Si 原子空位及其簇团或空洞（晶体原生缺陷，COP）的出现会影响材料中氧原子沉淀物的密度和分布，掺杂原子（如 N 掺杂、Ge 掺杂等）的出现也会影响 COP 的尺寸和密度，其结果既为材料缺陷性能的控制提供多种技术途径，同时也给材料性能的评价技术增添了复杂性。

2.6 表面与界面性能

研究半导体表面特性的重要性在于，半导体器件都是做在临近材料表面的区域，外场对半导体材料的作用也首先是从材料表面开始的，材料表面对非平衡载流子的复合特性也常常会起到至关重要的影响。材料的表面或界面特性不仅会影响材料表面的能带结构和载流子的输运特性，也会影响材料的光学特性和非平衡载流子的复合特性。

材料的表面性能由材料的晶向、面形、粗糙度、表面缺陷、表面态（或界面态）等性能参数组成。晶向是晶片的重要性能参数，它与器件的表面态、离子注入的沟道效应和外延的生长机制等实际应用需求密切相关。为了获得低的表面态密度，用于 CMOS 工艺的 Si 片通常是表面为（100）面的晶片，而为了降低外延材料的畸变，用于外延的 Si 片常为（111）晶片。理想的半导体材料表面应为原子级起伏的平面，但由于加工技术或外延生长技术的限制，表面总会存在一定的不平整和弯曲，其状态用平整度和弯曲度（凸起高度和凹陷深度的平均值）来衡量，它们也是器件制造对材料提出要求的一项重要指标。平整度的定义有很多种，比较常用的定义有总厚度的最大偏离值（TTV）和表面起伏的最大幅度（TIR），TTV 是材料放置在平面上时，其上表面高低起伏的最大幅度，若是外延材料，TTV 则为厚度的最大偏离值。TIR 则是材料表面相对于截距最小参考面（距表面各点的截距之和为最小）的最大起伏。同样受制于表面加工技术或外延技术的材料参数还有表面粗糙

度（表面起伏的均方差），它用于评价材料表面在微小区域内的起伏。以上这些参数与材料测量区域的大小是相关的，在对比材料性能的好坏时需采用相同的测试条件。此外，外延材料的表面还会有一些与衬底晶向或晶格失配度相关的表面特征形貌，如 crosshatch 形貌，它是界面失配位错对生长机制造成影响的结果。因表面而产生的表面缺陷主要有三种，一是表面原子周期性破缺导致的悬挂键；二是加工损伤在表面层中产生的晶格缺陷，三是表面物理吸附和化学反应造成的缺陷。由于这类表面缺陷的存在，它们会在材料表面的能带结构中引入一组表面态，并导致能带结构发生改变。来自周期性破缺的表面态称为本征表面态，通常分布在禁带中与价带相距 $1/3E_g$ 左右的位置。由于表面态激发电子后成施主特性（带正电），俘获电子后呈受主特性（带负电），P 型材料中的表面态常为施主，而 N 型材料中的表面态常为受主。表面态的存在会改变材料表面的费米能级，进而造成能带弯曲，形成内建场和空间电荷区，并影响到金属与半导体之间的接触特性。当表面态密度很高时，费米能级将被钉扎在表面态能级上，此时，金属/半导体接触对半导体载流子形成的势垒高度将主要取决于半导体材料的性质（禁带宽度和费米能级），而金属材料功函数的影响则大幅度减小[11]。由于材料表面大都与大气环境相接触，表面态也会受到来自环境的影响。

界面存在于双层或多层异质结材料、量子阱和超晶格材料中，当材料表面沉积上覆盖层（如外延层和钝化层等）后，原来的材料表面也随之转化为界面。和材料表面一样，界面的几何形状也会存在起伏，界面的存在也会对材料的性能产生影响。外延材料的界面会因晶格失配而产生悬挂键、应力、位错或缺陷，并形成界面电子能级（界面态），也会因界面两侧能带结构的偏移（band offset）而产生内建场，进而引发或影响界面附近的空间电荷区。

钝化层与半导体材料之间的界面则更为复杂，两者之间会存在很薄（10Å 左右）的过渡层，与半导体材料的表面态一样，钝化层的界面态也分施主和受主，也能影响界面处的费米能级，并能与材料内的载流子发生快速交换（俗称快界面态），在界面处的半导体材料中形成空间电荷区。在钝化层的另一侧也会存在表面态，它可以与半导体材料交换电荷，但需要花较长的时间穿越钝化层，因此，这样的表面态也被称为慢界面态。除此之外，钝化层还可以通过固定电荷、可移动电荷和陷阱电荷影响半导体材料性能，界面固定电荷存在于靠近界面的钝化层一侧，由此引发的电场将影响半导体材料表面的能带结构和空间电荷区；可移动电荷是能够在钝化层中移动的离子电荷（如碱金属和重金属离子），在外电场的作用下，它们也会对半导体表面层中的内建场和空间电荷区产生影响；钝化层中的陷阱电荷是指它释放被俘获电子或空穴所需要的时间很长，导致材料界面特性的变化出现明显的弛豫过程。图 2－21 用示意图的方式给出影响半导体界面电学特性的各种界面缺陷。

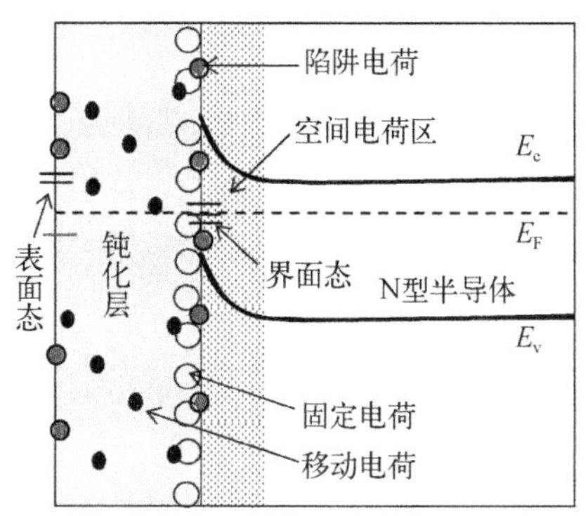

图 2-21 半导体界面物理特性的示意图

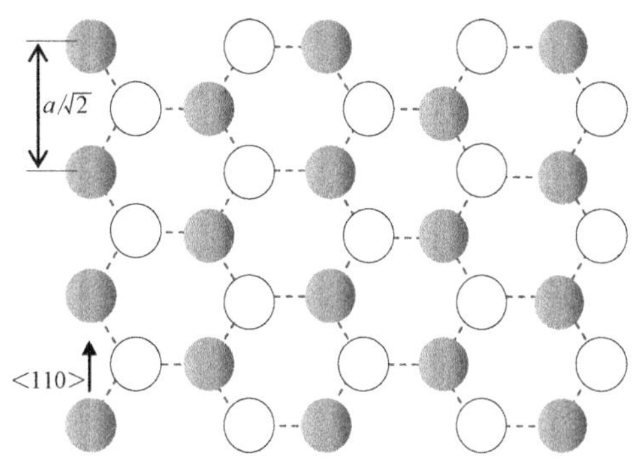

图 2-22 金刚石结构(111)表面原子结构
灰色为最表面层原子,白色珠为次表面层原子

在一般情况下,表面态密度与单位面积内表面原子悬挂键的总数具有正相关性,为了更好地理解表面态,需要对材料表面的原子结构有所了解,以金刚石结构的(111)晶面为例(图 2-22),单个原子的悬挂键数量为 1,理想晶面上的悬挂键面密度在 $10^{14}cm^{-2}$数量级。

此外,材料的界面特性还会受到失配位错和界面互扩散效应的影响,其影响范围可达到微米数量级。

2.7 电学性能

从材料的能带结构特性中,我们已经对材料中载流子在 $\boldsymbol{k}$ 空间的特性所有了解,从大的方面讲,半导体材料在电学性能上有 N 型材料、P 型材料和本征材料之分, N 型材料的导电主要取决于导带中的电子(N 型载流子),而 P 型材料的导电主要取决于价带中的空穴(P 型载流子),本征材料为非故意掺杂且剩余施主或受主浓度远小于本征热激发在导带或价带中产生的载流子浓度的材料。材料的载流子浓度取决于材料的能带结构和由点缺陷引入的施主或受主浓度,从在材料制备工艺上看,原材料的纯度和杂质在液-固相变或气-固相变过程中的分凝系数决定了材料中的杂质浓度,由工艺所处热力学平衡条件所决定的杂质占位方式则进一步决定了材料的导电类型和载流子浓度。以 HgCdTe 材料为例,如使用纯度为 7N 的原材料,在经热处理消除材料中受主型的汞空位(浓度远小于 $10^{13}cm^{-3}$)后,所得到的材料在其常用的工作温度(一般低于 200K)下均为 N 型半导体材料,即施主浓度大于材料的本征载流子浓度,因施主主要来自原材料,亦称剩余施主,浓度在 $10^{13}\sim10^{15}cm^{-3}$,与材料组分有明显的相关性。剩余施主为主并不意味着原材料中不存在 Au、Ag、Cu 等可以占据 Hg 原子格点而形成受主的杂质,只是在汞空位缺失的情况下这些受主杂质进不了碲镉汞材料，即使在材料生长时已经进入，在后续以消除汞空位为目的的富汞热处理过程中也会被驱赶出来[12]。

通过能带理论，我们已对材料的载流子及其导电类型有了很好的理解，但是，全面评价半导体材料的电学性能还需要知道材料载流子在实空间和在外电场或磁场作用下的迁移特性。在受到电子注入、光照等外界激发后，载流子的分布会偏离平衡态，受激发而增加的载流子被称为非平衡载流子，非平衡载流子的浓度、迁移率及其激发源撤销后恢复到平衡态的时间与过程也是材料电学特性的一个重要组成部分，光电子器件的功能就是利用这部分载流子来实现的。下面我们将分别介绍半导体材料在平衡态、受外场作用和非平衡态下的电学特性。

2.7.1　平衡态下材料的电学特性

平衡态下材料的电学性能的参数包括本征载流子浓度、载流子浓度、施主浓度、受主浓度以及它们所处的能级位置。

首先，我们来考虑本征材料中的情况，其电子占据能级 E 的概率满足费米分布，即

$$f(E)=\frac{1}{1+\exp\left(\frac{E-E_{\mathrm{F}}}{k_0T}\right)} \tag{2-28}$$

式中，k_0和 T 分别为玻耳兹曼常数和温度，E_{F}为电子的费米能级，它的物理含义是材料中电子的平均电位。于是，导带中电子的浓度将按

$$\mathrm{d}n=G(E)\cdot f(E)\cdot \mathrm{d}E \tag{2-29}$$

进行分布，其中 $G(E)$ 为电子在能量上分布的态密度。在实际情况中，半导体材料导带中的电子数量远低于能带中所有能级的总数，也就是说，载流子主要分布在导带的底部，在计算载流子浓度时可以将能带结构的等能面近似地当作球面处理（当能带底部严重偏离球面等能面时，以下公式需做相应的修正），即

$$E_{\mathrm{c}}(k)=E_{\mathrm{c0}}+\frac{h^2k^2}{2m_{\mathrm{e}}^*} \tag{2-30}$$

其中，m_{e}^* 被定义为导带中电子的有效质量，它与导带底在 $\boldsymbol{k}$ 空间的二阶导数的倒数成反比，即

$$m_{\mathrm{e}}^*=\frac{\hbar^2}{\frac{\partial^2E_{\mathrm{c}}(k)}{\partial k^2}} \tag{2-31}$$

根据量子力学的原理,电子的运动可以看成由频率相近的波组成的波包的运动,其运动速率为

$$v(k) = \frac{1}{h}\frac{\mathrm{d}E}{\mathrm{d}k} = \frac{hk}{m_e^*} \tag{2-32}$$

可以证明,在外电场的作用下,电子运动的加速度与所受作用力之间在形式上满足牛顿定律:

$$F = m_e^* a \tag{2-33}$$

根据式(2-30)给出的能带结构和电子在 $\boldsymbol{k}$ 空间的态密度(2V),可以求得态密度 $G(E)$为

$$G(k) = 4\pi V\frac{(2m_e^*)^{3/2}}{h^3}(E - E_c)^{1/2} \tag{2-34}$$

当材料处于非简并状态 ($E_c - E_F \gg 1k_0T$ 或 $\geqslant 3k_0T$) 时,通过计算可以得到导带中的电子浓度(即本征载流子浓度)为

$$n_0 = 2\frac{(2\pi m_e^* k_0T)^{3/2}}{h^3}\exp\left(-\frac{E_c - E_F}{k_0T}\right) = N_c\exp\left(-\frac{E_c - E_F}{k_0T}\right) \tag{2-35}$$

采用同样的方法,可以求得价带中的本征载流子浓度为

$$p_0 = 2\frac{(2\pi m_h^* k_0T)^{3/2}}{h^3}\exp\left(\frac{E_v - E_F}{k_0T}\right) = N_v\exp\left(\frac{E_v - E_F}{k_0T}\right) \tag{2-36}$$

根据本征热激发的机理或电中性的要求:

$$n_0 = p_0 = n_i \tag{2-37}$$

可进一步求得本征载流子和费米能级与材料其他性能参数之间的关系:

$$n_i^2 = 4\left(\frac{2\pi k_0T}{h^2}\right)^3(m_e^* m_h^*)^{3/2}\exp\left(\frac{-E_g}{k_0T}\right) \tag{2-38}$$

$$E_F = \frac{E_c + E_v}{2} + \frac{3k_0T}{4}\ln\left(\frac{m_h^*}{m_n^*}\right) \tag{2-39}$$

根据式(2-38),半导体材料的本征载流子浓度取决于材料的禁带宽度、载流子有效质量(或能带结构)和温度,在温度不太高的情况下,本征材料的费米能级位于禁带的中间区域。对于大多数半导体材料,空穴有效质量大于电子有效质量(一般相差几倍到十倍),费米能级将位于禁带中间偏上的位置。由于价

带顶同时存在着重空穴和轻空穴，空穴载流子的有效质量一般取为两者的等效有效质量，即

$$m_h^* = (m_{hl}^{*\,3/2} + m_{hh}^{*\,3/2})^{2/3} \tag{2-40}$$

当材料中出现施主和受主后，由于施主或受主能级不存在自旋简并的特性，式(2-28)给出的费米分布函数并不适用于描述电子占据施主(或受主)能级的概率，根据热力学统计物理，电子占据施主能级 E_D 的概率为

$$f_D = \frac{1}{1 + \frac{1}{2}\exp\left(\frac{E_D - E_F}{k_0 T}\right)} \tag{2-41}$$

假定半导体材料为掺杂浓度为 N_D 的 N 型掺杂材料(即施主浓度大于本征载流子浓度)，其杂质电离后所形成的施主浓度(非简并条件下)为

$$N_D^+ = N_D\left[1 - \frac{1}{1 + \frac{1}{2}\exp\left(\frac{E_D - E_F}{k_0 T}\right)}\right] = \frac{N_D}{1 + 2\exp\left(-\frac{E_D - E_F}{k_0 T}\right)} \tag{2-42}$$

在低温弱电离和强电离条件下，材料的费米能级分别为

$$E_F = \frac{E_c + E_D}{2} + \frac{k_0 T}{2}\ln\frac{N_D}{2N_C} \tag{2-43}$$

$$E_F = E_c + k_0 T\ln\frac{N_D}{N_C} \tag{2-44}$$

同理，P 型材料中杂质电离所产生的受主浓度为

$$N_A^- = N_A\left[1 - \frac{1}{1 + \frac{1}{2}\exp\left(\frac{E_F - E_A}{k_0 T}\right)}\right] = \frac{N_A}{1 + 2\exp\left(-\frac{E_F - E_A}{k_0 T}\right)} \tag{2-45}$$

低温弱电离和强电离条件下的费米能级则分别为

$$E_F = \frac{E_v + E_A}{2} - \frac{k_0 T}{2}\ln\left(\frac{N_A}{2N_V}\right) \tag{2-46}$$

$$E_F = E_v - k_0 T\ln\left(\frac{N_A}{N_V}\right) \tag{2-47}$$

掺杂材料的载流子浓度可根据电中性方程：

$$n + N_{\mathrm{A}}^{-} = p + N_{\mathrm{D}}^{+} \tag{2-48}$$

和本征热激发过程的缺陷质量作用定律：

$$np = n_{\mathrm{i}}^{2} \tag{2-49}$$

进行分析和计算。当杂质能够形成二次电离的施主或受主时，其激发或俘获的电子有可能占据两个不同的能级，上述公式也需做相应的修改。

施主或受主的引入将使得两种载流子中的一种成为多数载流子（简称载流子），而另一种则变成了少数载流子，其浓度可相差好几个数量级。

当材料的施主（或受主）浓度过高，导致非简并条件（$E_{\mathrm{c}} - E_{\mathrm{F}} \gg 1k_0T$ 或 $\geqslant 3k_0T$）不再成立时，载流子浓度的公式将改写为

$$n = \frac{2}{\sqrt{\pi}} F_{1/2}\left(\frac{E_{\mathrm{F}} - E_{\mathrm{c}}}{k_0 T}\right) \tag{2-50}$$

$$p = \frac{2}{\sqrt{\pi}} F_{1/2}\left(\frac{E_{\mathrm{v}} - E_{\mathrm{F}}}{k_0 T}\right) \tag{2-51}$$

式中，$F_{1/2}(\xi)$ 为费米积分，

$$F_{1/2}(\xi) = \int_0^{\infty} \frac{x^{1/2}}{1 + \exp(x - \xi)} \mathrm{d}x \tag{2-52}$$

施主（或受主）浓度过高还将使得杂质能级展宽为能带，如果杂质能级较浅，杂质能带将与导带或价带连在一起，形成所谓的带尾，使得材料实际的禁带宽度减小。载流子浓度过高甚至会导致费米能级高于 E_{c}，使得价带电子受激发跃迁到导带所需的能量增加，材料的吸收光谱出现蓝移，这一效应称之为 Burstein-Moss 效应。另外，对于很多半导体材料，由 $\boldsymbol{k} \cdot \boldsymbol{p}$ 微扰法得出的导带具有非抛物带结构，实际材料的载流子浓度与上述理论计算公式之间会存在一定的偏离。

在某些特定用途的材料中，施主和受主会被同时掺入，这时，在材料的电学性能中又将增加一个参数，即施主或受主的补偿度。例如，在剩余施主为 N 型的宽禁带材料中，通过掺入一些深能级的受主，可俘获施主上的电子，降低导带中的电子浓度，并利用深能级受主激活率低的特点，达到降低材料中自由载流子浓度，进而有效提高材料电阻率的目的。

以上分析给出了材料载流子浓度及其相关的材料性能参数，这些参数包括载流子浓度、少数载流子浓度、施主能级、受主能级和费米能级等。费米能级不仅用来描述材料中载流子浓度及其在能带中的分布特性，同时，它作为材料输出或输入电子的平均电位，影响着半导体异质结、pn 结和半导体/金属接触（肖特基结）两侧材料能带结构的相对位置，如果材料处于热平衡状态，且没有外界电场和光子辐射

等的作用，材料中的费米能级处处相等。

2.7.2 外场作用下的材料电学特性

由于载流子的存在，在外电场的作用下，材料中的载流子将发生定向迁移而形成电流，从能带理论上讲，电流是因载流子在波矢空间的对称分布受外电场破坏而产生的。为了便于思考和分析材料的导电特性，在半导体物理中，我们仍采用经典物理中的欧姆定律来描述材料的导电特性，即材料中电子(或空穴)的漂移速率与电场强度成正比：

$$v_e = \mu_e \cdot E \tag{2-53}$$

其比例系数 μ_e 为电子的迁移率，电子和空穴在材料中形成的电流则为

$$j = j_n + j_p = nqv_e + pqv_h = \sigma E \tag{2-54}$$

式中，电导率 σ 与载流子迁移率之间的关系为

$$\sigma = nq\mu_e + pq\mu_h \tag{2-55}$$

由此可以看出，半导体材料在外场作用下形成电流的大小不仅依赖于材料中的载流子浓度，同时也取决于载流子的迁移率。

在电场 E 和磁场 B 的共同作用下，半导体材料将产生霍尔效应，其霍尔系数也是与材料的载流子浓度和迁移率相关：

$$R = \frac{1}{q}\frac{(\mu_h^2 p - \mu_e^2 n) + \mu_e^2\mu_h^2(p-n)B^2}{(\mu_h p + \mu_e n)^2 + \mu_e^2\mu_h^2(p-n)^2B^2} \tag{2-56}$$

在半导体材料中，载流子的迁移率受制于晶格和缺陷对载流子的散射作用，产生散射的机制主要包括：电离杂质散射、晶格振动散射(亦称声子散射)、中性点缺陷散射(亦称中性杂质散射)、位错散射和混金材料中原子随机分布引入的合金散射。对载流子迁移时所受散射作用的分析计算既可采用经典统计物理的方法，也可采用量子力学的分析方法。目前，对各种材料散射机制都已做过深入的研究，以三元化合物 $Hg_{1-x}Cd_xTe$ 材料中的空穴载流子为例，其主要的散射机制来自电离点缺陷 Hg 空位的散射、光学声子散射和合金散射，各散射机制所对应迁移率的计算公式如下所示。

1. 电离点缺陷散射[13]

$$\mu_{ii} = 3.284 \times 10^{15}\frac{\varepsilon_s T^{3/2}}{N_1\,(m_h^*/m_0)^{1/2}}\left[\ln(1+b) - \frac{b}{1+b}\right]^{1/2} \tag{2-57}$$

式中，

$$N_{\mathrm{I}} = 2N_{\mathrm{A}} + N_{\mathrm{D}} \tag{2-58}$$

$$b = 1.294 \times 10^{14} \frac{m_{\mathrm{h}}^{*} T^{-2} \varepsilon_{\mathrm{s}}}{m_0 p_1} \tag{2-59}$$

$$p_1 = p_0 + (p + N_{\mathrm{D}})[1 - (p_0 + N_{\mathrm{D}})/N_{\mathrm{A}}] \tag{2-60}$$

2. 光学声子散射[14]

$$\mu_{\mathrm{op}} = \frac{1.74 m_0 \pi^{1/2}}{\alpha \hbar \omega_1 m_{\mathrm{h}}^{*}} \frac{\exp(z) - 1}{2z^{3/2}\exp(z/2) K_1(z/2)} \tag{2-61}$$

式中，$z = h\nu_0/kT = \theta/T$，θ 为德拜温度，ν_0 是纵光学声子频率；K_1 为一阶修正贝塞尔函数;极性常数 α 的定义为

$$\alpha = \frac{q^2}{4\pi\varepsilon_0\hbar}\left(\frac{m_{\mathrm{e}}}{2\hbar\omega_1}\right)^{1/2}\left(\frac{1}{\varepsilon_\infty} - \frac{1}{\varepsilon_0}\right) \tag{2-62}$$

ε_{s} 和 ε_∞ 分别为静态介电常数和高频介电常数。

3. 合金散射[15]

$$\mu_{\mathrm{dis}} = \frac{32.8}{(m_{\mathrm{h}}^{*}/m_0)^{5/2} T^{1/2} \Delta E_{\mathrm{v}}^2 x(1 - x)} \tag{2-63}$$

式中，ΔE_{v} 为 CdTe 与 HgTe 之间价带顶部的能级落差。

同时考虑以上三种散射机制后，空穴迁移率的表达式为

$$\mu_{\mathrm{h}} = [(\mu_{\mathrm{ii}})^{-1} + (\mu_{\mathrm{op}})^{-1} + (\mu_{\mathrm{dis}})^{-1}]^{-1} \tag{2-64}$$

如果材料中的位错密度很高，位错对迁移率的影响也需加以考虑[16]：

$$\mu_{\mathrm{dislocation}} = \frac{30\sqrt{2\pi}\,\varepsilon^2 d^2 (kT)^{2/3}}{N_{\mathrm{dislocation}} q^3 f^2 \lambda_{\mathrm{d}} \sqrt{m_{\mathrm{e}}}} \tag{2-65}$$

式中，$N_{\mathrm{dislocation}}$为位错密度，d 为位错上受主中心之间的距离，f 为受主中心的占据率，λ_{d} 为 Debye 屏蔽长度，即

$$\lambda_{\mathrm{d}} = \left(\frac{\varepsilon kT}{q^2 n}\right)^{1/2} \tag{2-66}$$

从上面给出的计算公式可以看出，载流子的迁移率与载流子的有效质量、和缺陷形成的电离散射中心密度呈负相关性，这种相关性也可以帮助我们对实验上难以准确测量的少数载流子迁移率进行估算。

2.7.3　非平衡态下的材料电学特性

材料在受到外场（电注入和光注入）作用后，其载流子浓度会偏离平衡状态，并在作用撤销后逐渐恢复到原来的平衡状态，非平衡态下的材料电学特性就是指偏离平衡态的那部分载流子的特性，与此相关的材料性能参数包括非平衡载流子寿命、扩散系数和扩散长度。例如，如通过光照方式将价带中的电子激发到导带，材料中的电子浓度和空穴浓度将从 n_0 和 p_0 分别增加到 $n_0 + \Delta n$ 和 $p_0 + \Delta p$，增加的载流子浓度Δn 和Δp 为非平衡载流子浓度。当光照停止后，非平衡载流子将通过复合的方式逐渐减少，复合过程的快慢可用非平衡载流子浓度衰减到光照时的 1/e 所需的时间来衡量，该时间参数被称为非平衡载流子寿命。在一般情况下，非平衡载流子浓度远小于多数载流子浓度，但明显高于热平衡状态下的少数载流子浓度，非平衡载流子浓度对材料性能的影响也主要体现在少数载流子浓度上。此外，在常用的光电器件中，只有少数载流子能够在 pn 结内建场的作用下形成光电流，其寿命也将直接影响入射光转化为光电流的效率（亦称量子效率），同样，也只有作为少数载流子的光生载流子才能进入 CCD 器件的电荷势阱中。因此，习惯上也就把非平衡载流子寿命称为少数载流子寿命。由于复合过程的存在，非平衡载流子的扩散和漂移仅限于有限的时间和空间内，其性能与少子寿命密切相关。

少数载流子寿命的长短取决于材料中电子与空穴之间发生的各种复合机制，主要的复合机制有辐射复合、俄歇复合和肖克莱-里德霍尔（SRH）复合，按照复合过程的特点，也可将复合机制分为直接复合和间接复合（电子或空穴先跃迁至中间能级再与空穴或电子复合）。材料的少子寿命与材料中的载流子浓度、复合中心的浓度和电子跃迁前后的能级状况以及表面缺陷引入的复合机制密切相关。辐射复合和俄歇复合与材料的基本特性（如禁带宽度、导电类型和载流子浓度等）有关，而 SRH 复合是电子经过禁带中间能级（深能级）过渡后实现的载流子复合，它与材料中的缺陷密切相关。另外，表面或界面缺陷也会引入类似 SRH 复合的复合机制。

半导体材料的主要复合机制与材料温度和掺杂浓度、深能级缺陷密度密切相关。在较高的温度下，带间的辐射复合将起主导作用。随着温度的降低，俄歇复合和 SRH 复合将起主导作用，通过降低深能级缺陷密度，可使材料进入俄歇复合为主的状态，再通过优化材料的掺杂浓度并使材料的载流子处于耗尽状态，材料的俄歇复合也加以抑制，少子寿命则将得到进一步地提高。

图 2-23 以间接带隙半导体材料为例,列出了材料中的各种复合机制,图 2-23 中的复合过程①是没有声子和其他电子参与的带间直接复合,它同时辐射出一个光子,是一种辐射复合,Hall 对直接禁带半导体材料的少子寿命 τ 和复合率 R 进行了计算[17],得到的结果为

$$\tau = \frac{1}{R(n_0 + p_0 + \delta C)} \tag{2-67}$$

$$R = 0.58 \times 10^{-12}\sqrt{\varepsilon}\left(\frac{m_0}{m_h^* + m_e^*}\right)^{-1.5}\left(\frac{1+1}{m_h^*} + \frac{1}{m_e^*}\right)\left(\frac{300}{T}\right)^{1.5}(E_g^2 + 3kTE_g + 3.75k^2T^2) \tag{2-68}$$

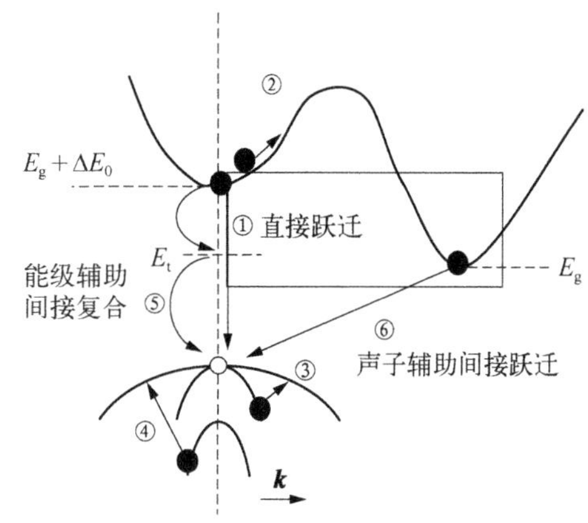

图 2-23 半导体材料中的电子跃迁过程

在复合发生的过程中,如有其他电子的跃迁同时发生,这样的复合被称为俄歇复合,由于能量被转移给了其他电子,俄歇复合为非辐射复合。图 2-23 中的复合过程②、③和④为三种常见的俄歇复合机制,分别称为 A1、A7 和 S 型俄歇复合,其中 N 型半导体材料的俄歇复合以 A1 型复合为主,与该机制相对应的少子寿命为

$$\tau_{A1} = \frac{2\tau_{Ai}n_i^2}{(n_0 + p_0)(n_0 + \Delta C) + \beta(p_0 + \Delta C)} \tag{2-69}$$

$$\beta = \frac{\sqrt{r}(1 + 2r)}{2 + r}\exp\left[-\frac{(1 - r)E_g}{(1 + r)kT}\right] \tag{2-70}$$

$$r = m_e^* / m_h^* \tag{2-71}$$

式中,n_0 和 p_0 分别为平衡条件下 N 型材料的电子浓度和空穴浓度,ΔC 为非平衡载流子的浓度,τ_{Ai} 为本征材料的俄歇复合寿命[18],其计算公式为

$$\tau_{Ai} = \frac{3.8 \times 10^{-18}\varepsilon_\infty^2(1 + r)^{\frac{1}{2}}(1 + 2r)\exp\left[\frac{(1 + 2r)E_g}{(1 + r)kT}\right]}{\left(\frac{m_e^*}{m}\right)|F_1F_2|^2\left(\frac{kT}{E_g}\right)^{\frac{1}{2}}} \tag{2-72}$$

在 P 型材料中,俄歇复合以 A7 型复合为主,对应的少子寿命为

$$\tau_{A7} = \frac{2\gamma\tau_{Ai}n_i^2}{(n_0 + p_0 + \Delta C)(n_0 + p_0)} \tag{2-73}$$

$$\gamma \approx 6\left(\frac{1 - 5kT/4E_g}{1 - 3kT/2E_g}\right) \tag{2-74}$$

式中，γ 依赖于材料的禁带宽度和工作温度。

图 2-23 中的复合过程⑤是经过禁带中缺陷能级 E_t 分步跃迁实现的 SRH 复合，根据半导体物理[19]，SRH 复合的复合速率为

$$R_{SR} = \frac{\sigma_n\sigma_p v_{th} N_t(np - n_i^2)}{\sigma_n\left[n + n_i\exp\left(\frac{E_t - E_i}{kT}\right)\right] + \sigma_p\left[p + n_i\exp\left(\frac{E_i - E_t}{kT}\right)\right]} \tag{2-75}$$

式中，N_t 为禁带中缺陷能级的密度，E_t 为能级的位置，E_i 为 $E_g/2$，σ_n 和 σ_p 分别为缺陷能级对电子和空穴的俘获截面，v_{th} 为电子或空穴的热运动速率，对应的少子寿命的表达式为

$$\tau_{SR} = \frac{\Delta C}{R_{SR}} = \tau_n \frac{n + n_i\exp\left(\frac{E_t - E_i}{kT}\right)}{n + p} + \tau_p \frac{p + n_i\exp\left(\frac{E_i - E_t}{kT}\right)}{n + p} \tag{2-76}$$

上述结果表明位于禁带中央的杂质能级（俗称深能级复合中心）对 SRH 复合产生的影响最大。

除了电子参与的复合机制外，声子也能参与非平衡载流子的复合过程，图 2-23 中的复合过程⑥就是一种利用声子实现的带间间接复合过程。声子辅助实现的复合过程还可以有很多，但相关的研究并不很多。

少数载流子寿命是直接影响器件性能的一个重要参量，少数载流子的寿命一般在几纳秒到几十微秒之间。除发光器件外，大多数半导体器件都是利用少子进行工作的器件，一般都会要求材料具有较长的少数载流子寿命。例如，在晶体管中，为获得大的电流放大系数，需尽量减小少数载流子在基区的复合；在光电探测器件中，增大少子寿命有利于提高器件的响应率，降低器件的漏电流。只有在对高频特性有特别要求且材料少子寿命较大的器件中，才会考虑限制材料的少子寿命。对于利用多数载流子效应的发光器件，材料少子寿命的影响则要小得多，这也是为什么位错密度高达 $10^8 cm^{-2}$ 以上的氮化物材料照样能用于制备高性能蓝光器件的道理。

除了非平衡载流子之间的复合外，某些在激发过程中被缺陷俘获的载流子也会在恢复平衡的过程中发生复合，这些复合速率远小于带间复合速率的载流子俘获中心被称为陷阱，它的特点是对某种载流子的俘获作用特别强，而对另一种载流

子的俘获能力则很弱。在通常情况下,陷阱的浓度远低于多数载流子的浓度,俘获多数载流子的陷阱对材料复合性能的影响很小,反之,对少数载流子起俘获作用的陷阱对半导体材料或器件性能的影响则很大,所以,通常提到的陷阱都是指俘获少子的陷阱。陷阱的存在将显著影响材料从非平衡态恢复到平衡态的时间,进而增加半导体器件的响应时间,对器件的高频响应特性产生不利的影响。

当材料中非平衡载流子浓度呈现非均匀分布时,材料中的电流密度将不仅来自载流子在电场作用下的漂移,同时还将来自载流子的扩散,即

$$J_i = qn\mu_i E - qD_i \frac{dn_i}{dx} \tag{2-77}$$

式中,D_i是载流子的扩散系数,i 代表电子或空穴。根据爱因斯坦公式,扩散系数与载流子迁移率具有如下依赖关系:

$$\frac{D_i}{\mu_i} = \frac{kT}{q} \tag{2-78}$$

如果不考虑外电场的作用,且非平衡载流子为表面稳定注入的光生载流子,则单位体积内因扩散而增加的非平衡载流子将等于因复合而减少的非平衡载流子,在小注入的条件下,非平衡载流子因复合而减少的数量将等于其浓度与少子寿命的比值,即

$$D_i \frac{d^2 \Delta n_i}{dx^2} = \frac{\Delta n_i}{\tau_i} \tag{2-79}$$

当样品足够厚时,非平衡载流子浓度随表面距离的变化将呈现如下分布:

$$\Delta n_i = A e^{-\frac{x}{L_i}} \tag{2-80}$$

$$L_i = \sqrt{D_i \tau_i} = \sqrt{\frac{kT\mu_i \tau_i}{q}} \tag{2-81}$$

式中,L_i称为少子扩散长度,它是影响光电探测器内量子效率的重要参数,而探测器的漏电流则与材料的少子寿命密切相关。

除了材料体内的复合机制会影响材料的性能外,存在于材料表面或界面处的载流子复合机制也会对材料性能产生很大的影响。一方面是因为表面和界面的电子态密度较高,在禁带中的能级分布范围也较大,对非平衡载流子的复合将起到很大的影响;另一方面,非平衡载流子往往由表面注入,表面复合对非平衡载流子复合的贡献自然也是最大的。表面态或界面态引发的载流子复合一般为多声子发射的非辐射复合,复合机制的数学模型也更加复杂。

2.7.4　载流子的碰撞电离特性

材料中的载流子在电场的作用将发生运动，如果电场足够大，具有足够动能的载流子通过碰撞能使部分原子发生电离，运动单位长度后，与原子发生碰撞并导致电离的平均次数称为碰撞电离系数。该性能参数是衡量半导体材料能否制备高性能雪崩器件的重要指标，碰撞电离系数越大，雪崩产生的电流增益就越大，但是，如果电子与空穴的碰撞电离系数（α_e 和 α_h）都很大，所形成的电流噪声也会随之增加。为了抑制雪崩器探测器的噪声，需要选择吸收层少子碰撞电离系数远大于多子碰撞电离系数的半导体材料。

2.7.5　压电特性

半导体材料的压电常数一般都比较小，只有离子性很强的化合物材料在受到很大应力时，才需考虑材料压电特性对材料内建场的影响。

本节对材料电学性能的介绍仅限于各向同性且分布均匀的材料，考虑到载流子主要集中在导带底或价带顶，晶格各向异性的特性已被忽略。上述讨论也未涉及异质结、金半接触、pn 结和超晶格等结构材料的电学特性，以及电子的自旋特性和低温强磁场对材料特性的影响。在这些异质结构的材料中，材料中的载流子可以处于平衡态，也可以处于耗尽状态或积累状态，并有可能存在各向异性的行为。此时，材料的电学性能以及下一章将要介绍的光学性能都会发生变化。例如，处在 pn 结耗尽区中的材料，其少子寿命会因其复合中心带电状态的改变而出现数量级的提高。在传统的半导体材料和器件中，基于电子自旋的导电特性很少获得应用，磁性半导体（旧热点）的研究至今也未取得质的突破，有望对电子自旋进行调控的二维材料和拓扑绝缘体材料（新热点）离工业化和产品化应用还有很大的距离。材料中电子的自旋特性及其在磁场和电场作用下的行为是非常复杂的，自旋电子学已形成专门的学科，其内容已超出普通半导体材料物理与技术的范畴。

2.8　光 学 性 能

材料的光学特性是指材料中电子与光发生相互作用的特性，同样，光电子材料也是指与能与光发生相互作用的电子材料。从宏观上看，半导体材料最基本的光学性能为折射率 n 、吸收系数 α 和辐射速率以及这些性能参数随波长、温度和其他外场作用的变化规律，折射率 n 和消光系数 $K(K=\lambda\alpha/4\pi)$ 是复折射率 $\breve{n}$ 的实部和虚部，也是材料相对介电常数：

$$\varepsilon_r = (n^2 - K^2) + 2nK\mathrm{i} \qquad (2-82)$$

的两个组成部分。材料表面的结构特性也会影响到光的散射和入射特性,虽然它不是材料的本征特性,但对材料光学性能的影响是不可忽略的。从微观机制上看,材料的光学性能是光子与电子、声子以及其他元激发之间相互作用的反映。光学性能参数随波长(或光子能量)的变化关系称为光谱,光谱特性是研究材料中光子与电子相互作用的有效手段。

2.8.1 光在材料中的传播特性

折射率是反映光在材料中传播特性的性能参数,它决定了光的传播路径(遵循折射定律),同时也影响着光程的长短,以及入射光在材料表面产生的反射光和进入材料的透射光的强度,以及入射光在材料中的传播路径和光程。以光从空气中垂直进入折射率为 n 的材料为例,反射光与入射光在光强上的比值为反射率,它与材料折射率的关系为

$$R = \left(\frac{n-1}{n+1}\right)^2 \tag{2-83}$$

如果材料为片状结构,且 $(K/n)^2 \ll 1$, 透过材料的光强与入射光强的比值(即对干涉条纹做平均后的透过率)为

$$I = \frac{(1-R)^2 \cdot \exp(-\alpha d)}{1-R^2 \cdot \exp(-2\alpha d)} \tag{2-84}$$

由此公式也可计算出反射光的强度以及材料对入射光的吸收效率。入射光对传播路径和光程的影响还将反映在透射光随波长变化发生相干的条件上:

$$2nd/\sqrt{1-\left(\frac{\sin\theta}{n}\right)^2} = m\lambda \tag{2-85}$$

式中, θ 为入射光与薄膜法线方向的夹角,折射率的大小直接影响着相干时入射光的入射角和波长。

2.8.2 材料的光吸收特性

光吸收是非平衡载流子辐射复合的反向过程,也是半导体光电器件实现探测和能量转化功能的物理基础。在微观机制上,半导体材料对光子的吸收是光子与电子相互作用的结果,其过程是电子受激跃迁的过程,通过声子的参与,电子态的波矢可以在光的吸收过程中发生改变,光子被吸收的概率与跃迁电子在初始能带中的填充密度、末态能带中未被电子填充的态密度和跃迁动量矩阵元的乘积相关。此外,光吸收还和材料的非辐射复合密切相关,光致受激电子只有通过非辐射复合才能完成一个有效的光子吸收过程,波长不变的辐射复合在讨论材料光吸收的行为时可以不予考虑,波长有别于入射光的辐射复合(荧光)在讨论特定波长的吸收

行为时同样也可以不予考虑。在材料的宏观性能上，材料对光子的吸收由吸收系数来表征，它反映了光子穿越单位厚度的材料后引发电子受激跃迁的概率。入射光在穿越厚度为 d 的片状材料后，其光强将按式 2－84 发生衰减，对于大多数材料，式 2－84 可以简化为

$$I = I_0 \exp(-\alpha d) \tag{2-86}$$

由此可见，吸收系数的倒数 $1/\alpha$ 大致反映了光在材料中传播时，其强度衰减到 1/e 时的穿越距离，这一距离也被称为光在材料中的穿越深度，它反映了光与材料发生相互作用的主要区域。根据这一公式，进入材料的光子被吸收的比例为

$$I = 1 - \exp(-\alpha d) \tag{2-87}$$

材料吸收系数与波长的相关性与其禁带宽度相关，且随光子能量 $E(E > E_g)$ 的增大而增加。对于光吸收主要来自本征激发（价带电子激发到导带）的半导体材料（量子阱和超晶格材料除外），吸收系数的大小与其光子能量减去材料禁带宽度的 n 次方成正比[20]：

这表明波长越短，吸收系数越大，即入射光中光子的波长越短，材料吸收光子的区域就越靠近材料的表面。

对于实际应用的半导体材料，除了本征吸收外，还存在着激子吸收、声子吸收、杂质（缺陷）吸收以及自由载流子吸收等其他吸收机制。以激子（电子–空穴对）吸收为例，其激发所需的光子能量将小于禁带宽度，即半导体材料对能量小于禁带宽度的光子也能有少量的吸收。同样电子在杂质能级与导带或价带之间发生跃迁的能量也小于禁带宽度。此外，混晶材料的组分不均匀性也会导致材料禁带宽度在分布上的非均匀性，使吸收系数在 E_g 附近陡峭的变化率变缓。以上这些吸收都会导致吸收边发生一定的展宽。以赝二元混晶 $Hg_{1-x}Cd_xTe$ 材料为例，实验结果显示（图 2－24），吸收系数与光子能量 E 之间具有如下关系[21]：

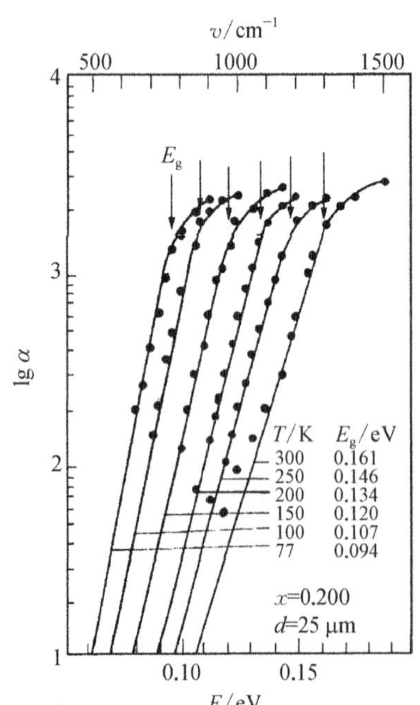

图 2－24　$Hg_{1-x}Cd_xTe$ 材料的吸收系数与光子能量的关系

$$\alpha = \alpha_0 (\alpha_g/\alpha_0)^{(E-E_0)/(E_g-E_0)} \qquad E \leqslant E_g \tag{2-88}$$

$$\alpha = \alpha_g \exp[\beta(E - E_g)]^{1/2} \qquad E \geqslant E_g \tag{2-89}$$

式中的参数均为温度和材料组分的函数。自由载流子吸收是一种载流子带内跃迁的吸收,通常发生在红外光的长波波段。

在常规的光照条件下,一般不需考虑双光子吸收效应,被吸收的光子一对一地产生非平衡载流子、激子或高能级电子,激发态的电子随后又将通过辐射复合或产生声子的方式回归到热平衡状态。

2.8.3 材料的辐射特性

半导体材料中的非平衡载流子或高能级态上的束缚电子会以复合或跃迁的形式发射光子(辐射),均匀材料中的非平衡载流子可通过光注入的方式产生,相应的发光效应称为光荧光效应,如将两种不同材料结合在一起时(如 pn 结),采用电流注入方式也可在结区形成大量的非平衡载流子,并产生辐射复合。上述两种发光效应构成了当今半导体发光器件(LED)和激光器件(LASER)的物理基础。

发光器件的发光机理主要是自发辐射,在这一辐射机制中,激发态上的电子随机发射一个能量为 $h\nu$ 的光子,不同电子产生的自发辐射光在频率、相位、偏振方向及传播方向上彼此不相关,出射光的发散角和能量分布相对较宽。激光器必须让材料或器件的发光以受激辐射为主,即处于激发态的电子在光子(或光场)的诱导下,向低能态或基态跃迁(即复合),并辐射光子,当诱导光子能量恰好等于两能级的差值时,受激辐射发出的光子和诱导光子将在频率、位相、传播方向以及偏振状态上完全相同。激光器的非平衡载流子可由电注入或泵浦光产生,而诱导光子则源于材料自发辐射的光子,通过谐振腔或布拉格光栅实现增强和选频功能。

自发辐射系数 A_{21} 和受激辐射系数 B_{21} 是描述材料光辐射特性的基本参数,假定激发态和基态能级上的电子数量分别为 n_2 和 n_1,则辐射系数与激发态电子数的变化量具有以下关系:

$$-\mathrm{d}n_2 = A_{21}n_2\mathrm{d}t + B_{21}n_2\rho_\nu(E_{21})\mathrm{d}t \tag{2-90}$$

式中,ρ_ν 为光场中能量为 E_{21}(激发态与基态的能量差)的光子能量密度,由此也可求得激发态电子的跃迁概率和相应的辐射功率。在热平衡条件下,发生辐射复合的电子数量将等于基态电子发生受激吸收的数量,即

$$A_{21}n_2\mathrm{d}t + B_{21}n_2\rho(E_{21})\mathrm{d}t = B_{12}n_1\rho(E_{21})\mathrm{d}t \tag{2-91}$$

假定光场的能量密度满足普朗克公式,激发态电子数和基态电子数满足玻耳兹曼分布,则可得爱因斯坦关系式:

$$B_{12} = B_{21} \tag{2-92}$$

$$\frac{A_{21}}{B_{21}} = \frac{8\pi n^3 E_{21}{}^2}{h^2c^3} \tag{2-93}$$

式中,n 为材料的折射率。如果跃迁的末态没有足够的未被电子占据的能级,受激辐射和自发辐射的辐射速率将分别为

$$r_{21} = B_{21} f_2(1 - f_1)\rho(E_{21}) \tag{2-94}$$

$$r_{21}(\text{spon}) = A_{21} f_2(1 - f_1) \tag{2-95}$$

式中,f_1和f_2分别为基态和激发态能级已被电子占据的概率。对于半导体材料而言,电子占据能级的概率呈费米分布,理论计算的结果显示[22],辐射系数或辐射速率正比于跃迁矩阵元和联合态密度。由于跃迁动量矩阵元和联合态密度的差异,直接带隙材料中带间复合的辐射概率要显著大于间接带隙材料的辐射概率,这就是为什么发光器件大都采用 GaAs 材料(而非 Si 材料)的道理。

除了带间复合产生辐射外,半导体材料中还存在着激子复合、导带或价带与杂质能级之间的复合和施主-受主对(D－A 对)复合等辐射复合机制,这些复合机制的存在为我们研究材料中电子的能带结构提供了测量手段,辐射概率的大小也是光荧光测量技术在测定材料特性时选择测量谱线的依据。

2.8.4　材料表面的光散射特性

在半导体材料表面非常平整,且入射光强度不是很高时,材料表面的散射效应可以忽略。但是,当表面不平整时,材料的表面会产生散射效应,即部分反射光将出现在偏离反射角的方向上,入射到材料内的光也会在传播方向上出现发散。当材料表面呈光滑的凹凸不平时,反射光将向不同方向无规则地发生散射,这样的反射称之为漫散射。当表面凹凸不平的线度与波长相当或小于波长时,散射光的强度将与波长的若干次方成反比,即出现类似米氏散射和瑞利散射的效应。当入射光强度很大时,入射光将参与材料中的电子跃迁,并产生可探测到的光荧光效应(强度只有入射光的 $1/10^{10}$),进而产生与入射光波长(或能量)不同的散射光,这样的散射称之为拉曼散射。拉曼散射属非弹性散射,它是由声子与电子相互作用在电子能带结构中引入振动激发态所产生的,其峰值波长的位移量与材料中电子与声子的相互作用有关,半峰宽则与材料中的应力相关,因此,常被用于鉴别材料的种类、测量材料的应力和研究声子与电子的相互作用。

2.9　磁 学 性 能

目前实际应用的半导体材料很少是磁性材料,历史上 GaMnAs 和 HgMnTe 等稀磁半导体材料也曾形成过研究热点,目的是想利用磁性离子的局域自旋磁矩与载流子之间的自旋-自旋交换作用,研究和发展新型的半导体器件,但终因材料居里温度过低、性能容易退化等原因未能走向实际应用。正因如此,居里温度、磁极化

强度和磁损耗角正切等性能参数在普通半导体材料中很少涉及。利用电子的自旋特性提升传统半导体器件的功能(如量子计算机)是当代物理学家的一个重要研究领域,随着拓扑绝缘体材料的出现,对电子自旋的控制有望取得新的突破,到那时半导体材料的磁学特性也将受到更多的关注和重视。

2.10 力学性能

材料的力学特性主要是反映材料在应力作用下产生形变大小的特性,用弹性模量 $\boldsymbol{M}$ 和切变模量 $\boldsymbol{G}$ 表示。弹性模量 $\boldsymbol{M}(c_{ij})$ 为二维张量,它与材料应变 $\boldsymbol{T}(e_{ij})$ 和所受应力 $\boldsymbol{U}(\sigma_{ij})$ 的关系为

$$\begin{bmatrix} e_{xx} \\ e_{yy} \\ e_{zz} \\ e_{xy} \\ e_{yz} \\ e_{zx} \end{bmatrix} = \begin{bmatrix} c_{11} & c_{12} & \cdot & \cdot & \cdot & c_{16} \\ c_{21} & \cdot & \cdot & \cdot & \cdot & \cdot \\ \cdot & \cdot & \cdot & \cdot & \cdot & \cdot \\ \cdot & \cdot & \cdot & \cdot & \cdot & \cdot \\ \cdot & \cdot & \cdot & \cdot & \cdot & \cdot \\ c_{61} & c_{62} & \cdot & \cdot & \cdot & c_{66} \end{bmatrix} \begin{bmatrix} \sigma_{xx} \\ \sigma_{yy} \\ \sigma_{zz} \\ \sigma_{xy} \\ \sigma_{yz} \\ \sigma_{zx} \end{bmatrix} \tag{2-96}$$

式中,σ_{ij} 表示垂直于 i 方向的单位截面上受到的 j 方向的力,弹性模量的对称性与材料晶体结构的对称性密切相关。切变模量是描述剪切应变与剪切应力之间关系的力学参数,它与弹性模量之间存在以下依赖关系:

$$G = \frac{M}{2(1 + \nu)} \tag{2-97}$$

式中,ν 为泊松比,它是材料受到压缩或拉伸时所发生的横向形变量与纵向形变量的比值。

除了弹性模量、切变模量和泊松比等力学参数外,评价材料力学特性的参数还有硬度、屈服强度和抗拉强度等,但是,这些参数都是评价结构材料的性能参数。半导体材料作为功能材料,除了会受到一定的热应力(如因衬底、覆盖层和封装材料的热膨胀系数差异导致的应力)外,一般不会在极限条件下使用,因此,很少将材料的这些参数纳入半导体材料常规性能的评价指标。

在半导体材料的实际使用过程中,如遇加工工艺控制不当或封装结构不合理,材料会因解理而碎裂,晶体沿某一晶面发生分离的现象称为解理,单位面积材料发生解理需要克服势垒的阈值称为解理能。在实际工艺过程中,解理过程一般都先发生在材料的边缘,这是因为材料的边缘或多或少会存在一些崩边或其他缺陷,这一区域内的材料所受到的应力会增加,解理发生的概率也随之增加,因此,材料的

晶面解理能、边缘损伤、崩边和边缘晶体取向等都将是评价半导体材料力学性能的组成部分。为降低崩边引发材料碎裂的概率,对半导体晶片的边缘做倒角处理已成为材料成型加工的常规工艺。

2.11　材料性能的非均匀性

几乎所有材料在使用时都会被要求提供评价材料性能非均匀性的参数,材料性能参数的非均匀性直接影响到器件或芯片性能的一致性、可重复性和成品率,对于焦平面光电探测器,它还会影响到探测器的空间噪声,直接影响到探测器对目标的识别能力。

由于材料制备工艺状态不可避免地会存在一定的非均匀性和不稳定性,几乎所有材料的宏观性能参数在空间分布上都会有一定的非均匀性。非均匀性可采用最大偏差、平均值的最大偏离量、参数线分布(或面分布)的均方差(如粗糙度)来表征。例如,晶片的总厚度偏差(TTV)为厚度的最大偏差,而外延材料厚度或组分面分布的非均匀性则采用均方差来衡量。需要注意的是材料性能的非均匀性参数与材料的测量面积有关,面积越小,反映出的材料非均匀性参数就越好。另外,材料缺陷具有随机分布的特性,缺陷密度本身就是一个具有离散特性的参数,且在宏观尺度上还存在着非均匀性分布的特性,因此,仍需用缺陷密度分布的非均匀性来做完整的表征。

2.12　热学与热力学性能

半导体材料的热力学特性是材料特性的一个重要组成部分,与前面介绍的材料物理特性不同,材料的热力学特性主要与材料的制备工艺有关,换句话说,材料制备工艺需要根据材料热力学特性的性能参数来控制或调整材料的物理性能,因此,它更多地为半导体工艺研究人员和工艺技术人员所关注。

材料的热力学性能包括材料的热学性能、相图、热力学常数和原子在材料中的扩散系数等。

2.12.1　热学性能

材料的热学性能主要包括热导率、比热容和热膨胀系数。

热导率的定义是在单位温度梯度下,沿温度梯度方向通过单位截面的热量,用 κ 表示,描述热量在材料中传递的扩散方程为

$$\vec{q}=\frac{\Delta Q}{\Delta t}=-k\nabla T=-k\left(\frac{\partial T}{\partial x},\frac{\partial T}{\partial y},\frac{\partial T}{\partial z}\right) \tag{2-98}$$

式中，q 为热流密度（W/m^2），ΔQ 为 Δt 时间内通过单位截面的热量。热扩散过程的快慢也可用热扩散率 α 来衡量，它与热导率的关系为

$$\alpha = \frac{\kappa}{\rho c_p} \tag{2-99}$$

式中，ρ 是材料的密度，c_p 是材料的比热容，它是等压条件下单位质量物质温度升高 1℃ 所需吸收的热量。

从微观机制上看，热传导过程是通过电子和声子的迁移、碰撞和散射来实现的，在高温下，热辐射会影响到材料的热导率，这些因素综合作用的结果导致材料热导率与温度呈现出类似图 2－25(a)所示的变化规律。

膨胀系数是温度升高 1℃ 后材料线度增加的比例，图 2－25(b)给出了 Si 材料的热膨胀系数及其随温度变化的关系，温度变化曲线反映了半导体材料的一般规律，即随着温度增加而增加，转入饱和后又开始下降。除了绝对值的差异外，不同材料的热膨胀系数在高温和深低温下也会表现出不同的变化特性。对外延工艺中材料与衬底之间晶格匹配的控制、多层材料的热应力分析与控制以及器件封装结构的设计与加工而言，热膨胀系数是非常重要的材料性能参数。

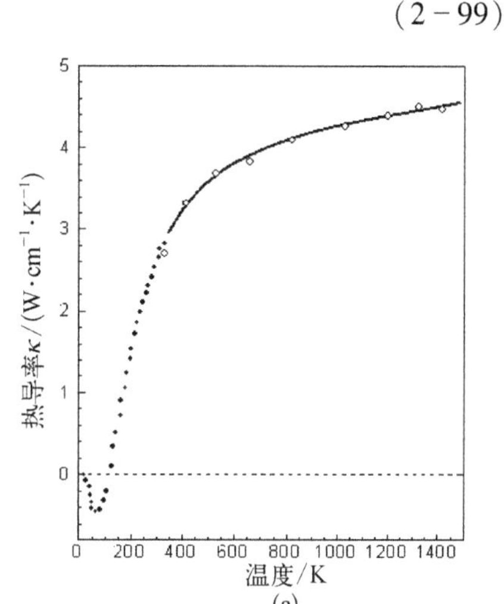

(a)

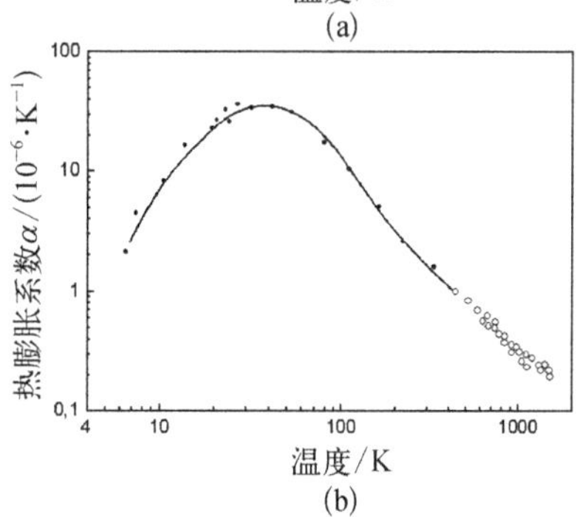

(b)

图 2－25 Si 材料的热学性能[23,24]

(a) 热导率 κ；(b) 热膨胀系数 α

2.12.2 相图

半导体材料基本上都是人工合成的晶体材料，在材料生长工艺中，作为固相的晶体材料都是通过液相过冷（或过饱和）导致的液-固相变或气相过饱和导致的气-固相变形成的，相图给出了相变发生的条件或相物质的性能参数，如液相的固化点温度、固相的熔化点温度、相变产生时的材料组分和气体分压等，它给出了材料的晶体结构、组分、化学计量比和杂质或缺陷浓度与源材料（液体或气体）状态参数的关系，这些都是材料制备不可或缺的性能参数。

所谓相图，就是用图的形式来描述热力学平衡系统中不同形态（相）物质在性能参数和状态参数上存在的相互关系，它可用于确定晶体生长和热处理的工艺条件，也可用于分析材料体系在趋于热平衡过程中发生演变的规律。描述固

相的状态参数有温度、组分、化学计量比和各种点缺陷的浓度，液相的状态参数包括温度、组分、化学计量比和掺杂浓度，气相的状态参数为温度和各组成原子（包括杂质）的气体分压。由于相物质可以拥有多个状态参数，完整的相图应该在一个多维空间中进行展示，但是，从实际应用的角度出发，最常用的相图大都为二维相图，也有少量的三维相图。二维相图由相线和相区组成，两条相线的交点为相点，位于相点、相线和相区内的相物质具有不同的自由度。相区的形成有两种机制，一是该区域中材料体系的自由度大于 1，相区内的物质与其他相物质的状态参数之间存在着依赖关系，只是这种依赖关系在给定的相图上并未被限制；二是该区域为非稳定区域，处于这一状态的材料将通过分凝或析出，形成原子组成不同的两种相物质。

在某些相图中，相物质的某些状态参数已被设定（或默认）为常数，即材料体系的自由度已受到了额外的限制。

图 2－26 是描述 $Si_{1-x}C_x$ 材料组分和温度关系的 $x-T$ 二维相图，该相图告诉我们，当液相 SiC 进入固-液两相区时，处于过冷状态（O 点）的液相将通过相变转变成状态为 L 点的 Si－C 液相和状态为 S 点的固相 SiC 晶体，两者之间处于相平衡状态。相线上 L 点的 Si－C 液体和 S 点的 SiC 晶体的组分分别为 x_L 和 0.5，当相变过程完成后，液相和固相的含量 M 与其组分 x 之间满足杠杆定律（源于质量守恒定律），即

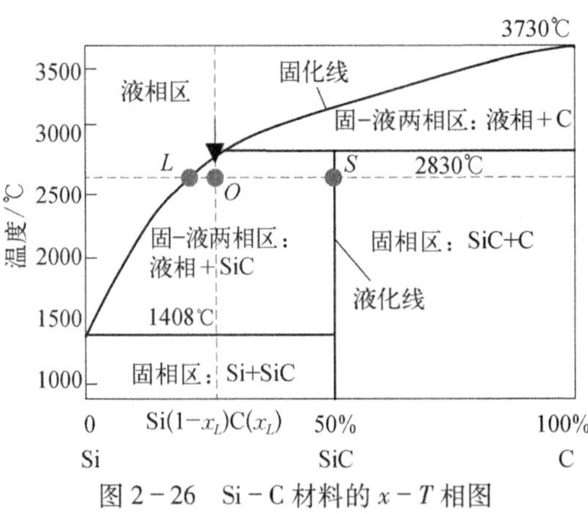

图 2－26　Si－C 材料的 $x-T$ 相图

$$\frac{M_L}{M_S}=\frac{x_S-x_0}{x_0-x_L} \tag{2-100}$$

即相图上的 O 点由摩尔数占比为 M_L 的液相 $Si_{1-x_L}C_{x_L}$ 和摩尔数占比为 M_S 的固相 SiC 组成。如果相变以多点自发成核的形式进行，材料将呈现液相和固相的混合物，亦称泥浆状态（slash state）。

图 2－27 是由温度、化学计量比和气体总压力三个参数构成的 $Cd_{1-y}Te_y$ 三维 $y-T-P$ 相图，图中 VLS 是富镉饱和态下的三相平衡线（固相线），SLV 是富碲饱和态下的三相平衡线（固相线），S＝V 是总气压最小时的固-气两相平衡线。相图的左视图为 $T-P$ 相图 A，俯视图则为 $y-T$ 相图 B。

在相线上或相区中，材料状态的自由度由热力学中的相律所决定，相律给

出了系统状态自由度与处于平衡态的相数、组元数之间的关系,即

$$f = C - \Phi + 2 \quad (2-101)$$

式中,C 为系统中相物质的组元数,Φ 为共存相的数量。有些相图默认了一些额外的限制,此时,只有结合相律来分析相图,才能完整地理解材料的相图。以图 2-27 中的 $Cd_{1-y}Te_y$ 相图为例,组元数 C 为 2,图中 SLV 和 VLS 均为三相平衡线,Φ 等于 3,按照相律,三相平衡系统的自由度为 1,即确定任意一个状态参数,系统的状态就完全确定了。图中 S=V 为特定条件下的固-气两相平衡线,即在气相总压力为最小的条件下,S=V 相线的自由度也等于 1。根据热力学方程:

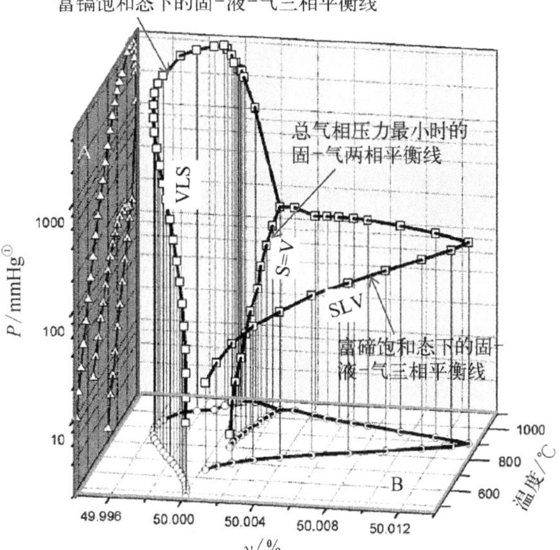

图 2-27 Cd-Te 材料的三维相图[25]

$$P_{Cd}P_{Te2}^{\ 1/2} = K(T) \quad (2-102)$$

并对总压力求极值,可以证明该条件等价于 $P_{Cd} = 2P_{Te2}$。如果原子在材料表面的黏附系数相等,该条件又等价于 Cd 原子和 Te 原子从材料表面挥发(或沉积)的流量密度相等。图 2-28是 Cd-Te 材料三维相图在 $y-T$ 平面上的投影,SLV 和 VLS 是两条三相平衡线,分别对应于富碲($y > 0.5$)和富镉($y < 0.5$)液相的三相平衡线,在 SLV 和 VLS 三相平衡线之间存在着一个固-气两相平衡区,相区内的材料具有两个自由度,即在温度

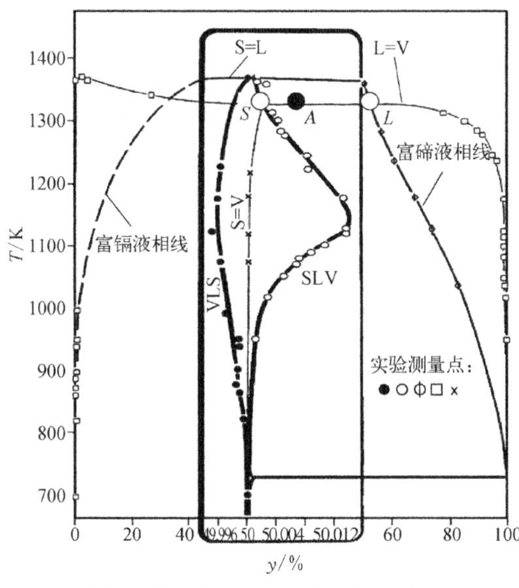

图 2-28 $Cd_{1-y}Te_y$ 材料三维相图在 $y-T$ 平面上的投影

① 1 mmHg = 1.33×10^2 Pa

确定的条件下，固相材料的化学计量比仍存在可变化的区域，只有在化学计量比或某一分压被固定后，固相在这一相区中的位置才能被确定。图 2 - 28 还反映了化合物材料的另一个特点，即液相材料的化学计量比可以有很大的偏离（相比 50%），但与其相平衡的固相化合物材料的化学计量比的偏离是非常小的。

图 2 - 28 同时也给出了三相平衡线中的液相线，与图 2 - 26 相类似，液相线上的 L 点是固相线上的 S 点在平衡条件下所对应的液相点，L 点与 S 点之间的区域为非平衡的两相共存区，当液相通过过冷进入此区域时（如 A 点），它将通过相变转化为固相 S 和液相 L，两相物质的含量也遵循杠杆定律，固相与液相化学计量比的比值为该状态下材料化学计量比的分凝系数，它是描述液相线和固相线在原子含量上发生分离的性能参数。

图 2 - 29 是图 2 - 27 左视图，为 $Cd_{1-y}Te_y$ 化合物材料的 $P-T$ 相图，纵坐标 P 为气体的总压力，VLS 为镉饱和的三相平衡线，线上的气体压力接近纯 Cd 的饱和蒸汽压。SLV 则为碲饱和的三相平衡线，线上的气压主要来自纯 Te_2 分子的饱和蒸汽压，因与之对应的 Cd 分压在低温段可忽略。图中两条三相平衡线之间的区域为固-气两相平衡区，两相平衡区的左侧为液-气两相平衡区，材料体系也拥有两个自由度。

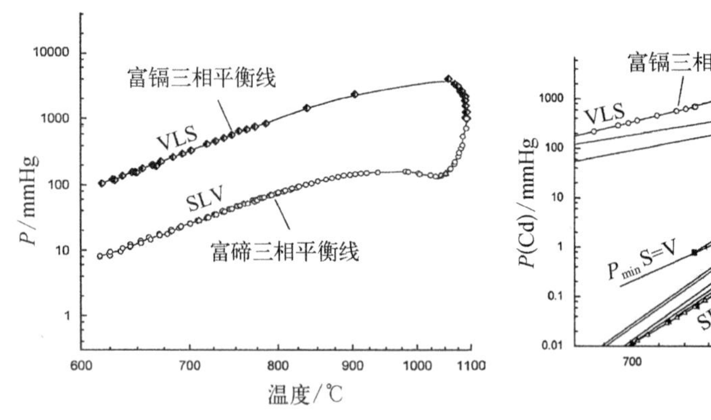

图 2 - 29　Cd - Te 材料的 $P-T$ 相图[25]

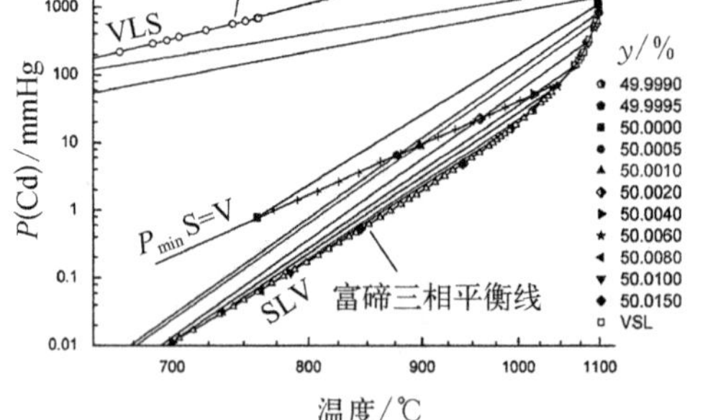

图 2 - 30　$Cd_{0.95}Zn_{0.05}$ - Te 材料的 $P-T$ 相图[25]

$P-T$ 相图也可以用分压的形式来表述，这种表示方式对气相特性的表述更加完整，图 2 - 30 为 $Cd_{0.95}Zn_{0.05}$ - Te 材料 Cd 分压的 $P-T$ 相图，图中给出了处于 Cd 饱和、碲饱和状态下的材料在不同温度下的 Cd 蒸汽压。相线 S = V 为 $P_{Cd}=2P_{Te2}$ 时固-气两相平衡条件下的相线。图 2 - 30 中右上角的虚线部分给出了液相 y 值不同的液-气两相平衡线（示意图）。在液-气两相系统中，通过气相与母液之间的原子交换，气体分压和液体的化学计量比 y 将得到自动调整，直到气相分压与液相的平衡蒸汽压达到平衡。气-液两相平衡态存在于体晶生长和液相外延生长前的母液均匀化阶段，尽管液-气两相平衡的相图数据较少，但它对材料制备工艺的理解和控制(尤其是化合物材料)还是很重要的。

图 2-31 也是经常看到的一种用于说明赝二元化合物材料组分分凝的 $T-x$ 相图,图中 $Hg_{1-x}Cd_xTe$ 材料的组元数为 3,赝二元意味着$(Hg_{1-x}Cd_x)_{1-y}Te_y$材料的化学计量比 y 等于 0.5,图中液相线和固相线为固-液两相平衡线,根据相律,其自由度为2,也就是说两相平衡的固化线和液化线还应该有一个自由度,这意味着图中的固化线和液化线已被默认为三相平衡线。从图 2-31 给出的 $x-T$ 相图上可以获得材料发生液-固相变时的组分分凝系数:

$$\eta=\frac{x_S}{x_L} \qquad (2-103)$$

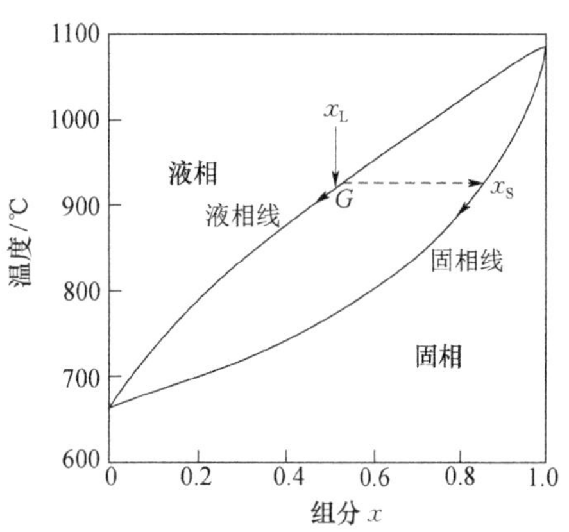

图 2-31 $Hg_{1-x}Cd_xTe$ 赝二元材料的组分分凝相图

组分和化学计量比的分凝源于原子化学势在与材料组成相关的同时,还和材料的相有关。出于同样的机理,材料中的杂质在相变过程中也存在分凝效应和分凝系数,由于杂质分凝系数的差异,半导体材料中各种剩余杂质的浓度不完全取决于原材料的纯度,杂质分凝系数的差异也会对非掺杂材料的导电类型起到决定性的作用。另一个值得注意的问题是:当材料生长模式偏离平衡态时,实际发生的分凝系数也会偏离平衡状态下相图所给出的分凝系数,进而造成材料组分、化学计量比和杂质浓度与实际生长时的工艺条件相关。以化合物材料的气相外延为例,外延材料的背景杂质浓度不仅与气相中原子的分压有关,也会与外延材料的生长速率、衬底表面晶向等因素密切相关。

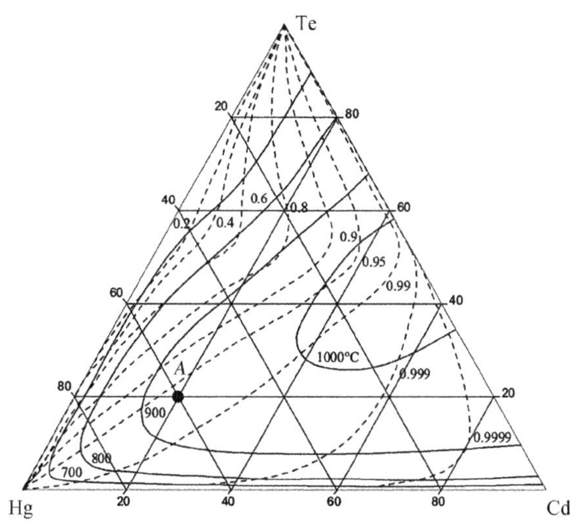

图 2-32 在熔液成分的坐标系中反映三相平衡态下 HgCdTe 材料熔点和组分的三角相图

实线为三相平衡系统的等温线,虚线为三相平衡态中固相 $Hg_{1-x}Cd_xTe$ 晶体材料的等组分线;坐标轴为原子百分比

图 2-32 所示的等高线三角成分相图也是一种常被用来描述三元化合物在三相平衡条件下的性能参数,相图上每一点

到边线的垂直距离与边线到顶点垂直距离的比值为液相材料中各类原子的含量，如图中 A 点表示，该处 $Hg_{\alpha}Cd_{\beta}Te_{(1-\alpha-\beta)}$ 液相材料中 Hg、Cd 和 Te 原子所占的比例分别为 60%、20% 和 20%。根据相律，三相平衡材料体系的自由度为 2，也就是说在三相平衡的条件下，相图上每一点的状态是完全确定的。相图中的温度等高线和组分等高线给出了各点液相材料的相变温度和与之相平衡的固相材料的组分。相图没有给出气相的分压和固相的化学计量比，但这些参数已是确定的参数，可以通过计算或查阅类似图 2－30 的气相分压相图来获得。

在实际工作中，我们所看到的材料相图大都是根据理论模型并通过实验数据拟合得到的，理论计算的基本原理是各相中的原子化学势在相平衡条件下是相等的。对于赝二元化合物材料 $(AC)_{1-x}(BC)_x$，其液相的热力学性能一般采用由 5 个基元组成的液体模型来描述，这些基元包括 A、B、C、AC 和 BC，即假定液体中有部分原子具有类似化合物那样的强相互作用。按照这样的液体模型，液体吉布斯自由能的变化量（结合能）可由下式来描述：

$$\Delta G_{\mathrm{M}} = \sum_{\mathrm{i}} \sum_{\mathrm{j}} y_{\mathrm{i}} y_{\mathrm{j}} (1 + \beta_{\mathrm{ij}} y_{\mathrm{j}}) - y_3 \Delta G_3 \qquad (2-104)$$

式中，y_{i} 表示各基元的含量。在化合物晶体材料中，基元 AC 和基元 BC 的化学势可根据以下公式进行计算[26]：

$$\mu_{\mathrm{AC}}^{\mathrm{S}} = \mu_{\mathrm{AC}}^{\mathrm{S},0} + (W - VT)x^2 + RT\ln(1-x) \qquad (2-105)$$

$$\mu_{\mathrm{BC}}^{\mathrm{S}} = \mu_{\mathrm{BC}}^{\mathrm{S},0} + (W - VT)(1-x)^2 + RT\ln x \qquad (2-106)$$

进行计算，上述公式中 W、V 和 β_{ij} 之类的参数均为材料的热力学性能参数。而在气相中，原子间的相互作用一般都很弱，其原子或分子的吉布斯自由能的计算公式为

$$G_{\mathrm{i}} = G_{\mathrm{i}}^0 + RT\ln P_{\mathrm{i}} \qquad (2-107)$$

有了相的组成模型及其基元化学势（或吉布斯自由能）的计算方法，即可利用不同相中各基元化学势相等的条件，通过理论计算得到材料的各类相图，计算所用到的参数则可通过对实验测量结果的拟合来确定，并随着数据量的增加而不断优化。

2.12.3　缺陷化学理论及其相关的材料热力学常数

缺陷化学理论是以反应方程的形式来描述固－气两相平衡系统中晶体材料内各基元（或组元）的浓度与温度、分压等状态参数之间相互关系的理论，其结果实际上也是材料固－气相图的一个组成部分。固－气平衡条件下的材料特性是制定半导体材料热处理工艺条件，进而调整材料使用性能的重要依据。

与普通化学反应遵循质量作用定律一样,缺陷化学反应也遵循缺陷化学质量作用定律。晶体中的原子、点缺陷和载流子相当于化学反应中的基元(原子或分子),例如,一个二次电离的 A 空位与 A_2 气体分子和电子相互作用的反应方程为

$$\frac{1}{2}g(A_2) + V_A^{2+} + 2e^- \longleftrightarrow A_A \tag{2-108}$$

式(2-108)遵循质量守恒和电量守恒定律。根据缺陷化学质量作用定律,反应速率同时正比于分压 $P(A_2)$ 的 1/2 次方、空位浓度和电子浓度的平方,即

$$r = K_1 P(A_2)^{1/2}[V_A^{2+}]n^2 \tag{2-109}$$

在平衡条件下,缺陷化学反应的平衡方程为

$$P(A_2)^{1/2}[V_A^{2+}]n^2 = K_A(T) \tag{2-110}$$

式中,K_A 为缺陷化学反应的平衡常数,也称为材料的热力学常数,它是材料组分和温度的函数。由于电子和空穴也是晶体材料中的缺陷基元,其带间复合也可看作是一种缺陷化学反应,其平衡方程为

$$pn = K_i(T) \tag{2-111}$$

这一方程与按能带理论推导出的式(2-49)在形式上是一致的。

从本质上讲,缺陷化学反应方程及质量作用定律是固-气两相中原子、点缺陷和载流子的化学势平衡方程,所涉及的热力学常数决定着材料制备的工艺条件与材料性能之间的关系,是材料和器件制备工艺所不可或缺的材料性能参数。

此外,固相材料体系还需满足电中性条件,假定二价电离的 V_A^{2+} 空位是材料中唯一的点缺陷,则按电中性方程的要求:

$$2[V_A^{2+}] + p = n \tag{2-112}$$

基于质量作用定律和电中性方程,可以对材料中点缺陷浓度与系统状态参数(组分 x、化学计量比 y、温度 T 和分压 P_i)的关系进行定量计算,将计算结果与实验数据进行拟合后,可确定方程中所涉及的热力学参数。

2.12.4 材料中原子的扩散特性

晶体中的原子在不同格点之间发生迁移是原子热运动的自然属性,当被研究的原子在浓度上存在梯度分布时,原子热运动的结果将造成这些原子在整体上发生定向迁移,俗称扩散。根据菲克定律,材料中原子扩散形成的流量与原子浓度的

梯度成正比，即

$$\vec{F} = D(N,\ \vec{r})\ \nabla N(\vec{r},\ t) \tag{2-113}$$

式中，其比例系数 D 为扩散系数，如原子流量存在梯度，则材料的原子浓度将随时间发生变化：

$$\frac{\partial N(\vec{r},\ t)}{\partial t} = \nabla[D(N,\ \vec{r})\ \nabla N(\vec{r},\ t)] \tag{2-114}$$

这就是我们熟知的原子扩散方程。在晶体材料中，原子有不同的形态，如正常格点上的原子、替位原子、填隙原子和原子与其他点缺陷构成的复合缺陷，扩散系数也不仅仅取决于原子浓度，它还与原子扩散机制相关的缺陷浓度有关，因此，与气体中的原子扩散相比，固体中原子扩散的问题要复杂很多。

固体中的原子存在着多种扩散模式，图 2－33 列出了经常遇到的 5 种扩散模式。其中，扩散模式(1)为单质均匀材料中主元素原子的自扩散，其扩散系数等于同位素 A^* 在材料中的扩散系数，自扩散系数的物理意义在于，即使不存在浓度梯度，原子热迁移的行为依然存在；扩散模式(3)则是化合物 AB 材料中主元素 A 或 B 原子的自扩散。理论上讲自扩散是材料的本征特性，但是，实际材料中可能会存在不同种类不同浓度的点缺陷，如果原子自扩散的主要机制又是借助这些点缺陷进行的某种机制，那么材料的自扩散系数也将随着材料缺陷性能的变化而变化。

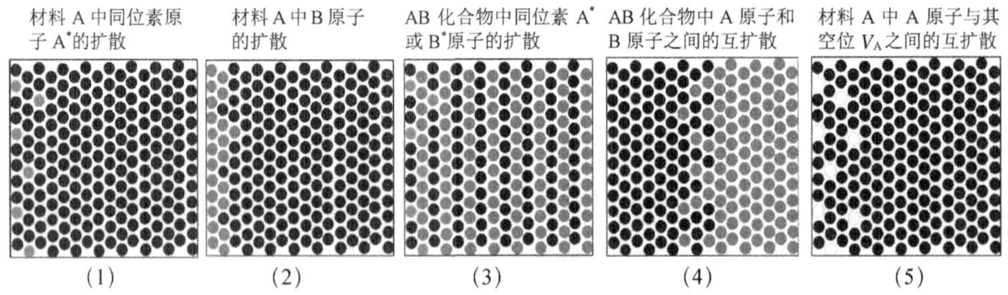

图 2－33　固体材料的 5 种扩散模式

* 表示同位素

扩散模式(2)是掺杂原子在材料中扩散，在半导体材料或器件工艺中，经常采用表面沉积、离子注入和生长时原位掺杂等方式在材料中引入浓度呈梯度分布的杂质原子，并采用热处理工艺使其形成所需的掺杂浓度分布。需要关注的是，如果杂质原子在材料中有多种形态，同种原子有可能有不同的扩散系数；如果材料中的点缺陷种类或浓度不同，掺杂原子的扩散系数也可能不一样。

扩散模式(4)是 A 材料和 B 材料结合在一起后发生的不同种类原子之间的原子互扩散，这种扩散模式经常发生在异质结或衬底/外延层界面附近的区域。假定材料的缺陷分布是均匀的,原子 A 与原子 B 完全通过彼此之间的直接或间接交换来完成迁移或扩散,原子 A 的一维互扩散方程(Darken 方程)为

$$\begin{aligned}\frac{\partial N_A}{\partial t} &= \frac{\partial}{\partial s}\left(\bar{D}\frac{\partial N_A}{\partial s}\right)\\ \bar{D} &= x_B D_A + x_A D_B\end{aligned} \tag{2-115}$$

式中,扩散系数 D_A、D_B 和 $\bar{D}$ 分别为原子 A 的分扩散系数、原子 B 的分扩散系数和两者之间的互扩散系数。在数学上,混晶 $A_{1-x}B_x$ 中的原子互扩散也可以看成是组分非均匀材料中的组分扩散,其扩散方程的表达式为

$$\begin{aligned}\frac{\partial x}{\partial t} &= \frac{\partial}{\partial s}\left(\bar{D}\frac{\partial x}{\partial s}\right)\\ \bar{D} &= xD_A + (1-x)D_B\end{aligned} \tag{2-116}$$

扩散模式(5)是半导体材料热处理工艺中经常遇到的点缺陷的扩散方式,当点缺陷为原子空位时,点缺陷的扩散将是原子和空位之间的互扩散(亦称化学扩散,或化学计量比扩散),其扩散方程为

$$\begin{aligned}\frac{\partial N_{V_A}}{\partial t} &= \frac{\partial}{\partial s}\left(\bar{D}\frac{\partial N_{V_A}}{\partial s}\right)\\ \bar{D} &= x_A D_{V_A} + x_{V_A} D_A\end{aligned} \tag{2-117}$$

在该扩散模式中,每一个空位都可以与周围原子 A 发生交换而迁移。如果原子 A 不存在其他迁移途径(或扩散机制),只有通过与空位交换而迁移,此时,空位和原子的迁移虽然都是原子 A 在迁移,但两者的扩散机制(发生迁移的概率)显然是不一样的。当空位浓度远小于原子 A 的浓度,且扩散系数 D_{V_A} 远大于 D_A 时,式(2-117)将简化为单一空位的扩散方程。扩散模式(5)中的点缺陷也可能杂质原子或填隙原子,其扩散的行为同样取决于该缺陷及相关原子的迁移途径和迁移概率。

原子的分扩散系数与自扩散系数的关系与原子 A 和原子 B 间相互作用的强弱有关,这种相关性常用能斯特-爱因斯坦公式表示:

$$D_i = D_i^*\left(1 + \frac{\partial \ln \gamma_i}{\partial \ln N_i}\right) \tag{2-118}$$

式中,D_i^* 和 γ_i 分别为原子 i 的自扩散系数和活度系数。图 2-34 给出了某离子性晶体中金属原子空位与金属原子 A 之间发生互扩散的示意图,由于 A 原子空位将从价带俘获一个电子,它所形成的内建场将大大增加带正电荷的 A 离子向空位扩散的概率,结果导致原子 A 与空位之间的互扩散系数远大于 A 原子的自

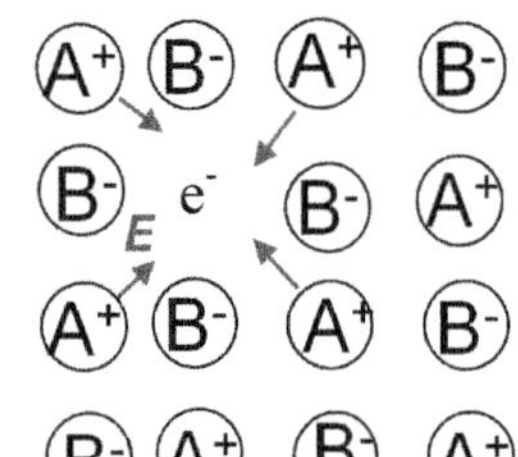

图 2－34　离子性格点原子与空位之间互扩散的情况

扩散系数。

除了上述 5 种扩散模式外，材料中也可能存在其他一些更为复杂的扩散模式。在研究材料扩散工艺和扩散机理时，首先要搞清楚所研究的对象，并进一步搞清楚被研究原子或点缺陷的扩散模式、迁移途径和扩散系数，简单引用他人发表的扩散系数很容易得出错误的分析结果。处理扩散问题的复杂性还包括扩散过程的初始条件和边界条件经常很难确定。

以上我们从 12 个方面概括了半导体材料的基本特性，表 2－1 列出了与这些材料性能相关的物理概念和

表 2－1　半导体材料基本性能的物理概念和参数

材料的基本性能	相关概念和参数
晶体结构	晶体结构、晶胞、单胞、晶格常数、晶向、晶向指数、晶面族、解理面、密勒指数，晶带、晶轴等
材料组成	组分、化学计量比、化学计量比偏离、杂质、杂质浓度、剩余杂质浓度、密度等
电子能带结构	能级、能带、态密度及其分布、导带、价带、禁带宽度、亲和势、功函数、内建场、直接带隙、间接带隙、杂质能级、缺陷能级、带尾、Burstein-Moss 效应、带阶、量子阱能级、微带等、$\boldsymbol{k}$ 空间能带结构、实空间能带结构等
缺陷	点缺陷、替位原子、填隙原子、本征材料、掺杂材料、施主、施主能级、受主、剩余施主或受主、受主能级、等电子陷阱缺陷，线缺陷、刃位错、螺位错、混合位错、60°位错、全位错、不全位错、伯格斯矢量、层错、内禀层错、外禀层错、晶界、多晶、小角度晶界、孪晶、共格孪晶、半共格孪晶、非共格孪晶、体缺陷、析出物或沉淀物、包裹物、夹杂物、表面缺陷、界面缺陷、快态和慢态、缺陷尺寸、缺陷浓度、缺陷密度、缺陷延伸方向等
电学性能	费米能级、有效质量、载流子及浓度、少数载流子浓度、电子浓度、空穴浓度、本征载流子及浓度、施主或受主浓度、剩余施主或受主浓度、缺陷激活能、简并与非简并、非平衡载流子及浓度、补偿度、载流子迁移率、载流子扩散系数、少数载流子寿命、少子扩散长度、辐射复合、俄歇复合、肖克莱-里德霍尔（SRH）复合、深能级复合中心、陷阱密度、载流子碰撞电离系数、空间电荷区、pn 结耗尽区等
光学性能	透过率、反射率、折射率、吸收系数、穿越深度、光荧光、自发辐射系数、受激辐射系数，受激吸收系数，辐射概率、辐射速率、跃迁矩阵元、联合态密度、漫反射、米氏散射、瑞利散射、拉曼散射、光谱（光学性能随光子能量的变化关系）等
磁性特性	居里温度、磁极化强度和磁损耗角正切等
表面与界面性能	平整度、弯曲度、粗糙度、表面形貌、表面缺陷，表面态、界面态、界面固定电荷、可移动电荷、陷阱电荷、界面互扩散区、晶格失配、热失配、失配位错等
力学特性	弹性模量、切变模量、泊松比、解理、崩边、边缘损伤、晶体边缘取向等
结构参数	晶片的尺寸与厚度，以及异质结、二维电子气、量子阱、超晶格、量子点、纳米线、二维材料等材料的结构参数
非均匀性	宏观参数的非均匀性，微观性能的非均匀性等
热力学性能	热导率、比热容、膨胀系数、相图、相变温度、平衡蒸汽压、组分分凝系数、化学计量比分凝系数、相律、原子化学势、热力学常数、扩散系数、自扩散系数、互扩散系数、活度系数等

参数。针对不同的应用和不同的工作性质,人们对这些参数的关注程度是不一样的。有些源于材料同一本质特性的参数在不同的属性上有着不同的表达形式,这使得很多的材料性能参数存在着相关性,目前还很难也没有必要从表中给出的参数中凝练出一套完全独立的材料性能参数。

参 考 文 献

[1] 蔡伯熏. 固体物理基础. 北京: 高等教育出版社, 1990.

[2] Kane E O. Band structure of indium antimonide. J.Phys.Chem.Solids, 1957, 1: 249-261.

[3] 陆卫,傅英. 半导体光谱分析与拟合计算.北京: 科学出版社,2014.

[4] 褚君浩. 窄禁带半导体物理. 北京: 科学出版社,2005: 108-162.

[5] Martin R M. Electronic structure: Basic theory and practical methods. Cambridge: Cambridge University Press, 2004.

[6] Shtrichman I, Aronov D, Ezra M B, et al. High operating temperature epi-InSb and XBn-InAsSb photodetectors. SPIE, 2012, 8353: 83532Y.

[7] Walther M, Rehm R, Schmitz J, et al. InAs/GaSb type II superlattices for advanced 2nd and 3rd generation detectors. SPIE, 2010: 76081Z.

[8] 谢希德. 固体能带理论. 上海: 复旦大学出版社,1998.

[9] Singleton J. 固体能带理论和电子性质. 北京: 科学出版社,2009.

[10] Tan S S, Reed M, Han H T, et al. Morphology of etch hillock defects created during anisotropic etching of silicon. J. Micromech. Microeng., 1994, 4: 147-155.

[11] 刘恩科,朱秉升,罗普生. 半导体物理学(第七版). 北京: 电子工业出版社,2011: 193-195.

[12] Sun Q Z, Yang J R, Wei Y F, et al. Characteristics of Au migration and concentration distributions in Au-doped HgCdTe LPE materials. J. Electron. Mater., 2015, 44: 2773-2778.

[13] Wiley J D. Semiconductors and semimetals: Vol. 10. New York: Academic Press, 1975: 27-33.

[14] Bate R T, Baxter R D, Reid F J, et al. Conduction electron scattering by ionized donors in InSb at 80K. J. Phys. Chem. Solids, 1965, 26: 1205-1214.

[15] Makowski L, Glickman M. Disorder scattering in solid solutions of Ⅲ-Ⅴ semiconducting compounds. J. Phys. Chem. Solids, 1973, 34: 487-492.

[16] Carmody M, Edwall D, Ellsworth J, et al. Role of dislocation scattering on the electron mobility of n-type long wave length infrared HgCdTe on silicon. J. Electron. Mater., 2007, 36: 1098-1105.

[17] Hall R N. Recombination processes in semiconductors. Proc. Inst. Elect. Eng., 1960, 106B: 923-931.

[18] Blakemore J S. Semiconductor statistics. New York: Pergamon, 1962.

[19] Sze S M. Physics of semiconductor devices. New York: Wiley-Interscience, 1981.

[20] Pankove J I. Optical processes in semiconductors. New Jersey: Prentice-Hall, 1971.

[21] Chu J H, Li B, Liu K, et al. Empirical rule of intrinsic absorption spectroscopy in $Hg_{1-x}Cd_xTe$. J. Appl. Phys., 1994, 75: 1234 – 1235.

[22] 沈学础. 半导体光谱和光学性质. 北京：科学出版社,2002: 76 – 91.

[23] Glassbrenner C J, Slack G A. Thermal conductivity of silicon and germanium from 3 to the melting point. Phys. Rev., 1964, 134: A1058 – A1069.

[24] Okada Y, Tokumaru Y. Precise determination of lattice parameter and thermal expansion coefficient of silicon between 300 and 1500 K. J. Appl. Phys., 1984, 56: 314 – 320.

[25] Greenberg J H. P-T-X phase equilibrium and vapor pressure scanning of non-stoichiometry in the CdeZneTe system. Prog. Cryst. Growth Charact. Mater., 2003, 47: 196 – 238.

[26] Willardson R K, Beer A C. Semiconductors and semimetals: Vol. 19. New York: Academic Press, 1983: 172 – 255.

第3章 半导体材料的生长

半导体材料不像矿石那样可以直接从自然界中开采出来,实用化和产品化的半导体材料都是人工制备的晶体材料,而且,绝大部分是单晶材料,因此,获取半导体晶体材料是开展半导体材料研究和应用的第一步,相应的技术称为材料生长技术,相关的理论是基于热学、热力学、相图、原子扩散和流体力学等基础理论的晶体生长理论。

晶体生长过程大致分为晶体成核和外延生长两大部分,晶体成核包括源材料中发生的自发均匀成核、异质材料上的非均匀成核和晶核形态等问题,生长部分则涉及晶体的界面特性、界面原子的迁移、相变潜热、源材料中的原子传输以及影响生长系统温度分布的热扩散等问题。由于实际生长系统中的原子传输、热传输、流体流动特性和系统边界条件的复杂性,从微观机理出发对晶体生长过程进行理论模拟分析目前仍是一项非常复杂而专业的工作,对于新材料和产能较小的材料,其生长技术的研究在很多情况下仍旧是采用物理机理指导下进行实验研究的模式。材料生长技术中含有很多的经验和技巧,其技术水平很大程度体现在对生长系统和工艺过程的操控能力上,正因如此,也有人把从事材料生长的技术人员称为“工匠”,但是,在当今科学技术高度发达的时代,一个高水平的“工匠”必定是懂得材料生长机理且能应用理论知识分析实际问题的专家。

本章由三个部分组成,第一部分主要介绍晶体生长相关的基本概念和基础理论,它是晶体生长工作者开展工艺技术研究的指导思想,后面两个部分将分别介绍半导体材料的体晶生长技术和外延技术。从半导体材料生长技术的发展现状可以看出,不同材料或者不同用途的材料有着不同的最佳生长技术和生长工艺,现有成功的生长技术和工艺已为我们研发新材料和新工艺奠定了良好的基础。

由于单晶材料的成本相对比较高,有些半导体器件(如太阳能电池)也大量使用多晶材料,并采用一些不同于单晶材料的生长技术,如多晶硅主要采用铸锭法和快速直拉法[1],多晶 CdTe 薄膜则采用蒸发或溅射方法,有关这类材料的生长技术可查阅相关的书籍和文献,本章将不作专门的介绍。

3.1 晶体生长的基础理论

晶体生长的方式和驱动力是晶体生长的基本特征和条件,在此条件下,晶体生长将从成核开始,晶核的表面特性取决于晶体的结构特性,同时也影响着晶体生长的模式和生长速率。在生长过程中,生长驱动力的变化则取决于生长系统中的温度分布及其变化过程,以及源材料中溶质原子传输的快慢。本章我们将用最简洁的方式就这些概念及相关的基础理论向读者做一个全面的介绍。

3.1.1　生长方式与驱动力

晶体生长就是将非晶相的源材料转变成晶体的过程,非晶相的源材料可以是液相、气相和固相材料,因此,晶体生长方式也就有液-固相变、气-固相变和固-固相变三种方式。晶体生长的驱动力则是来自热力学的吉布斯自由能判据,即在等压和等温下,热力学系统总是朝着吉布斯自由能减小的方向进行,直至达到热力学平衡。

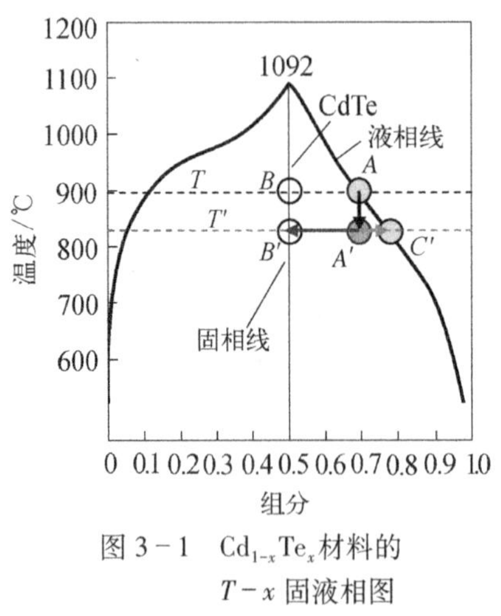

图 3 - 1　$Cd_{1-x}Te_x$ 材料的 $T-x$ 固液相图

液-固相变的源材料为液相(也称母相材料),在 Cd - Te 材料的相图上(图 3 - 1),处于液相线上的液体(A 点)和处于固相线上固体(B 点)处于相平衡状态,此时,两者的 Cd 原子和 Te 原子具有相等的化学势(单位摩尔原子的吉布斯自由能)。通过降低系统的温度(从 T 到 T'),液体 A 将进入过冷(或过饱和)状态 A',液体中的原子化学势将大于此温度下固相线上固体 B' 和液相线上液体 C' 中的原子化学势,根据吉布斯自由能判据,过冷的液体 A' 将发生相变,形成固体 B' 和液体 C',由液体 A' 转变成固体 B' 的过程就是材料的生长过程,在此过程中,材料的吉布斯自由能将减小,即

$$\Delta G = G_S(B') - G_L(A') < 0 \tag{3-1}$$

因此,降低温度导致的液体过冷或过饱和,使其吉布斯自由能大于平衡态下的固体吉布斯自由能,并由此形成了液-固相变生长的驱动力。

气-固相变的源材料是气体,气体吉布斯自由能由气体的温度 T 和压力 P_G 所决定:

$$G = G_0(T) + RT\ln P_G \tag{3-2}$$

假定此温度下固-气平衡状态的蒸汽压为 P_S,则固-气相变过程的吉布斯自由能的变化量为

$$\Delta G = \int_{P_G}^{P_S} V\mathrm{d}P = RT\ln\frac{P_S}{P_G} \tag{3-3}$$

当气体压力 $P_G > P_S$ 时(或是通过降温使 P_S 减小时),气体将处于过饱和状态,气-固相变将成为吉布斯自由能降低的过程,气体的过饱和也就成了晶体生长的驱动力。

固-固相变是非晶或多晶固体向单晶转变的过程,大都在略低于晶体熔点的温度下进行,其源材料一般为快速冷却形成的枝蔓晶(非晶)或气相沉积形成的多晶材料。单晶相材料的吉布斯自由能通常小于非晶相或多晶固体的吉布斯自由能,这就是固-固相变得以进行的内在驱动力。

3.1.2　成核理论

晶体生长的过程从成核开始,母相材料中发生成核的方式分为均匀成核和非均匀成核两种,均匀成核依靠体系本身吉布斯自由能的变化获得驱动力,由晶胚(近程有序的原子集团)直接自发成核,非均匀成核则依附于外来物表面形成晶胚并成核。

均匀成核在母相处于过饱和状态(也称亚稳态相)时发生,此时,热力学系统的随机涨落将导致液体局部区域形成在结构上接近于晶体的原子团簇(或称晶胚),形成晶胚导致的吉布斯自由能变化量为

$$\Delta G = \Delta G_S + \Delta G_V = 4\pi r^2\sigma + \frac{4}{3}\pi r^3 \Delta g_V \tag{3-4}$$

式中,σ 为晶胚单位界面面积的自由能,Δg_V 为晶胚与母相单位体积自由能之差,r 为晶胚的半径。晶胚形成的基本条件是体系自由能的变化量 ΔG_V 小于零(成核的驱动力),但在晶胚形成同时,晶胚与母相之间会增加界面自由能 ΔG_S。图 3-2 给出了形成晶胚时自由能的变化量与晶胚半径的关系,从中可以看出,只有晶胚尺寸大于 r^* 时,晶胚才能继续长大,形成晶核,r^* 也称为临界尺寸,它与界面自由能 σ、体自由能变化量 Δg_V 的关系为

$$r^* = -\frac{2\sigma}{\Delta g_V} \tag{3-5}$$

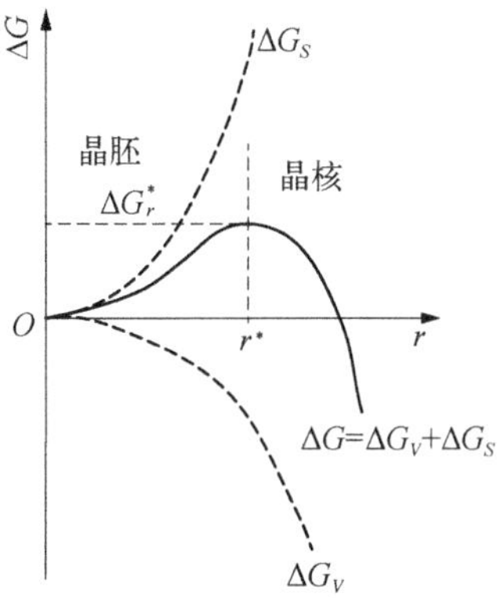

图 3-2　系统自由能在晶胚形成晶核过程中的变化

相变所需克服的自由能势垒高度(亦称形核功)则为

$$\Delta G_r^* = \Delta G\Big|_{r=r^*} = \frac{16\pi\sigma}{3\Delta {g_V}^2} = \frac{4}{3}\pi r^{*2}\sigma \tag{3-6}$$

即形核功等于 1/3 的界面自由能 ΔG_S。形核功的存在是溶体能以过冷方式存在的

物理基础,形核功的大小也决定了熔体的最大过冷度。

如果均匀成核的晶核具有二维特性(即在同质衬底上发生成核),形成晶胚后吉布斯自由能的变化量将变为

$$\Delta G = \Delta G_S + \Delta G_V = 2\pi rh\sigma + \pi r^2 h\Delta g_V \tag{3-7}$$

式中, h 为晶核的厚度,晶核的临界尺寸 r^* 和形成功的表达式也将改写为

$$r^* = -\frac{\sigma}{\Delta g_V} \tag{3-8}$$

$$\Delta G_r^* = -\frac{\pi h\sigma^2}{\Delta g_V} = \pi h\sigma r^* \tag{3-9}$$

从理论上讲,临界尺寸的原子团簇再获得一个原子就成为晶核,而失去一个原子则退回到非稳定相,单位体积单位时间晶胚得到原子与失去原子的差值决定了新增晶核的数量,亦称成核速率,成核速率与单位体积晶胚数量 n_i^*、晶胚相接触的原子数量 n_s 和原子附着晶胚的概率 q 相关, 即

$$I = n_i^* n_S q \tag{3-10}$$

式中[2],

$$n_i^* = n\exp\left(-\frac{\Delta G_r^*}{RT}\right) \tag{3-11}$$

$$q = \gamma_0\exp\left(-\frac{\Delta G_c}{RT}\right) \tag{3-12}$$

n 和 γ_0 分别为单位体积母相中的原子数目和热力学常数,ΔG_c 为新相与母相吉布斯自由能的差值。

非均匀成核发生在异相外来物的表面,主要的外来物包括籽晶、容器壁、杂质颗粒和衬底等,图 3-3 是液相在异相固体表面形成晶胚并成核的示意图,图中 σ_{ij}(i 或 j = α,β 或 S)为不同界面之间的界面形成能, θ 为固液接触面之间的夹角,俗称浸润角,在成核过程中,系统吉布斯自由能的变化量为

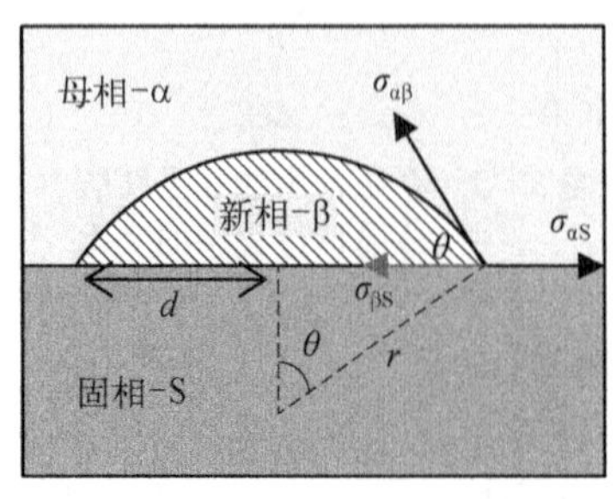

图 3-3　非均匀成核所涉及的界面及其接触角和界面能密度的示意图

$$\Delta G_h = \Delta G_V + \Delta G_S = V_\beta \Delta g_V + \sigma_{\alpha\beta}A_{\alpha\beta} + \pi d^2(\sigma_{\beta S} - \sigma_{\alpha S}) \tag{3-13}$$

式中,

$$V_\beta = \pi d r^3 \frac{2 - 3\cos\theta + \cos^3\theta}{3} \tag{3-14}$$

$$A_{\alpha\beta} = 2\pi r^2(1 - \cos\theta) \tag{3-15}$$

$$d = r\sin\theta \tag{3-16}$$

$$\cos\theta = (\sigma_{\alpha s} - \sigma_{\beta s})/\sigma_{\alpha\beta}(\text{杨氏方程}) \tag{3-17}$$

σ_{ij} 为 i 相和 j 相之间的界面能密度，将上述方程代入式(3-13)可得

$$\Delta G_h = \left(4\pi r^2\sigma_{\alpha\beta} + \frac{3}{4}\pi r^3\Delta g_V\right)f(\theta) \tag{3-18}$$

$$f(\theta) = \frac{(2 + \cos\theta)(1 - \cos\theta)^2}{4} \tag{3-19}$$

通过对ΔG_h 求导，得到临界半径 r^* 和形核能ΔG_h^* 分别为

$$r^* = -\frac{2\sigma_{\alpha\beta}}{\Delta g_V} \tag{3-20}$$

$$\Delta G_h^* = \frac{16\pi\sigma_{\alpha\beta}^3}{3\Delta g_V^2}f(\theta) = \Delta G_r^* f(\theta) \tag{3-21}$$

根据以上公式，不同外来物对成核的影响如下所示。

1) $\theta = 0, f = 0$: $\Delta G_h^* = 0$，外来物质为同质材料的晶核；

2) $180° > \theta > 0, f < 1$: $\Delta G_h^* < \Delta G_r^*$，外来物将促进成核；

3) $\theta = 180°, f = 1$: 外来物对成核不起作用。

和均匀成核一样，非均匀成核的成核速率也等于单位面积晶胚数量、晶胚相接触的原子数量和原子附着晶胚的概率的乘积。

3.1.3 生长速率和生长模式

当所有晶核连成一片之后，母相转变为固相的过程将以非均匀成核中 θ 为零的模式继续进行，晶核不断长大，晶体生长的过程就是晶体表面(即与母相之间的界面)不断移动的过程，生长速率和界面结构与原子在晶体表面和母相中的迁移速率有关。当晶体的组成与母相相同时，母相中的原子可直接通过界面跃迁的方式附着在晶体的表面，生长完全受母相的过饱和度和界面特性所控制。如果两者的组成不同，母相中的原子需通过扩散迁移到界面，然后才能附着到晶体表面，此时晶体生长将受制于原子在母相中的扩散特性。

生长速率的计算公式为

$$U = f\lambda v_0 \exp\left(-\frac{\Delta G_a}{RT}\right)\left[1 - \exp\left(-\frac{\Delta G_c}{RT}\right)\right] \tag{3-22}$$

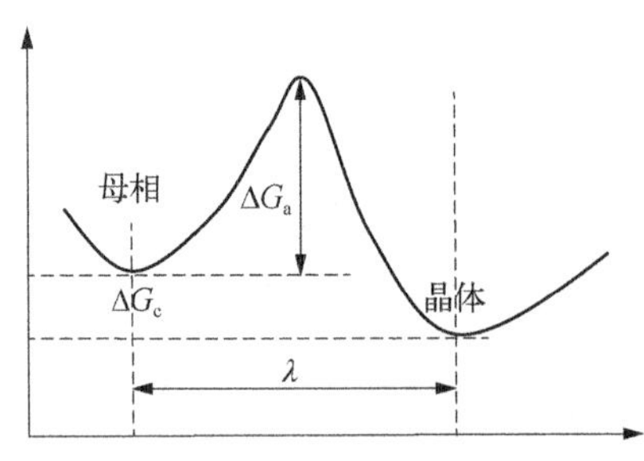

图 3－4　晶体生长过程中母相原子转变成晶体表面原子的示意图

式中，ΔG_a 物理意义是原子附着晶体表面所需越过的势垒，λ 为势垒的宽度，f 与晶体界面特性有关，对应于晶体生长的不同模型，ΔG_c 反映了母相的过饱和度，图 3－4 给出了上述物理量的示意图。

根据杰克逊界面平衡结构理论，由界面特性决定的晶体生长模式取决于生长界面是光滑面还是粗糙面。假定母相与晶体在界面处处于局部平衡状态，界面结构应满足界面能最低的要求，设初始时界面上有 N_0 个原子被母相原子占据，其中 N 个原子转变为晶体原子，则界面自由能的变化为

$$\frac{\Delta G}{N_0 kT} = \alpha x(1 - x) + x\ln x + (1 - x)\ln(1 - x) \tag{3-23}$$

式中，$x = N/N_0$，α 为杰克逊因子，按照不同的杰克逊因子，图 3－5 画出了界面自由能与 x 的关系图，可以看出，当 $\alpha < 2$ 时，自由能最小的位置位于 $x = 0.5$ 的位置，此时，界面是稳定的，对应的界面结构为粗糙界面；当 $\alpha > 3$ 时自由能极小值将出现在 $x = 0$ 或 1 的位置，界面结构为光滑界面；当 $2 < \alpha < 3$ 时，界面结构处于中间状态。对于粗糙界面，晶体生长在宏观上和微观角度上都是一个连续的过程，而对于光滑界面，晶体生长则为二维生长模式，其生长模型又分为两种。

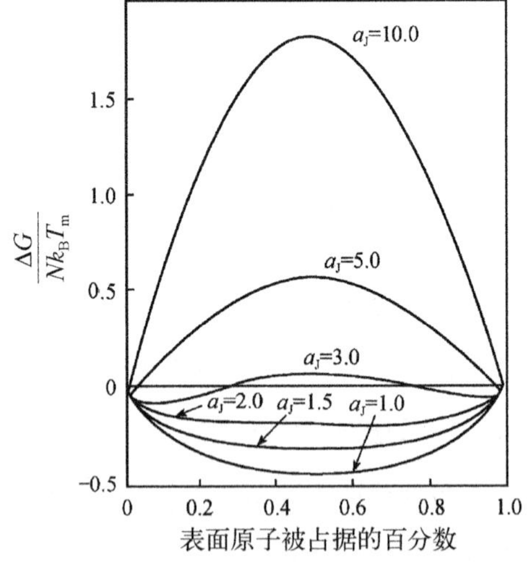

图 3－5　界面自由能与表面层固相原子占比的关系图

1. 完整突变光滑面生长模型

这是晶核为完整晶体的生长模式，晶体表面仅存在单原子层晶格破缺（台阶），表面晶格台阶的状态与晶体的取向密切相关。以简立方（100）表面上的单原子层晶格破缺为例（图 3－6），母相中的原子有 5 种不同的附着方式成为晶体的表

面原子,即附着在三面凹角1、二面凹角2、净表面3、棱边4和晶角5,附着原子受到的作用力与近邻格点上原子的距离和数量相关。

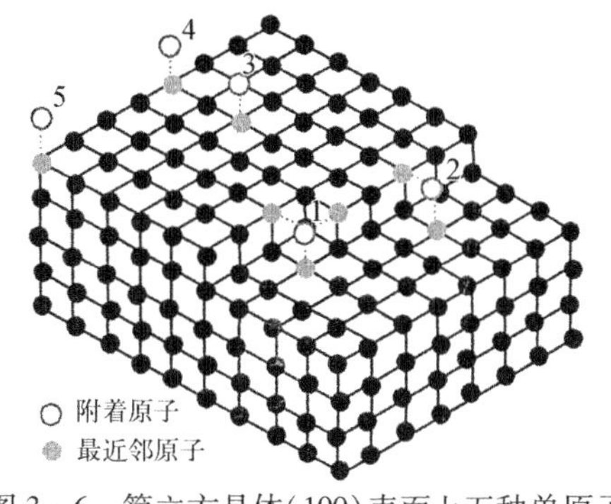

图3-6 简立方晶体(100)表面上五种单原子层晶格破缺的类型及其相关的原子附着方式

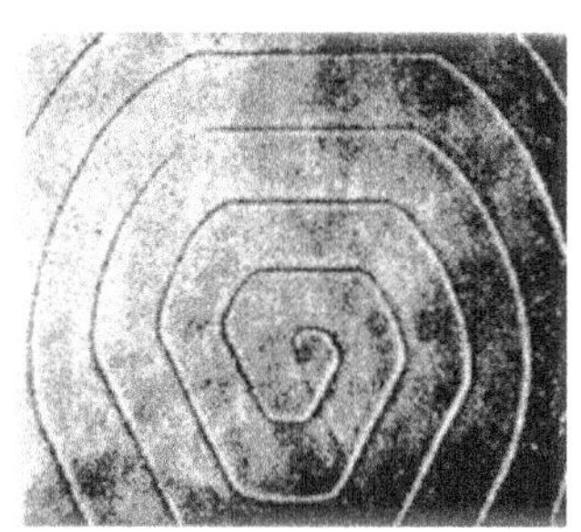

图3-7 晶体生长在SiC材料表面形成的螺旋纹

2. 非完整突变光滑面生长模型

这是一种晶核表面存在缺陷时的晶体生长模式,按照Frank运动学理论的描述,当螺位错和光滑的奇异面相交时,在晶面上会产生一个永不消失的台阶源。在生长过程中,台阶将逐渐变成螺旋状,使晶面不断向前推移,并使界面呈螺旋状台阶形貌。位错的存在增加了表面台阶的密度,降低了晶体生长时母相所需的过饱和度。光滑面上的螺位错生长模型已在许多材料上得到证实,图3-7为该生长模型在SiC材料表面形成的螺旋纹形貌。

除了螺位错生长模型会导致非完整突变光滑面生长外,衬底晶向的偏离也会形成类似螺位错产生的原子台阶,即形成大量有规则排列的二面凹角[图3-8(a)],这一生长机制经常出现在液相外延和分子束外延中,其材料表面形貌见图3-8(b)。

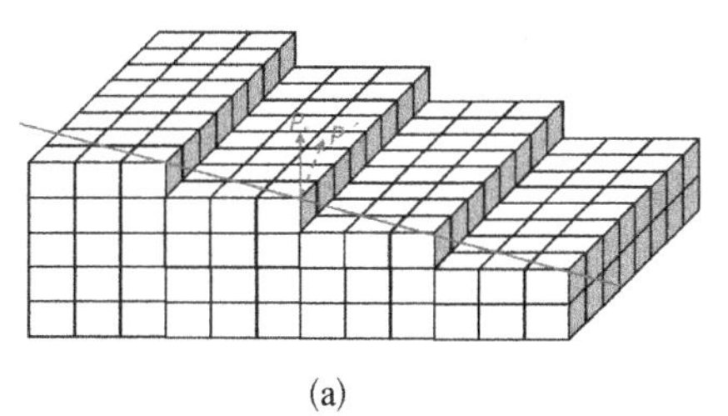

(a)

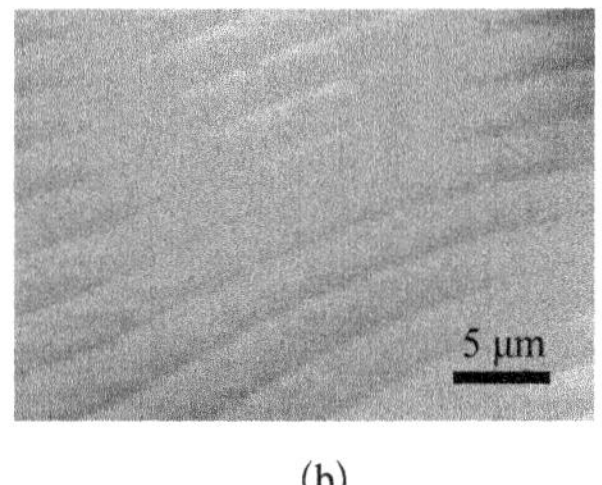

(b)

图3-8 晶向偏离导致的非完整突变光滑面生长模式

(a) 为晶向从 P 偏离到 P' 形成的梯田状表面原子台阶;(b) 为HgCdTe晶体的表面形貌,高差为单层化合物的厚度

图 3 - 9 对晶体生长模式进行了总结，生长模式的不同会影响晶体的质量（表面形貌、晶粒大小等），了解和掌握晶体生长模式对于理解、改进和控制晶体生长的结果有着重要的意义。

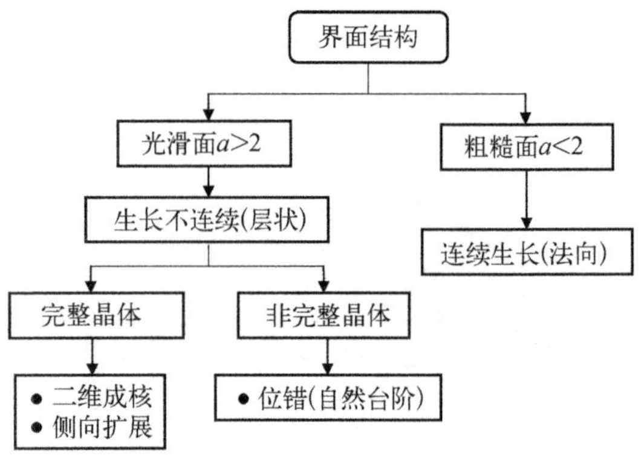

图 3 - 9　晶体生长模式的总结

3.1.4　平衡形态理论

在有温度梯度的系统中，固液界面的宏观形状将由温度场的等温面决定，但在均匀分布的温场中，由于晶体的生长速率与晶体界面的晶向以及由此决定的表面台阶状态有关，随着生长过程的进行，材料生长界面的取向、形状和台阶特性会按一定的规律发生改变，并逐渐趋于稳定或动态平衡的状态，平衡形态理论就是描述这一规律的理论[3]。关于晶体平衡形态的理论，研究者们早已提出了一些定律或法则，以下三个定律是从三个不同的角度对平衡形态理论的描述。

1. 布拉维法则

晶体的界面常常平行于面网结点密度最大的面网（即晶面），面网间距越大，面网对外来质点的引力越小，生长速度越慢。

2. Donnay-Harker 原理

晶体的最终外形应为面网密度最大的晶面所包围，晶面沿法线方向的生长速率反比于面网间距，生长速率快的晶面族将在最终形态中消失。它与布拉维法则合在一起也被称为 BFDH 法则，图 3 - 10 给出 BFDH 法则下晶体形态演变规律的示意图。

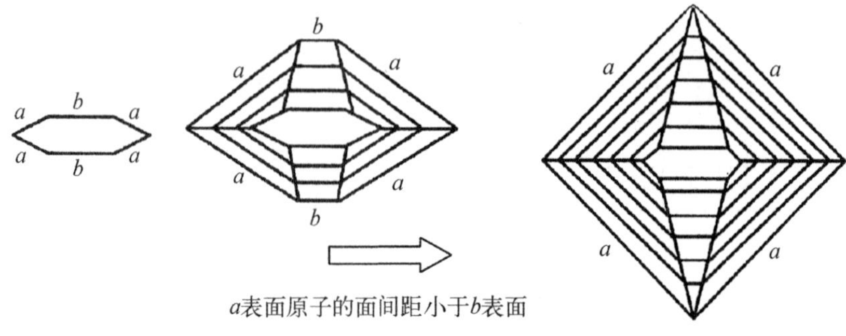

图 3 - 10　晶体表面形态演变规律的示意图

3. Gibbs－Wulff 生长定律

在恒温和等容的条件下,晶体总表面能最小时相应的形态为晶体的平衡形态。当晶体趋向于平衡态时,它将调整自己的形态,使其总表面自由能最小。对于一定体积的晶体,其平衡形状应是表面能最低的形状,即

$$\sum_{\mathrm{i}} \sigma_{\mathrm{i}} S_{\mathrm{i}} \longrightarrow \text{最小} \tag{3-24}$$

根据这一定律,可以推出以下结论。

1) 形态取决于各晶面的法向生长速率;

2) 法向生长速率越快,晶面越容易消失;

3) 法向生长速率慢的面为密勒指数低的原子排列面(表面能也较低)。

除了晶面取向趋于平衡态之外,由于受到生长系统中实际边界条件的影响,化合物材料的表面极性和晶体取向也将趋于稳定的平衡状态。

在实际的晶体生长工艺技术中,晶体界面的宏观形状大都由生长系统的温场控制,但其微观形貌则与晶体的平衡形态密切相关,而微观形貌影响着晶体的成核方式和生长方式,对晶体中缺陷的产生、多晶或孪晶的形成有着很大的影响。

3.1.5 生长过程中的传输理论

为了获得大的晶体,晶体生长必须在非稳态或准稳态条件下进行,生长速率和晶体质量在很大程度上取决于生长系统的温度场分布和母相(多元)中溶质向晶体界面扩散的能力。所谓准稳态(或准平衡),就是在此状态下母相和新相的自由能差异较小,溶质和热的传输能力足以维持这一状态,例如,在液-固相变的布里奇曼法生长技术中,粗糙面生长的固液界面非常接近于相变温度的等温面。分子束外延则是光滑面非稳态生长的典型例子,在此生长过程中,衬底材料与气相母材料在温度上有很大差异,气相原子的自由能远大于其在固相中的自由能。对生长过程进行动力学描述的理论主要涉及与母相相关的原子扩散理论、流体力学和热传输等基础理论。

1. 原子的扩散

原子扩散所遵循的基本理论是 Fick 第一扩散定律:

$$J = -D \cdot \nabla N \tag{3-25}$$

式中,J 和 N 分别为溶质原子扩散通量和浓度,D 为原子的扩散系数。在达到稳态扩散之前,N 随时间的变化将遵循 Fick 第二扩散定律,即

$$\frac{\partial N(r, t)}{\partial t} = D \cdot \nabla^2 N(r, t) \tag{3-26}$$

原子的传输除了遵循扩散定律外,它还受到系统边界条件的限制,由于生长系统往往具有随空间和时间变化的边界条件,溶质浓度是空间坐标和时间的函数,而扩散系数则又是温度和浓度的函数,三者叠加在一起常常使得理论求解原子在生长系统中的传输特性变得非常困难。人们必须借助于一些简化模型和理论仿真工具,才能对原子传输的基本特性有所了解。如要更加深入的了解原子扩散的边界条件、初始条件和二阶微分方程的求解方法,读者可参考相关的专业理论书籍[4-5]。

2. 热的传导与辐射

生长系统的温度分布取决于系统中的热释放、热吸收和热传输,热的传输有传导和辐射两种方式,热的释放包括材料本身的热辐射、相变产生的潜热和化合物化合反应产生的反应热,热的吸收是指材料吸收声子而升温的过程。热传导遵循 Fourier 第一定律:

$$q = - k \cdot \nabla T \tag{3-27}$$

式中, q 和 T 是分别为热流密度和温度, k 为材料的热导率。若不考虑热释放的影响,系统温度场的变化将遵循 Fourier 第二定律:

$$\frac{\partial T(t)}{\partial t} = \alpha \cdot \nabla^2 T(r, t) \tag{3-28}$$

式中, α 为热扩散系数,它与材料密度 ρ 和等压比热容 c_p 的关系为

$$\alpha = \frac{k}{\rho c_p} \tag{3-29}$$

和处理原子扩散问题一样,热传导问题的定量计算也是一个非常复杂的数学问题,晶体界面处的热释放和边缘材料对外来热辐射的吸收也给热扩散方程的边界条件引入了新的复杂性。只有借助一些专业的仿真软件,才能对晶体生长系统的热场进行分析和模拟计算。

3. 流体运动对原子分布和热传输的影响

前面对母相中的原子扩散和系统热场的讨论都是基于母相为稳态的情况,但是,在母相为流体的晶体生长系统中,母相中常常会出现对流现象,如强制对流、自然热对流和界面张力引起的对流等。强制对流是通过搅拌驱动流体流动,以加快溶质原子的传输和分布的均匀化,搅拌的方式包括机械搅拌、电磁搅拌和电磁机械搅拌等;自然热对流是受温度梯度场和重力场作用后产生的对流,例如,靠近生长

系统管壁的流体被加热后，会因体积热膨胀而在流体内部产生应力，膨胀后流体的密度会减小，进而在重力的作用发生上浮，导致流体发生整体流动。

流体流动过程的控制方程包括质量连续性方程和动量守恒方程，前者反映了流体的质量守恒特性，后者则反映了流动过程中力的平衡。若不考虑材料密度变化的影响，流体的质量连续性方程和动量守恒方程分别为

$$\frac{\partial v_x}{\partial x}+\frac{\partial v_Y}{\partial y}+\frac{\partial v_z}{\partial z}=0 \tag{3-30}$$

$$\rho\left(\frac{\partial v_x}{\partial \tau}+v_x\frac{\partial v_x}{\partial x}+v_y\frac{\partial v_x}{\partial y}+v_z\frac{\partial v_x}{\partial z}\right)=-\frac{\partial P}{\partial x}+\eta\left(\frac{\partial^2 v_x}{\partial x^2}+\frac{\partial^2 v_x}{\partial y^2}+\frac{\partial v_x}{\partial z^2}\right)+\rho g_x \tag{3-31}$$

$$\rho\left(\frac{\partial v_y}{\partial \tau}+v_x\frac{\partial v_y}{\partial x}+v_y\frac{\partial v_y}{\partial y}+v_z\frac{\partial v_y}{\partial z}\right)=-\frac{\partial P}{\partial y}+\eta\left(\frac{\partial^2 v_y}{\partial x^2}+\frac{\partial^2 v_y}{\partial y^2}+\frac{\partial v_y}{\partial z^2}\right)+\rho g_y \tag{3-32}$$

$$\rho\left(\frac{\partial v_z}{\partial \tau}+v_x\frac{\partial v_z}{\partial x}+v_y\frac{\partial v_z}{\partial y}+v_z\frac{\partial v_z}{\partial z}\right)=-\frac{\partial P}{\partial z}+\eta\left(\frac{\partial^2 v_z}{\partial x^2}+\frac{\partial^2 v_z}{\partial y^2}+\frac{\partial v_z}{\partial z^2}\right)+\rho g_z \tag{3-33}$$

式中，v 为流体的流速，τ 为应力，η 为流体运动的黏度系数，g 为重力加速度，P 为流体受到的压力。由此可见，描述流体运动的也是一组偏微分方程，因为涉及流动，其边界条件也更加复杂。

研究发现，流体的流动特性与雷诺系数 Re：

$$Re=\frac{Dv\rho}{\eta} \tag{3-34}$$

密切相关，式中的 D 为流体截面的线尺寸。当 Re 较小时（流速较低），流动通常表现为层流，即在流动过程中流体中任意一薄层之间只发生滑动，相互之间不发生混合；当 Re 大于某一临界值时（流速较大），流体中不同流层之间将发生混合，这种流动方式被称为紊流，紊流常常在流体中产生对流现象，即处于不同位置上的流体发生相对（反方向）运动，形成闭环的流动方式。

流体的流动对热传导的影响也非常复杂，此时，静态热传导方程（3-28）将改写为

$$\frac{\partial T(t)}{\partial t}-\alpha\cdot\nabla^2 T(r,\ t)=F(r,\ t) \tag{3-35}$$

此时热传导问题已与流体运动问题耦合在一起，如再将流体中的扩散问题考

虑进来,整个过程的数学处理将变得更加复杂。

流体的运动将很大程度地改变溶质原子和热的传输模式,进而改变晶体的生长方式。在大多数晶体材料的生长技术中,一般都会尽量让母相保持静态或稳定的流动状态,防止对流和紊流对晶体生长产生不利的影响。

以上我们从四个方面对晶体生长中的传输理论进行了介绍,这些理论既可以用于分析生长的微观机理,也可以借助数学手段(如数理方程、蒙托卡罗方法[6]等)对生长过程和结果进行理论模拟,这些理论和材料相图以及基于它们开发出的专用软件已在晶体生长工艺中获得应用。但是,在材料生长工艺的研发过程中,也经常会遇到相图数据不全和理论模拟成本过高的情况,尤其是针对那些数量众多的新材料和产量不大的半导体材料。为此,研究人员也会根据实验数据和一些基本的物理规律(如能量守恒定律、分子动力学、热力学等),甚至借助一些假定或模型,总结或推导出一些指导晶体生长的理论计算公式或经验公式,用于控制晶体生长工艺,指导晶体生长技术的研究。例如,在开展碲镉汞液相外延技术的研究时,在已有的碲镉汞材料相图中,并不能找到富碲 HgCdTe 母液的固化温度和与之相平衡的晶体材料的组分,为此,Wermke 等就根据外延工艺获得的实验结果,得到了两者之间的经验公式[7]。在 MOCVD 工艺中,已知的气体状态是 MO 源的流量,裂解后在衬底表面形成的分压很难根据理论推算,外延材料的组分和生长速率与 MO 源的流量、衬底温度之间的关系也只能根据基本的物理规律,并结合对实验结果的拟合来获得[8]。在分析分子束外延的生长过程和结果时,基于基础理论和蒙托卡罗方法的理论计算既费时又费力,简单的热力学分析有时也能得到较好的结果[9]。

3.2　体晶材料的生长技术

根据晶体材料的结构特征,半导体材料总的可分为体晶材料(简称体材料)、薄膜材料、超晶格薄膜材料和低维结构材料,其中体晶材料是目前应用最广泛的半导体材料,同时,它也是用途广泛的薄膜材料和超晶格薄膜材料的衬底材料,这类材料的生长技术被称为体材料生长技术。体材料的质量不仅影响到自身的性能,同时也会影响到外延材料的性能,因此,它是所有晶体材料生长的基础。

体材料生长技术是一项非常悠久的材料生长技术,随着科学技术的发展,半导体产业已成长为现代社会的核心支柱产业,在此过程中,新型半导体材料不断涌现,对传统半导体材料尺寸和性能的要求也不断提高,体材料生长技术也随之不断改进和发展,成为长盛不衰的材料生长技术。目前,12 in 的 Si 和 6 in 的 GaAs 已实现产业化,图 3-11 为切克劳斯基法和布里奇曼法生长的 Si 材料和 GaAs 材料的晶锭照片，材料应用时需将晶锭切成薄片。常用的体材料生长技术有四种，其中，切克劳斯基法和布里奇曼法生长技术是两项应用最广泛的体材料生长技术，区熔法和物理气相传输法则用于生长分凝系数大、蒸汽压或熔点特别高的材料。其他一些用于高熔点材料的生长技术还有焰熔法、光学浮动熔区法（OFZ）和边缘限制的导模生长法等。

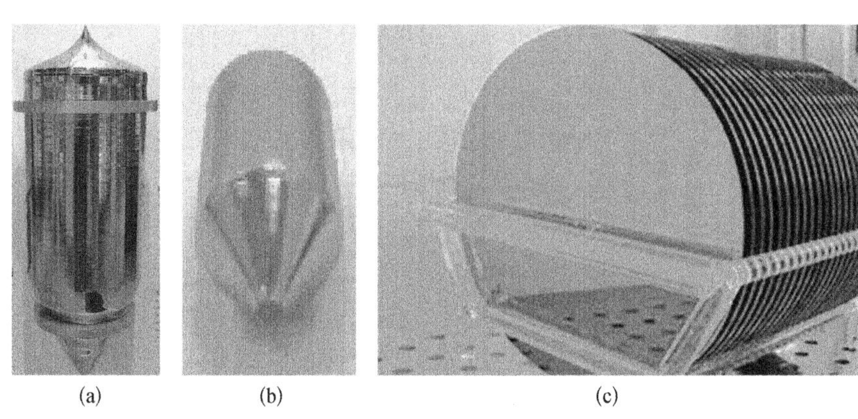

(a) (b) (c)

图 3－11 半导体体晶材料的晶锭和晶圆片

(a) 12′ Si 晶锭；(b) 4′ GaAs 晶锭；(c) 用半导体体晶材料切割成的晶圆片

体晶材料的生长由初始自发成核而形成晶种开始，随后的晶体长大过程均为同质材料上非均匀成核的生长模式。若所得晶体被制成晶种，在晶种上进行的晶体生长过程则为单一的生长模式。体晶生长的核心技术是寻找合适的生长方法，去获得大尺寸、高均匀性的晶体材料，以及如何在生长过程中抑制或控制缺陷的产生，前者引出了众多不同的生长方法，后者则成为材料生长的关键技术。导致缺陷产生的基本条件是外界波动赋予材料的能量超过了缺陷的形核功，抑制缺陷产生的方法也就是设法降低外界波动和增加缺陷的形成能，生长工艺条件的改进一般也都是通过分析和研究这两种机制来进行的。

3.2.1 布里奇曼法

布里奇曼法是 20 世纪 20 年代发明的一项晶体材料生长技术，也是目前仍在广泛使用的一种半导体材料生长技术[10]，该技术目前仍是 GaAs、InP 和 CdZnTe 等化合物半导体材料的主流生长技术，同时也是许多铁电材料的主流生长技术。该方法由 Bridgman 于 1925 年在论文中提出，后由 Stochbarge 做了进一步的发展，故也称 B－S 法。布里奇曼生长技术的优点是设备和工艺都比较简单，封闭的材料生长系统特别适合于分压较高的化合物材料，缺点是侧壁容易成核，且无法消除组分或杂质分凝效应对晶体材料均匀性的影响。基于该生长技术的优点，布里奇曼法仍是新材料研究的常用技术。作为许多重要化合物材料的主流生长技术，布里奇曼法生长技术将继续朝着大面积、低成本和高性能方向发展。

1. 晶体生长原理

早期的布里奇曼法又称坩埚移动法，多数采用的是坩埚下降法，即将晶体生长使用的源材料置于密闭的安瓿中，并放置在有温度梯度的加热炉中缓慢下降(图 3－12)，炉子的上端温度高于熔点，下端温度低于熔点。生长开始前，坩埚被置于上端的高温区，待源材料被熔化后缓慢下降，当安瓿底部温度降低到熔点以下时，底部的母相熔体将发生液-固相变，经成核后形成晶体，晶体随坩埚的下降而不断长大。从物理本质上讲，布里奇曼法是温场移动法，由此也带来了一系列的改进型布里奇曼生长技术。

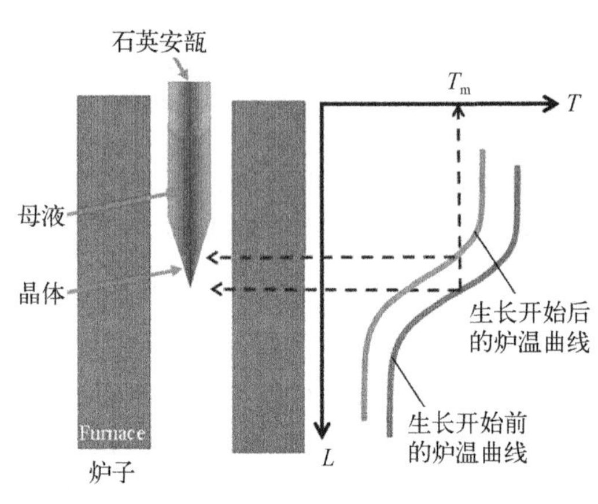

图 3－12　布里奇曼法材料生长的原理

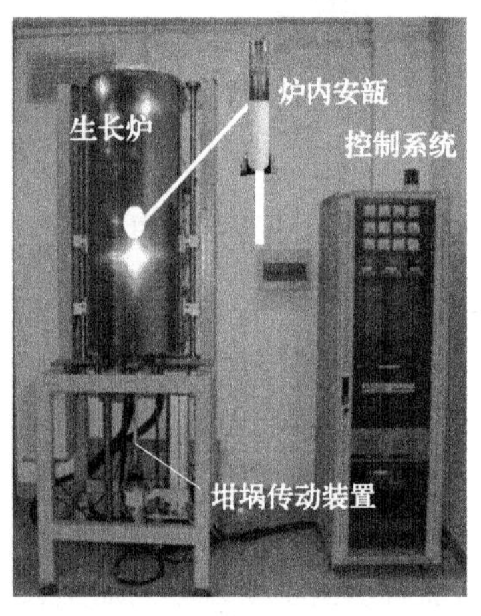

图 3－13　布里奇曼生长系统的主要组成部分

2. 生长系统的组成

布里奇曼材料生长系统由安瓿、生长炉、移动装置和控制系统组成(图 3－13)，其中安瓿为高纯石英管制作的密闭腔体，为改善安瓿的内壁状态，石英管内也经常会再放置一个 BN 坩埚，源材料放入坩埚和安瓿后，利用石英材料高温熔合技术将安瓿的端口封闭。生长炉由炉管、加热丝和外部保温材料组成，安瓿放置在炉管的中心位置，安瓿通过支撑杆与炉子底部的传动装置相连，传动装置由丝杠、传动机构、变速器和驱动电机组成。生长炉的控制系统用来控制炉丝的加热和坩埚的移动与旋转，加热系统为炉管内提供一个合适、稳定的温场及其随时间的变化过程，坩传动装置需控制好支撑杆的轴向串动和横向扰动。

3. 生长工艺的主要流程

图 3－14 为布里奇曼法生长工艺的主要流程，生长工艺从安瓿的制作和清洗开始。对于化合物材料，原材料按比例配制后先在封闭的安瓿中合成出源材料，然后再将源材料放入另一个安瓿的坩埚中，坩埚底部可放置特定晶体取向的籽晶。封管后安瓿放入生长炉内的炉管中，由连接传动装置的支撑杆支撑。因生长炉内有较大的温度梯度，为了抑制炉膛内发生空气对流，炉子顶部的炉口用保温棉塞住，在生长炉底部与支撑杆的底座之间，安装可伸缩的波纹管。生长开始前，安瓿被放置在炉子上方的高温恒温区内，温度控制在熔点以上 50～100℃，使源材料熔化成液体，待母液均匀化后安瓿开始慢速下降，慢速下移的目的是保持晶体界面始终处于准平衡状态。当安瓿内的源材料全部相变成晶体后，安瓿停止移动，位置处于炉子下方的低温恒温区内。为了防止热应力对材料的晶格完整性造成伤害，生长结束后安瓿需缓慢降温，或采用分步降温方法，使材料因降温而产生的热应力得以充分释放。

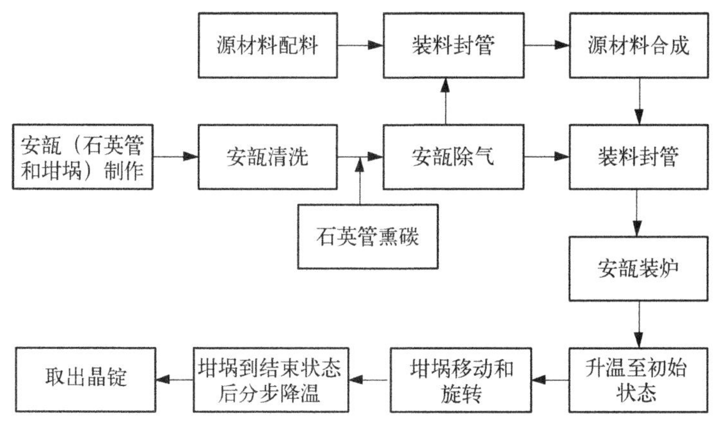

图 3－14　布里奇曼法晶体生长的主要流程

整个流程所涉及的工艺参数包括：熔区温度、生长区温度梯度、晶体区温度、固液界面形状、长晶速度、旋转方式和速度、坩埚壁状态、化学计量比、籽晶形状、大小和取向等。

4. 生长工艺的关键技术

体材料生长技术水平的高低主要反映在能否生长出低缺陷密度和高均匀性的大尺寸单晶材料，在实际工艺中，经常存在着一些难以控制的因素会影响到这一目标的实现，能够避免或减缓这些不利因素出现的工艺技术称之为生长工艺的关键技术。在布里奇曼法材料生长技术中，涉及的关键技术包括以下几方面。

(1) 温度梯度和生长速率的选择

布里奇曼法属于一种准平衡的稳态生长技术，为了保持准平衡的生长条件，由安瓿移动决定的材料生长速率不能太快，为了减小热扰动对固液界面的影响，生长需要选择较大的温度梯度，使热扰动 ΔT 所导致的固液界面在空间位置上的波动相对较小。根据金属定向凝固理论，当液相区溶质处于非完全混合状态时，固液界面处的温度梯度必须大于分凝引发的液相组分梯度所对应的液相线的温度梯度，即液相区各点的实际温度必须大于该处实际熔体的液相线温度，以保证液相区内不出现过冷的区域，使定向凝固的界面保持稳定。将相似的理论用到半导体化合物材料上，可得到维持生长界面稳定性的判据为

$$\frac{G}{v} > -\frac{mc_0}{D}\frac{(1-k)}{k} \tag{3-36}$$

式中，G 为固液界面处的温度梯度，v 为生长速率，m 为材料液相线上的组分梯度，c_0 为组分的初始浓度，D 为组分互扩散系数，k 为组分分凝系数。由式(3-36)可以看出，大的生长温度梯度有利于生长界面的稳定，且受温度波动的影响较小。但是这会增加晶体材料所受到的热应力，使材料的缺陷密度增加，新核形成的概率也会增加。高的生长速率容易产生液相区溶质扩散不充分，从而引发液相区过冷而破坏生长界面的稳定性，过低的生长速率则会导致生长工艺所需的时间增加，晶体的产能下降。因此，根据以上的理论分析，我们需要摸索出一个优化的工艺条件，以较小的温度梯度和一个较大的生长速率生长出满足质量要求的晶体材料。对于母液和晶体存在化学计量比偏和分凝效应的生长过程，也可根据类似的原理，并结合材料相图对生长的稳定性进行分析，以减少或消除体缺陷的产生。

(2) 固液界面形状的控制

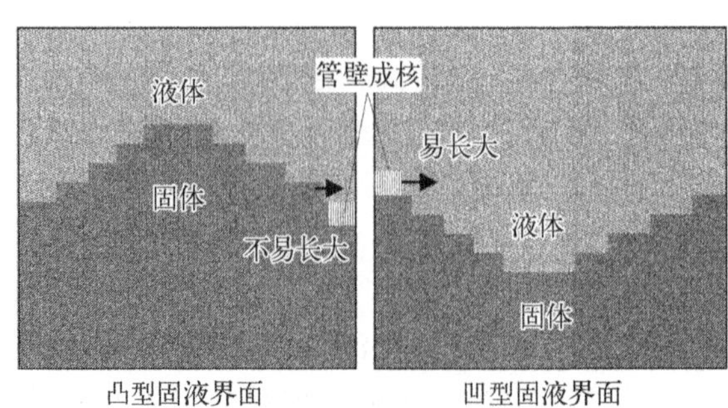

图 3-15　固液界面形状对布里奇曼法中管壁晶核成长的影响

固液界面的形状从大的方面讲有两种类型，即凹型和凸型，由炉内等温面的形状决定，凹凸习惯上是指晶体表面的凹凸。从晶体微观结构上看，不同的固液界面所对应的表面台阶有着很大的区别，图 3-15 给出了凹、凸晶体界面台阶结构的示意图，对于凸型固液界面，晶体沿台阶的侧向生长对管壁产生的晶核向晶体内

部长大有抑制作用,它能保持晶体沿主晶粒向四周延伸,有利于获得单晶材料。反之,在凹型固液界面上形成的管壁晶核可不受限制地向体内生长,管壁形成的晶粒容易侵蚀原来的主晶粒,使生长出的晶锭成为多晶粒材料。为了获得大的单晶材料,在布里奇曼法的材料生长工艺中应尽量形成凸的固液界面,为此,工艺上需设法增加晶体内部和支撑杆热传导的能力,也就是说热导率高的材料比较容易形成凸的固液界面,而热导率较低的晶体材料(如 CdZnTe)要实现凸的固液界面则比较困难。

固液界面形状的控制固然重要,但对温度径向分布的均匀性和对称性的要求也不能忽视,如果管壁四周的温度存在较大的起伏,管壁成核对晶体单晶率的影响也将增加。

(3) 管壁状态的控制

管壁成核是晶体生长过程中产生新晶粒(晶向不同于主晶粒)的主要起源,从式(3-21)可以看出,母液与管壁之间的浸润角对晶体在管壁的成核有着很大的影响,为了获得单晶或大晶粒的锭条,应尽量选择浸润角大的材料作为管壁材料,并通过对管壁粗糙度的控制来进一步抑制管壁成核的概率。表 3-1 列出部分半导体材料与管壁材料之间浸润角的参数,其中对石英管壁进行熏碳(或沉积 BN)和在安瓿中放置 BN 坩埚是两种常用的管壁改进技术,两者相比,BN 要更好一些。玻璃碳材料与半导体材料之间也具有良好的不浸润性,这对抑制管壁成核也是有益的,但用其制作的坩埚成本很高。

表 3-1　半导体材料与坩埚管壁之间浸润角的部分参数

<table>
<tr><th>半导体材料</th><th>坩埚材料</th><th>接触角/(°)</th><th>半导体材料</th><th>坩埚材料</th><th>接触角/(°)</th></tr>
<tr><td>Ge</td><td>p-BN</td><td>170</td><td rowspan="4">GaSb</td><td>p-C</td><td>128</td></tr>
<tr><td rowspan="3">CdTe</td><td>p-C</td><td>116</td><td>p-BN</td><td>132</td></tr>
<tr><td>p-BN</td><td>120~130</td><td>Al_2O_3</td><td>112</td></tr>
<tr><td>SiO_2</td><td>70~90</td><td>SiO_2</td><td>121</td></tr>
<tr><td>CdZnTe</td><td>p-C</td><td>126</td><td rowspan="5">GaAs</td><td>SiO_2</td><td>100~115</td></tr>
<tr><td rowspan="4">InSb</td><td>p-C</td><td>124</td><td>p-BN</td><td>140~150</td></tr>
<tr><td>p-BN</td><td>134</td><td>p-C</td><td>100~120</td></tr>
<tr><td>Al_2O_3</td><td>111</td><td>—</td><td>—</td></tr>
<tr><td>SiO_2</td><td>112</td><td>—</td><td>—</td></tr>
</table>

为了彻底消除管壁的影响,也有人尝试过让固液界面脱离管壁的生长技术[11],如图 3-16 所示,它通过在安瓿的上下两端引入不同的气体压力,使固液界面脱离管壁。

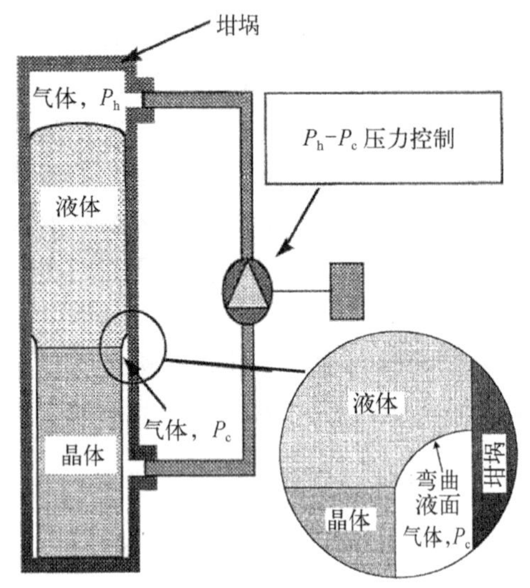

图 3 - 16　管壁非接触布里奇曼法材料生长的原理图

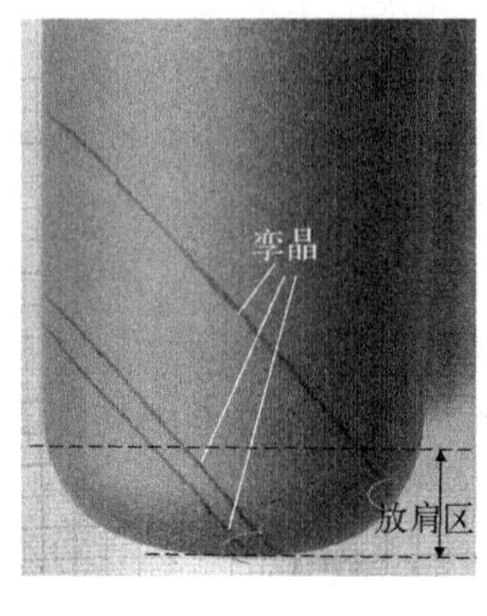

图 3 - 17　布里奇曼法生长 CdZnTe 晶体时在放肩区产生孪晶线的情况

安瓿放肩处的管壁也会对管壁成核产生影响，从 CnZnTe 材料的生长结果来看，晶体在放肩区生长时比较容易产生孪晶（图 3 - 17），这对获取大尺寸单晶材料有较大的影响，由此可见，布里奇曼法中的放肩技术（包括放肩区的形状和生长速率）也是一项非常关键的技术。

（4）生长状态的监测

对布里奇曼法晶体生长状态进行监控也是一项非常困难而又非常重要的技术，尤其是在生长技术的研发阶段，非常需要了解和掌握晶体生长工艺的状态和随时间的演变过程。对于布里奇曼法晶体生长工艺，能够直接测量的工艺状态只有安瓿外侧各部位的温度，固液界面的位置和形状则需通过间接测量的手段来获取。但是，不管是采用热电偶还是红外辐射测温，增加在线温度测量都会对原来温场产生影响（包括对温度绝对值的影响和温场分布特性的影响）。如何尽量不破坏温度径向分布的对称性，如何通过安瓿的设计使测温点更能反映晶体和源材料的真实温度，以及如何在线检测固液界面的形成、消失和所在位置，这些都是与提高晶体生长控制能力相关的关键技术，这也是体材料生长相比外延生长技术更难控制的重要原因之一。对固液界面的在线检测主要有两种方法，一是通过测量晶体生长的相变潜热对坩埚外侧温度（包括温度的梯度和对时间的导数）的影响来推断固液界面的形成、演变、消失及其所在位置；二是在安瓿外侧（固液界面处）设置两组线圈，其中一组用于激发交变电磁场，由于固体和液体导电率的差异，不同类型的固液界面将在另一组感应线圈上产生不同的涡电流信号，通过在线检测得到的涡电流数据，并根据理论计算，反演出固液界面的特性。

（5）化学计量比的控制

晶体生长中对材料化学计量比的控制一般不是针对材料点缺陷浓度的调控，而是为了防止材料体缺陷的产生。以 CdTe 材料为例，配料、合成以及安瓿内自由空间的体积及其温度分布均会影响母液的化学计量比，假定母液最终处于富碲状态，当它从图 3－18 所示的位置进入过冷状态 A 以后，将发生液－固相变，形成晶体 S 和富碲液体 L。如果这样的过程发生在固液界面的凹谷处（图 3－19），且富碲液体 L 因扩散受限而发生堆积，此时，上方的晶体材料很容易因温场波动而将富碲液体包裹在体晶材料中，进而形成富碲包裹物。此外，固相化学计量比的偏离也会在降温过程中产生体缺陷，图 3－18 给出的 $T-x$ 相图可见，在晶体降温的过程中，当固相状态从 S' 点降温至 S'' 点时，处于非平衡态的固相材料将析出化学计量比为 L' 的液相，同时固相的成分转变为 S'''，液相 L' 冷却后形成的富碲相缺陷称为析出物。从以上的介绍中可以看出，界面处的母液的化学计量比、固液界面的形状、生长速率以及晶体原位热处理的温度等因素均会对材料体缺陷的形成和分布产生影响，而母液化学计量比的分布又将受到化学计量比的分凝系数、原子的扩散系数和母液表面原子蒸汽压的影响。因化学计量比失配所形成的体缺陷（主要是空位或空位与杂质共同组成的簇团）在各类半导体材料中均会存在，其缺陷的最大尺寸可以是几十纳米，也可能是几十微米，其密度呈现随尺寸减小而增加的规律。由于母液和晶体的化学计量比与材料固有的热力学特性（相图）密切相关，这类缺陷在化合物中尤为严重，这也是化合物材料制备集成电路时产品良率难以提高的主要原因，抑制这类体缺陷的形成也一直是化合物材料生长的一项关键技术。

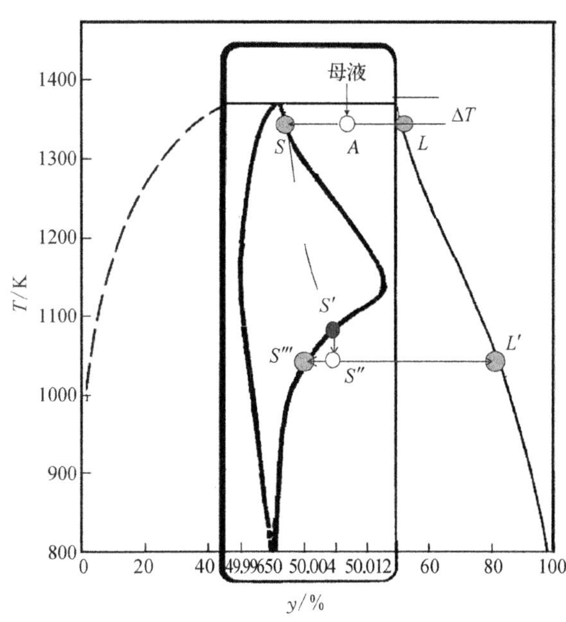

图 3－18 $Cd_{1-y}Te_y$ 母液和晶体化学计量比对晶体生长（液－固相变）和固体过饱和析出的影响

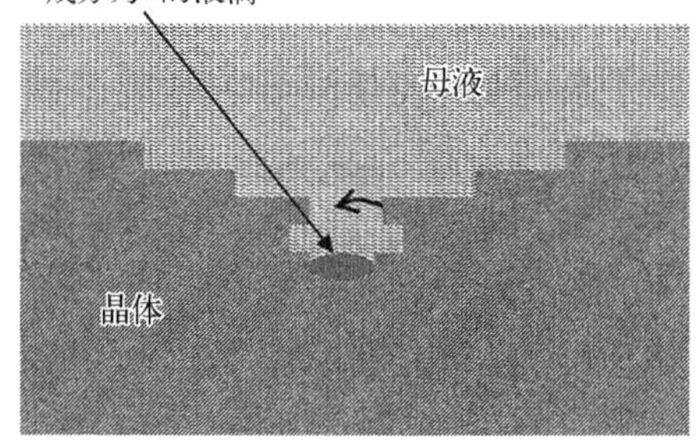

图 3－19 母液化学计量比偏离导致包裹物产生的原理图

除了上述提及的关键技术外，生长设

备所处的环境、所使用的电源和冷却水也是影响晶体生长的重要因素，环境温度和湿度的波动、电源和水源的波动以及来自地面和空气的振动均会导致固液界面处的温场产生波动，进而增加异常晶核形成的概率，因此，这些保障条件也是晶体生长技术的重要组成部分。

5. 改进型布里奇曼生长技术

前面已经谈到，布里奇曼法是一项古老且仍在广泛使用的晶体生长技术，在此过程中产生了很多改进型的布里奇曼生长技术，其目的也是为了解决原有方法难以解决的有些关键技术。常见的改进型技术包括以下几方面。

(1) 加速正反向旋转法(ACRT)

将安瓿做加速正反向旋转可抑制自然对流，改善温场径向分布的均匀性，使固液界面趋于平坦，溶质分布趋于均匀，进而可对母液溶质浓度和固液界面形状实现调控，改变晶体生长的模式，使其有利于抑制材料缺陷的产生，改善材料组分径向分布的均匀性。

(2) 移动炉体法(TFM)

移动安瓿的缺点是机械传动会给晶体带来轴向串动和横向扰动，将移动安瓿改为移动炉体，相当于是把安瓿抖动改换为炉体抖动，由于炉体抖动引起的温场扰动相对要缓慢一些，温场波动的幅度也会小一些，形成缺陷的概率也会有所减少。除此之外，两者的生长条件是完全相同的。

(3) 移动温场法(亦称垂直梯度凝固法，VGF)

通过控制不同加热单元的加热功率及其变化过程也可改变炉体内的温场分布，实现温度梯度场与安瓿之间的相对移动，它将使布里奇曼法摆脱机械传动装置，大大简化了设备的结构和安瓿的安装工艺，增加了安瓿的稳定性，同时也消除了机械传动中发生的串动和扰动对材料温场的干扰。该方法目前已在GaAs和CdZnTe材料生长技术中被广泛采用。

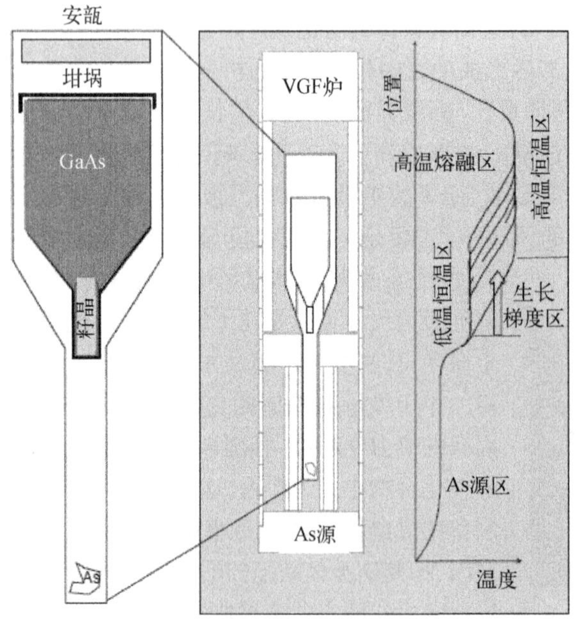

图3-20　VGF法晶体生长炉的结构和生长原理图

图3-20为采用As源分压受控的GaAs VGF生长工艺的示

意图,图中 As 源设置在安瓿的下方,位于 VGF 炉的低温恒温区内。生长开始前,籽晶位于晶体生长的温度梯度区,籽晶的上部和源材料的温度在 GaAs 的熔点以上,呈液相状态,生长开始后,温度曲线逐渐向上移动,晶体也随之沿籽晶向上生长。

(4) 籽晶引晶生长法

由自发成核产生的晶粒,其晶体取向与晶体生长方向之间的夹角有很大的不确定性,这种不确定性带来的后果是固液界面特性和缺陷形成能存在很大的不确定性,结果导致长晶工艺无法对晶界和侧壁成核的形成功进行有效的控制。根据前面的介绍,晶界分为非共格晶界和共格晶界,非共格晶界的形成将直接导致新的晶粒产生,严重影响锭条的单晶率。共格晶界(如孪晶晶界)经常出现在化合物材料中,其形成功与化合物晶体在固液界面上的晶向和极性(即 A 面、B 面)有关。很多实验结果显示,在非均匀成核的生长模式中,非共格晶界的形成功一般要大于共格晶界,即由共格晶界产生孪晶比非共格晶界产生多晶更为容易。此外,由于新晶粒的晶体取向与主晶粒的晶向密切相关,其快生长面的取向将影响到新晶粒是逐步长大,还是受到主晶粒生长的抑制而消失,也就是说对主晶粒晶体取向进行控制有望提高所得晶锭的单晶率。

为了更好地控制生长工艺,采用籽晶来引导晶体生长是布里奇曼法常用的技术之一,选取什么形状和什么晶向的籽晶(沿生长方向)是两个具体的技术问题。籽晶形状的选择有细颈籽晶和等径籽晶两种方式(图 3-21),细颈籽晶仍容易获得,制作成本较低,但细颈籽晶在放肩时还是比较容易产生孪晶,对籽晶生长技术的实际效果会有所影响。等径籽晶的问题是成本较高,对于那些单晶率本来就不高的材料,采用等径籽晶的困难就更大一些。从理论上讲,籽晶应该选取晶核形核功较小的晶面作为生长面,以抑制孪晶和侧壁杂晶的形成,工艺中的实际做法是选用大晶粒出现概率较高的晶向作为籽晶的晶向,同时也需兼顾用户对晶片表面晶向的要求。

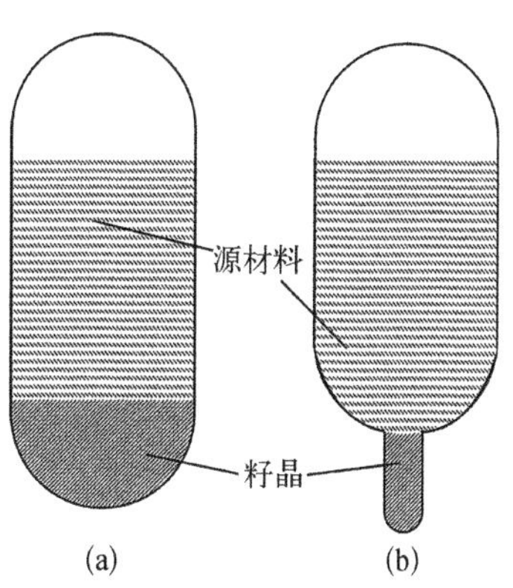

图 3-21 布里奇曼法晶体生长工艺中放置带籽晶的两种方式

(a) 等径籽晶;(b) 细颈籽晶

(5) 分压控制生长法

对于一些气相分压失控会导致化学计量比严重偏离,进而在材料中产生大量缺陷的材料,同时也无法通过提高配料精度来控制安瓿内气体分压的生长系统,可通过增设气相源材料来对安瓿内气相分压进行控制,气相源材料既可设置在生长区的上部,也可放在下部,但不管哪种方式都会造成安瓿和生长炉的尺寸大大增加,并使安瓿的制作成本、炉子的加工成本和工艺操作的复杂性增大。

(6) 高压腔体内的布里奇曼法生长

对于某些熔点特别高的半导体材料(如 GaN 晶体,熔点 1 700℃),普通的金属电阻丝和石英安瓿将不能满足布里奇曼法生长工艺的要求，这时就需要使用石墨、BN 和金属铱或钼等高熔点材料制作坩埚和发热体材料。由于作为发热体的石墨材料不能在大气中使用，失去石英安瓿的源材料又不能在大气环境中完成晶体生长，整个布里奇曼法晶体生长系统必须在一个封闭的腔体中进行。为了抑制开管生长系统中液相源材料的对流和挥发，腔体中需充入高压的惰性气体，由此也就产生了高压布里奇曼法生长技术。对于某些熔点不高但气相蒸气压特别高的材料（如 HgCdTe 材料的汞分压），采用高压布里奇曼法可防止安瓿在生长过程中发生爆裂。图 3－22 是一个实验室使用的高压布里奇曼生长炉，整个加热装置和坩埚均被封闭在厚实的钟罩中，如何将高温尽可能地限制在坩埚所在的区域，并将炉体散出的热量排出是高压生长系统需要解决的关键技术。

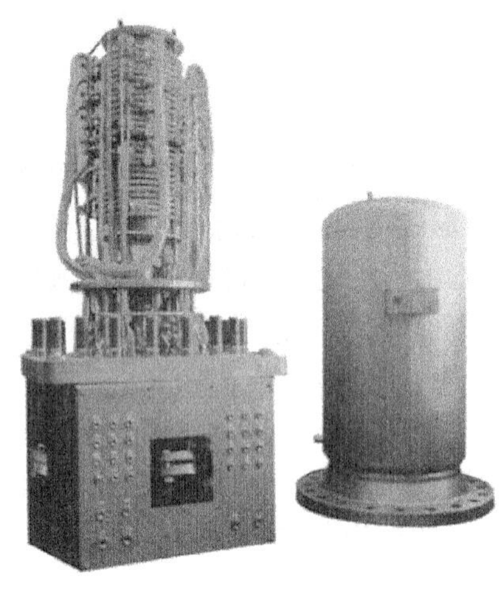

图 3－22　高压布里奇曼法晶体生长炉

(7) 水平生长和自上而下生长法

通过改变温场，布里奇曼法也可改变晶体的生长方向，传统的布里奇曼法为安瓿下降法，但也可让安瓿在水平的温度梯度场中通过左右移动来实现晶体生长，这样的生长方法称为水平布里奇曼法。更有甚者，有人在 CdTe 晶体生长中采用了安瓿上升法[12]，并生长出了单晶材料。该方法要求母液在中心区先成核，形成凸起状的固液界面，通过使用倒锥度的安瓿，将长出的晶体卡在安瓿中，随着生长过程的进行，母液的体积将逐渐小于安瓿的容积，在母液表面张力的作用下，固液界面处的母液会逐渐脱离管壁，形成无管壁接触的生长模式。这种生长技术要求选用与母液不浸润的材料做坩埚，以避免母液粘壁，并防止因材料收缩引发的气相空间以空洞的形式出现在晶体体内。

以上介绍了 7 种改进型布里奇曼生长技术，改进型材料生长技术是前人针对各自的研究对象对生长技术提出的改进，其效果与所采用的工艺条件有很大的相关性，简单的仿效并不一定能达到预期的效果，更不是将所有改进型技术集成在一起就能生长出最好的晶体材料。

3.2.2　区熔法

区熔法也称移动加热器法（THM），它也是一项比较古老的材料制备技术，主要用于原材料的物理提纯，也可用于晶体材料的生长。后来发现，区熔法可通过添加溶剂，使材料的生长温度大幅度降低，并可解决布里奇曼法中分凝效应所造成的材料组分分布不均匀的问题。正是基于这些优点,区熔法逐渐成为某些多元化合物半导体材料(如 HgCdTe 和高组分 CdZnTe 体材料等)的主流生长技术。

1. 晶体生长的原理

区熔法与布里奇曼法的最大不同在于炉体内温度分布的不同,布里奇曼法生长炉的温度分布由高温区、温度梯度区和低温区组成(图 3-12),而区熔法生长炉的温度分布则由一个均匀的背景温度和一个狭窄的高温区组成(图 3-23)。同样,区熔法也有水平和垂直两种方式。

当图 3-23 中的炉子向右侧移动时,高温区的右侧进入源材料,区内的源材料将熔化成液体,而在高温区的另一侧,液相材料将因温度降低而发生液-固相变,在熔区的左侧形成晶体,并随着熔区的继续移动,晶体不断长大。经过一段时间后,进入熔化的源材料和生长出的晶体将在质量和成分的组成上达到平衡,直至将全部源材料转化成晶体。基于这样的生长原理,即使液-固相变存在分凝,但由于有源材料的不断补充,熔区内的材料的成分将达到动态平衡,使生长出的晶体有很好的组分均匀性。

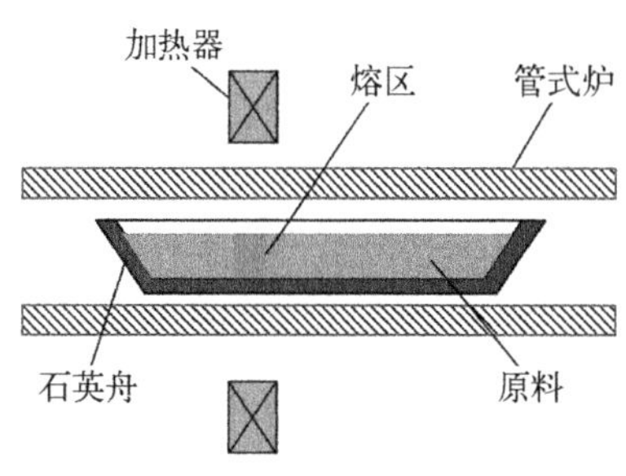

图 3-23 水平区熔法晶体生长的原理图

2. 生长系统的组成

区熔法的生长系统与布里奇曼法很相似(图 3-13),即由安瓿、生长炉、机械传动系统和控制系统四部分组成。区熔法也经常采用开管式生长系统,生长腔体由石英管构成,腔体内充满流动的高纯氢气或惰性气体,盛放源材料的坩埚放置在生长腔体中,腔体置于加热炉的炉膛内,加热方式可以用电阻炉的加热,也可以采用射频感应加热。

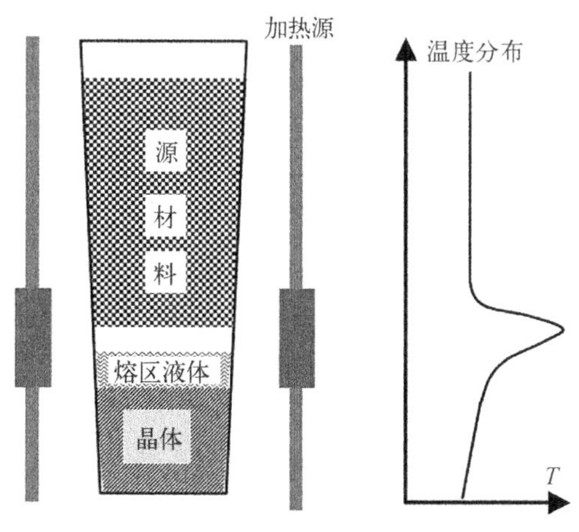

图 3-24 垂直区熔法晶体生长系统的示意图

在采用垂直生长方式的系统中,为了防止上端固体源材料挤压熔区中的液体,石英安瓿(或坩埚)的内壁和源材料的外形需加工成一定的锥度,生长也是在具有锥度的石英安瓿中进行(图 3-24),需要时可在安瓿的底部加入一些作为溶剂的源材料,以降低材料的生长温度。如在 HgCdTe 系统中放入一些 Te，可实现富碲 HgCdTe 晶体生长，使晶体生长的温度下降 200~300℃，这能有效地解决高温生长时高汞压带来的炸管问题。

3. 生长工艺的主要流程

区熔法生长的工艺流程也与布里奇曼法相同（图 3－13），如采用开管式生长方式，源材料只需放置在生长腔体内的坩埚中。整个流程所涉及的工艺参数包括温度分布、熔区宽度、固液界面的温度梯度、移动速度、保护气体及流量、坩埚倾角（水平法）等。

4. 生长工艺的关键技术

作为熔体有限的晶体生长技术，熔体体积的稳定性显得特别重要，为使所生长晶体具有好的组分均匀性，应尽量保证融入熔区的固相材料在数量上等于从熔体中生长出的晶体材料。要做到这一点，熔区边缘（生长端）的温度梯度必须做得大一点，以减小生长系统中热波动引发的固液界面的波动幅度。与此同时，区熔法生长的熔区应尽量窄一点，以便熔区内的材料组分尽快达到动态平衡，提高产出晶体的可使用率。但是，要在炉体内实现非常窄的高温熔区并不是一件容易的事情，很多时候必须将加热和散热控制到极致才能达到晶体生长的工艺要求。

5. 改进型的区熔法生长技术

对于蒸汽压较低的材料，区熔法可实现晶体无坩埚生长，该方法也被称为无坩埚悬浮区熔法。晶体生长在保护气体或真空腔体中进行，利用高频加热或火焰对籽晶与固体母材料（如多晶棒）的接触处进行加热，熔体依靠表面张力和高频电磁力的支托，悬浮在籽晶和多晶棒之间，然后通过移动温场，使熔区向上移动，完成晶体的生长。悬浮区熔法可用于高质量 Si 单晶材料的生长，所得材料被称为区熔硅。生长时籽晶处于旋转状态，利用高频加热产生悬浮状态的熔区，由于不与任何物质接触，晶体的纯度可以通过杂质的分凝效应得到有效的提高。该技术的缺点是难以生长大直径的材料，其次，熔区的对流和边界层的稳定性比较难以控制，这会导致材料电阻率的不均匀。

3.2.3　切克劳斯基法

切克劳斯基法亦称直拉法或提拉法，是当今产出半导体材料最多的生长方法，该方法于 1918 年由 Czochralski 首先提出，主要用于 Si、Ge、InSb、InAs、GaSb 和 AlSb 等材料的生长，其中 Si 材料是用途最广和用量最大的半导体材料，有些高熔点氧化物材料(如 Al_2O_3和 Ga_2O_3)也采用切克劳斯基法进行生长。与布里奇曼法相比,切克劳斯基法是一种固液生长界面无管壁接触的生长技术,单晶率能够做到100%,缺陷密度可以做得非常低,例如,Si 材料和 InSb 材料的位错密度可以降低到 $10^2 cm^{-2}$,甚至 10 cm^{-2}以下(常被称为无位错材料)。基于这些优点,适合于切克劳斯基法生长的半导体材料比较容易具有高性能、低成本和标准化大批量生产的能力。当然,切克劳斯基法也有自生的局限性,对于源材料平衡蒸气压很高的材料、晶体化学计量比容易严重失配的材料以及其他一些生长界面难以控制的材料,采用切克劳斯基法很难获得高性能的晶体材料。

1. 晶体生长的原理

将高纯度源材料(也可含掺杂原子)放入坩埚中加热到熔点以上,待源材料充分熔化均匀后将其温度稳定在熔点附近(略高于熔点温度)。接着将晶种(亦称"籽晶")浸入液面,使液相源材料在籽晶的固液界面处发生成核生长。与此同时,将籽晶在旋转状态下缓慢向上提拉,通过选择合适的温度梯度、提拉速率和旋转速率,生长出圆柱体状的单晶晶锭,整个过程如图 3-25 所示。为保证材料的纯度,整个生长过程需在高纯惰性气体的氛围中进行,并采用高纯、耐高温和低挥发性的材料制作的坩埚。

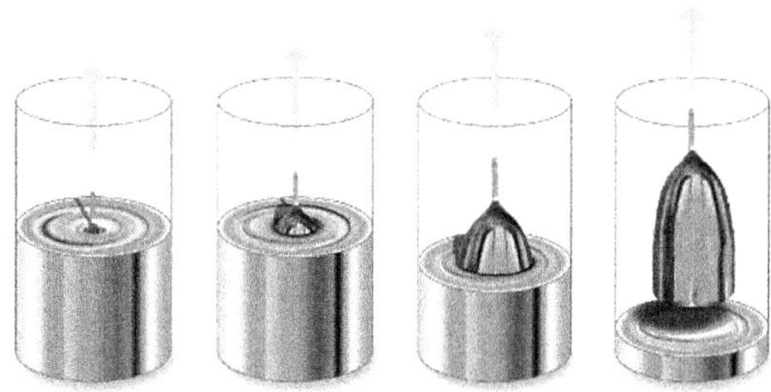

图 3-25 切克劳斯基法生长原理的示意图

2. 生长系统的组成

切克劳斯基法的生长系统为开管式的生长系统,为了保持系统的洁净度,系统内充满高纯气体,系统内用于材料生长的空间称为生长腔体。图 3-26 为组成切克劳斯基法生长系统的结构示意图,系统由真空系统、高纯气体供应系统、盛放源材料的坩埚、安置籽晶的样品架以及籽晶和坩埚的机械传动系统、工艺参数在线监测系统和工艺过程的自动控制系统组成,图 3-27 给出了生长腔体的内部结构。生长系统一般采用石墨加热器加热(也可采用射频线圈对石英坩埚中的源材料直接加热)。制作坩埚的材料一般为石英材料,也有一些坩埚采用耐高温耐腐蚀的铂和铱等金属材料,坩埚安放在可升降可旋转的托架上。坩埚上方设有固定籽晶的样品架及其移动和旋转装置。石墨加热器的外面装有隔热保温屏,最外层是带水冷却的金属外壳。

需要监测的工艺参数包括温度、晶锭直径和晶锭外侧形貌上的条纹等。切克劳斯基法的生长系统一般都会开设一个可以观察到腔体内部状态的观察窗,除了通过设置热电偶来监控坩埚外侧的温度外,也可通过观察窗用辐射温度

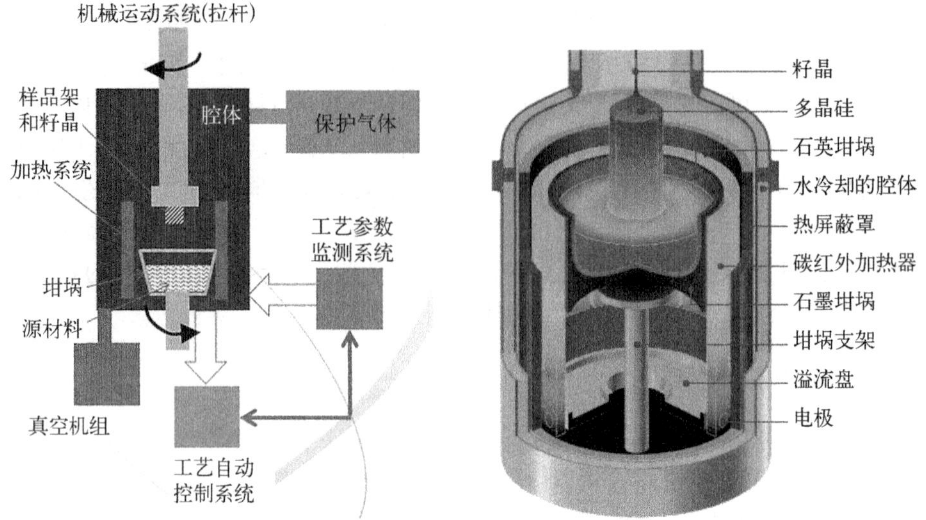

图 3 - 26　切克劳斯基法生长系统的组成部分

图 3 - 27　切克劳斯基法生长腔体的结构示意图

计对腔体内的晶体或熔体温度进行测量。通过观察窗还可对晶体进行成像,以确定晶体的直径,或通过拍摄晶锭外侧面上的生长条纹(俗称苞丝)、小平面(通常称为扁棱和棱线)来判断晶体生长中是否产生位错。例如,当晶体沿<111>晶向生长时,晶锭上侧面会出现苞丝和三个扁棱,在无位错生长时,在整根晶体上的棱线是连续的,当棱线消失或出现不连续时(俗称断苞),说明材料中出现了位错。另外,也有通过在拉杆上安装压力传感器对生长材料的重量进行实时监测的报道,用该数据也可推算出晶体直径的变化,以帮助控制系统完成等径生长。

3. 生长工艺的主要流程

图 3 - 28 给出了切克劳斯基法生长工艺的主要流程。生长工艺也是从源材料、籽晶和坩埚等的准备工作开始,若是生长化合物材料,源材料也需要在安瓿或开管式腔体中采用高温合成技术来获得。除了准备源材料外,切克劳斯基法生长还需要准备好坩埚和晶种。加工好的晶种和坩埚需要进行清洗和除气。然后将坩埚、源材料和籽晶按工艺要求放入生长腔体。接着是关闭腔体,切断保护气体,用生长系统配置的真空系统将腔体内的气体排出,气体排除干净后再通入保护性气体,至此,整个生长工艺的前期准备工作全部结束。

为了防止母液从坩埚内挥发到外腔体,进而造成系统污染和母液成分失调,在切克劳斯基法生长工艺中,一般都会采用一种称之为液封的技术,即在熔体表面覆盖一层密度低、挥发性小且不与熔体和坩埚反应的液体。例如,拉制 GaAs、InP、

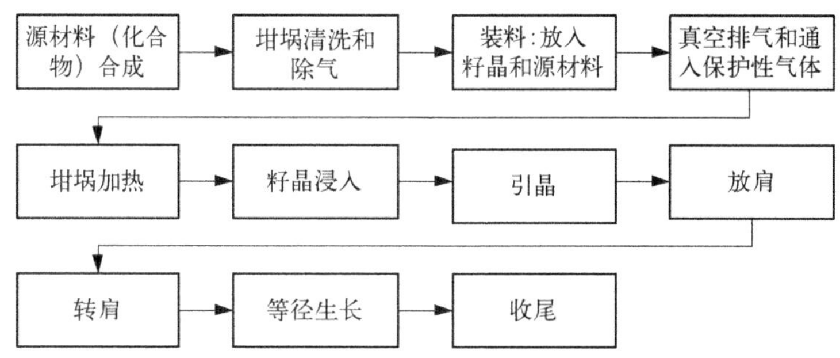

图 3-28　切克劳斯基法晶体生长的主要流程

GaP、GaSb 和 InAs 单晶时，需添加 B_2O_3作为液封材料，通过施加一定的气体压力，液封技术可有效抑制母液的挥发，这种技术也被称为晶体生长技术（liquid encapsulated czochraski，LEC）。

晶体生长工艺从源材料的加热开始，源材料温度被控制在略高于熔点的温度，接着通过熔接和缩颈两个步骤完成引晶工艺。熔接是将籽晶在旋转状态下缓慢插入熔液，通过控制籽晶的温度，使籽晶发生少量熔化（亦称回熔）后进入生长状态，其目的是让母相源材料在籽晶表面实现无缺陷增值的生长。“缩颈”技术则是在熔接后通过增加提拉速度，生长一段“细颈”单晶（直径为 2~4mm），由于细颈处材料的应力小，不足以产生新的位错，原有位错也很难发生改变，当晶体生长速度超过了位错运动速度时，与生长方向相交的位错将被中止在晶体表面，穿越籽晶界面的位错被消除，进而达到生长无位错单晶的目的。细颈无位错单晶通过放肩增大后，尽管会遇到较大的热应力，但其晶格的完整性已不易被破坏。

紧接在引晶工艺之后的是放肩工艺，它通过降低提拉速来增加晶体的直径，以获得所需直径的晶锭材料。随着技术的不断进步，放肩的角度不断增大，目前 Si 材料的拉晶工艺几乎都采用平放肩工艺，即肩部夹角接近 180°，以减少晶锭头部材料的损失，提高晶锭的出片率。

当晶体直径放大到设定值时，需通过提高拉速或升高熔体温度来使晶体转入等径生长，由于升温会引发热对流，降低熔体的稳定性，所以，一般都采用提高拉速的方式实现转肩工艺。生长进入转肩阶段后，为了维持温场的稳定性，液面位置应尽量保持不变。为此，转肩时或转肩后应开始提升坩埚的位置，同时使坩埚朝籽晶旋转相反的方向旋转，并相应调整晶体的提拉速率。晶锭直径的变化可以根据弯月面光环的宽度和亮度进行判断，以保证放肩平滑过渡到等径生长。

转入等径生长阶段后，晶体材料的制备才算正式开始，直至将源材料全部转化为晶体材料。在此阶段，需根据晶锭直径的测量数据，实时调整拉速和坩埚位置，不仅要控制好晶体的直径，还要控制好径向和轴向的温度梯度，使热应力不超过材料的临界应力，保证晶体处于无位错生长状态。

生长结束后的降温过程和材料取出等过程统称为收尾过程，至此，晶体材料的生长工艺全部完成。

4. 生长工艺的关键技术

切克劳斯基法能够实现全单晶生长和无位错材料生长，反过来这也对生长技术的控制能力提出了很高的要求。生长过程涉及炉内的传热、传质、液体流动和相变等过程，直接需要控制的参数有温度场、籽晶的晶向、坩埚和生长单晶的旋转与升降速率，炉内保护气体的种类、流向、流速、压力等参数，某一个细节做不好都将影响材料的晶体质量。经过几十年的发展，目前仍被重点关注的技术主要集中在热场的持续改进和缺陷浓度进一步降低。

（1）热场的改进

研究表明，Si 材料的缺陷（如空位）密度与提拉速率和径向的温度梯度之比呈正相关，当该比值超过一定的临界值时，很容易产生空位缺陷，而当它小于某一临界值时，则会产生间隙原子缺陷，导致晶体出现位错环。热场的控制和拉晶工艺共同决定了熔体的温度分布和流动的状态，进而影响到晶体缺陷的产生和分布。

单晶生长时的温场分布由加热器产生的热源、结晶的放热、熔体的对流以及冷却系统和流动气体的散热所决定的，加热器产生的热量通过坩埚和熔体，以辐射和热传导等方式传递到生长区域，并与冷却系统和气体流动的散热达到平衡。热场可以改进外侧加热器（筒）和底部加热器的结构来调控，也可通过增设保温罩、热屏（阻止加热器的热量直接辐射到晶体）、流动气体和冷却系统来调节。例如，任丙彦等通过采用热屏、复合式导流系统及双加热器等技术手段，对直拉炉的热系统进行了改进，使直径 200 mm 晶体的平均拉晶速率提高了 50%[13]。

随着计算机数值模拟技术的发展，数值分析已逐渐成了改进热场的主流技术，其中，FEMAG 软件已成为一款非常成熟的晶体生长软件。基于 Dupret 等提出的热传输模型和算法[14]，该软件能充分考虑单晶硅生长过程中传导、辐射、对流以及磁场对热场的影响，因而能够结合工艺参数对晶体生长过程中的热场、生长界面的 V/G 比值、熔体的对流和晶体的热应力进行追踪分析，并能给出多物理场中材料耦合缺陷的模拟计算结果，计算结果可用于优化加热器的结构、坩埚和热屏的位置、导流系统、提拉速率和温度控制等炉子结构参数和生长工艺参数。

（2）缺陷的控制

影响材料缺陷及其分布的因素有很多，其中最直接的影响来自原材料和坩埚的纯度，生长炉的温场、提拉速率对温场的影响以及它们对熔体实际状态的影响也是产生缺陷的重要因素。在 Si 材料的生长中，经常会使用石英（SiO_2）坩埚，它在高温下会热分解出氧，并进入源材料，然后以间隙原子的形式进入 Si 单晶，当其浓度超过某一温度下的溶解度时,间隙氧就会形成氧沉淀缺陷。一定量的氧沉淀缺陷具有吸附有害的过渡金属原子的作用,通过内吸杂退火工艺可在材料表面形成一定深度的无缺陷洁净区。一定量的氧原子还具有钉扎位错和改善硅晶圆机械强度的作用[15]。但是,氧原子浓度过高会使晶片在高温的制程工艺中产生挠曲。

Si 空位及其簇团也是 Si 材料生长过程中容易形成的缺陷,亦称晶体原生缺陷(crystal original particle,COP)缺陷,研究表明,COP 缺陷与氧沉淀物之间存在相关性[16],通过高温快速热处理可以调控 COP 缺陷,同时也会改变氧沉淀的密度和分布。此外,掺杂(如 N 掺杂和 Ge 掺杂等)也能影响 COP 缺陷和氧沉淀物的尺寸和密度,而 B 和 Ge 共掺杂技术则可减缓 B 掺杂 P 型材料因 B 原子而造成的晶格形变,为无位错 Si 薄膜材料的外延提供所合适的衬底,因此,掺杂技术也是 Si 材料缺陷控制的一项关键技术。随着单元器件尺寸的不断减小,氧沉淀物和 COP 缺陷及其在外延材料中诱生的缺陷会引起管芯短路,进而导致整个集成电路失效。降低含氧量并同步进行 N 掺杂是解决这一问题的有效途径之一[17],氧含量的降低有助于降低材料中的缺陷尺寸,N 掺杂则能让残留的氧充分地沉淀下来,以维持材料的内吸杂效应,同时它还能改善硅片的机械强度。

其他材料在控制缺陷方面也都有一些特殊的工艺技术,例如,在生长 Te 掺杂的 GaSb 晶体时,利用氙灯照射电离固液界面上方的氢气,有助于降低材料的载流子浓度,并改善其在晶锭中分布的均匀性[18],而生长 Ga_2O_3材料时则需对生长腔体中氧的分压进行控制[19]。

5. 改进型的切克劳斯基法晶体生长技术

大多数改进型技术都是围绕工艺步骤和工艺参数的优化进行的,针对切克劳斯基法晶体生长技术,有两项技术改进有别于常规技术的改进,它们分别为磁拉法技术和泡生法技术。

(1) 磁拉法技术

在普通直拉法单晶生长炉中,热对流现象会导致熔体温度出现波动,进而造成生长状态的不稳定,以 Si 材料为例,在热对流的影响下,熔体温度会出现波动,熔体的流动也随之增加,坩埚中的 O、B、Al 等杂质比较容易于进入熔体,并导致在晶体材料中出现杂质条纹和旋涡缺陷。通过对熔体施加磁场,熔体会受到与其运动方向相反的洛伦兹力的作用,它能对熔体中的对流形成阻碍,相当于增大了熔体的黏滞性,使热场变得更加稳定,有利于晶体中氧含量的降低。磁场还具有抑制杂质的分凝效应,提高杂质浓度分布的均匀性。磁场的稳定性增强效应也可用于提高材料的生长速率,据报道,采用永磁环构筑的水平磁场后,在保证晶体质量不变的前提下,晶体的生长速度可提高 1 倍左右。磁拉法已用于硅和其他半导体材料的单晶制备,以提高单晶的质量,或增加材料的产量,降低材料的成本。

根据施加磁场的特性，磁拉法分为横向磁场直拉法、垂直磁场直拉法和勾形磁场直拉法。横向磁场直拉法采用永久磁铁或电磁铁产生强磁场，只能放置在炉膛周围，体积较大，磁力线比较分散；垂直磁拉法用圆筒形螺线管产生磁场，磁力线比较集中，且可放置在炉膛内。研究发现，垂直磁拉法的磁场强度达到 1 000Gs① 时，熔体的对流就能得到有效的抑制，而水平磁拉法要达到同样的效果则需要提高 3 倍的磁场强度。勾形磁场是由通入电流大小相等、方向相反的上下两组线圈所形成的磁场，它是磁力线同时兼有横向和纵向分量的发散型磁场，能更加有效地抑制热对流和晶体与熔体相对旋转产生的强迫对流。现代的直拉法晶体生长技术已将热场和磁场的设计和优化融合在一起，并可借助 FEMAG 软件开展相关的研究工作。

（2）泡生法

泡生法是对切克劳斯基法生长工艺进行重大改进的一种材料生长方法[20]，由俄罗斯人 Kyropoulos 于 1926 年发明。与切克劳斯基法的差别主要是在放肩阶段和等径阶段，在这两个晶体生长的主要阶段，晶体的生长不是依靠提拉籽晶，而是通过控制和调整熔体温度来实现，即在籽晶拉出颈部的同时，通过改变加热，使熔融的源材料达到合适的生长温度，不需要向上提拉籽晶就能实现晶体不断生长。

该方法继承了切克劳斯基法坩埚非接触的优点，同时，克服了细颈旋转提拉技术难以承载超大直径（>200 mm）晶体材料的局限性，特别适合于生长具有高热导率的超大直径蓝宝石晶体。

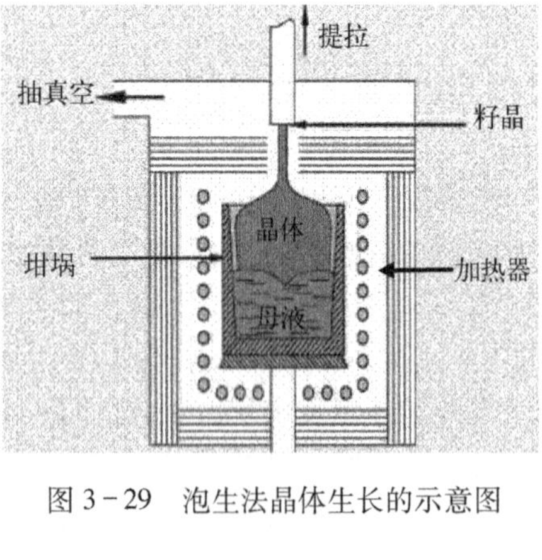

图 3－29 为泡生法晶体生长的示意图，泡生法的生长过程由原料熔化、熔接、引晶、放肩和降温生长组成，熔接时生长界面的温度低于凝固点，籽晶开始生长后逐渐降低熔体的温度，同时旋转晶体，并缓慢地（或分阶段地）提拉晶体，以扩大散热面。放肩阶段与提拉法类似，降低拉速使晶体长到预期的直径，并逐渐停止拉速，在合适的温度梯度下，让晶体自行完成等径生长。

图 3－29　泡生法晶体生长的示意图

3.2.4　物理气相传输法

物理气相传输法（physical vapor transport，PVT）也是体晶材料的一种生长技术，主要用于熔点很高的材料，如 CdS、AlN、SiC、GaN 和金刚石等宽禁带材料。对于这些材料，如采用基于液固相变的生长方法，很难找到耐高温且高纯低挥发性的

① $1\ Gs = 10^{-4}T$

坩埚和加热材料，炉子的保温和散热也非常困难。溶剂法虽能降低一些生长温度，但对于许多材料，溶剂法很难生长出高品质的晶体材料。在此条件的限制下，物理气相输运法将成为体晶材料生长的一种选择。

图 3－30 是物理气相输运法生长系统的示意图，其生长原理是通过加热源材料，使其升华而产生气相源，通过原子扩散在低温端形成过饱和状态，并以气相沉积的方式生长出晶体材料。为了增大源材料的蒸汽压，源材料一般都被加工成粉末，以此增加源材料的表面面积。如遇蒸汽压很低的材料，生长速率还是会非常慢，这也是物理气相传输法的主要弱点。为了弥补 PVT 技术的不足，近年来化学气相输运法得到了很大的重视和发展，例如，在制备 GaN 体晶衬底材料方面，基于氢化物的气相沉积技术（HVPE）已取得了重大突破[21]。

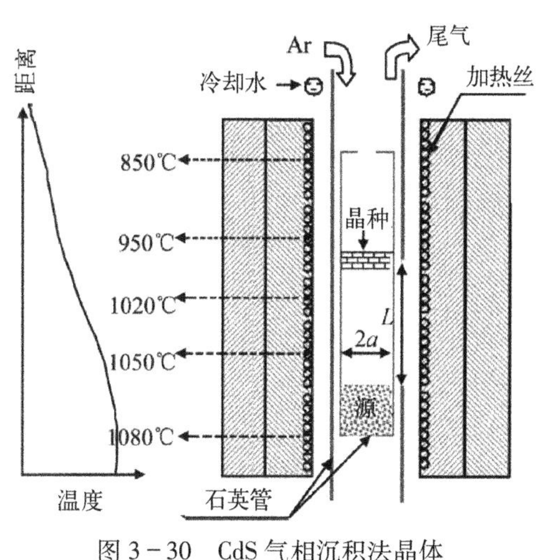

图 3－30 CdS 气相沉积法晶体生长的示意图

物理气相输运法生长工艺的主要流程包括籽晶的制备、源材料的合成（一般也采用气相传输法）、生长腔体的制备（设计、加工、清洗和除气）、装料、升温生长和降温取片等，籽晶放置在生长腔体的低温区，来自高温区的气相源材料将在此处进入过饱和状态，进而在籽晶表面发生相变，使晶体不断长大。

本结介绍了 4 种体晶材料的生长技术，其中 3 种都是基于液-固相变的生长技术，绝大部分半导体晶体材料都是采用这一类的生长技术，物理气相输运法仅限于一些高熔点的半导体材料。除此之外，也有少量化合物材料会采用淬火再结晶的生长技术，该生长技术通过淬火使母液实现快速冷却，以消除组分分凝产生的非均匀性，所得固体呈现枝蔓晶结构，随后的再结晶工艺则是通过固-固相变将枝蔓晶转变成单晶。该技术的缺点是晶体的位错密度很高，因此，很少被性能要求很高的半导体材料所采用。从理论上讲，同一种材料可以采用不同的生长技术进行生长，但是，大多数材料已经形成了其独特的最佳生长技术，这些技术可从专业书籍和发表的论文中找到。从介绍的内容中也可看出，晶体生长涉及传热、传质、母液流动和相变等复杂过程，但经过长期的研究，大多数生长技术已接近成熟，对生长体系和过程的理论模拟手段也已经建立起来，例如，比利时的 FEMAG、德国的 CrysMas 和俄罗斯的 CGSIM 都已成为模拟切克劳斯基法、布里奇曼法和区熔法晶体生长的成熟软件，应用这些软件可以对生长过程中的温度场、熔体的流动状态和晶体材料中的应力场进行分析。从技术发展的角度看，体晶生长技术仍将继续追求大面积、低成本和高性能,并继续对新材料进行探索,尤其是如何突破宽禁带材料的体晶生长技术,但技术发展所面临的困难和挑战也越来越大。

3.3　外延材料的生长技术

外延材料是在相同或相近晶体结构的衬底材料上,通过液-固相变或气-固相变使源材料中的原子按衬底的晶体结构外延所形成的薄膜材料。很显然,外延材料离不开与它晶体结构相同或相近的体晶衬底材料,既然如此,为什么还要做外延材料呢? 归纳起来大致有以下几方面的理由。

1) 对于多元化合物材料,由于组分分凝效应的存在,大尺寸体材料的组分均匀性往往难以达到应用的需求,晶锭横向性能的不均匀会直接影响集成式器件的性能,而纵向性能的不均匀性则会影响到材料的可利用率;

2) 当衬底材料的成本或制备技术的难易程度远低于所需材料的体晶制备技术时,外延将成为技术路线的最佳选择;

3) 外延技术在很大程度上突破了体材料生长在在线监测技术上遇到的困难,能有效提高材料生长的成品率;

4) 大部分器件只需或必须使用薄层材料,有时甚至还要求与衬底之间有很好的电学隔离和光学耦合特性,此时,使用体材料不仅利用率低,而且其使用性能还不好;

5) 外延材料可以灵活改变或调整材料性能,部分半导体材料通过外延还可以提高材料的晶格完整性,尤其是材料的表面能更接近晶体材料的理想表面;

6) 体材料无法制备异质结、量子阱和超晶格等复杂结构的半导体材料。

基于上述理由,外延技术在半导体材料的制备中获得了广泛的应用。例如,通过提高大尺寸材料电阻率的均匀性,降低材料中金属杂质和微缺陷的密度,Si 外延片的使用有效地提高了基于 CMOS 工艺的器件性能和产品良率,现已成为 8 in 以上芯片生产线的主流技术;InGaSb、HgCdTe 和Ⅲ-Ⅴ族超晶格探测器所使用的材料也是外延材料;发光器件中使用的三元或四元Ⅲ-Ⅴ族化合物材料同样也都是在 GaAs、GaP 或 Al_2O_3衬底上通过外延技术获得的。

按生长过程中材料发生相变的特性,外延技术分为液相外延(LPE)和气相外延(VPE)两大类。液相外延通常采用化学计量比偏离较大的液相物质作为母液,如富 Ga 的 GaAs、富 Te 或富 Hg 的 HgCdTe,以降低外延材料生长时的温度和平衡蒸汽压,进而大幅度降低工艺技术的难度。对于非化合物的 Si 材料,也可采用 In 或 Sn 为溶剂的母液进行液相外延。VPE 技术包含了多种类型(图 3-31),各种类型的外延方法又会有多种不同的实现方法和工艺条件。液相外延大都在准平衡态下通过连续降温实现晶体生长,而在气相外延工艺中,气体源既可以是接近固相平衡态的过饱和气体,也可以是远离固相平衡态的过饱和气体。

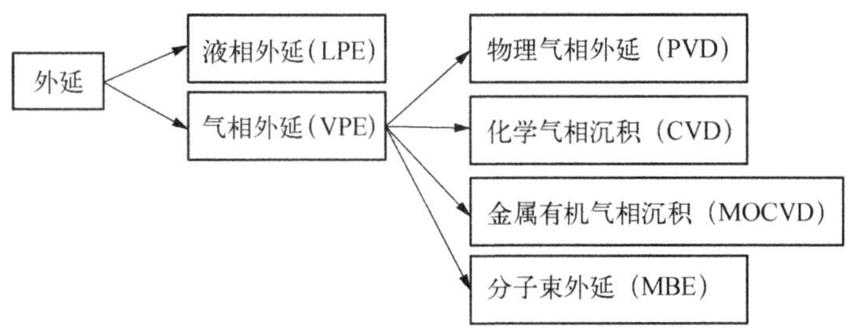

图 3-31 外延技术的种类和分类

在普通的气相外延系统中,由于源材料在气相输运的过程中难以避免发生自发成核,很难在衬底上方形成 VPE 所需的具有一定过饱和度且均匀性较好的气相过饱和状态。对于化合物材料,分压的控制精度往往无法满足对外延材料组分的精确控制。因此,普通 VPE 技术的发展受到了很大的限制。于是,气相外延不得不在技术上寻求突破,即设法采用热蒸发或离子溅射等沉积技术(VPD)来获取外延材料,但努力的结果却是以失败而告终,沉积技术一般无法获得高质量的单晶外延材料。后来,物理气相沉积转向了化学气相沉积,即利用化学反应促使气体原子在衬底上发生沉积(CVD),来实现外延层的生长,所用的气源有氢化物和氯化物,如 SiH_4、H_2O、$SiCl_4$、SiH_2Cl_2 和 $SiHCl_3$ 等,其中 $SiCl_4$ 后来成了 Si 外延片的主流技术。为了满足外延化合物材料的要求,人们又将气相源扩展到金属-碳键化合物(或称为金属有机化合物),并把 CVD 外延技术拓展到 MOCVD 外延技术。正是因为这些技术由 VPD 延伸而来,人们对 CVD 和 MOCVD 等术语的使用已养成了习惯,在现有的文献中并不要求统一使用 CVE 和 MOCVE 来取代这些传统术语,在很多场合也不再严格区分 PVD 和 PVE,D 和 E 只不过是反映了同一事物的两个方面,即气相的输运过程和材料的生长过程。VPE 技术发展的另一条技术途径是分子束外延(MBE)[22],它是利用超高真空条件使气相源材料在达到衬底前不发生自发成核,让处于不同温度的分子束源和衬底材料之间以非平衡的方式形成外延条件。目前,MOCVD 和 MBE 已成为Ⅲ-Ⅴ族和Ⅱ-Ⅵ族化合物材料及其异质结、超晶格、量子阱和低维材料的主流生长技术,前者在产能上占据明显的优势,而后者的优势则在于对材料结构和界面特性的控制可以做得更加精细。

与体材料的生长技术相比,外延生长大都在开放式的腔体中进行,因此,对外延生长工艺的监测和控制能力得到了大大增强,材料制备过程的可重复性也得到了显著提高,尤其是 MBE 和 MOCVD 工艺,已能做到对材料生长界面的温度、外延材料的晶格完整性、材料的组分和厚度进行实时监控,但外延材料所使用的生长设备也为此变得更加复杂和昂贵。除了上述三种主要的外延技术外,实验室中也存在着其他一些其他类型的 VPE 技术,这些技术包括热壁外延、等温气相外延(ISOVPE)和原子层外延(ALD)等。下面我们将对 LPE、MBE、MOCVD 和其他一些 VPE 技术分别加以介绍。

3.3.1　液相外延

液相外延(liquid phase expitaxy, LPE)是母相为液相的晶体薄膜生长技术,其生长的物理机理与带籽晶的体晶生长是相同的,差异在于籽晶变成了衬底,块状材料生长变成了薄膜材料生长,生长速率则降低了 2 个数量级左右。实现液相外延的方式一般有三种(图 3 - 32),即将衬底插入液相源材料(俗称母液)的垂直浸渍法、将槽中母液推至衬底表面(或将衬底推至母液下方)的水平推舟法和利用重力作用将母液倾倒在衬底表面的倾舟法,生长结束后将母液与衬底分开,薄膜材料的成分和组分取决于母液的成分、组分和化学计量比,厚度取决于生长过程中母液过冷度的大小和生长时间,大小则由衬底的大小所决定。

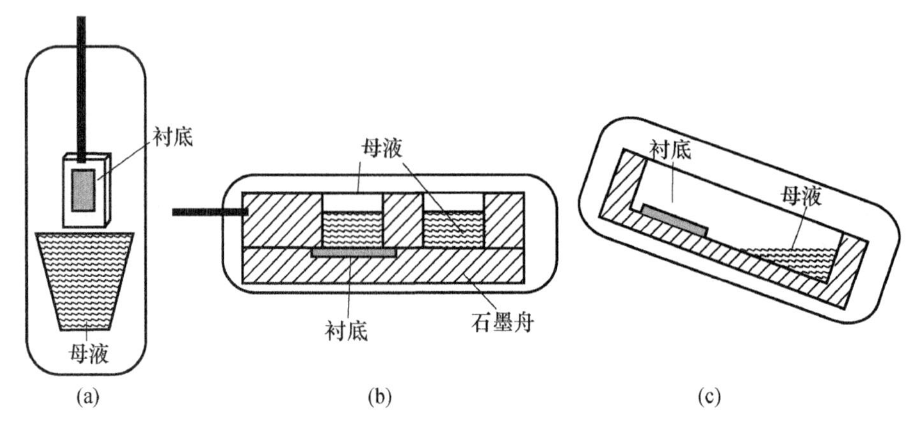

图 3 - 32　液相外延的三种实现方式

液相外延的工艺过程分为高温母液均匀化和外延生长两部分,即先将源材料加热至高于熔点 50℃左右的温度,保温一定的时间使母液均匀化,然后降温至熔点附近,并形成稳定且缓慢的降温速率(0.1~0.5℃/min)。外延生长过程的控制方式有四种(图 3 - 33),即平衡冷却法、分步冷却法、过冷法和两相溶液冷却法。平衡冷却法是将整个外延腔体以恒定速率缓慢(约 0.1℃/min)冷却至母液与衬底两相平衡的温度 T_m,此时将衬底与母液相接触,并随着温度的继续下降而发生外延生长。该方法中的初始生长温度、降温速率和生长时间均需通过优化外延材料的质量(如表面形貌、缺陷、组分分布、双晶半峰宽等)来确定。为了让母液完全处于两相平衡状态,也

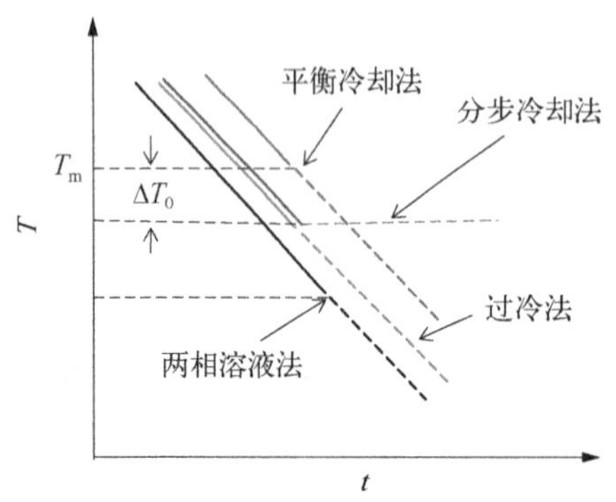

图 3 - 33　液相外延的四种降温方式

可先将温度恒定在预定的初始生长温度，使母液先与外延材料同质的晶片接触，等两者达到平衡后再切换成衬底材料，接着再继续缓慢降温和生长；分步冷却法主要用于某些母液过冷度较大的材料，该方法先将温度降至低于两相平衡点的温度（$T_m-\Delta T$），以不出现自发成核为准，将衬底与母液相接触，通过非均匀成核的模式触发外延生长，在保持温度不变的条件下，直至母液与外延材料达到平衡后结束生长，在让母液与衬底分离后快速降温；过冷法中的前面一些步骤与分步冷却法相似，但在衬底与母液接触之后，温度仍旧保持恒定的速率下降，使生长始终处于过饱和状态，直至生长结束；两相溶液冷却法也是以恒定速率缓慢降温，但它是在将母液温度降至出现自发成核之后，才将衬底与母液接触，自发成核大大降低了溶液的过冷度（或过饱和度），使外延层的生长速率可以控制的更加缓慢。

假定母液可以看作半无限大，其溶质的扩散系数为 D，降温速率为 v，母液熔点随溶质组分的变化率为 m，且这些量在外延的过程中不发生变化，在上述边界条件下，通过求解扩散方程，并应用质量守恒定律，可求得外延材料的厚度：

$$d=\frac{2}{C_s m}\left(\frac{D}{\pi}\right)^{1/2}\frac{2}{3}vt^{3/2}\qquad \text{平衡冷却法} \tag{3-37}$$

$$d=\frac{2}{C_s m}\left(\frac{D}{\pi}\right)^{1/2}\Delta T_0 t^{1/2}\qquad \text{分步降温法} \tag{3-38}$$

$$d=\frac{2}{C_s m}\left(\frac{D}{\pi}\right)^{1/2}\left(\Delta T_0 t^{1/2}+\frac{2}{3}vt^{3/2}\right)\qquad \text{过冷法} \tag{3-39}$$

式中，C_s 是单位体积外延材料中溶质的原子数。根据实验测量得到的 $d(t)$ 曲线，结合上述公式可以对实际工艺的状态进行分析。

与其他外延技术相比，液相外延具有工艺简单、设备成本低和外延材料晶格完整性好等特点，在Ⅲ-Ⅴ族和Ⅱ-Ⅵ族化合物材料的制备技术中有着广泛的应用。缺点为① 外延对衬底的晶格匹配度要求很高（<1‰），异质外延的能力较差；② 生长温度高，组分互扩散效应比较严重，无法制备超晶格材料；③ 产能不如气相外延高。

1. 生长系统的组成

液相外延系统由进样室、生长室、加热系统、机械系统、进气系统、排气系统、尾气处理系统和控制系统组成（图 3－34），图 3－35 为一个推舟式液相外延设备的实物照片。进样室由流动的氮气保护，使生长室打开时免

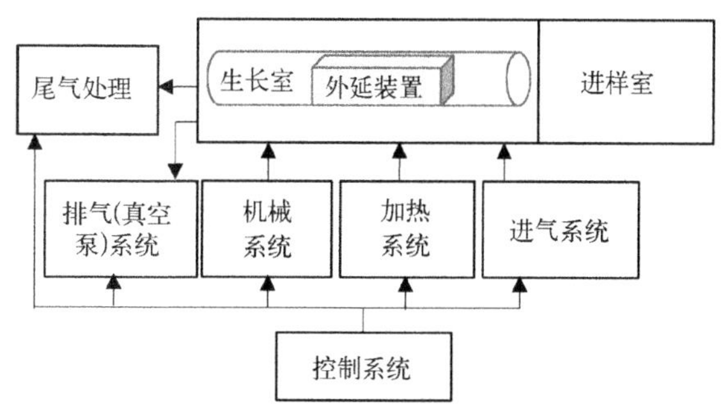

图 3－34　液相外延系统的组成部分

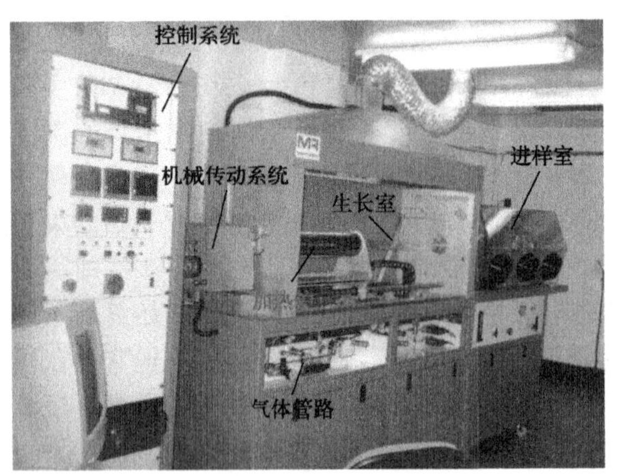

图 3-35　水平推舟式液相外延的设备照片

遭非洁净气体的污染。进气系统负责为生长室提供经过高纯净化器净化后的 H_2、N_2 和 Ar 等高纯气体。衬底和母液放置在生长室内的外延装置中,该装置为母液提供一个相对密闭的空间,通过提高密封性或在装置外增设气源等手段,防止母液通过蒸发产生大的泄露,使母液成分及熔点能够得到有效的控制。在水平推舟法和倾舟法中,外延装置一般用石墨制作,俗称石墨舟[图 3-36(a)],而在垂直浸渍法中,外延装置由坩埚和样品架组成,为了不让母液化学计量比在生长工艺中出现较大的波动,坩埚和样品架的设计应尽量增加坩埚和样品架组成的生长腔体的密闭性。坩埚可用石英、石墨或玻璃碳制作,样品架分为夹具式和基座式两种,采用夹具方式时,衬底在插入坩埚后将发生双面外延,而基座式样品架则让衬底实现单面外延[图 3-36(b)]。排气系统用于排除生长室打开时由进样室扩散进入生长室的气体。尾气系统需要对系统排出的气体进行收集和处理,保证排出的气体不携带有毒有害物质。机械系统负责传送母液和衬

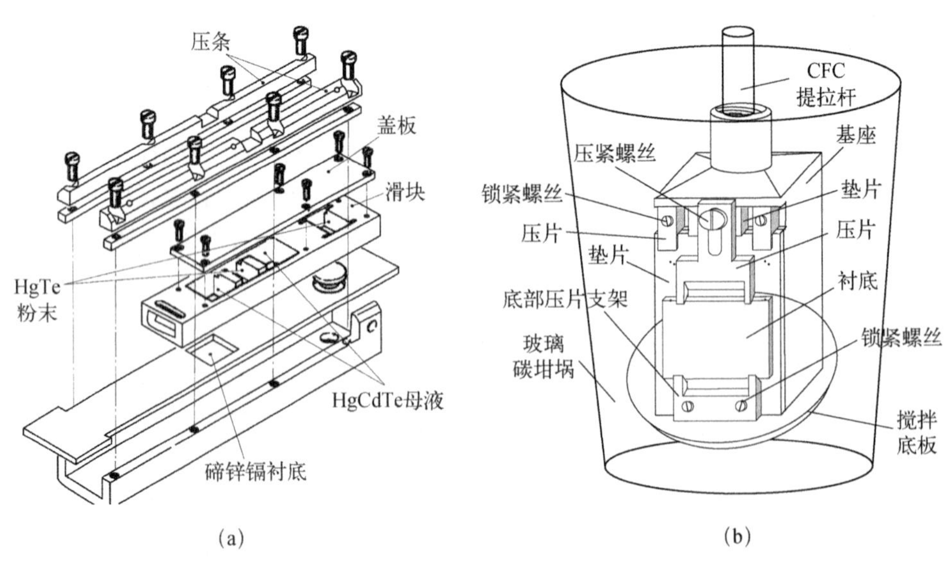

图 3-36　液相外延系统中的外延装置

(a) 水平推舟法;(b) 垂直浸渍法

底,而加热系统则是为生长室内的外延装置提供合适的温度。加热系统常采用黄金炉,它利用镀金石英管对热辐射的高反射为加热区进行保温,使用黄金炉的优点是热容量很小,能大大缩短从加热到热平衡的时间,以满足外延工艺对母液泄漏量的控制要求,提高温度过程控制的可重复性。

2. 生长工艺的主要流程

图 3-37 为平衡冷却法推舟式液相外延工艺的流程图,液相外延工艺从源材料制备和衬底表面处理开始,源材料的制备工艺和流程与体材料生长工艺相同,衬底表面处理主要是去除表面沾污物、损伤层和氧化层,并保证材料表面具有较好的平整度和粗糙度。将源材料和衬底按设计要求放入外延装置,并在 N_2保护的状态下打开生长室,将外延装置放入指定位置,需要时与机械传动装置连接在一起。关闭进样门后对生长室进行抽真空(排气),接着通入高纯 N_2,多次循环后放入高纯 H_2(H_2在高温下可去除衬底表面的氧化层)。生长工艺从对外延装置的加热开始,在去除衬底表面吸附气体后,将源材料和衬底(通常两者靠的很近)的温度升至其熔点以上 50℃左右,如有气相源的话,需同步将气相源的温度升至指定温度。在源材料充分熔化后,将衬底温度降至略高于生长温度的预生长温度,使整个系统在生长温度附近进入平衡状态。然后,根据不同的降温方式,将外延装置的温度降至生长温度,或转入恒定的降温速率后降至生长温度,此时通过机械传动或摇摆使母液与衬底相接触,在设定的温度条件下维持一段时间的生长。生长结束时将母液与衬底分开,并采用移开加热炉的方式快速降温,以减少气相与外延层之间可能出现的非平衡状态对外延层表面的影响,以及外延层与衬底之间的组分互扩散,整个过程的温度变化曲线如图 3-38 所示(以准平衡生长的水平推舟工艺为例)。系统冷却到室温后将生长室内的氢气排出,切换成氮气后即可打开生长室,取出外延片。

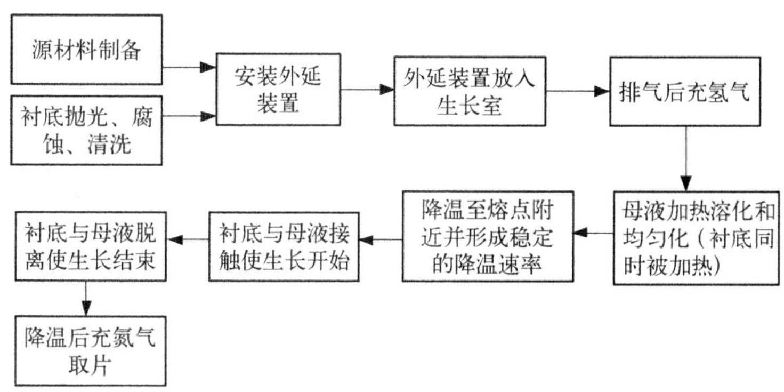

图 3-37 液相外延的主要流程

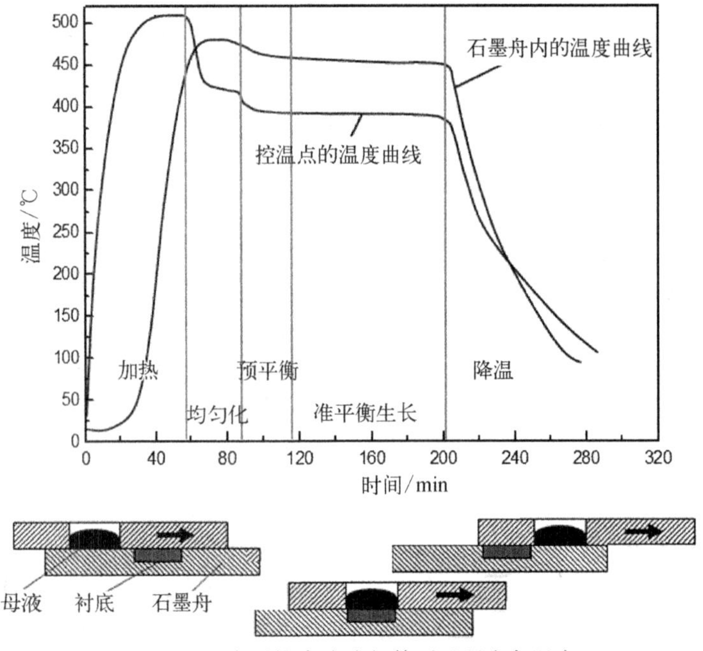

图 3－38　水平推舟式液相外延过程中各温度点的变化曲线和石墨舟的状态

3. 生长工艺的一些关键技术

（1）衬底选择与表面处理

对衬底缺陷的控制是生长出高质量外延材料的基础，衬底材料与外延材料之间的晶格失配会引入失配位错，衬底中的位错有部分会穿越到外延层中成为穿越位错，衬底材料的包裹物或析出物也会延伸至外延层表面，形成表面缺陷。衬底晶向也是需要考虑的一个重要参数，它直接影响到材料表面原子台阶的结构和分布，进而影响材料的生长模式和表面粗糙度。液相外延材料的表面一般呈现非常明显的台阶式分布形貌（terrance 形貌）[23]，如图 3－39 所示，图中左边的条状平面为 HgCdTe 的（111）B面，相邻平面的高差（台阶高度）为晶格中相邻 Te 原子层的距离，右边则是更宏观一点的表面形貌，相邻（111）平面可相差多个原子层，terrance 形貌的主要结构特征与材料表面的晶向有关，细节也会受到材料缺陷的影响。根据晶体生长理论，从微观角度看，外延为非完整突变光滑面生长，而从宏观角度看，这样的外延则是粗糙面生长，这样的生长模式不会对表面晶向的偏离进行自发修复，结果导致液相外延的表面形貌与衬底材料的表面晶向密切相关。对于在异质衬底上进行的液相外延，要生长出完整的单晶薄膜材料，晶格常数的失配度必须控制在 1‰以内，即使如此，晶格失配仍会导致外延层的晶格产生形变或应力，随着厚度的增加或温度的变化，应力会通过产生位错而得到释放。因晶格失配而产生的位错称为失配位错,位错的走向平行于界面(对释放晶格失配造成的应力最为有效),其密度与晶格失配度成正相关性,与离开界面的距离呈负相关性,失配位错主要集中在界面附近几个微米的区域内。失配位错的产生还会对外延材料的表面形貌产生影响,形成如图 3-39(b)所示的三重对称的线条(crosshatch lines),同时,它也会导致穿越位错发生增殖。

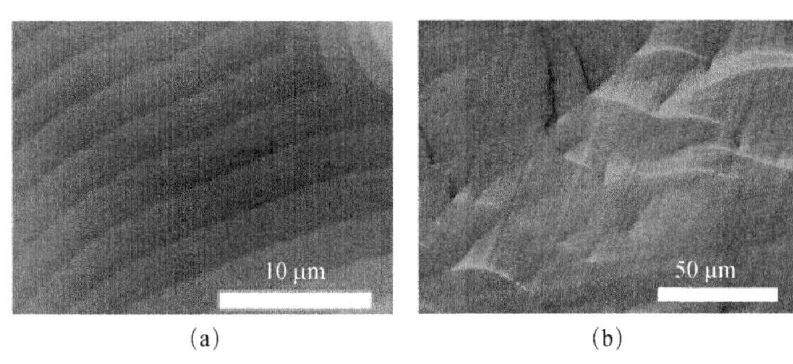

(a) (b)

图 3-39 HgCdTe 液相外延表面的微观形貌

(a) 与衬底晶向相关的 terrance 形貌;(b) 失配位错在材料表面造成的 crosshatch 表面形貌

衬底在使用前需进行清洗,并采用化学抛光或腐蚀的方法去除衬底表面可能存在的损伤层、颗粒沾污物和化学污染物(如氧化物)等表面缺陷,在整个装片过程中,需彻底杜绝工艺环境和操作对衬底表面产生二次损伤或污染。已做好表面处理的衬底称为可直接外延的衬底,这样的衬底在使用前需要有防污染的包装和储存条件。

(2) 外延装置的设计与加工

外延装置的设计和加工是液相外延技术的重要组成部分,装置的结构设计首先是要满足外延材料在尺寸、数量、外延层数等方面的要求,多层外延需要设置多个母液槽,并能分步与衬底接触。其次,设计也应保证外延过程中衬底温度分布的均匀性,降低母液与装置外气相之间因非平衡造成的母液成分变化。在水平推舟式外延装置中,如何尽量减少母液脱离衬底时的残留也是装置设计的一项重要内容。此外,外延装置还需要考虑测温热电偶的位置,确保测温点与衬底温度之间具有良好的对应关系。在加工外延装置时,首先需要考虑装置的材质,最常用的材料是石墨和石英。石墨的优点是碳元素的稳定好,并容易加工,缺点是容易产生石墨颗粒物。石英材料稳定性好,也不易产生碎粒,缺点是难以进行精密加工,与母液的浸润角比较小。玻璃碳对母液有很好的不浸润性,但也是存在可加工性较差的问题,只适合于制作一些结构简单的坩埚。其他材料(如 BN 和 SiC 等)的使用需考虑其化学稳定性能否保证不对材料掺杂浓度产生实质性的影响。加工精度和表面粗糙度也是外延装置加工的重要技术指标,对于有密闭性要求的化合物材料生长装置,分压泄漏会改变母液的组分和熔点,生长装置的设计和加工精度将直接影响到外延工艺的可重复性。同样,在推舟式外延中,加工精度是保证推舟时既不擦伤材料表面又不残留过多母液的关键。此外,样品架的表面加工与处理不当还会造成母液侵入衬底背面(尤其是在母液纯度不够的情况下),并导致母液与衬底的粘连或同时造成衬底与样品架的粘连。

在垂直浸渍的液相外延中,为了在生长前实现机械搅拌母液的功能(均匀化),外延装置的设计会更加复杂。更复杂的装置还要求衬底垂直插入,并借助母液的浮力,通过旋转使衬底实现水平生长。此外,外延装置的设计还需考虑如何减少垂直系统中气体的对流或液化所产生的回流对外延装置周边气相分压及其稳定性的影响。

(3) 温度控制技术

温度控制包括三个方面,即外延温度的准确测量、外延温度变化过程的可重复性和外延生长界面的温度均匀性。由于液相外延的生长界面处在相对密闭的生长装置里面,套着石英管的热电偶(防污染)无法贴近生长界面,从温场的均匀性考虑,热电偶也不能设置在生长界面附近,一般都设置在放置衬底的石墨基座里面或外侧,由于空间位置上的差异,外延装置中热电偶的测量温度与衬底温度之间存在一定的差值。外延温度变化过程的可重复性不仅要实现测量点温度的可重复性,同时也要保证测量点温度与衬底温度之间差值的可重复性,这也就要求包括外延生长装置、加热炉和外部环境在内的整个外延系统的温度分布要有很好的可重复性。衬底温度分布的均匀性主要取决于外延装置、加热器和炉管的结构设计。在液相外延设备中,一般都采用高热导率的材料来制备外延生长装置,如水平推舟中的石墨舟、浸渍外延中的玻璃碳坩埚,而在外延炉与生长室之间,一般会通过增设耐高温的金属套管来增加炉内温度分布的均匀性。此外,温度控制技术还应考虑衬底温度相对控温点温度存在的弛豫效应。

4. 生长技术的发展

液相外延是一项相对成熟的技术,同时也是实时监测和调控能力较差的一种外延技术,工艺的可重复性(材料的成品率)很大程度上要靠系统状态的可重复性来保证,目前,高水平的工艺可将外延层厚度的可重复性(run-to-run 的标准偏差)做到 2%以内。和其他材料生长技术一样,液相外延技术也在不断地朝着大面积、低缺陷、高成品率和低成本的方向发展。液相外延技术的优势在于材料的低缺陷和低成本,这也是液相外延技术得以继续发展的内在动力。

3.3.2 分子束外延

分子束外延(molecular beam epitaxy,MBE)是在超高真空条件下,通过加热束源炉使坩埚中的固态或液态源材料挥发出气相源,并在炉口形成一定发散角的分子或原子束流,其中运动方向对准衬底(或外延层)的原子或分子直接喷射到设定温度的单晶衬底上,部分原子将与衬底表面原子或表面台阶发生黏附作用,并通过表面迁移在晶格上占据合适的格点位置,进而在衬底表面实现气相外延生长,图3-40给出了这一外延方式的示意图。若将图中的分子束流改为金属有机源气体和非金属氢化物等气体形成的分子束流,相应的外延被称为化学束外延(CBE)。

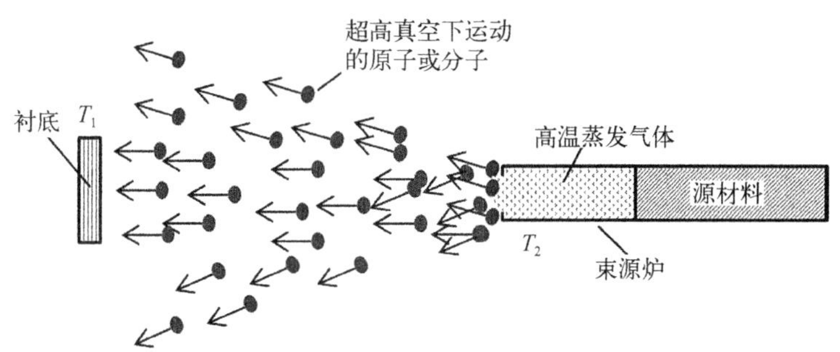

图3-40　分子束外延的原理图

分子束外延具有三大特点,一是它在超高真空的生长腔体中进行,尽管气相原子相对于衬底表面原子处于足够大的过饱和状态,但是,从束源炉出来的气体原子在到达衬底表面(或外延层)之前不会发生相互碰撞,也就是说在此过程中不会发生自发成核。由于气体束流和衬底材料的热力学状态在相图相距甚远,MBE也被称为是一种非平衡的生长模式。超高真空腔体的使用也使得环境对生长造成的污染能降低到最低水平,同时也大大降低了污染引发的非均匀成核概率;二是束流成分和强度的切换在MBE中非常容易实现,通过设置多个束源炉(包括化合物束源炉),可以形成不同种类、组分和密度的多原子束流。通过控制束源炉前的挡板,束流的成分和密度可以随时进行切换,这为大失配的异质衬底外延、异质结、多层pn结、超晶格、量子阱和低维材料的生长提供了条件;三是MBE设备对外延过程有很强的在线监测和控制能力,由于衬底(或外延层)表面直接暴露在真空腔体中,通过在不锈钢腔体上增设观察窗,可直接对生长界面进行观察和测量,通过这样的监测,我们可以对材料的组分、厚度和晶格特性等诸多材料性能进行实时控制。

基于上述特点,分子束外延能够生长的材料非常广泛。它既可以生长普通的微米级厚度的外延材料,也能生长纳米级的多层超晶格材料和单原子层的二维材料。由于它能在温度相对比较低的条件下实现晶体生长,由它制备的异质结和超晶格的界面可以做得非常陡峭。分子束外延可以在晶格失配度超过5%的衬底上直接外延,通过对衬底表面的原子结构进行修饰,并运用缓冲层技术,最大可以在晶格失配度20%左右的衬底上实现单晶材料的外延。

分子束外延技术的发展大大地促进了新型微电子技术的发展，造就了一系列异质结构的 GaAs 器件（如 MESFET、HEMT 和 HBT 等），以及 GeSi 异质晶体管、InGaAs/AlGaAs 量子级联激光器（QCL）、InAs/GaInSb 带间级联激光器（ICL）和 HgCdTe 红外焦平面探测器等一批新型的半导体器件。GaAs 微波毫米波单片电路（MIMIC）和超高速集成电路（VHSIC）在新型相控阵雷达和超高速信号处理方面起着重要的作用，QCL 和 ICL 填补了半导体红外激光器的空白，而 HgCdTe 红外焦平面探测器也已在空间技术领域和军事装备中有着极其重要的应用。

分子束外延的局限性体现在它的设备非常复杂，图 3－41 是某型号分子束外延设备的实物照片，设备的制造、维护和使用成本都非常高，加之分子束外延的产能相对比较低，超高真空的维护又需消耗大量液氮，这导致 MBE 材料的成本很难降低，难以满足民用产品制造对大批量和低成本的要求。

图 3－41　分子束外延系统的实物照片

1. 外延生长的原理和理论描述方法

分子束外延是一种气相源远离衬底固相平衡态的生长过程，不仅固相与气相之间处于非平衡状态，各气相原子也处于非平衡状态。在图 3－40 中，束源炉内温度为 T_2 的气体处于准平衡状态，由于束源炉外的生长腔体处于超高真空状态（真空度一般优于 10^{-9} torr①，极限真空可达 10^{-11} torr），从束源炉出来的原子未经任何热

① 1 torr = 1 mmHg = 1.33×10^{2} Pa

碰撞即可到达衬底表面，不会因自发成核导致气相源的特性发生改变或原子束流密度的下降。因此，束源炉将在衬底表面形成运动方向单一，且运动速率有别于衬底温度 T_1 所对应的热平衡气相原子速率的非平衡态气相环境。以碲镉汞分子束外延为例，衬底温度在 185℃左右，气相 Cd 和 Te 原子的温度却超过 500℃，而 Hg 原子的气相温度却不到 100℃。当气相原子撞击衬底后，留在衬底表面的原子束流密度大于衬底材料表面原子的热蒸发束流密度时，气相原子将在衬底表面发生沉积，沉积在表面的原子通过表面迁移占据合适的晶格格点，将沉积过程转变为外延过程。留在衬底表面的原子束流密度与入射原子的束流密度的比值称为黏附系数，黏附系数除了与自身原子和衬底材料的属性相关外，还与衬底表面的晶向、原子台阶的状态（结构与数量）、原子在材料表面的迁移速率以及原子束流的特性（原子运动速率和密度）相关。

对分子束外延过程的描述既可以采用动力学的方法，也可采用热力学的方法。动力学的方法是通过研究束流中原子与外延层表面原子台阶的相互作用以及表面原子发生迁移的规律，来理论模拟外延的过程和结果[24]，所用的数学方法是蒙特卡罗（Monte Carlo）方法。而热力学的方法则是分别研究固相外延层材料表面原子的蒸发束流（与材料温度、组分和化学计量比相关）和气相原子在表面沉积的束流（与入射束流相关），根据两者的差值计算出外延材料的生长速率、组分和化学计量比与各束流密度的依赖关系[6]。

2. 分子束外延生长系统的组成

分子束外延生长系统由进样室、除气室、缓冲室、生长室、束源炉、样品架、样品传送系统、真空泵系统、液氮输入系统、在线监测系统、进气系统、烘烤系统和控制系统组成（图 3－42），图 3－43 给出了生长室及其周边主要连接部件的分布图。分子束外延各部件和分系统的详细结构和功能如下。

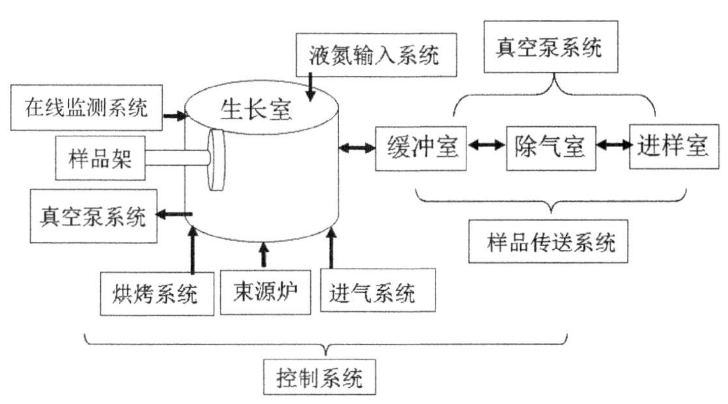

图 3－42　分子束外延系统的主要组成部分

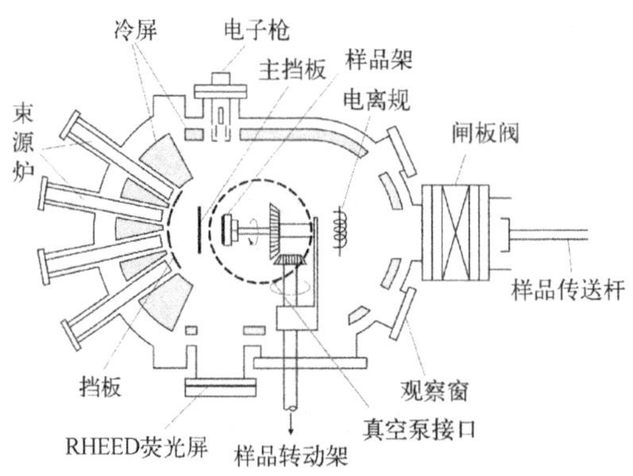

图 3－43　MBE 生长室及其周边主要部件的分布图

图 3－44　分子束外延系统的进样室

（1）进样室、除气室和缓冲室

进样室、除气室和缓冲室是三个独立的真空腔室，腔室之间通过闸板阀连通和隔离，制备好的衬底需经过这三个腔室才能被安装到生长室的样品架上，或从样品架上取出。进样室是样品进入外延设备的第一个腔室，图 3－44 是某 MBE 设备进样室的实物照片，该腔室装有氮气进气装置，在氮气保护的条件下由进样门（采用 O 形圈密封）传递样品，并通过阀门连接抽真空系统（一般采用快卸方式的 KF 接口），通常采用外置移动真空机组（吸附泵或干泵加分子泵）对进样室抽真空。除气室是用于对钼块和衬底进行除气的腔室，来自进样室的钼块和衬底将被安装到加热装置上进行真空加热除气。钼块是承载衬底的基座，同时也是连接传送装置和样品架的标准部件，由于束流会在钼块上沉积，钼块经常需要清洗和除气。缓冲室是存放衬底和外延材料的腔室，MBE 系统一般仅有一套传送装置，有了缓冲室，衬底和外延片能在不同的腔室中自由地腾挪位置，增加装片和取片的灵活性，减少打开腔体装片和取片的次数。缓冲室上装有长臂的传动杆，负责将带有衬底的钼块送入生长室内的样品架上，或从样品架上取出钼块。

图 3－45　分子束外延系统生长室的内部结构

（2）生长室

生长室是分子束外延的主腔体，在腔体的壁上，通过 CF 法兰或法兰窗口连接着样品架、束源炉、缓冲室和在线测量设备等分子束外延系统的重要部件，是材料进行外延生长的地方。和普通真空腔体不同的是，生长室腔体内嵌入了一个内部流动着液氮的金属冷屏（图 3－45），利用冷凝吸附的原理进一步提高腔体内部的真空度。冷屏上的开孔对应着腔体上的连接口，使样品架、传送杆、测量用的电子束和光束能够进入内部腔体,对着束源炉一侧的冷屏是敞开的,束源炉安装在生长室的法兰接口上。

(3) 真空系统

分子束外延系统的所有腔室在工作时都处于真空状态,因此,每一个腔室都需要配置真空设备。进样室只有在装片和取片的过程中,才会临时放置衬底或外延材料,所以,它一般不需要配置固定的真空设备来长时间维持高真空,大都采用干泵或吸附泵加分子泵构成的可移动式真空机组来对进样室抽真空。除进样室外,分子束外延设备上的其他腔室均长期处于高真空状态,都需配置长期工作的低温泵或离子泵。低温泵和离子泵适用于超高真空系统,前者抽速较大,适合于有束流密度较大的生长腔体,后者适合小束流的生长腔体或无源的缓冲室和除气室。通过增设升华泵,生长腔体的极限真空可以进一步提高。分子束外延一般不使用有油的机械泵,分子泵也仅在抽取初真空状态时使用,除气和脱氧后的衬底材料必须保存在超高真空状态的腔体中。

(4) 束源炉

束源炉是用来加热源材料并产生束流的部件(图 3-46),对束源炉的技术要求是洁净度高、束流密度可调、稳定和出口处束流分布均匀。图 3-46(a)是一个普通的束源炉,通过对坩埚中的固体源材料进行加热,升华产生的气体,经炉口后形成射向衬底表面的束流,束流密度由坩埚的温度决定。这样的束流炉结构简单,但束流密度从产生到达稳定的时间较长,稳定性也较差。图 3-46(b)是一种裂解型束源炉,它通过加热源材料,在内腔体形成平衡蒸汽压,气体经阀门进入裂解炉,束流密度由阀门控制,裂解炉中的高温使得原本呈分子结构的气体裂解为原子形态。例如,普通 As 束源炉产生的气体为 As_4分子,高温裂解后可形成 As_2分子或 As 原子。采用阀门控制后,束流密度能做到实时调控,其稳定性也因内腔体中气体压力的稳定而增加。

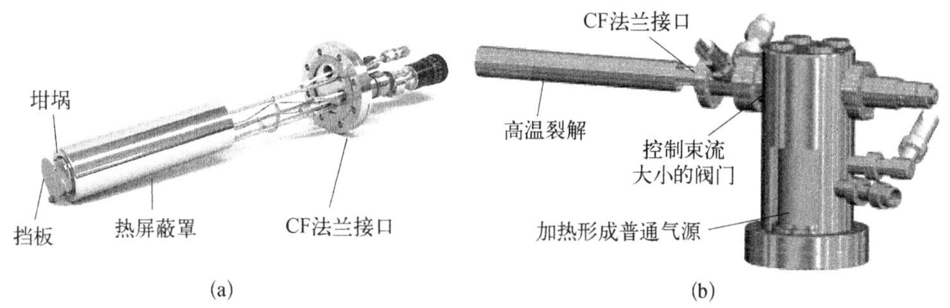

图 3-46 分子束外延系统的束源炉

(a) 普通束源炉;(b) 裂解束源炉

为了实现束流或束流密度快速切换的功能,在每个束源炉的炉口都装有独立控制的挡板。在所有束源炉挡板的前面还设置了一个总挡板,以避免衬底表面在生长前因束流泄漏而受到污染。

(5) 样品架

分子束外延的样品架由安放衬底的样品架头部和支撑杆两部分组成,样品架头部带有与钼块偶合(装卸)的夹具,并具有对衬底材料进行加热和温度测量的功能。支撑杆部分具有支撑样品架头部和衬底姿态调控的功能,并附有动力传送的功能。样品架头部一般使用钽皮加工成的板式电阻丝炉对钼块及衬底进行加热[图 3-47(a)],钼块能使衬底温度的分布比较均匀。样品架头部配有多个热电偶,其中测温热电偶放置在钼块的背面,控温热电偶靠近加热丝的位置,由于测温点不在衬底表面,且钼块经常被装卸,测温热电偶的温度并不能精确反映外延生长的实际温度。钼块与样品架头部之间通过卡口固定[图 3-47(b)],钼块背面受弹簧顶压,以增加其位置的牢固度,通过传动杆(安装在缓冲室上)的抓手旋转钼块上的卡柱,实现样品的安装、拆卸和传送。

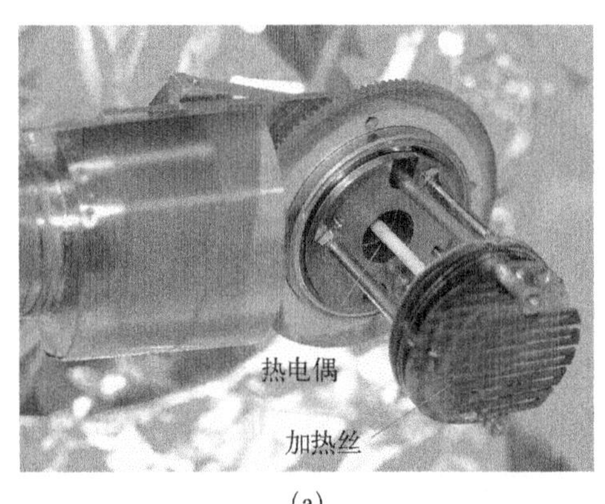

(a)

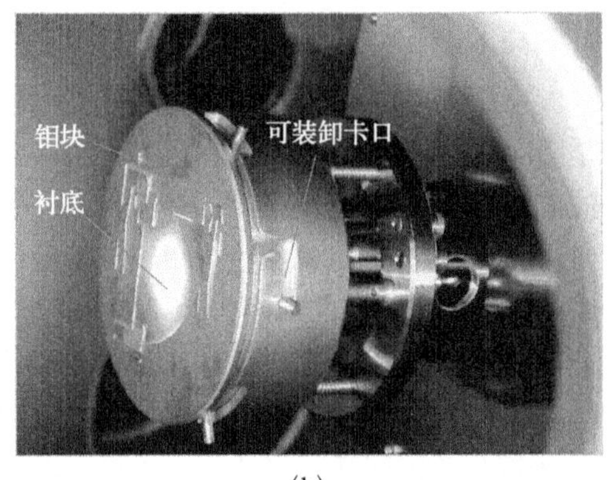

(b)

图 3-47　分子束外延系统的样品架

(a) 样品架上热电偶和板式加热炉的结构;(b) 钼块与样品架之间的装卸机构

分子束外延样品架上的衬底可实现多维度的位置调控,如上下、左右、前后、倾角和旋转。由于有超高真空的要求,MBE 生长腔体上不能使用动态密封机构,腔体内样品架的移动和转动都必须通过金属波纹管的伸缩和磁钢遥感传动来实现。图 3-48 为样品架位置调控原理的示意图,通过沿箭头 1 的方向对波纹管 1 进行挤压或拉伸,可以使样品架头部的位置左右移动。使波纹管 1 沿箭头 2 的上下扭曲可少量调整样品架头部的上下位置。通过顶压或拉伸波纹管 2(沿箭头 3),使顶杆上的直线齿轮带动样品架的支撑杆转动,可实现样品架前后倾角的调整,或大幅度改变样品的朝向。例如,生长前衬底背朝束源炉,安装在样品架头部背面的真空规则面朝束源炉,可对束流密度的进行测量;利用磁体正负极相吸的原理,转动外套管外的磁钢,可带动支撑杆内的转动轴转动,并通过齿轮偶合带动钼块旋转。

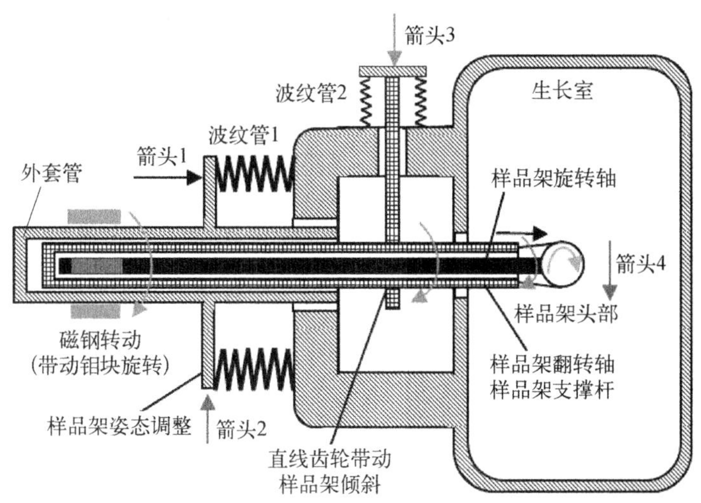

图 3-48 分子束外延系统调节样品架位置的结构示意图

现代生产型设备则采用固定的样品架,样品水平放置,以便机械手自动抓取和传递样品,为此,样品架需设置在腔体上方,束源炉则在下方,炉口倾斜朝上。这一结构的缺点是腔体上方的沉积物有可能因剥落而掉落到束源炉内,这会导致束流强度产生波动。

(6) 样品传送系统

样品传送系统包括运载钼块的移动小车和钼块的传递装置,小车一般安装在导轨上,导轨在腔室间闸板阀处断开,但不会影响小车的正常行驶。通过磁钢带动转轴,并利用转轴和小车上齿轮间的偶合,可推动小车行驶。图 3-49 给出了实际系统上小车移动机构的外形照片。

图 3-49 分子束外延系统上移动小车的把手

图 3-50 分子束外延系统上用于传递钼块的磁力传送杆

钼块的传递使用磁力传送杆(图 3-50),利用磁钢在套杆上的滑动和转动带动套杆内活动轴的平移和转动。活动轴的一头装有抓取钼块的夹具,夹具的结构和样品架头部固定钼块的夹具结构相同，利用正反向旋转将钼块固定在不同的夹具上。

（7）液氮供应系统

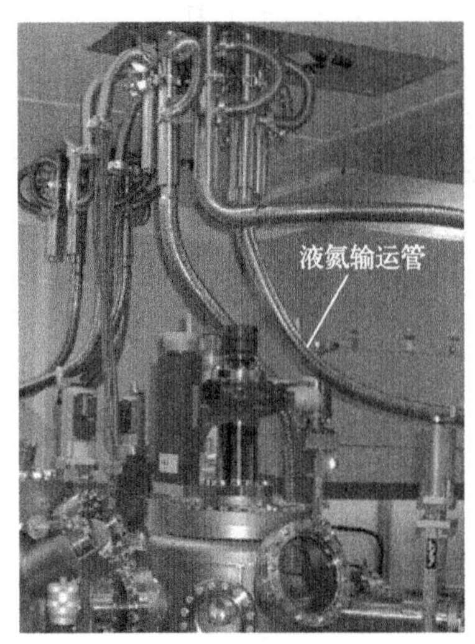

图 3－51　分子束外延系统上的液氮输运管道

为了提高生长腔室的真空度，并防止不同束源炉产生的束流交叉污染，分子束外延系统在生长室的内部和束源炉的外围都装有液氮冷却的冷屏，液氮供应系统负责把液氮储存罐中的液氮注入这些冷屏中。供应系统由真空绝热输运管道和状态分离器组成，真空绝热输运管道为带有真空夹层的不锈钢管道，利用真空降低传输过程中液氮受热气化的数量，图 3－51 给出了连接分子束外延设备的真空绝热输运管道。状态分离器负责把液氮（来自储液罐）在传输过程中气化形成的气氮与液氮实现分离，降低注入冷屏的液氮的含气量，使冷屏温度尽量维持在液氮温度。同时，分离器也能对从冷屏流出的液氮和气氮进行分离，实现液氮的循环使用，降低分子束外延的运行成本。

（8）在线检测系统

分子束外延设备可以设置观察窗口，通过这些窗口可以直接观察到衬底或外延层的表面（即生长界面），因此，分子束外延设备可以配置多种光电检测设备，对材料的表面特性进行实时测量和监控。常用的检测设备包括以下几方面。

1）红外辐射温度计。用于测量样品表面的温度，其原理是通过探测样品表面的热辐射通量，推算出样品表面的温度。

2）吸收边光谱仪（ABES）。用于测量衬底或钼块的温度，其原理是通过测量与钼块良好热接触的半导体材料（陪片）的反射光谱来测定陪片的温度。测量时光源通过光纤入射到未抛光的材料表面，由其产生的漫反射（diffuse reflectance）光再由光纤引出，并进行光谱测量，根据材料吸收边在反射光谱上的位置，推算出钼块上衬底的温度。使用无铟样品架时，也可利用加热器作为光源，对外延前衬底的温度进行测定。

3）电离真空规。用于测量腔室的背景真空度和束流密度，其原理是利用电离规发射的电子电离腔室中的气体原子或分子，通过测量气体离子形成的电流得到气体原子（或分子）的密度，并推算出真空度或束流密度。

4）光吸收光谱束流检测仪（OFM）。用于在线测量束流密度，其原理是利用入射光在特定波长被束流原子（或分子）吸收的比例，推算出束流密度的大小。

5）高能电子衍射(RHEED)。用于测量材料表层的晶体结构和外延的生长速率,其原理是利用掠入射电子束在荧光显示屏(安装在窗口上)上形成的衍射条纹和斑点形状,推算出材料表层原子的晶体结构、表面原子的再构和每一层原子生长的时间等参数。衍射条纹或斑点的强度与被作用表面内的原子台阶和岛状结构的占比有关,对于原子级二维生长模式,表面状态随单原子层的增加呈周期性变化,衍射强度也随之振荡。通过观察 RHEED 的振荡曲线,可以了解二维生长过程的实际状态,并根据振荡曲线的周期计算出外延的生长速率。

6）椭圆偏振仪。用于测量材料的折射率和厚度,其原理是通过测量线偏振入射光经材料表面反射后其偏振特性的变化及其光谱特性,来获得材料的折射率和薄膜厚度。

(9）进气和烘烤系统

进气和烘烤是分子束外延的两个辅助系统,进气是为了在设备维护时将腔室从真空状态转为常压状态,通入腔体的气体一般为高纯氮气。烘烤是为了去除腔室内壁吸附的原子,这是真空腔体能够快速到达超高真空度的必要条件。每当真空腔体因维护或维修暴露大气或发生泄漏后,都需对腔体(在真空状态下)进行烘烤除气。分子束外延设备一般都会为主要的真空腔室配置专用的烘烤箱或烘烤套,也可使用石棉加热带,外加铝箔包裹(使烘烤温度均匀化),对某些特殊真空部件进行烘烤。

(10）控制系统

控制系统主要用于实现传片过程和生长过程的控制、设备工作状态的设定、显示和记录、禁止误操作以及状态报警和报警后的自动应对等功能,并根据工艺流程实现生长工艺的自动化控制。

3. 分子束外延工艺的主要流程

分子束外延工艺也是从衬底表面处理和装片开始的(图 3－52),在所有外延技术中,分子束外延对衬底表面处理的要求是最高的,由于外延温度较低,表面原子级的缺陷也很难在生长工艺中得到自主修复。为了获得高质量的衬底表面,除了要对表面进行常规清洗、化学抛光和腐蚀外,还需对材料表面进行氧化或氢化处理,利用所形成的氧化层或氢化层对材料表面进行保护,并借助分子束外延特有的表面脱氧(或脱氢)工艺,在生长腔体中形成近乎理想状态的晶体表面。

腔外处理好的样品将被安装到钼块上,非标衬底一般采用多点压紧或使用低熔点、低蒸汽压金属(如 In)粘贴的方式固定在钼块上[图 3－47(b)],后者与钼块之间具有更好的热接触,样品的温度均匀性更好。标准晶圆片则常采用环形压片基座,如采用无钼块式的压片基座,加热器将直接对着衬底背面进行辐射加热,为了防止加热器的红外辐射穿越衬底并增加衬底温度的均匀性,可用涂敷工艺在衬底背面涂上一层碳吸热层。

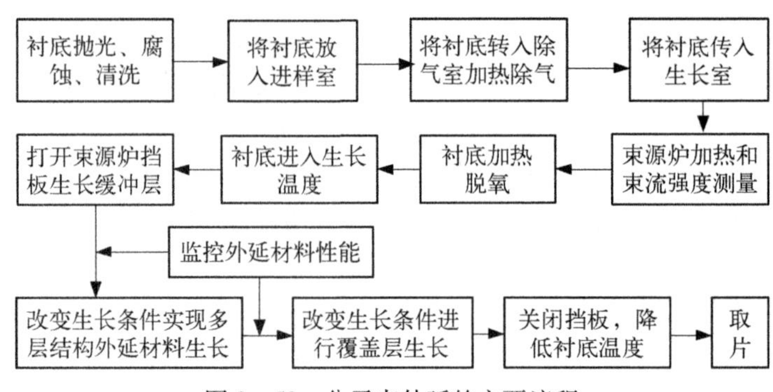

图 3－52　分子束外延的主要流程

打开分子束外延设备的进样室,将装好样品的钼块放置在进样室的小车上,关闭进样室后对腔体进行抽真空,真空度达到要求后将样品传送到除气室。在除气室中将样品传送到除气炉上,通过加热去除衬底和钼块表面的吸附原子。样品除气后被传送到缓冲室,并通过磁力杆将样品传送到生长腔体内的样品架上。至此,外延生长前的准备工作基本完成。

生长开始前还需做两项工作,一是将束源炉温度加热至设定温度,并用电离规或 OFM 技术对其束流强度进行测量;二是要通过加热去除衬底表面的氧化层(或氢化层)。束流强度的选择不仅会影响材料的生长速率和组分,也会影响材料的化学计量比以及与此相关的掺杂原子的分凝系数。氧化层是否去除干净可根据电子束在衬底形成的 RHHED 衍射条纹来判断,不同的材料和衬底表面晶向会形成不同的衍射条纹和表面再构图形。为了避免束源炉对衬底表面的影响,在进行束流检测和脱氧的过程中,衬底表面一般都背朝束源炉。脱氧工艺结束后将衬底温度调控到外延材料的生长温度。

开始外延时,除有特殊要求外,一般都先打开各束源炉挡板,然后再打开主挡板,使束流同时作用到衬底表面。为了获得高质量的外延材料,在正式外延所需材料之前,有时需要先在衬底材料上进行同质外延,以对衬底表面的原子结构做一定的修复。在做异质外延时,经常需要在衬底表面生长晶格常数介于衬底和外延材料之间的缓冲层,甚至需要通过引入异质原子来改变表面原子层的晶格结构。

不管是外延缓冲层还是所需的外延材料,都需特别关注对衬底温度的控制,尤其是在刚开始生长的时候。随着束源炉挡板的打开,束源炉的热辐射会影响到衬底温度;在切换外延材料进行异质外延生长时,材料表面辐射率(它与黑体辐射率之比称为比辐射率)的变化也会影响到红外辐射测温仪的温度测量值;如果衬底和外延层对红外辐射不能完全吸收,来自衬底背面加热器的辐射也会干扰红外辐射测温仪的测量值。在进入稳定的生长状态后,需重点关注因束流强度变化所导致的材料组分和化学计量比的影响,其观察手段分别为椭偏仪和高能电子衍射。

外延材料生长结束后，有时还需生长或沉积薄薄的表面保护层（cap 层），cap 层一般为宽禁带材料，并在原外延材料的生长温度下进行生长，很多时候在该生长条件下生长出的材料为多晶材料。对有些材料，生长结束后还需利用 cap 层的保护作用，对外延材料进行原位高温热处理，以调节材料中本征点缺陷的浓度或降低外延材料的位错密度。

完成上述工作后，停止对衬底加热，使其温度降至室温，并适时关闭束源炉挡板（先后关闭主挡板和束源炉挡板）。

4. 分子束外延的一些关键技术

(1) 衬底的表面处理技术

分子束外延的生长模式大都为单原子层的二维生长模式，化合物则为双原子层的二维生长模式，衬底表面原子级的缺陷很容易延伸到外延层中，为此，分子束外延技术对衬底表面处理的要求非常严格。实际操作工艺中对衬底表面的基本要求：在暗场下用定向光束照射材料表面时，肉眼观察不到很多亮点（通常要求小于 1 cm^{-2}）；除了人为产生表面氧化层或氢化层外，表面不得出现因工艺不当形成的雾状表层；表面不能形成明显的波浪，波浪的出现意味着表面台阶的增多，它既会影响表面沉积原子的迁移，也会影响 RHEED 的测量效果。

生长前衬底还需做高温脱氧处理，以消除材料表面的氧化层，但脱氧温度也不能过高，脱氧时间也不能过长，否则衬底表面的材料缺陷会形成热腐蚀坑，并延伸至外延材料表面。

(2) 衬底温度的控制技术

为了增加束流原子的黏附系数和生长速率，分子束外延的生长温度不能太高，同时，为了获得晶格完整的材料，外延又需要有足够高的温度让沉积原子在表面充分迁移。从生长机理的角度看，过低的生长温度会导致吸附原子因表面迁移不充分而产生新的晶核，进而产生孪晶甚至多晶缺陷。而过高的生长温度则容易导致晶体材料因化学计量比偏离过大而进入非平衡相区，并通过固相析出的方式形成体缺陷（亦称表面缺陷）。对许多材料而言，分子束外延的温度窗口是非常小的，这就对生长温度及其均匀性的控制提出了很高的要求。

反观影响分子束外延温度的因素，可以发现在外延刚开始或切换束源的过程中，衬底温度的测量和控制是一项比较困难的技术，原因在于束源炉的热辐射对衬底表面温度的影响远快于热电偶温度对此变化的响应，普通的 PID 控温方式难以满足温度控制的要求，而能够快速响应的辐射温度计又很容易受到环境辐射和衬底表面比辐射率变化的干扰。因此，为了控制住外延的生长温度，热电偶控温、恒功率加热、红外辐射温度计控温和 ABES 控温等技术经常会结合在一起使用。此外，衬底与衬底基座之间不良的热接触有时也会成为影响温度控制和温度均匀性的关键因素，尤其是对于生长温度窗口很窄的分子束外延技术。因此，如何控制衬底温度常常是分子束外延能否成功的关键技术。

(3) 异质衬底上的外延技术

异质衬底外延或异质结外延是分子束外延特有的优势，超高真空、低温生长和衬底表面的高完整性使得外延时发生自发成核的概率非常小，单原子层二维生长为外延的主要生长模式，这种模式大大抑制了形成多晶的概率，使得在失配度较大(大于 5%)的异质衬底上也能外延出单晶薄膜。当然，晶格失配引发的失配位错对薄膜质量的影响仍是不可避免的。为了改善晶体质量，异质外延常采用低温生长加高温退火技术来获得高质量的缓冲层，或采用应变超晶格作为缓冲层来抑制失配位错的产生，为进一步外延所需的半导体材料打下良好的基础。通过采用多层缓冲层技术，分子束外延已能在失配度高达 20% 左右的衬底上获得大面积单晶材料，当然其难度也要比晶格失配度小的外延大很多。

(4) 超晶格材料的界面控制技术

由异质外延发展到量子阱和超晶格材料后，对异质外延界面特性的控制将变得非常重要。超晶格材料中每一层材料只有几层或十几层原子，此时因界面晶格失配而产生的晶格形变和缺陷会对材料的性能(应变状态、能带结构、载流子迁移率和寿命等)产生严重的影响，对后续材料的生长机制、表面形貌以及电学和光学等性能也会产生影响。对界面进行控制的方法主要有以下几种。

1) 临界厚度法。将超晶格外延材料的厚度控制在临界厚度以内，以避免界面失配位错的产生，临界厚度与材料力学性能参数和位错特性参数的关系为

$$t_c = \frac{b}{8\pi(1+\nu)f}\left(\ln\frac{t_c}{b}+1\right) \tag{3-40}$$

式中，b 为失配位错的伯格氏矢量，f 为界面处的晶格失配度，ν 为材料的泊松比，计算临界厚度的原理是应变所积蓄的能量不能大于产生 1 个位错所需的能量。通过控制临界厚度和调控晶格应变的状态，也可获得各种不同性能的应变超晶格材料。

2) 缓冲层法。在界面处插入若干层晶格常数介于两者之间的缓冲层，以减小应变和增加临界层的厚度。

3) 界面缓变法。在界面处引入组分渐变的过渡层，将突变异质结改为缓变结，以减小界面处的应力和应变。

(5) 在线检测技术

分子束外延可以配置很多在线检测技术，这使得分子束外延相比其他外延技术拥有更好的控制能力，但是，要用好这些技术也是有一定难度的。以在线的椭圆偏振检测技术为例，样品架旋转将导致入射角的偏离以及来自光学窗口的沉积物和来自仪器的波长漂移等因素也会直接影响材料的椭圆偏振光谱，进而影响对材

料组分或材料温度的测量精度。可以这样说，在线检测技术的应用能力在很大程度上决定了分子束外延技术水平的高低。

5. 分子束外延技术的发展

在异质外延、量子阱、超晶格乃至量子线、量子点和二维材料的生长方面，分子束外延常常具有独到的优势，因此，三维集成材料（譬如，Ⅲ－Ⅴ族和Ⅱ－Ⅵ族薄膜材料的纵向集成）、低维材料和新材料的研制仍将是分子束外延发展的重要方向。大面积异质衬底外延是分子束外延降低材料成本的主要途径，但如何抑制或进一步消除晶格失配造成的材料缺陷仍是分子束外延技术拓展其应用领域和规模所急需解决的关键技术。设备制造、运行和维护成本的降低也是分子束外延技术走向大批量生产所急待解决的问题。

3.3.3 金属有机气相沉积

由于在气相输运过程中存在自发成核的问题，普通的气相外延几乎无法在衬底表面形成过饱和的气相源。为了不让气相源在输运过程中产生自发成核，分子束外延采用了超高真空技术，它使得来自束源炉提供的高温气相原子在不发生碰撞的条件下到达温度较低的衬底表面，进而形成过饱和的气体源。不同于分子束外延，金属有机气相沉积（metalorganic chemical deposition, MOCVD）技术则是利用金属有机物（MO）具有不易发生化合反应和低温下具有较高饱和蒸汽压的特性，并采用基座热传导加热衬底的方式，使气相源材料能在不发生自发成核的条件下输运到临近衬底表面的高温裂解区。有机源在此区域发生裂解反应，进而在衬底表面形成气体过饱和相，使气相外延得以发生。在 MOCVD 的生长工艺中，固-气两相与平衡态的偏离并不很大，但在衬底上方（沿法线方向），温度和气相原子的分压呈非均匀分布。图 3－53 是 GaN 化合物 MOCVD 的原理图，三甲基镓[$Ga(CH_3)_3$]和氨气（NH_3）进入高温区前不会发生裂解或化合反应，只有进入衬底上方后才会发生裂解、化合、扩散和沉积等过程。理论上讲，MO 源是烷基、芳香基和羟基与金属原子结合形成的金属-碳键化合物，但是，在半导体外延技术中，非金属原子（如 As、P、Te、S 和 Se 等）与有机物形成的化合物也被称为 MO 源。

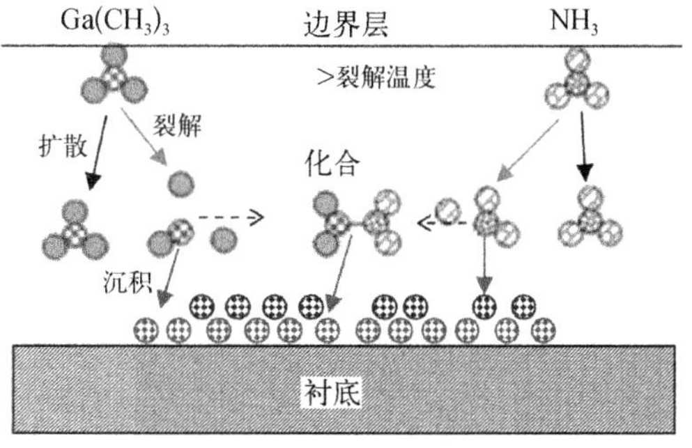

图 3－53 GaN 化合物 MOCVD 的原理图

MOCVD 分常压或负压生长工艺，负压由真空系统来实现和维持，但不需要配备超高真空系统，设备成本相比 MBE 有大幅度的降低。

由于采用气相源,适用于批量生产的生长腔体可以做得非常紧凑,因此,MOCVD 技术非常适合于大批量低成本外延材料的生产。与此同时,通过切换气源,MOCVD 技术也拥有很强的异质外延能力,适合于制备异质结材料、量子阱和超晶格材料。从生长温度上看,该技术介于高温的 LPE 和低温的 MBE 之间,在异质外延能力和材料晶体质量方面能够实现良好的兼容。正是基于上述这些优点,MOCVD 技术已成为生长当今产能最大、应用最广泛的Ⅲ-Ⅴ族半导体薄膜材料的主流技术,主要用于通讯用的高频电子器件、显示和照明用的发光器件以及激光器和探测器的研制和产生。

MOCVD 技术的缺点是源材料比较贵,毒性比较大,以裂解方式产生的原子蒸汽压会在均匀性和稳定性方面给生长工艺造成一定的困难,源材料的利用率和尾气的无毒化处理也会给 MOCVD 材料和设备的成本控制造成一定的困难。

1. 金属有机气相沉积系统的组成

金属有机气相沉积系统由进样室、生长腔、反应室、真空系统、进气系统、加热系统、尾气处理系统和控制系统组成(图 3-54),从系统框图的结构来看,MOCVD 系统与 LPE 系统非常相似,实验型设备在外形上也很相似,但是两者在源材料输入系统、加热系统、反应腔和尾气处理系统上有着很大的差异。和分子束外延一样,MOCVD 也可以配置在线的光学检测系统。图 3-55 是一个 4 腔体生产型 MOCVD 设备的外形图和腔体结构的分布图,每一个生长室(其大小理论上不受限制)可实现多片生长,缓冲室的设置使生长室可以不间断的工作,最大限度地提高外延材料的出片量。MBE 设备也可采用这样的配置,但受束源提供能力的限制,生长室内可放置衬底材料的区域远没有 MOCVD 的大,这使得 MOCVD 技术在产能上具有绝对的优势。

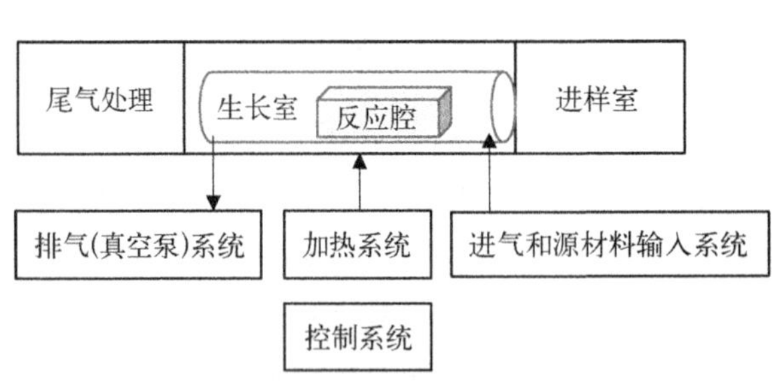

图 3-54　金属有机气相沉积系统的主要组成部分

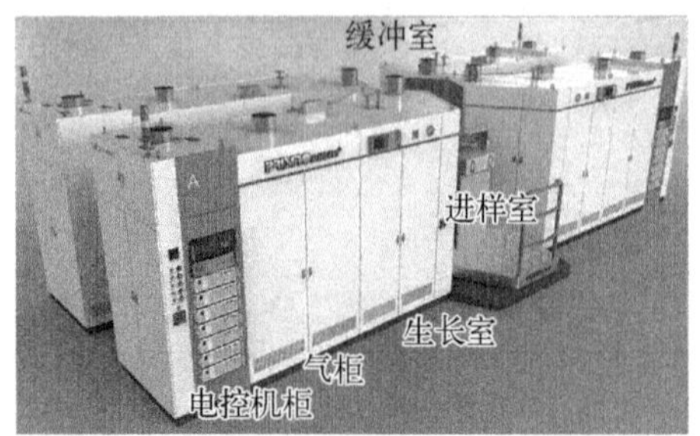

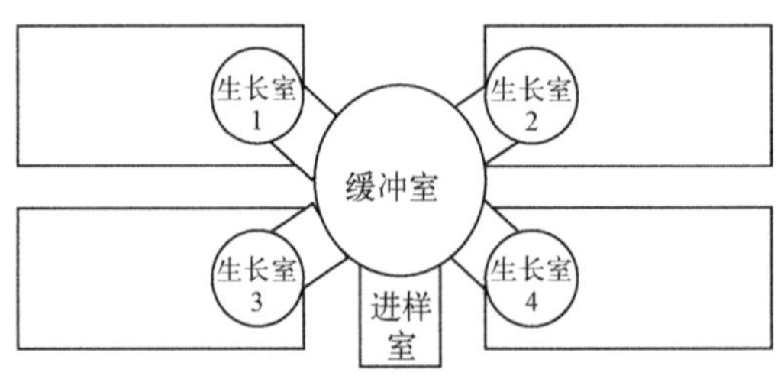

图 3-55　MOCVD 设备外形图和腔体结构图

（1）源材料的输入系统

大多数 MO 源为液态源，MO 气相源来自液态源蒸发所产生的气体，一般由流动的 H_2 作为载体将 MO 气体源携带至反应腔体。气体 MO 源的浓度由液态源的温度、携带气体的流量和腔体结构所决定。图 3－56 是一种常见的携带 MO 气源的方式，载气由管道进入液态源，利用鼓泡的方式增加 MO 源的气化，以增加输出气体中 MO 气源的浓度。由于 MO 气体源的平衡蒸汽压与液态源的温度相关，调节液态源的温度可有效调节输出气源的浓度，携带气体的流量与 MO 气源的浓度决定了 MO 源输出的流量。

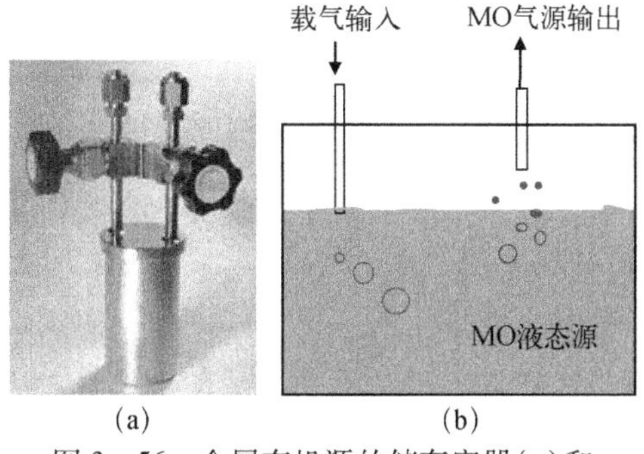

(a) (b)

图 3－56 金属有机源的储存容器(a)和 MO 气体源的产生方式(b)

MOCVD 工艺对 MO 气源不仅有浓度上的要求，为了提高外延材料的均匀性和源的利用率，生长工艺对气体的流速也有要求，为此，在 MO 源的输出端一般会配置（并入）一路稀释气体，以调节 MO 气体分子在生长腔体中的运动速率。

除了使用 MO 源外，MOCVD 也会使用一些掺杂用的氢化物气源和制备氮化物或碳化物的普通有机源，如氨气、SiH_4 AsH_3、NH_3 和 CH_4 等。对于 Hg 分压较高的 HgCdTe 材料生长系统，也会使用纯 Hg 液态源来提供 Hg 分压。

（2）MOCVD 的加热系统

为了仅在衬底表面层形成能够使 MO 源裂解的高温区，MOCVD 设备一般都采用对衬底基座（带 SiC 涂层的石墨基座）进行加热的方式，并利用衬底基座与周围气相之间的热传导效应在靠近衬底上方的局部区域形成裂解 MO 源所需的高温区，温区沿纵向呈梯度分布，温度梯度可通过设定不同的背景温度、气源流量和腔体气体压力进行调节，这种温场形式决定了 MO 源的裂解温度不能高于外延生长温度。对衬底基座的加热一般采用由铼合金（铼钨或铼钼）制成的平板型电阻炉（图 3－57），在水平的生长系统中，也可采用射频加热的方式对衬底的石墨基座进行加热（图 3－58）。

图 3－57 MOCVD 设备所使用的 Tungsten 加热器

（3）MOCVD 的反应（或生长）腔体

MOCVD 的生长条件与 MO 气源的密度、流动速率和裂解速率相关，即与生长

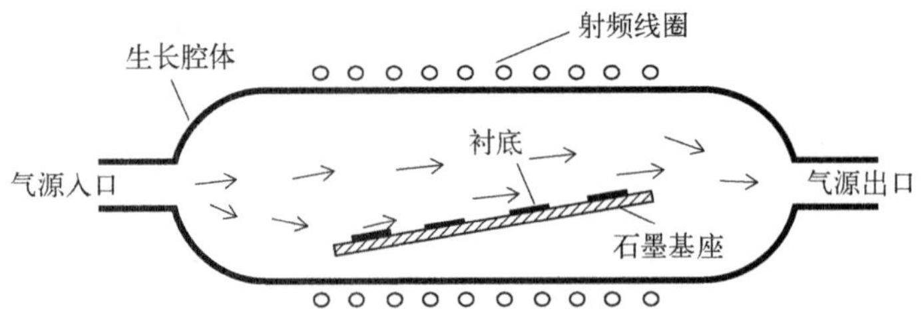

图 3－58　水平 MOCVD 腔体结构的示意图

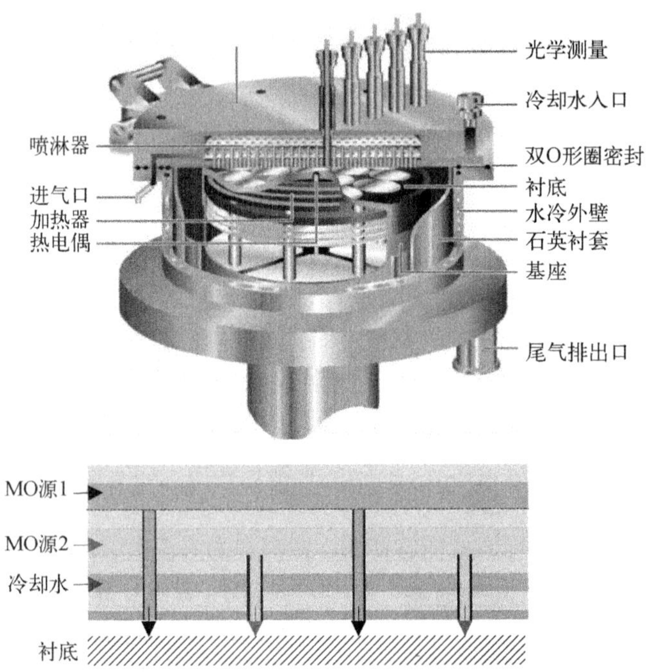

图 3－59　垂直 MOCVD 进气装置的示意图

腔体的大小、MO 气体分子的浓度和温度分布相关，为了获得均匀的生长速率和组分分布，需要对 MOCVD 的反应腔做许多特别的设计。例如，对于水平外延系统，气体分先后经过衬底表面的不同区域，这将导致 MO 气体的浓度分布在横向出现不均匀，为了保证外延材料的均匀性，需要对腔体的空间分布做特定的设计。例如，我们需要将衬底基座倾斜放置（图 3－58），使得进入衬底后方的 MO 气体分子的流量不出现明显下降。对于垂直的 MOCVD 系统，为了使 MO 气体在衬底表面形成均匀分布，一般都需专门设计一个进气装置，图 3－59 是为化合物 MOCVD 设计的一种喷淋式进气装置，两种气源从上下两层的喷淋系统分别进入衬底表面，源和衬底之间增设冷却水的目的是防止 MO 源在进到衬底表面层之前发生裂解，两种气源的混合和外延生长的均匀性则是靠调节喷淋嘴的密度和衬底基座的旋转来实现。

(4) 尾气处理系统

MO 源一般都有很大的毒性,因此,从反应腔体产生的尾气必须经过处理后才能排放到大气中。最基本处理方法是用高温(或燃烧)裂解有机物、用玻璃纤维或活性炭材料过滤颗粒物和用酸性液体吸收并去除尾气中的金属离子,图 3-60 给出了这三种处理技术的示意图。为了使尾气充分裂解,通常采用盘管的方式来延长尾气在高温裂解炉中的驻留时间,或使用催化剂加速燃烧的充分性。现代 MOCVD 系统在尾气处理上更加专业,设备的集成度和可靠性水平也显著提升,甚至可以附加高纯气体回收利用的功能。

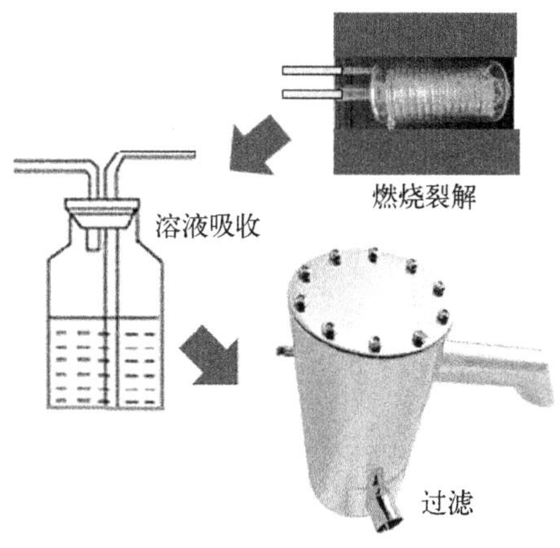

图 3-60 MO 源尾气处理的三种基本方法

(5) 光学在线检测系统

MOCVD 常用的在线检测的手段是材料表面反射光的路径、反射率光谱或反射率差分光谱进行测量[25-26],主要获取的材料参数包括外延材料的厚度、面形、折射率和温度等,图3-61 给出了多功能光学在线检测系统的示意图。利用材料表面弯

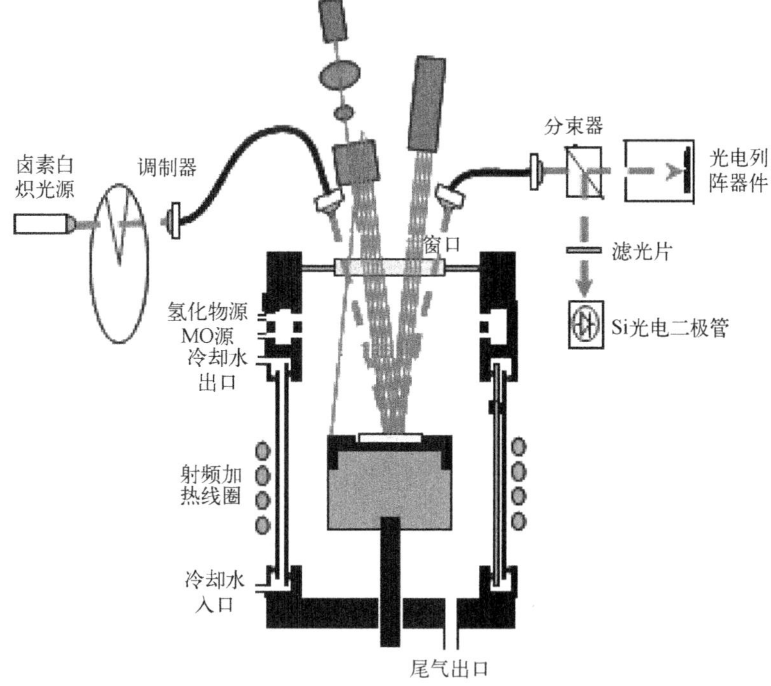

图 3-61 MOCVD 在线光学检测系统的示意图

曲对激光反射路径的影响，MOCVD 上的位置敏感探测器可对材料表面的面形进行实时检测[27]。反射率差分光谱则可用于对材料的组分进行实时监测。通过设置多个检测点(图 3－59)，材料参数的均匀性也能被实时监控。

2. 金属有机气相沉积(MOCVD)的工艺流程

图 3－62　用固定在操作箱上的长臂手套对腔体中样品进行操作的方式

MOCVD 的工艺流程与前面介绍的 LPE 和 MBE 大体是类似的，外延工艺从源材料制备和衬底表面处理开始，由于 MO 源毒性较大，外延前应先检查一下尾气处理系统的工作状态是否正常。将液态 MO 源加热(或制冷)并恒定到指定温度，同时将表面处理好的衬底装入生长腔体。进样过程在一个与外界保持良好隔离且有氮气流动的操作箱中进行，利用固定在操作箱上的长臂手套对样品进行操作(图 3－62)。MOCVD 生长腔体在打开前必须通过反复多次抽真空和充氮气，将残留在腔体内的 MO 气体排除干净。大批量生产型设备则采用晶圆匣的自动装片系统，衬底晶片经进样室和缓冲室完成装片和取片。

在去除衬底表面吸附气体后，将衬底温度升至外延温度。对于化合物材料，为防止材料出现因化学计量比偏离而出现脱熔，在对衬底升温的同时有时还需同步提升衬底周围气体的主分压(分压中数值较大的分压)。在衬底到达外延温度后，打开 MO 气源的阀门，使 MO 气体进入生长腔体，在衬底上方发生裂解。如果裂解后产生的原子蒸汽压大于衬底材料中相应原子的平衡蒸汽压，过饱和的气相源将驱动外延生长过程的发生和进行。外延过程开始以后，通过在线的光电检测设备对外延材料进行监控，并结合设备的控制系统实时调整气源的密度、流量、衬底温度及其分布等工艺参数，使外延材料到达设定的参数指标。生长结束后，逐渐降低衬底温度和气源流量。系统冷却到室温后，将生长室内残留气源和 H_2 排出，切换成 N_2 后即可打开生长腔体，取出外延材料。

3. 金属有机气相沉积的一些关键技术

与 LPE 和 MBE 外延技术相比，用 MOCVD 工艺生长高均匀性的材料相对比较困难，在介绍 MOCVD 的反应(或生长)腔体时可以看出，腔体内 MO 气源的流量、流速、多气源的比例以及温度等参数均存在非均匀分布的问题，如何通过气体混合器、腔体和衬底基座的结构设计，使得外延材料的组分和生长速率保持均匀是 MOCVD 首先需要解决的一项关键技术。

金属有机源的选择是 MOCVD 必须解决的第二个关键技术,不同的有机源有着不同的裂解温度,但可选择的数量往往是有限的。对于化合物材料,金属原子和非金属原子的 MO 源需具有相近的裂解温度,且 MO 气源的气体分子浓度需大于与外延材料相平衡的气体原子浓度。

与 LPE 和 MBE 的源材料相比, MO 源的价格非常昂贵,在保证材料均匀性的同时,还必须同时兼顾 MO 源的利用率,为此,在腔体温场的设计上,需防止 MO 源在到达衬底近表面区域之前出现大量裂解,必要时反应腔内需要设置冷却系统,以提高 MO 源的利用率。

MOCVD 的生长温度介于 LPE 和 MBE 之间,MOCVD 在异质衬底上材料外延能力也介于两者之间,与 MBE 技术一样,缓冲层(包括超晶格缓冲层)、低温成核和高温生长等组合型生长技术在 MOCVD 工艺中也被广泛使用,如何用好异质外延技术是在可替代衬底上获得高质量 InAsSb、GaAlN 和 HgCdTe 等外延材料的关键。

由于生长温度相对较高,MOCVD 外延界面陡峭的超晶格和量子阱材料的技术难度要高于 MBE。但高的生长温度能使 MOCVD 在失配的衬底上生长出与衬底晶向不同的外延材料[如在(100)的 GaAs 衬底上外延出(111)B 的 CdTe 材料[28]],为异质外延技术提供了一种新的途径。

与 MBE 的绝对非平衡生长不同,MOCVD 仍是一种接近平衡态的过饱和气相外延技术,这种技术在遇到三元或三元以上化合物材料时,如果材料各原子或分子的平衡蒸汽压差异很大,材料的组分控制会成为很大的难题。为了获得一定的生长速率,各原子或分子的蒸汽压必须设置在一个比较大的数值,但另一方面,为了控制材料的组分,对材料中某些分压的控制精度则有着非常高的要求,以 HgCdTe 材料为例,对 Cd 分压的控制精度要达到万分之一的数量级[29],这在实际系统中是做不到的。为了解决这类化合物材料遇到的问题,人们发明了基于多层互扩散(IMP)的外延技术,它通过交替生长 HgTe 和 CdTe 外延层,并通过组分互扩散的方式来实现 $Hg_{1-x}Cd_xTe$ 材料的生长,材料的组分由两者厚度的比值来控制。

最后,尽管 MOCVD 工艺的安全防护技术不是外延技术成败的关键技术,但它无疑也是 MOCVD 工艺的一项非常重要的技术。MOCVD 的设备和工艺必须保证 MO 源在储存、使用和无毒化处理过程中不泄漏,生长腔体打开时 MO 气体无残留,系统必须设置有效的告警装置和自动应对措施,MOCVD 技术的安全防范理念将贯穿于从设备设计、加工到使用的全过程。

4. MOCVD 技术的发展

在新材料的研发上,MOCVD 在成本上与 LPE 相比不具有优势,在复杂结构材料(如多层掺杂异质结构的外延)的研制能力和控制精度上,与 MBE 相比也不具有优势,MOCVD 技术的最大优势在于它的批生产能力,通过实现大规模生产,其外延材料的成本比 LPE 技术更具优势,利用其所具有的多层异质外延和掺杂调控能力,MOCVD 技术在复杂材料的实用化和产品化方面也具有压倒性的优势。因此,MOCVD 技术的发展将更多地瞄准具有产业化发展前景的新材料,同时,将 LPE 或 MBE 研制成功的新材料推向产品化也是 MOCVD 技术发展的一项重要内容。在自身技术的发展方面,MOCVD 技术也将朝着制备大尺寸、高均匀性、低缺陷、低成本和多功能材料的方向持续发展。

3.3.4　其他一些气相外延技术

气相沉积技术分为物理气相沉积(PVD)和化学气相沉积(CVD),MBE 和 MOCVD 仅是与之相对应的气相外延技术中的一种技术。除此之外,热壁外延和等温气相外延(ISOVPE)也是使用得比较多的另外两种物理气相外延技术。如果要在衬底上形成过饱和气体,由升华或蒸发产生气体的源材料温度必须高于衬底温度,这就使得气体在从源材料到衬底的传送过程中很容易发生自发成核,这一现象在管壁上尤为严重,热壁外延就是通过提高传送区的管壁温度和增大衬底端的温度梯度等手段来实现气相外延的一种技术,以解决气相源在传送过程中被大量消耗的问题。

一般的外延技术都是利用降温形成的过饱和来实现晶体生长的,而等温气相外延(ISOVPE)则是一种利用衬底与外延层之间的组分互扩散来实现多元化合物外延的技术。以 $Hg_{1-x}Cd_xTe$ 材料为例,当我们把作为衬底的 CdTe 晶体和作为源材料的 HgTe 放在一起时(图 3-63),由 HgTe 升华产生的蒸汽压相对衬底而言将处于过饱和状态,衬底表面将发生 HgTe 外延,但是,随着表面 HgTe 的出现,由 Hg 和 Te_2组成的气相将不再是饱和气体,外延也随之停止,与此同时,HgTe 外延层与衬底之间的组分互扩散也随即展开,衬底表面将由 HgTe 转变为 $Hg_{1-x}Cd_xTe$,组分随之增大,当组分增大到某一特定值时,气相又转入过饱和状态,HgTe 外延将再次发

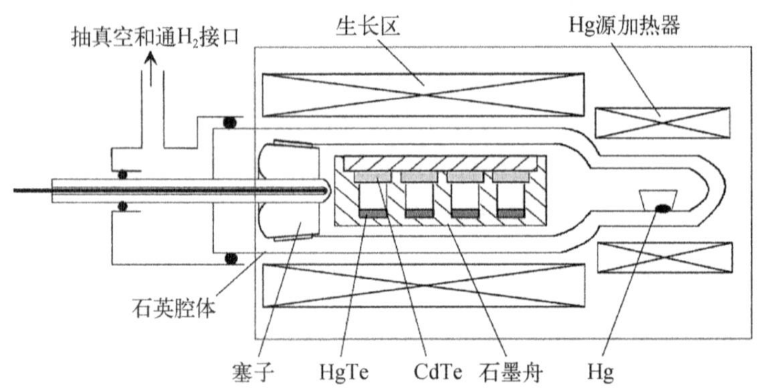

图 3-63　用于生长 HgCdTe 材料的 ISOVPE 装置的结构示意图

生，经反复循环后，材料的表面组分将达到一个动态平衡的状态，进而在 CdTe 衬底上外延出一层组分呈梯度分布的 HgCdTe 薄膜材料，材料组分的大小由衬底温度和系统中设置的 Hg 源温度所决定。

对于高熔点的材料，PVD 常使用脉冲激光作为加热方法，这样的技术也被称为脉冲激光沉积（PLD）技术，这种技术已被用于制备金刚石、SiC、GaN 和Ga_2O_3等薄膜材料。

化学气相外延（CVD）是生长过程涉及化学反应的气相外延技术，最典型的气相外延技术是 Si 材料的气相外延技术，源材料为 SiH_2Cl_2、$SiHCl_3$、$SiCl_4$或 SiH_4，衬底为 Si、SiO_2和 Si_3N_4等，生长方法有氢气还原法和直接热分解法，以 $SiCl_4$为例，氢与源材料的还原反应为

$$SiCl_4 + 2H_2 \xrightarrow{\text{高温}} Si + 4HCl$$

还原后的 Si 原子通过沉积和表面迁移实现外延生长。在四种源材料中，$SiHCl_3$和 $SiCl_4$的安全性较好，但生长所需的温度较高，SiH_2Cl_2 和 SiH_4反应温度较低，应用范围较广。CVD 技术很容易实现原位掺杂，PCl_3、PH_3和 $AsCl_3$都可用作 Si－CVD 的 N 型掺杂剂，BCl_3、BBr_3和 B_2H_6则为 P 型掺杂剂。

除了用于制备 Si 外延片外，CVD 技术也是制备 SiC 外延材料的主流技术，其源材料为硅烷和丙烷，外延温度在 1 550℃左右。

CVD 有常压 CVD，也有低压 CVD（LPCVD），LPCVD 可改变气流表面滞流层的特性，有助于抑制外延材料的自掺杂效应。加热方式有热壁（HW）和冷壁（CW）之分，HWCVD 的生长速率主要受化学反应控制，而 CWCVD 则受气-固相变过程的控制。此外，等离子体和光的辐照也常被用于调控化学反应的条件和过程，以降低材料的生长温度，或提高外延材料的生长速率，相应的 CVD 技术称之为 PECVD 和 LCVD。

原子层沉积（ALD）是近年来发展起来的一种新型的 CVD 技术，主要用于低维材料的生长和材料表面的改性。与普通 CVD 技术不同的是，原子层沉积是利用前驱体（氢化物、氧化物和 MO 气体源等）的化学吸附和化学置换反应来完成的。前驱体分前置前驱体和后置前驱体，通入前置前驱体后，前置前驱体能以表面化学反应的方式吸附在基体材料的表面，且只能沉积单层前驱体分子（化学吸附自限制效应），随后再通入后置前驱体，两个前驱体之间将发生原子置换反应，直至前置前驱体完全耗尽，形成需要的单层化合物原子层。对于不能满足化学吸附自限制效应的基体材料，需要首先使用活化剂来激活材料表面，然后再通入前置前驱体与活化剂反应，直至活化剂完全消耗而终止，接着再通入后置前驱体，与前置前驱体反应后生成单原子层，同时使材料表面恢复至活性基团状态，该过程中存在的自限制效应被称为顺序反应自限制效应。如果需要沉积多原子层薄膜，可交替通入两种前

驱体。图 3 - 64 是 ALD 生长 Al_2O_3 薄膜的原理图，它使用三甲基铝和水汽作为前驱体，在化学沉积形成的 $Al(CH_3)_2$ 的材料表面通入水汽 H_2O 后，$Al(CH_3)_2$ 中的 CH_3 基团将被水中的 O 原子取代，再次通入 $Al(CH_3)_3$ 后，表层水分子中的 H 原子又将被 Al 原子所取代。为了防止少量前驱体分子在表面发生堆积，在每次前驱体发生交变之前，需要用惰性气体或抽真空的方式对反应腔体进行“清洗”。原子层沉积技术的优点是可以精确控制薄膜的厚度（精确到原子层的层数），缺点是生长速率慢，源材料的使用率低。

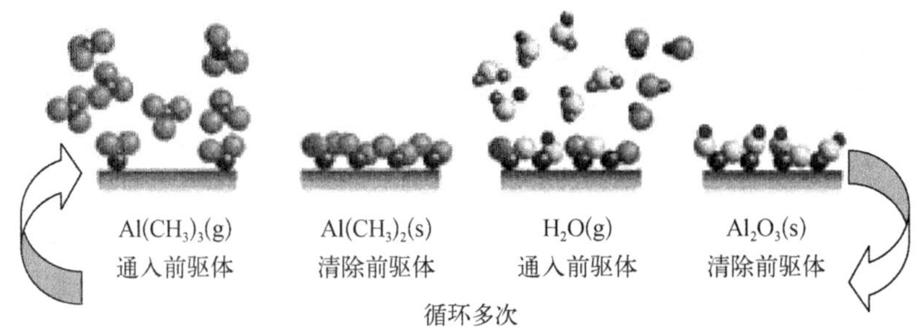

图 3 - 64　原子层沉积技术生长 Al_2O_3 薄膜的原理图

3.4　低维材料生长技术简介

低维材料是指材料某些维度上的尺寸为纳米数量级的材料，如三维均为纳米尺度的量子点、二维尺度为纳米数量级的量子线（亦称纳米线）和一维尺度为纳米数量级的二维材料。量子点和量子线的制备和研究已有较长的历史，材料的制备技术有“自上而下”和“自下而上”之分。“自上而下”是利用切割、研磨、光刻和刻蚀等技术将体材料或外延材料加工成纳米材料。“自下而上”则是利用化学合成（包括气相和液相）、物理沉积和外延等技术制备的纳米材料。二维材料是近几年刚刚兴起的新材料，制备技术仍处起步阶段，各种制备技术都仍在尝试之中，从已有的报道来看，常用的技术包括微机械剥离法、溶液剥离法、化学气相沉积法、外延生长法和有机合成法等。

纳米材料的制备大都采用化学合成和物理沉积技术，化学合成又分为气相反应法和液相反应法。气相反应法利用自发成核或借助于气体中的外来离子、杂质和衬底表面的台阶等成核中心，进行成核并生长成纳米材料；液相反应法则采用可溶性金属化合物，利用自组装的原理使其在液相溶剂中形成一定大小的颗粒，并通过加热分解后得到纳米颗粒。物理沉积技术既可采用普通的物理气相沉积技术，也可采用分子束外延技术，当气相源沉积在温度较低的衬底基板上时，衬底表面将形成纳米尺度的颗粒，利用分子束外延技术在衬底表面形成的特定的原子结构和自组装原理,可获得规则排列的量子点材料。自组装是利用非共价键的作用,自发形成热力学上稳定、结构上确定、性能上特殊的聚集体的过程。利用静电力(当纳米材料具有极性时)、毛细管力和表面张力的自组装技术,还可以制备出纳米线,或采用模版诱导的自组装技术制备出规则排列的纳米颗粒、纳米线或纳米多孔材料。气相催化自组装或定向自组装技术也是值得一提的纳米线制备技术,以 ZnO 纳米线材料的制备为例,该方法先在 Si 衬底上沉积一层 Au 原子,通过加热,Au 膜将发生断裂,形成一些随机分布的 Au 纳米颗粒,也可采用光刻加刻蚀技术在衬底表面形成 mosaic 结构的 Au 膜[图 3-65(a)],用这样的衬底进行 ZnO 气相沉积(如使用 MBE 技术)时,气相的 Zn 原子和 O 原子相对 Si 衬底为非饱和态,不会在 Si 材料上直接生长,但却能与 Au 发生反应形成合金,且随着 Zn 和 O 的成分增加,合金会因熔点降低而变成液态,在合金组分经过共晶点后,Zn 组分的进一步增加将使 Au-Zn-O 液滴进入过饱和态,并在液-固界面处产生出 ZnO 晶核,并逐渐向上生长成纳米线[图 3-65(b)],在此过程中,Au-Zn-O 液滴始终位于 ZnO 纳米线的顶端,起着类似于化学反应中催化剂的作用。因生长过程是一个由气相经液相再到固相的过程,该技术也被称为 VLS 制备方法。

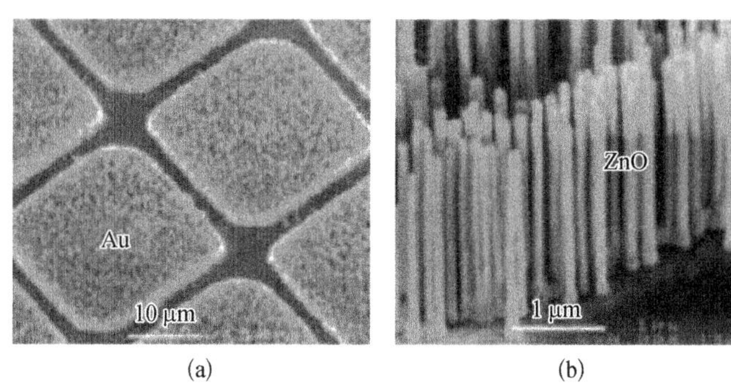

图 3-65 采用 Au 为催化剂的 ZnO 纳米线制备技术

(a) mosaic 结构的 Au 膜; (b) 在 Au 膜上用分子束外延生长出来的 ZnO 纳米线

为了获得大面积二维材料,很多研究人员都在探索适合于二维材料生长的 CVD 法和外延法。以最著名的石墨烯为例,相对比较成功的 CVD 技术有两种,一是使用高温下含碳容量较高的 Ni 和 Co 为衬底,并将脱氢后的碳源渗入金属衬底,利用快速降温时 C 原子的析出在衬底表面形成石墨烯[29];二是利用 Cu、Mo 和 Pt 等低碳容量的金属衬底,使用合适的工艺条件使碳源脱氢后在衬底上形成石墨烯晶核,并通过维持二维生长机制来获得面积相对比较大的石墨烯材料。相对比较成功的外延技术也有两种,一是在 SiC 衬底上外延石墨烯,其原理是利用高温将表层 SiC 中的 C 解离出来,并在 SiC(0001)表面通过重构获得石墨烯材料(见图 3-66)[31];二是金属外延法[32],即在晶格匹配的金属衬底(如 Ni)上,通过裂解碳源(如复合碳纤维)在衬底上形成石墨烯。

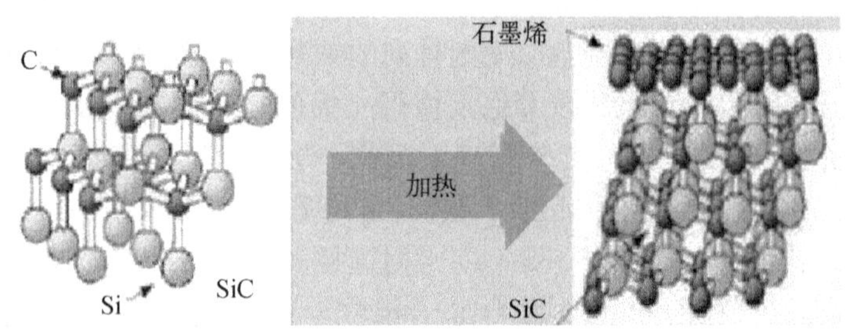

图 3-66　利用 SiC 表层 C 原子解离并发生再构形成石墨烯的原理图

为了解决衬底表面悬挂键影响二维材料性能的问题,同时也是为了克服异质衬底(尤其是对于大的晶格失配)对二维材料外延生长的制约,20 世纪 80 年代针对 TX_2(T 为高度金属元素,X 为氧族因素)层状结构材料而提出的范德瓦耳斯外延技术在当今二维材料的制备技术中又获得了新的应用。范德瓦耳斯外延是在无悬挂键的衬底表面进行外延的一种技术[33],外延层与衬底之间通过范德瓦耳斯力结合在一起。CaF_2和 MoS_2晶体的(111)面是一种良好的表面无悬挂键的衬底材料,表面经硫化或硒化处理的 GaAs 衬底和氢化处理的 Si 衬底也可用作范德瓦耳斯外延的衬底材料。范德瓦耳斯外延还可用于石墨烯和 TX_2 材料相互之间的异质外延。

由于低维半导体材料在应用上的局限性,其大规模产业化的前景尚不明朗,材料的评价技术(尤其是二维材料)也远不如体材料和薄膜材料那样成熟,加上大面积低维材料生长技术的难度和制备成本并不亚于传统材料,这些原因纠缠在一起,大大地增加了低维材料生长的难度,目前,低维材料生长技术仍处在探索和研究阶段,成熟度远不如传统的体材料和薄膜材料。

参 考 文 献

[1] 梁宗成,沈辉,史珺. 多晶硅与硅片生产技术. 北京: 化学工业出版社,2014.

[2] Turnbll D, Fisher J C. Rate of nucleation in condensed system. J. Phys. Chem., 1949, 17: 71-73.

[3] 仲维卓,华素坤. 晶体生长形态学. 北京: 科学出版社,1999.

[4] 闵乃本. 晶体生长物理基础. 上海: 上海科学技术出版社,1982.

[5] 介万奇. 晶体生长原理与技术. 北京: 科学出版社,2010.

[6] Barnett S A, Rockett A. Monte carlo simulations of Si(001) growth and reconstruction during molecular beam epitaxy. Surface Science, 1988, 198: 133-150.

[7] Wermke A, Boeck T, Gobel T, et al. Thermodynamic investigations on the liquid phase epitaxy

of $Hg_{1-x}Cd_xTe$ layers. J. Cryst. Growth, 1992, 121: 571－578.

[8] Coleman J J. Metalorganic chemical vapor deposition for optoelectronic devices. Proc. IEEE, 1997, 85: 1715－1729.

[9] 杨建荣. 碲镉汞材料物理与技术. 北京：国防工业出版社，2012：139－199.

[10] 徐家跃等. 坩埚下降法晶体生长. 北京：化学工业出版社,2015.

[11] Duffar T, Dusserre P, Picca F, et al. Bridgman growth without crucible contact using the dewetting phenomenon. J.Cryst.Growth,2000, 211: 434－440.

[12] Ivanov Y M. The growth of single crystals by the self-seeding technique. J. Cryst. Growth, 1998, 194: 309－316.

[13] 任丙彦,羊建坤,李彦林.Φ200 mm 太阳能用直拉单晶生长速率研究. 半导体技术,2007, 32: 106－120.

[14] Dupret F, Nicodeme P, Ryckmans Y, et al. Global modeling of heat transfer in crystal growth furnaces. Int. J. Heat Mass Transfer, 1990, 9: 1849－1871.

[15] Hu S M. Dislocation pinning effect of oxygen-atoms in silicon. Appl. Phys. Lett., 1977, 31: 53－55.

[16] Hu S M.Precipitation of oxygen in silicon: Some phenomena and a nucleation model. J. Appl. Phys., 1981, 52: 3974－3984.

[17] 张泰生,马向阳,杨德仁.掺氮直拉单晶硅中氧沉淀的研究进展.材料导报,2006,9: 8－12.

[18] Sestakova V, Stepanek B, Mares J J, et al. Decrease in free concentration in GaAs crystals using an ionized hydrogen atmosphere. Mater. Chem. and Phys., 1996, 45: 9－42.

[19] Galazka Z, Irmscher K, Uecker R, et al. On the bulk $\beta-Ga_2O_3$ single crystal grown by czochralski method. J. Cryst. Growth, 2014, 404: 184－191.

[20] 刘成成等. 泡生法蓝宝石单晶生长工艺与技术. 北京：科学出版社,2015.

[21] Bockowski M, Iwinska M, Amilusik M, et al. Challenges and future perspectives in HVPE GaN growth on ammonothermal GaN seeds. Semicond. Sci. Technol., 2016, 31: 093002.

[22] 张立纲. 分子束外延和异质结构.上海：复旦大学出版社,1988.

[23] Fourreau Y, Pantzas K, Patriarche G, et al. Nondestructive characterization of residual threading dislocation density in HgCdTe layers grown on CdZnTe by liquid-phase epitaxy. J. Electron. Mater., 2016, 45: 4518－4523.

[24] Sitter H. MBE growth mechanisms; studies by Monte-Carlo simulation. Thin Solid Film, 1995, 267: 37－46.

[25] Makimoto T, Yamauchi Y, Kobayshi N, et al. *In situ* optical monitoring of the GaAs growth process in MOCVD. Jpn. J. Appl. Phys., 1990, 29: L207－L209.

[26] Killeen K P, Breiland W G. *In situ* spectral reflectance monitoring of Ⅲ－Ⅴ epitaxy. J. Electron. Mater., 1994, 23: 179－183.

[27] Belousov M, Volf B, Ramer J C, et al. *In situ* metrology advances in MOCVD growth of GaN-based materials. J. Cryst. Growth, 2004, 272: 94－99.

[28] Mora-Seró I, Polop C, Ocal C, et al. Influence of twinned structure on the morphology of CdTe (111) layers grown by MOCVD on GaAs(111) substrates. J. Cryst. Growth, 2003, 257:

60 - 68.

[29] 杨建荣. 碲镉汞材料物理与技术. 北京: 国防工业出版社, 2012: 206 - 208.

[30] Kim K S, Zhao Y, Jiang H, et al. Large-scale pattern growth of graphere films for stretchable transparent electrodes. Nature Letters, 2009, 457: 706 - 710.

[31] Norimatsu W, Kusunoki M. Formation process of grapheme on SiC(0001). Phys. E, 2010, 42: 691 - 694.

[32] Garcia J M, He R, Jiang M P, et al. Solid State Commun., 2010, 150: 809 - 811.

[33] Koma A. Van der Waals epitaxy for high lattice-mismatched systems. J. Cryst. Growth, 1999, 201/202: 236 - 241.

第 4 章　半导体材料的热处理

材料制备技术由材料生长、材料热处理、材料测试评价和基础工艺技术组成，虽然半导体材料热处理技术受关注的程度远不如生长技术，但由生长直接得到的半导体材料，其性能在很多情况下并不能满足半导体器件制造的技术要求，而热处理工艺就是对材料性能进行调整的最有效的手段，热处理技术的重要性也正在于此。半导体材料的热处理主要有五大功能或用途，即调控材料中的本征点缺陷浓度（或密度）、调控掺杂原子的电活性（施主或受主）、改变化合物材料的组分、改变杂质或缺陷浓度及其在材料中的空间分布和消除材料的内部应力。

热处理是利用加热引发的原子热运动来改变材料性能的一种工艺手段，亦称为退火，它最早起源于金属材料，用来改变金属材料的组织结构（亦称金相）和释放制造工艺在材料中产生的应力。金属材料在不同的温度下会拥有不同的金相，通过热处理和淬火冷却技术可使金属材料获得不同的金相，从而具有不同的硬度和韧性，以满足不同的应用需求。对半导体晶体材料而言，热处理是利用周边条件对材料表面性能的改变，或利用材料自身存在的非均匀性，并通过原子的热运动（亦称布朗运动）来改变材料性能的一种工艺技术，其目的是改变材料的组分、缺陷的性质、缺陷密度及其分布，以及材料的应力状态，使材料性能更好地满足器件制备的要求。热处理可以改变线缺陷或体缺陷的原子结构，但很少用于改变正常材料的晶体结构。

本章将从热处理的基本原理、热处理工艺的实现方式、热处理技术的应用和热处理工艺的注意事项这四个方面对半导体材料的热处理技术进行介绍。

4.1　热处理的基本原理

导致材料特性在热处理过程中发生变化的主要途径有两条，一是通过控制材料的温度和与之相接触的周边物质（相）的状态，利用两者之间的不平衡来驱动材料内部原子的运动，或是利用材料内部缺陷与周边材料（或其他缺陷）在相平衡状态上的偏离，使原子发生运动；二是利用材料内部存在的非均匀性来驱动原子的迁移（扩散），这种非均匀性包括缺陷密度分布的不均匀、缺陷与缺陷或缺陷与周边材料在热力学性能上存在的差异。不管是受非平衡还是非均匀性的驱动，材料中原子发生迁移的物理本质都是源于原子化学势在空间分布上存在差异。

4.1.1　相平衡热处理

相平衡热处理是通过控制源材料的热力学性能，使被处理材料与之达到热力

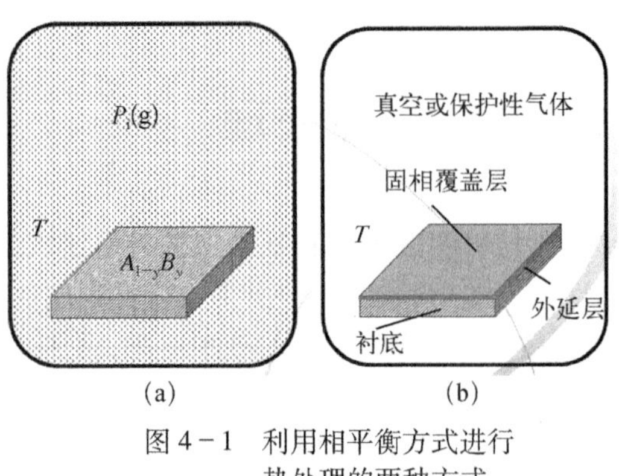

图 4-1 利用相平衡方式进行热处理的两种方式

(a) 气-固相平衡的热处理方式;(b) 固-固相平衡的热处理方式

学平衡,从而调控材料物理性能的一种热处理技术。这类热处理所使用的源材料大都为气相,有时也采用固相源材料。液相源容易通过沉积或回熔的方式破坏材料表面的原子结构,在热处理工艺中,它仅用于产生气相源,并调控其热力学状态,很少作为直接与半导体材料相接触的源材料使用。图 4-1 给出了使用气相和固相源材料进行热处理的两种方式。

1. 气相热处理

气相热处理的驱动力来自原子吉布斯自由能在固-气两相之间存在的差异:

$$\Delta G_i = RT\ln\frac{P_i(g)}{P_i^0(s)} \tag{4-1}$$

式中,$P_i(g)$ 和 $P_i^0(s)$ 分别为原子 i 在气相源中的分压和与半导体材料表面状态相平衡的蒸汽压。

图 4-2 是一张非常典型的半导体化合物(碲锌镉)材料的 $P-T$ 相图[1],图中的实验点及相应的连线为材料特定化学计量比 y 在相图中所处的位置,化学计量

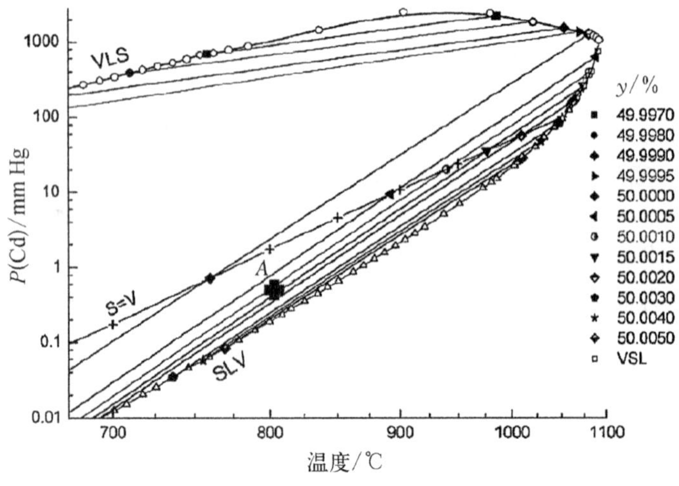

图 4-2 $(Cd_{0.95}Zn_{0.05})_{1-y}Te_y$ 材料的 $P-T$ 相图[1]

比对应着材料中空位点缺陷 V_{Cd}(y>50%)或 V_{Te}(y<50%)的浓度。从相图中我们可以看出,碲锌镉材料的缺陷浓度与材料的温度和 Cd 分压之间具有依赖关系,换句话说,如将碲锌镉材料放置在特定的温度和 Cd 分压下(如图 4-2 中的 A 点),当两者经过一定时间达到平衡后,材料的化学计量比将被调整到 50.001%,如忽略 Te 空位和替位杂质原子的影响,对应的点缺陷将主要是 Cd 空位,其浓度约为 $3\times10^{17}\text{cm}^{-3}$。

除了根据相图制定热处理工艺条件外,我们也可使用缺陷化学平衡理论来分析和研究材料点缺陷与平衡蒸汽压之间的关系。缺陷化学平衡理论将气相中的原子或分子和晶体中的空位、填隙原子、替位原子、电子、空穴和复合点缺陷等看作是化学反应中的组元(原子或分子),并采用与化学反应方程及其质量作用定律完全类似的缺陷化学反应方程和缺陷化学质量作用定律来描述材料点缺陷浓度、载流子浓度和气相原子或分子蒸汽压之间的相互关系。以主元素原子 A 和掺杂原子 B 组成的单质半导体材料为例,缺陷化学的组元包括气相原子 A(g)和 B(g)、填隙原子 A_i 和 B_i^-、空位原子 V_A、替位原子 B_A^+、电子 e^- 和空穴 h^+,上标"+"或"-"表示组元的带电性质。类比化学反应方程式,我们可以获得缺陷的化学反应方程:

$$\text{A(g)} + V_A \rightleftharpoons \text{A}_A \tag{4-2}$$

$$\text{B(g)} + V_A \rightleftharpoons \text{B}_A{}^+ + \text{e}^- \tag{4-3}$$

$$\text{A}_i + V_A \rightleftharpoons \text{A}_A \tag{4-4}$$

$$\text{B}_i^- + V_A \rightleftharpoons \text{B}_A^+ + 2\text{e}^- \tag{4-5}$$

$$h^+ + \text{e}^- \rightleftharpoons 0 \tag{4-6}$$

应用缺陷化学质量作用定律,由上述反应方程式可得点缺陷浓度与气体分压之间的关系:

$$P_A(\text{g}) \cdot [V_A] = K_1(T) \tag{4-7}$$

$$P_B(\text{g}) \cdot [V_A] = [B_A^+]nK_2(T) \tag{4-8}$$

$$[\text{A}_i] \cdot [V_A] = K_3(T) \tag{4-9}$$

$$[\text{B}_i^-] \cdot [V_A] = [\text{B}_A^+]n^2K_4(T) \tag{4-10}$$

$$p \cdot n = K_i(T) \tag{4-11}$$

其中,与温度和组分(对于多元化合物)相关的常数 K 称为缺陷化学反应的热力学常数。上述方程加上整个系统的电中性方程和化合物分压间的关系方程将构成一组完整可解的方程组,通过与实验数据进行拟合,可确定方程中的热力学常数,进而获得点缺陷浓度之间定量的依赖关系，以及它们随温度和分压变化的关系。

除了完全相平衡外，仅让部分原子达到相平衡也是经常使用的一种热处理技术。对于化合物材料，各分压都要控制到材料的平衡蒸汽压是非常困难的，有时根本就实现不了，但是，当材料中某种原子的平衡蒸汽压远大于其他原子的平衡蒸汽压，且其原子在材料中的扩散系数也远大于其他原子时，也可使用相平衡热处理工艺使材料中该原子的化学势和相关的原子点缺陷浓度与其气相原子分压实现相平衡，而其他原子的非平衡效应对材料的影响仅局限于材料的表面层内，将材料表面层去除后，这一影响也就消除了。例如，HgCdTe 材料中的 Hg 原子就是属于这种情况，Hg 空位及其相关的杂质缺陷可以通过 Hg 源热处理进行调控。对碲镉汞掺杂（Cu、Au 和 As）材料进行热处理的工艺也是如此，图 4－3 为根据缺陷化学平衡方程计算出的 As 掺杂$Hg_{1-x}Cd_xTe$材料中点缺陷浓度与 Hg 分压的关系[2]，根据这样的关系，我们可以由所需材料的性能选择材料热处理的温度和 Hg 分压。再有，对于那些与汞空位在碲镉汞材料中相依相存的杂质（如 Cu 和 Au），若要在消除汞空位的同时又保留杂质，就需要在保证汞空位能与汞分压到达平衡的条件下，适当降低热处理温度，或选用迁移率相对较小的杂质原子，通过减缓杂质的迁移使其无法转入热力学平衡状态。

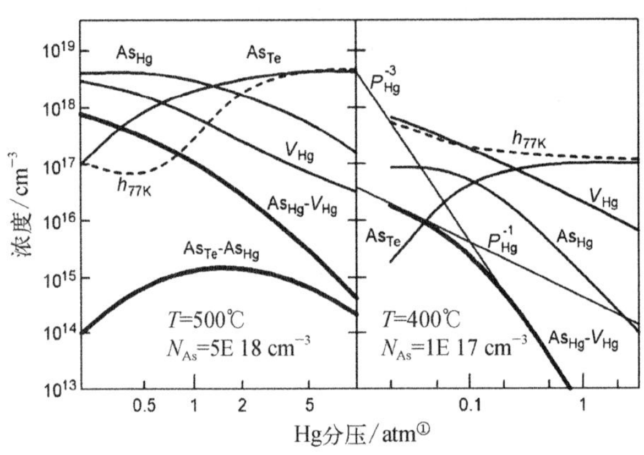

图 4－3　As 掺杂 $Hg_{0.8}Cd_{0.2}Te$ 材料中点缺陷浓度与 Hg 分压的关系[2]

为了使材料中点缺陷浓度达到相平衡的状态，必须保证热处理的时间足够充分。如果热处理时间不够充分，被处理材料只有靠近表面的材料与气相源达到相平衡状态，这种热处理工艺是一种非平衡态的热处理工艺，被用于制备缺陷浓度呈梯度分布的半导体材料，其分布特性将由热处理时间、原子扩散的特性和材料的初始性能或上一次热处理工艺的条件等因素决定。

2. 固相热处理

固相热处理中固相源一般是通过表面气相沉积（或异质外延）的方式来实现的［图 4－1(b)］，固相热处理的驱动力来源于吉布斯自由能在覆盖层（cap 层）和

① 1 atm = 1.013 25×10⁵ Pa

被处理材料(S)中的差异：

$$\Delta G_i = G_i(\mathrm{cap}) - G_i(\mathrm{S}) \tag{4-12}$$

原子 i 将从吉布斯自由能高的材料中向吉布斯自由能低的材料发生迁移。

固相热处理可用于半导体材料点缺陷浓度的调控(包括掺杂和本征缺陷),也可用于改变材料的表面组分(可用于表面钝化工艺)。与气相热处理一样,固相热处理也有平衡热处理和非平衡方式两种方式,用来调整材料的缺陷浓度(或组分)和分布特性。

4.1.2 非平衡热处理

非平衡热处理是材料最终状态没有达到相平衡的一种热处理技术,它有多种实现方式。除了前面提及的时间不够充分的相平衡热处理方式外,还有另外两种经常使用的方式,一是让材料在热力学状态(温度或分压)呈梯度分布的条件下进行热处理;二是通过有源或无源热处理的方式使原本非均匀材料中的缺陷密度或缺陷结构发生变化。材料的非均匀性既可以是点缺陷浓度在宏观上的非均匀分布,也可以是线缺陷和体缺陷造成的局部的非均匀特性。

利用温度梯度进行材料热处理的机理是原子化学势与温度之间存在着相关性。在温度梯度的作用下,杂质的定向迁移可用于材料的提纯,主元素原子的迁移能改变本征点缺陷的浓度和分布,原子的迁移或运动也可能使线缺陷和体缺陷发生迁移和结构变化,进而达到降低材料缺陷密度,或在局部区域实现缺陷尺寸减小的目的。

离子注入后的材料热处理是利用点缺陷非均匀分布进行热处理的典型案例,热处理被用于控制材料中 pn 结的深度。

相对周边半导体材料而言,体缺陷在热处理中也可以被看作是空间有限、数量有限的“源材料”,两者原子化学势的差异会在半导体材料与缺陷之间的界面处引发成核、外延、蒸发或升华等物理效应,使体缺陷的性质发生改变。

4.1.3 热处理过程中原子运动的基本规律

热处理是利用材料不同相之间或不同区域之间原子化学势的差异来驱动材料中原子发生热运动的一种工艺。原子化学势的差异本质上是来自材料成分上的差异和点缺陷浓度上的差异,由此导致的原子热运动将遵循菲克定律：

$$J = -D \cdot \nabla N$$

$$\frac{\partial N}{\partial t} = \frac{\partial}{\partial s}\left(D\frac{\partial N}{\partial s}\right) \tag{4-13}$$

对于 $A_{1-x}B_x$ 化合物材料的组分互扩散，菲克定律将改写为

$$\frac{\partial x}{\partial t}=\frac{\partial}{\partial s}\left[D(x)\ \frac{\partial x}{\partial s}\right]$$

$$D(x)=xD(\mathrm{A})\ +\ (1-x)D(\mathrm{B}) \tag{4-14}$$

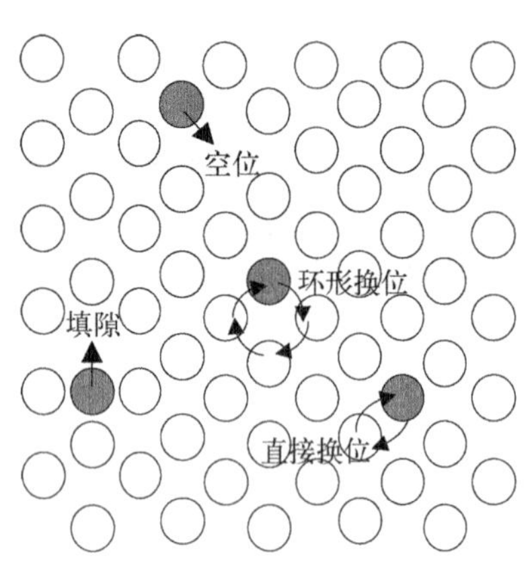

图 4-4 晶体中四种常见的原子迁移模式

其中，扩散系数与原子扩散的机制有关，经常讨论的原子扩散机制有直接换位机制、环形换位机制、空位迁移机制和填隙迁移机制(图 4-4)，扩散系数的大小与原子可跃迁的概率成正比，与迁移所需越过的势垒高度 ΔG 呈指数负相关，即

$$D=D_0\exp\left(\frac{-\Delta G}{kT}\right) \tag{4-15}$$

4.2 热处理工艺的实现方式

实现热处理工艺有三个基本要求：一是为半导体材料和源材料提供一个超净的工艺环境；二是为半导体材料和源材料提供一个合适的温度；三是为热处理的空间环境提供所需的气相条件(即各原子或分子的蒸汽压)。第一个要求也是整个半导体工艺的基本要求，为材料提供一个合适的温度并不难，比较困难的是如何为热处理工艺腔体提供一个大小可控、稳定且消耗量小的气相环境，尤其是对于化合物材料，要严格按照相平衡的要求提供各原子或分子的分压有时会很难，甚至无法做到，此时，只能尽量设法使热处理工艺满足材料性能调控的要求。

热处理工艺的实现方式总的可分为闭管热处理和开管热处理两大类，其中开管热处理又有多种实现方式。在对热处理温度过程的控制上，热处理又分为普通热处理、快速热处理和高低温循环热处理。按源材料的特性，热处理又分为单质源材料、化合物源材料、多种源材料、固体源和离子源等多种热处理方式。下面我们将对一些常用的热处理方法做一些简单的介绍。

4.2.1 闭管热处理

闭管热处理是一种常用的材料热处理工艺，半导体材料和源材料被放置在一个密闭系统中进行热处理。闭管热处理的优点是气相的状态稳定，源材料无损耗，也不存在因气体外泄而污染设备和环境的问题。

由于热处理温度一般远大于 200℃，现有的任何密封材料和密封方式都无法同时满足耐高温和半导体工艺纯度的要求，使用石英材料制备的安瓿几乎是目前实现闭管热处理的唯一方式。安瓿由石英管开口端的管壁与石英塞子在熔融状态（高于 1 720℃）下闭合而成，也可采用石英管缩口后直接封死的工艺来获得，这一工艺也称为封管工艺。封管前半导体材料、源材料和坩埚等部件被放入石英管内的不同部位，为了实现熔化闭合，封管时石英管内部需处于真空或负压状态。闭合后石英安瓿被放置在热处理炉中加热，由于气相原子在安瓿内将向低温区迁移和沉积，安瓿中蒸汽压的大小将由低温区的温度决定。半导体材料和源材料通常被放置在安瓿的两头（图 4－5），安瓿两头的温度由独立的加热器和温度控制器控制，样品区（高温区）温度被称为热处理温度，源材料所在的低温区的温度决定着样品区气相原子或分子的蒸汽压。

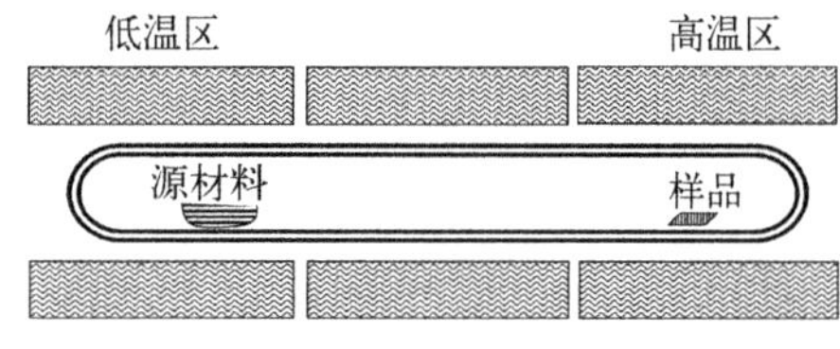

图 4－5 闭管热处理工艺的示意图

闭管热处理具有工艺环境稳定、设备简单等特点，非常适合热处理工艺的实验性研究和小批量生产工艺使用。缺点是石英安瓿为一次性使用的热处理装置，对于有高纯要求的热处理工艺，大尺寸高纯石英管材的成本还是很高的。此外，安瓿的制作、清洗、除气和封管等工艺会明显增加热处理的工艺成本。

4.2.2 开管热处理

开管热处理是材料批生产工艺中常用的热处理方式。开管热处理设备一般有两种，一是在洁净炉膛的普通加热炉中放置一个相对封闭的热处理腔体，如采用磨砂口塞子封闭石英管腔体的管口；二是在炉子内放置一个可开启且完全封闭的热处理腔体，进样口以及进样口与石英管腔体的连接机构均位于炉口附近，采用冷却装置使其温度维持在近室温的状态。进样口一般采用不锈钢盖板加密封圈的方式实现热处理腔体与外界的隔离，腔体内有时还会设置内腔体，用于维持热处理需要的气相条件。开管热处理已形成多种实现方式，以下 5 种方式为经常使用的开管热处理工艺方式。

1. 普通的开管热处理

对于气相平衡蒸汽压较低，且在热处理条件下能够保持原子结构稳定的半导体材料，材料的热处理可在通有高纯惰性气体的半封闭的石英管腔体（图 4－6）中进行。

2. 采用回流方式的开管热处理

如果源材料为液态（如 Hg、Ga 等），可采用气相回流的方式提供热处理工艺所

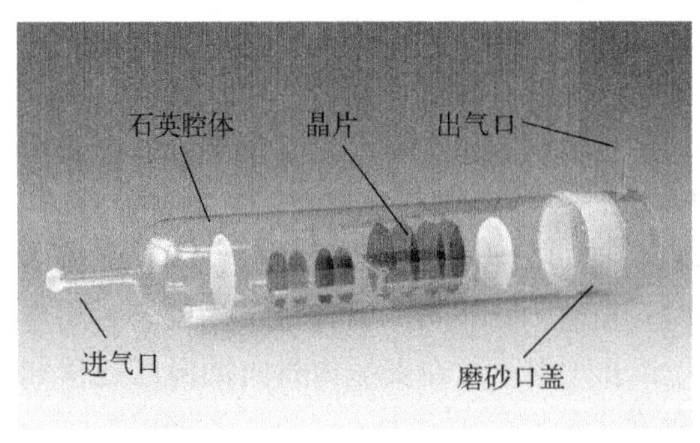

(a)

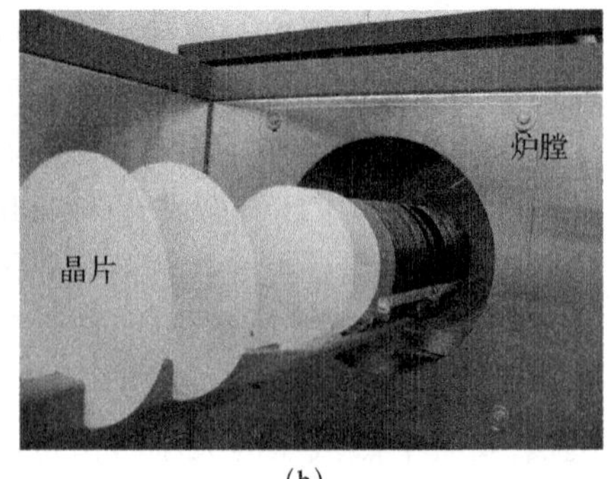

(b)

图 4－6　普通的开管热处理装置

(a) 炉子内放置材料的石英管装置；(b) 热处理前进行装片的状态

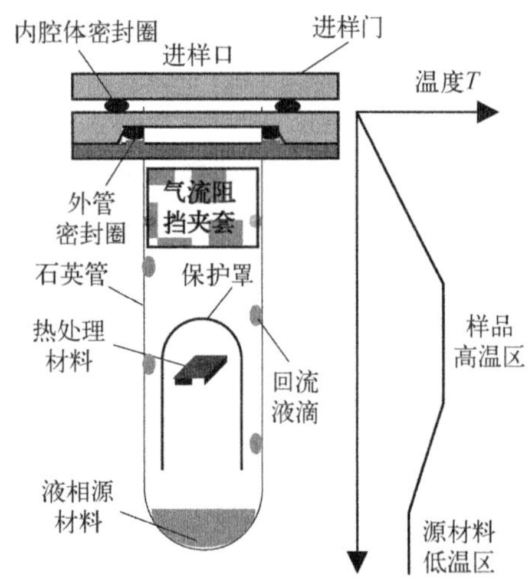

图 4－7　回流式垂直开管热处理装置的结构示意图

需的气相条件。图 4－7 为回流式垂直开管热处理装置的结构示意图。在这样的热处理系统中，源材料被放置在系统的底部，其蒸发出来的气体将向炉口附近的低温区扩散，蒸汽压也随着位置的上移而逐渐下降。当气体到达腔体上部低于其气-液相变温度的区域后，气体将在管壁凝固成液体，并在重力的作用下向下运动，大尺寸液滴有可能直接流回底部的源材料区，小液滴在回流的过程中温度不断升高，在回流到底部之前有可能又被蒸发。当系统温度稳定后，回流的状态将趋于动态平衡，腔体内气相原子蒸汽压的分布也趋于稳定。最终，样品区的蒸汽压将低于源材料区的蒸汽压，但与源材料区的温度存在着正相关性。在回流式热处理系统中，源材料区的温度也可以大于样品区的温度。

为了防止回流液体直接作用到样品表面，同时也是为了增加样品区域气相状态的稳定性，可以在样品周围设置保护罩[3]，如将图 4－7 中保护罩的开口端插入液态源材料，样品和源材料将相当于处在封闭的安瓿内。在外腔体中，为了减少蒸发气体沉积到进样口，一般会在进样口的下方设置一些阻挡热辐射、温度传导和气流向上扩散的隔离套。为了保护炉口处的密封装置，一般都需要在炉口处增设冷却装置。

3. 采用石墨盒的开管热处理

和 LPE 工艺使用石墨舟的工艺相类似，开管热处理工艺也可在石墨盒中进行，即将样品和源材料放置在石墨盒中进行热处理。石墨盒可以设计和加工成各种各样的结构，图 4-8 是一种石墨盒结构的示意图，样品和源材料分置于石墨盒的两端，制作石墨盒的关键是尽量减少源材料的外泄，这就要求尽量增加盒盖与盒体间接触端面的宽度（即原子从腔体内到腔体外所需迁移的距离）、平整度和光洁度，并尽量减小接触端面之间的缝隙。

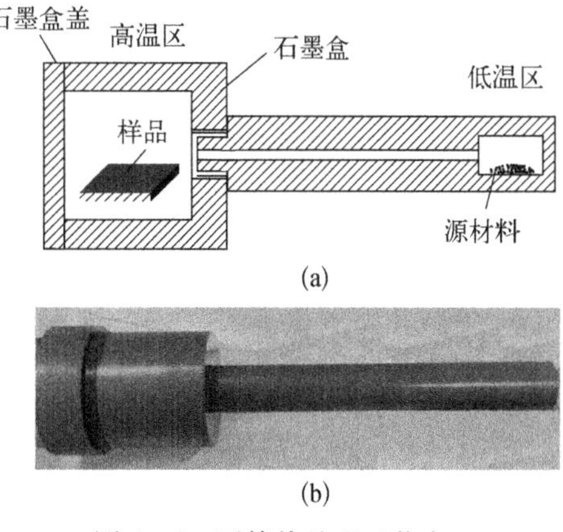

图 4-8 开管热处理工艺中使用的一种石墨盒

(a) 石墨盒的结构示意图；(b) 石墨盒的实物照片

受到密封性不佳的限制，石墨盒开管热处理工艺一般只用于源材料平衡蒸汽压较小（<0.1atm）的热处理工艺。石墨盒也可以作为回流式和下面将要介绍的套管式热处理系统的内腔体使用，此时源材料的平衡蒸汽压可有所提高。另外，通过增加腔体保护性气体的压力，或使用原子质量较大的保护性气体（如将 N_2 改为 Ar），也可取得抑制气相源材料外泄的效果。

4. 采用套管方式的热处理

石墨盒的封闭效果主要受制于接触端面的宽度无法做得很大，如果改用如图 4-9 所示的套管方式[4]，原子从腔体内到腔体外的迁移距离可以大幅度的增加，气体在石英套管之间的转折和增加管塞也能增大气体外泄时的气阻效应。出于成本的考虑，套管一般采用石英管，与石墨盒相比，为了插入和拆开石英套管，内外套管之间接触面的缝隙会有较大的增加，对于几十厘米长的管子，缝隙一般需要 1~2 mm。源材料收集区设置一方面能起到对外泄气体的收集作用，另一方面它本身也能起到提供外管蒸汽压的作用，使外泄途中的分压梯度有所减小，这也有利于泄漏量的进一步减少。以内径为 50 mm 的腔体为例，相比石墨盒工艺，套管式热处理工艺的源材料泄漏量可减少 1 个数量级以上。换句话说，在相同泄漏量的条件下，套管式开管热处理工艺可有效提高源材料的温度及其相应的蒸汽压。

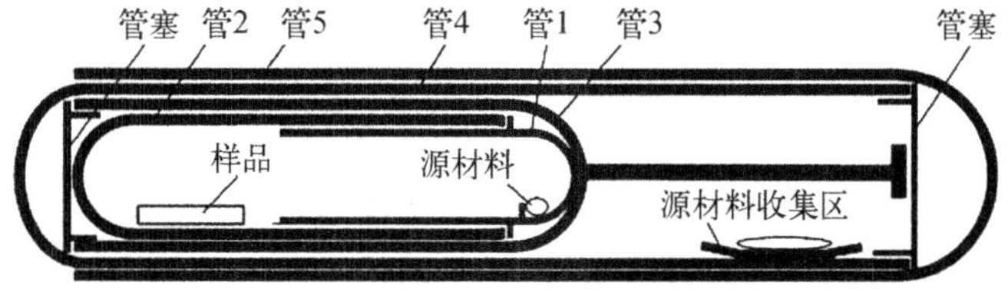

图 4-9 套管式开管热处理装置的结构示意图

5. 采用覆盖层方式的开管热处理

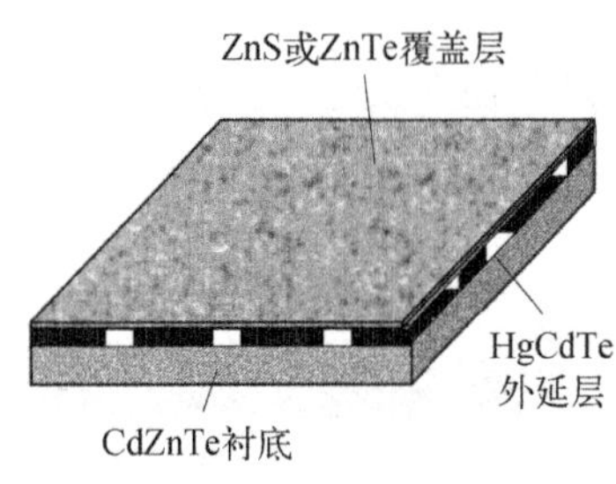

图 4 - 10　采用宽禁带覆盖层对 HgCdTe 外延材料进行开管热处理的材料结构

有些平衡蒸汽压较大的材料可以采用在材料表面沉积覆盖层的方式进行开管热处理工艺(图 4 - 10),相比要处理的半导体材料,覆盖层一般为宽禁带材料,在热处理温度下其平衡蒸汽压很低,稳定性较好。如在 HgCdTe 外延材料上沉积 CdTe、ZnS 或 ZnTe 材料,这些覆盖层在 400℃ 以下还是相当稳定的。在惰性气体的保护下,带覆盖层的 HgCdTe 外延材料可直接在开管式的腔体中进行热处理,在材料结构不受到破坏的条件下,实现材料化学计量比调整和材料位错密度降低等热处理功能。

覆盖层方式的热处理也被用于对半导体材料的掺杂,即将需要掺杂的原子或含有杂质原子且稳定性较好的材料沉积在半导体材料的表面,然后通过加热使杂质原子进入半导体材料。

采用覆盖层后,热处理可在无源的闭管腔体或如图 4 - 7 所示的开管腔体中进行,热处理设备和工艺都变得更加简单。

4.2.3　快速降温热处理

材料热处理是在高温下进行的,如需将材料在高温下的状态保留下来,热处理工艺结束后需要快速降温到室温状态。尽管保留下来的材料状态为非平衡态,但由于室温下原子的热运动不足以改变材料中原子的形态和位置,材料的性能仍是稳定的。

快速降温有多种手段,按降温从慢到快进行排序,常用的手段:

1) 向炉膛内吹入空气或氮气,使炉内温度快速下降;

2) 将安瓿从热处理炉中快速取出,或使用炉膛可开启的热处理炉(图 4 - 11),使材料得以快速冷却;

3) 将取出的安瓿直接插入水或油等液体,俗称淬火,由于石英的热膨胀系数很小,一般不会因快速降温而裂管。

图 4 - 11　炉膛可开启的加热炉

4.2.4　快速热处理

快速热处理是指热处理时间很短的热处理,主要用于改变表面层材料的缺陷性质和分布,例如,用于调整离子注入后半导体材料表面层的特性和材料表面与钝化层之间的界面特性。由于热处理时间短,热处理不会造成材料内部杂质和本征缺陷的迁移,材料受到的沾污也小,工艺周期也很短。普通的快速热处理可在电阻炉中进行,为了实现快速升温,热处理腔体或安瓿不能采用随炉升温的加热方式,而是直接将其放入预先加热好的炉子内。为了提高升温速率,炉内温度可适当高于设定的热处理温度,当材料温度到达设定值后再转移到另一温区,或直接取出后快速降温。

极快速的热处理需采用热辐射和激光加热的升温方式,或采用微波对承载半导体材料的基板进行快速加热,这类热处理一般都是在专用的快速热处理炉中进行。采用热辐射加热、激光加热或微波加热的快速热处理炉时,需考虑半导体材料的适应性,加热源的光子能量应大于材料的禁带宽度,否则需在材料表面涂敷吸热层或使用热接触良好的吸热基板后才能实现快速加热。热辐射加热一般采用卤钨灯管作为加热元件,常用的碘钨灯的发光谱段在 320~2 500 nm,辐射加热的升温速率最高可达到 200℃/s 以上。微波加热常用 13.6 MHz 的射频电源,吸热基板一般为石墨材料。激光加热的特点是仅对材料的局部区域进行热处理,升温速率更快,激光器可以是大功率的 CO_2激光器,也可以是带光纤的半导体激光器,对整片材料进行热处理时需要采用扫描技术。

除了快速升温外,快速热处理同样需要快速降温,整个过程中材料内的温度梯度都很大,这些都是制定快速热处理工艺时需要考虑的问题。其次,快速热处理能改变表层材料的性能,必然也可能影响到内层材料的性能,实际使用时应尽量控制其影响的范围和程度。

4.2.5 高低温循环热处理

高低温循环热处理主要是利用升温和降温过程在材料中产生较大的温度梯度,使材料中的缺陷在温度梯度的作用下发生运动,并在运动的过程中产生相互作用,进而产生吸附、湮灭等效应,从而起到提纯和降低位错密度的作用。

4.2.6 高压热处理

有些材料需要进行高温热处理,这时材料的平衡蒸汽压有可能也很高。由于纯度的要求,热处理腔体绝大多数采用石英材料制作,对于小尺寸的样品,可直接采用闭管热处理工艺。对于壁厚 t 远小于管子半径 r 的石英管,石英管侧壁的耐压能力可根据以下公式进行估算:

$$P = S_{\mathrm{Max}} \frac{t}{r} \tag{4-16}$$

式中,S_{Max}为石英材料的许用压力,在安全系数为 7∶1 的条件下,它的参考值为

7.0×10^6 Pa。对于石英管两侧近似为平板的端面，在无支撑的条件下，其耐压能力为

$$P = S_{\text{Max}}\left(\frac{t}{d}\right)^2 \tag{4-17}$$

式中，d 为管子的直径。由于影响石英管耐压能力的因素有很多，例如，石英管的表面划痕、底部形状、工作时的温度梯度和升温速率，尤其是石英管有无夹持和端部有无支撑。为安全起见，实际使用时必须增设防爆和防污染等防护措施。

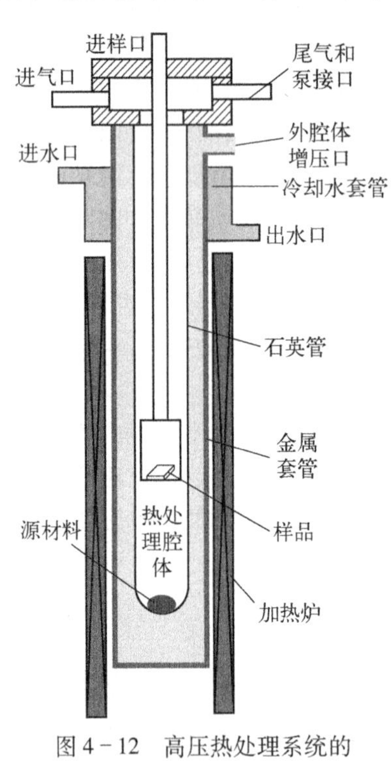

图 4-12　高压热处理系统的结构示意图

对于不能满足耐压能力的大口径石英腔体，除了利用增加管壁厚度、夹持和支撑等方式来提高石英腔体的耐压能力外，必要时还需给石英腔体的外部增压，即在石英腔体外增加密闭的金属套管(图 4-12)，并在金属套管内通入压力略低于石英管内气体压力的氮气，并在整个热处理过程中把石英管的内外压差控制在安全区域内套管内的压力略低是为了防止外腔体中的气体通过泄漏进入内腔体。为了对热处理腔体进行加热，金属套管需置于加热炉内，所使用的材料也需要是耐高温的特种钢材。此外，因为金属材料的热导率较高，炉口处的密封机构必须带有冷却装置，常用的方法是直接在金属套管上焊接冷却水套管(图 4-12)。采用垂直方式也是为了利用回流效应不让热处理源全部输运到炉口的低温区。

4.2.7　多源热处理

化合物材料有多种原子或分子的平衡蒸汽压，例如，CdZnTe 材料的平衡蒸汽压由 Cd 原子分压 P_{Cd}、Zn 原子分压 P_{Zn} 和 Te_2 分子分压 P_{Te2} 组成。图 4-13 给出了 Zn 组分为 5%的 CdZnTe 材料相图，图中的 A 点和 B 点分别位于富镉和富碲三相平衡线上，图 4-13(a)中 A 点和 B 点之间的区域为不同化学计量比的固相材料，即具有不同 Cd 空位浓度的 CdZnTe 半导体材料，如图中的 C 点为 900℃下化学计量比约为 49.990 0 的 CdZnTe 材料。图 4-13(b)、(c)和(d)给出了它们在 $P-T$ 相图中的位置，各分压间的关系可根据热力学常数进行计算[5]。从这些相图可以看

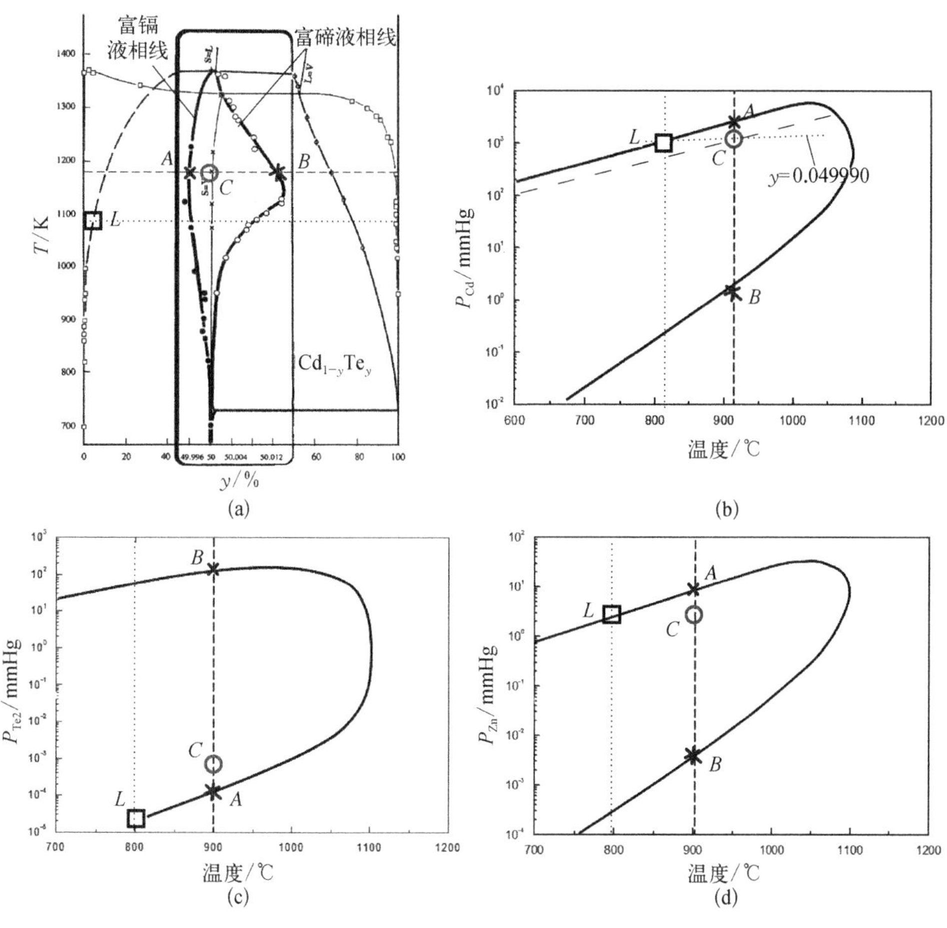

图 4-13 $(Cd_{0.95}Zn_{0.05})_{1-y}Te_y$材料的相图

(a) T–x 相图;(b) P_{Cd}–T 相图;(c) P_{Te2}–T 相图;(d) P_{Zn}–T 相图;图中 A 点和 B 点分别为 900℃下碲锌镉材料的富镉和富碲三相平衡点,C 点为 900℃下化学计量比约等于 49.990 0 时的固-气两相平衡点,L 点为 Cd 蒸汽压与 C 点相平衡的纯镉源所处的状态

出,在用气-固相平衡热处理获取状态为 C 点的 CdZnTe 材料时,需要为工艺腔体提供 800 mmHg 左右的 Cd 分压、8×10^{-4} mmHg 左右的 Te_2分压和 2 mmHg 左右的 Zn 分压。由于热处理腔体的空间是有限的,气相原子总的质量非常小,靠称量配制出气相所需的源材料在精度上根本达不到。其次,安瓿空间大小的随机波动、温度分布的不均匀和原子在气相与半导体材料之间的迁移也都足以使分压偏离控制值。理论上讲,只有用大量特定化学计量比的 CdZnTe 固相源做源材料,并采用等温热处理工艺才能满足理想的气相控制条件,但这在实际工艺上根本行不通。

好在很多化合物的分压有较大的差异,而且分压的大小与相应原子在材料中的点缺陷密度和扩散系数具有正相关性,即分压越小,相关原子的点缺陷浓度和扩散系数也越小,低平衡蒸汽压原子所产生的非平衡效应对表面结构造成的影响一般都局限在很薄的表面层内。基于这样的特性,可以采用以主分压平衡为目的热处理工艺,并采用多种源材料辅助的热处理技术抑制较小分压的非平衡对材料性能的影响。

同样以 CdZnTe 材料为例,我们可以用 800℃的纯 Cd 源(图 4-13 中的 L 点)为热处理系统中的样品提供 800 mmHg 左右的 Cd 平衡蒸汽压。由于 Zn 和 Cd 同属金属格点原子,Zn 分压比 Cd 分压又小了两个数量级,它的缺失仅对表层材料的组分有影响。Te_2的平衡蒸汽压则更小,且 Te 原子在富镉 CdZnTe 材料中的扩散系数也明显小于 Cd 原子的扩散系数,在一定的热处理时间(材料内外 Cd 原子化学势到达平衡的时间)内,Te 原子流失的影响仅限于材料的表面层,这一影响可以在热处理后,通过对材料表面进行抛光或腐蚀来消除。

为了抑制材料表面 Te 原子的流失,改善材料的表面性质,我们也可以在 800℃的 Cd 源中加入一定量的 Te 原子(图 4-14),为工艺腔体增添一点 Te_2分压。当 Cd-Te 源中的 Te 原子含量小于图 4-13(a)中富镉液相线上 L 点的 Te 含量时,腔体中的 Te_2分压会随着源中 Te 含量的增加而增加。当含量超过富镉液相线上 L 点的 Te 含量后,过量的 Te 将相变成 Cd 饱和的 CdTe 晶体,Te_2分压将维持 L 点的分压[图 4-13(c)中 L 点的 Te_2分压]而不再增加。即使如此,热处理腔体中的 Te_2分压比平衡态所需要的 Te_2分压还是小了一个数量级,在这样的热处理工艺中,采用 Cd-Te 源的效果不会很好。另一种添加 Te_2分压的方法是在样品周围添加 CdZnTe 粉末,或将样品埋在 CdZnTe 粉末中(图 4-14),利用粉末中蒸发出来的 Te 原子在样品周围维持一定的 Te_2分压。但是,在这类多源热处理工艺中,金属原子的分压不能过高,一旦其分压相对化合物材料进入过饱和状态,材料表面将发生 3.3.4 节所提及的等温气相外延,化合物材料的表面组分会因此而减小。若是外延材料,整个材料的组分都有可能发生改变。

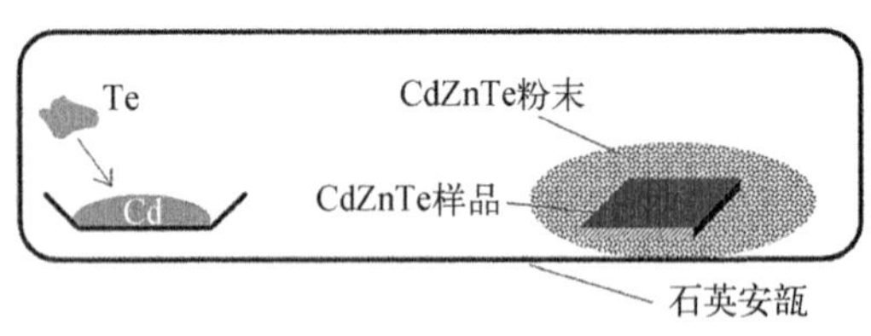

图 4-14　多源材料热处理系统的结构示意图

如要更精细地研究部分原子非平衡热处理对材料性能的影响,我们还应将性能异常的材料表面层看作是内层材料的源材料,此时,材料中非平衡原子的流失速率及其在表层材料中的化学势将是一个随热处理时间变化的参量,这一过程不仅影响到材料内部原子的化学势,同时会影响着材料表面层的性质和范围。

4.2.8　离子源热处理

有些杂质原子(尤其是分子)即使是在高温下也很难掺入半导体材料,如果能将原子或分子变成离子,情况有可能发生很大的改变。

等离子体源是产生离子的主要手段,其原理是通过加速阴极发射的电子去轰击气体原子或分子,形成等离子体,将半导体材料置于这样的气氛中进行热处理(即等离子源热处理),也可能达到与常规热处理完全不同的效果。等离子源热处理需要注意的问题是到达材料表面的离子具有较高的动能,有可能对材料表面的原子结构造成一定的损伤。

除了等离子源外,存在于溶液的离子也能改变材料的性能,如酸性溶液中的 Ag^+(如 $AgNO_3$溶液)、Cu^{2+}(如 $CuSO_4$溶液)和 H^+离子(如 HNO_3溶液),以及碱性溶液中存在的 Na^+和 K^+等,将半导体材料浸泡在这种类溶液中也比较容易实现掺杂。例如,将含有汞空位的 HgCdTe 外延材料浸泡在 $AgNO_3$溶液中,即使在室温下也可使 Ag 离子进入 HgCdTe,并通过占据汞空位实现 P 型掺杂[6]。采用酸性或碱性溶液对半导体晶体材料进行热处理时,需特别关注溶液对材料表面的化学腐蚀作用。

4.3 半导体材料热处理的实际应用

半导体材料热处理主要用于改变材料的缺陷、组分和应力等性能参数及其分布特性,其中缺陷特性包括点缺陷的种类、线缺陷的长度以及体缺陷成分、结构和尺寸。此外,热处理也被应用于材料的一些加工工艺,如 SOI 材料制备工艺中的电学隔离、剥离和粘接。在这一节中,我们将通过一些实例来介绍热处理技术在半导体材料中的应用,通过查阅文献,读者还可以找到更多的案例。

4.3.1 本征点缺陷种类和浓度的调控

半导体材料中的点缺陷大都为空位和杂质替位原子,除了采用像离子注入这样的极端手段外,在热平衡条件下,半导体材料中的填隙原子浓度是很低的,空位和替位原子是半导体材料最主要的本征点缺陷,是晶体材料化学计量比发生偏离的内在机制。对于离子性较强的化合物晶体材料,金属原子产生的空位为受主,非金属原子产生的空位则为施主。因此,点缺陷的性质和浓度会直接影响到材料的电学性能,如材料的载流子类型、载流子浓度、迁移率和少子寿命等。

利用空位制备 P 型半导体材料是碲镉汞材料制备技术常用的技术手段,由于汞空位的激活能较低,汞空位浓度的可调节范围很大,足以满足器件对 P 型材料载流子浓度的要求。根据缺陷化学平衡理论,碲镉汞材料的汞空位浓度$[V_{Hg}]$与 Hg 分压 $P(Hg)$和温度 T 的关系为

$$[V_{Hg}] = K_{V_{Hg}}(x,\ T)/P(Hg) \tag{4-18}$$

这一关系已被实验结果所证实[7-8],通过对实验数据进行拟合,图 4-15 给出

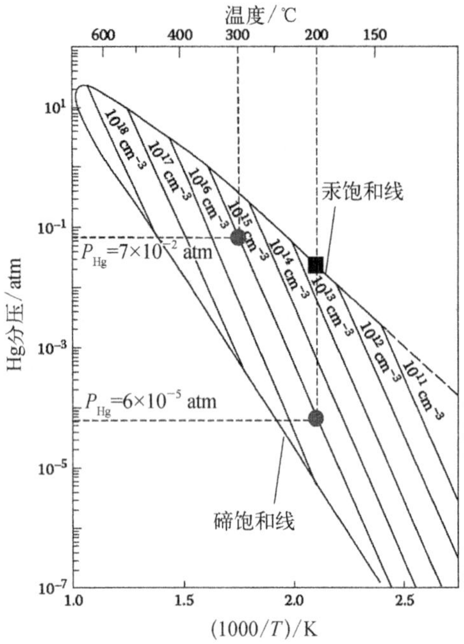

图 4－15　$Hg_{0.8}Cd_{0.2}Te$ 汞空位浓度与热处理工艺条件的关系相图

了汞空位浓度与热处理温度和 Hg 分压之间相互关系的相图。根据相律，如忽略 Te 空位浓度的影响，由组分 x 和化学计量比 y 确定的 HgCdTe 固−气两相平衡体系仍具有一个自由度，即像图 4－15 所显示的那样，使用 200℃ 和 300℃ 热处理温度（图中的圆形点）都可获得汞空位浓度为 1×10^{15} cm^{-3} 的 P 型材料。热处理时间和 Te 原子非平衡效应对材料表面层的影响是实际工艺中选择热处理温度时需要考虑的因素。

同样是 200℃ 热处理温度，如果是采用汞饱和条件进行热处理（图 4－15 中的方形点），可以将汞空位浓度降低到 1×10^{13} cm^{-3} 以下，此时，由剩余杂质引入的施主将对低温下的材料载流子浓度（即本征载流子浓度被抑制）起主导作用，材料将呈现 N 型导电的特性。

除了采用单质的汞源外，也有采用 HgTe 粉末源的热处理来调整 HgCdTe 材料汞空位浓度的应用案例[9]，HgTe 粉末源的好处是在提供 Hg 分压的同时也提供了一定量的 Te 分压，这对保护材料表面层的性能将起到良好的效果。为了节省源材料的使用量，热处理腔体的自由空间应当尽量做得小一点。

除了用气相源外，还可采用宽禁带覆盖层的固相热处理工艺对汞空位浓度进行调控，材料结构如图 4－10 所示。在固相热处理方式中，决定碲镉汞材料汞空位浓度的汞原子化学势取决于覆盖层中的汞原子化学势，覆盖层材料可被看作稀汞掺杂的 CdTe 或者 ZnS 材料，汞原子的化学势与汞原子的浓度无关，仅依赖于热处理的温度，图 4－16 给出了实验上得到的汞空位浓度与热处理温度的关系。如果工艺腔体中有汞源存在，并已经影响到覆盖层靠界面处的汞原子化学

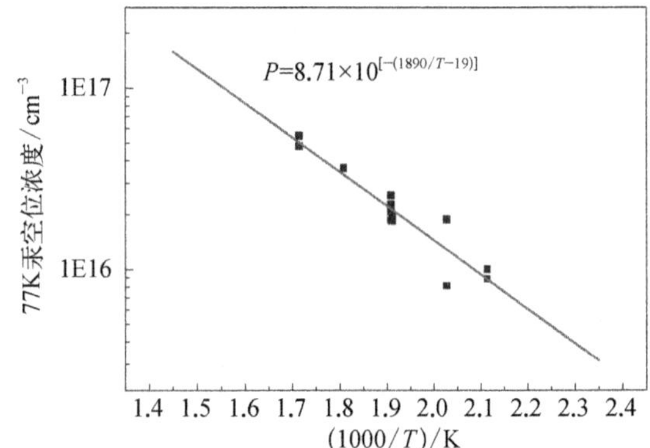

图 4－16　经 CdTe 宽禁带覆盖层热处理后 $Hg_{0.78}Cd_{0.22}Te$ 汞空位浓度与热处理温度的关系

势,则热处理后的材料性能会受到相应的影响。

4.3.2 掺杂和杂质性质的调控

半导体材料中的杂质分为故意掺入的杂质和原材料或工艺带入的杂质,常用的掺杂手段包括源材料原位掺杂、离子注入掺杂和扩散掺杂,热处理主要用于掺杂原子形态及其浓度分布的调整。

例如,早期的 Si 材料经常采用高温扩散的方法进行掺杂,杂质原子通过气相原子从材料表面经扩散进入体内,或者将掺杂的氧化物沉积到 Si 材料表面,再由热处理将杂质掺入半导体材料,图 4-17 为两种热处理掺杂工艺的示意图。

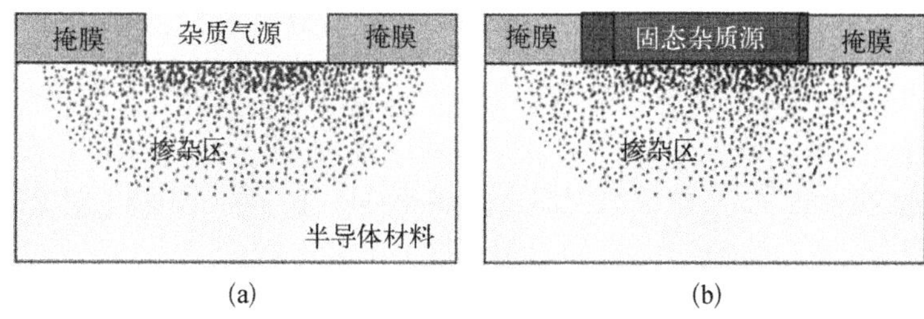

图 4-17 两种半导体材料热处理掺杂工艺

(a) 气相掺杂;(b) 固相扩散掺杂

热处理也被用于掺杂原子形态和浓度分布的调整。例如,Si 片(表面带 SiO_2缓冲层)经离子注入后的热处理被用于对注入杂质的浓度分布进行再调整,与此同时,也对注入造成的材料晶格损伤进行修复,并使杂质进入设定的格点。热处理技术对 Si 材料中氧杂质的处理也已获得广泛的应用,高温快速热处理能有效促进空位-氧复合体(氧沉淀)的形成。

在Ⅱ-Ⅵ族材料中,热处理技术也经常被用来控制材料中杂质的形态。例如,As 原子在 HgCdTe 材料中既可以占据 Te 原子格点形成受主,也可以占据 Hg 原子格点形成施主,根据图 4-3 给出的计算结果,为了让受主 As_{Te}对材料的载流子起主导作用,热处理工艺必须使用较高的 Hg 分压。再譬如,根据缺陷化学平衡理论,Au_{Hg}替位原子与汞空位在浓度上具有正比关系:

$$[Au_{Hg}] = K(x,\ T)\exp(\mu_{Au}/kT)[V_{Hg}] \tag{4-19}$$

也就是说如果想在 HgCdTe 材料中进行 Au 掺杂(Au_{Hg}),材料中必须同时拥有足够量的汞空位 V_{Hg},如果采用富汞热处理,汞原子在填充汞空位的同时,也会把原来占据在 Hg 格点的 Au 原子挤出去[10]。也正是由于 P 型杂质在 HgCdTe 具有这样的特性,HgCdTe 材料经富汞热处理后能够保留下来的杂质主要是剩余施主杂质,呈 N 型导电。

4.3.3　杂质浓度和位错密度的降低

吸杂是热处理降低材料杂质浓度的一种手段,顾名思义,就是通过在半导体材料的表面或界面形成相对材料体内杂质化学势更低的吸杂区域,将材料中的杂质"吸收"到吸杂区域,热处理则被用于加快这一过程的实现。产生吸杂的主要手段有以下 3 种。

1) 通过损伤表面来形成吸杂区,将材料中的杂质吸收到损伤区中,这种技术曾在 Si 材料的制备工艺中大量使用;

2) 采用外延或沉积技术在半导体材料表面形成吸杂覆盖层,利用杂质在两种材料中化学势的差异或分凝系数不等于 1 的条件,将材料中的杂质吸收到吸杂层中;

3) 气相热处理也是改善材料纯度的一种常用手段,有些杂质在材料中的浓度与气相中原子的分压密切相关。例如,碲镉汞材料中的 Au 原子,其浓度与汞分压成反比,经过富汞热处理,碲镉汞材料中高出平衡态浓度的 Au 原子将被排出体外。高纯氯气对材料中的金属杂质也能起到较好的吸杂作用。

通过热处理降低材料位错密度的工艺在Ⅲ-Ⅴ族和Ⅱ-Ⅵ族半导体材料上都有应用,尤其是针对异质衬底上生长的位错密度比较高的外延材料和多层异质结材料,热处理的效果比较明显。热处理降低位错密度的机理是将位错移动到材料表面或在运动过程中与反向柏格斯矢量的位错发生湮灭,为了使位错能够运动,所用的热处理温度一般都比较高,如果采用带梯度的温度场,效果会更好。

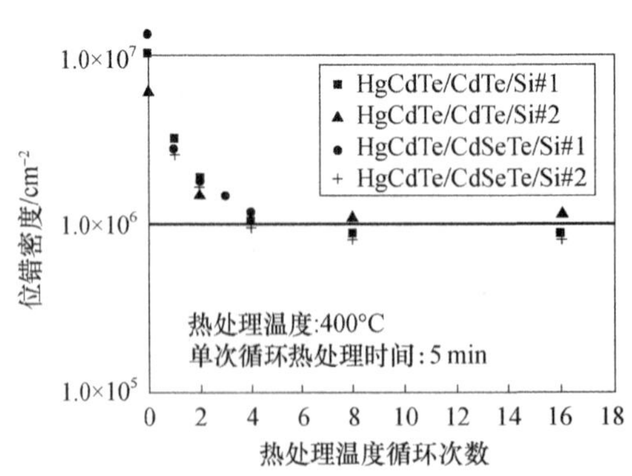

图 4-18　高低温循环热处理用于降低 Si 基 HgCdTe 外延材料位错密度的效果[11]

高温热处理曾被用于降低 GaAs/Si 外延材料的位错密度[13],材料的位错密度能从 $3\times10^7\ cm^{-2}$ 降低到 $8\times10^6\ cm^{-2}$。采用高低温循环热处理技术,Si 基 HgCdTe 外延材料的位错密度可以降低一个数量级(图 4-18)[11]。如将材料加工成 mosaic 结构,如图 4-19 所示,热处理能使台面区域的位错迁移至材料的侧表面,降低位错密度的效果会更好。

4.3.4　体缺陷尺寸的减小

由于化学计量比存在分凝和温度存在波动等原因,材料生长过程中时常会形成一些尺寸在微米数量级(甚至更小)的体缺陷,如在 CdZnTe 材料中经常会存在

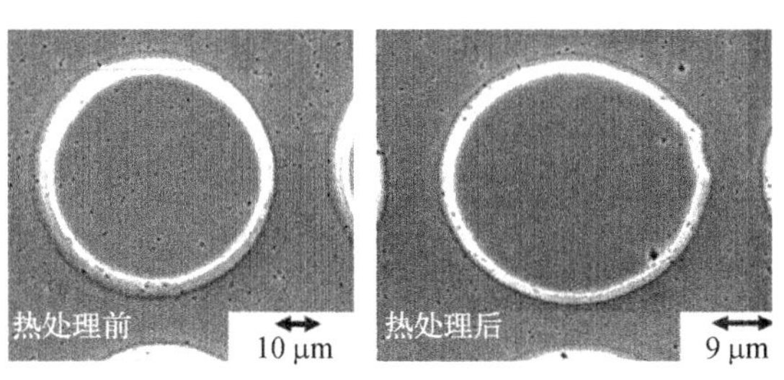

图 4 - 19　Mosaic 结构的 Si 基 $Hg_{0.78}Cd_{0.22}Te$ 材料经高低温循环热处理后位错腐蚀坑的变化[12]

热处理条件为 494℃，4 次热循环

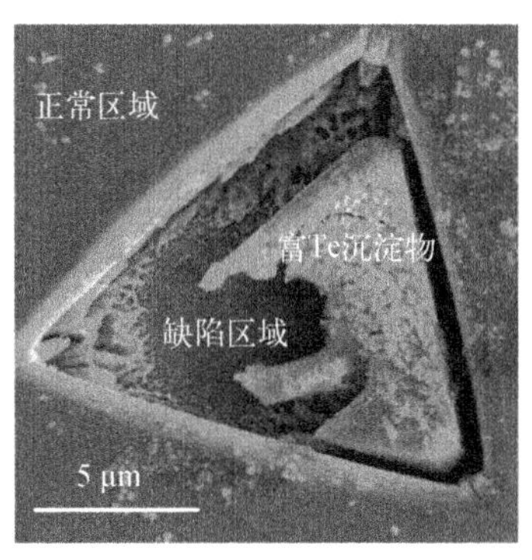

图 4 - 20　碲锌镉材料中的富碲沉淀物（SEM 形貌）

富碲沉淀物的 Te 含量超过了 90%[14]

富碲（或富镉）的体缺陷（图 4 - 20）。从理论上分析，减小缺陷尺寸的途径必定是让包含缺陷的晶体内表面发生晶体生长。由于体缺陷为富碲材料，它将向缺陷区域提供一个接近 Te 饱和的 Te 分压，相应的 Cd 分压则很小，如果将这样的 CdZnTe 材料置于富镉的状态进行热处理，热处理系统中的 Cd 源将会提高缺陷区域的 Cd 分压，使缺陷区域内的气相进入过饱和状态，如果热处理温度高于富碲体缺陷的熔点，由缺陷熔化所形成的液态也将进入过饱和态，两者都会导致晶体内壁发生外延生长，使缺陷区域的空间减小。图 4 - 21 给出了热处理后在红外透射显微镜上观察到的富碲体缺陷的变化结果，经过 30 天的热处理，缺陷尺寸从十几微米减小到了 1 μm 左右。

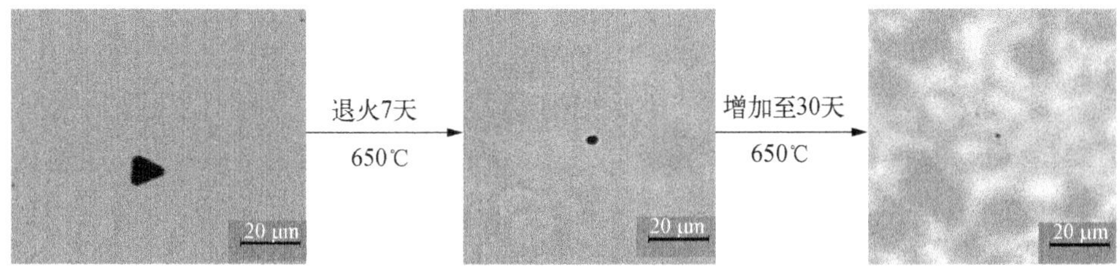

图 4 - 21　富镉热处理前后碲锌镉材料中富碲析出淀物尺寸的变化

图片为缺陷在红外透射显微镜中被观察到的形貌

4.3.5　化合物材料组分分布的调整

化合物材料的组分也可以通过热处理加以改变，热处理所需的组分梯度主要来自界面和表面，如 CdTe 衬底上的 HgCdTe 外延材料在界面处存在的组分梯度，采用 Hg - Cd 源对 HgCdTe 进行热处理时，材料表面转换为 CdTe 后所形成的组分梯度[15]。有了组分差异,在一定的温度下材料的组分就会发生互扩散,从而改变材料原有的组分梯度和分布。利用界面组分梯度引入的组分互扩散,我们可以改变外延材料的组分梯度,由此在外延材料中形成的内建电场还可改变少子的漂移速率和距离,进而改变探测器的响应率[16];利用改变材料表面组分的热处理技术,我们可以为窄禁带的 HgCdTe 材料提供表面钝化[17]。

4.3.6 半导体材料界面特性的改善

界面态的形成与材料界面处原子的悬挂键和应力等因素有关,热处理可以增加界面处原子间的迁移和扩散,有可能减少界面原子的悬挂键,进而降低界面态密度。热处理也可用于释放高温生长给界面造成的热失配应力,增加材料界面性能的稳定性,但同时也可能造成界面失配位错增殖,热处理的升温降温本身也会给材料留下一定的热应力。

热处理也能改变界面固定电荷的特性,利用离子源热处理将特定的带电离子送到材料的界面,能有效降低界面固定电荷密度。以碲镉汞材料为例,采用 H^+ 等离子体对带钝化层的碲镉汞芯片进行热处理可有效降低器件的漏电流[18],其机理有可能就是 H^+ 中和了界面处的负电荷中心。

4.3.7 材料的隔离、剥离和粘接

SOI 材料是一种位于绝缘层上的半导体薄层材料,在 Si、Ge 和 Si－Ge 材料中已获得广泛应用。在 SOI 材料的制备工艺中,热处理工艺经常被用于实现电学隔离、物理剥离和粘接等功能。最简单的 SOI 材料制备工艺就是在 Si 材料上注入 O^+,然后通过热处理在材料表面层的下方形成 SiO_2 隔离层[图 4－22(a)]。在另一种称之为智能剥离的 SOI 材料制备工艺中[图 4－22(b)],H^+ 被注入带 SiO_2 钝化层的 Si 材料中,然后,通过加压热处理将该材料表面与另外一片 Si 衬底材料粘接在一起,再利用高温下埋层 H^+ 的 Ostwald ripening 效应使 Si 材料 1 沿 H^+ 注入层剥离,留下的带氧化隔离层的薄层 Si 材料就成了 SOI 材料。

4.4 热处理工艺的注意事项

热处理是调整半导体材料性能不可或缺的材料制备工艺,但是,不恰当或不完善的热处理工艺条件也会对被处理材料产生损伤或其他一些副作用,这也是我们做热处理工艺时必须引起注意的事项。认识这些副作用的存在和产生机理对改进热处理工艺和正确使用热处理后的材料是至关重要的。在实际工艺中,热处理工艺的注意事项主要涉及以下 3 个方面。

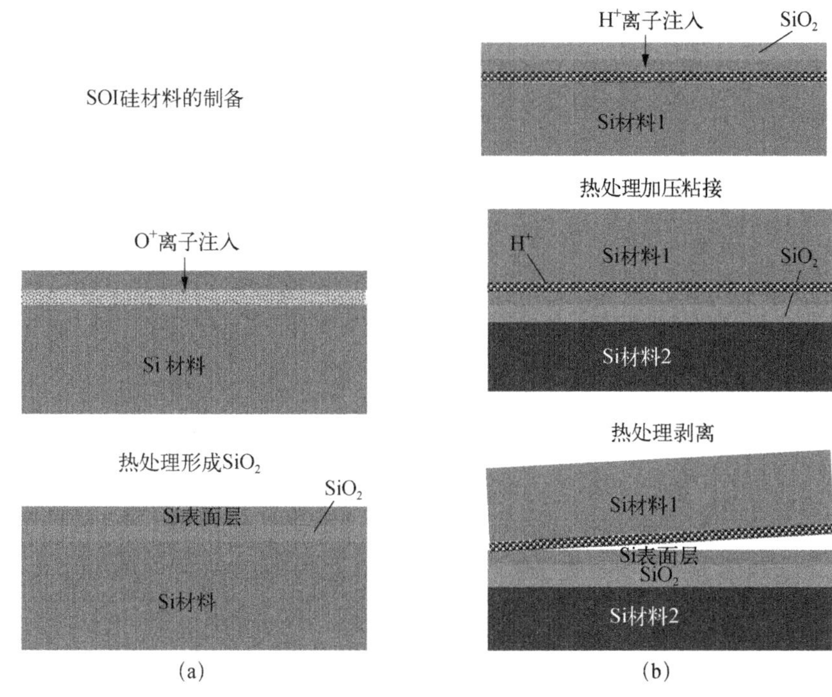

图 4-22 热处理在硅 SOI 材料两种制备工艺中的应用

(a) 氧化隔离工艺;(b) 智能剥离工艺

1. 热处理后材料性能未到达平衡状态

用来调整材料点缺陷浓度(包括化学计量比)的热处理工艺一般都会要求材料性能在所控制的热处理工艺条件下到达平衡,热处理后的材料性能呈均匀分布。但是,如果工艺条件不当,材料内部的性能与气相之间有可能达不到平衡,热处理前材料表面处理不当往往是其主要原因之一,表面氧化层或其他沾污产生的化合物表层对固-气界面处的原子穿越机制和材料体内原子扩散的流量会产生很大的影响,进而直接影响热处理工艺的结果。材料的表面处理工艺是否得当,热处理过程中有无氢气或热处理温度下氢气对表面氧化层的分解作用是否充分,都会对材料热处理的结果产生很大的影响。对于各向异性的晶体材料,材料表面晶向的改变也有可能对材料的表面特性产生影响,并影响到热处理的结果。

2. 分压缺失导致材料出现表面损伤层

在介绍化合物材料多源热处理技术时已经讲到,热处理工艺一般只能为材料提供平衡蒸汽压最大的气体原子分压,平衡蒸汽压较小的原子分压一般达不到平衡态要求的数值,这就意味着在材料表面,这类原子将处于欠平衡状态,通过采用多源热处理技术,这种表面损伤层的厚度有望得到较好的控制。但是,不管怎么样,这种表面损伤层的存在对材料表面特性或界面特性的影响还是非常大的,即使是宽禁带的 $\beta-Ga_2O_3$材料,情况也是如此[19]。为此,热处理后的材料在使用前或下一道工艺前应尽量将表面损伤层去除掉。

有时我们也会选取较小的主分压作为热处理的工艺条件,例如,为了减小 CdZnTe 材料中富镉沉淀相的尺寸,需要采用富碲条件进行热处理,即选取较低的 Cd 分压对材料进行热处理,以加快富镉沉淀相中多余的 Cd 原子向外扩散,此时,热处理系统中的 Te 平衡蒸汽压会比较大,如果不在样品周围设置一定量的 Te 分压,固-气之间 Te 原子的不平衡将对材料表面造成较大的损伤。

3. 热处理条件不当导致新的缺陷产生

减小或消除材料缺陷是热处理的主要目的之一,但是,如果所使用的工艺条件不恰当,热处理也会在材料中产生新的缺陷。以图 4-21 中减小 CdZnTe 材料中富碲体缺陷尺寸的热处理工艺为例,如果热处理时间过长,缺陷中自由空间被 Cd 原子填充完后仍有富碲相物质存在,Te 和 Cd 之间强烈的化合作用仍将驱使 Cd 原子进入缺陷区域,进而导致缺陷膨胀而产生压应力,并导致缺陷周围产生大量位错,位错增殖和传播的范围可以比原缺陷大出很多倍,20 μm 的富碲析出物热处理后位错增殖的范围可达200 μm左右(图 4-23)。为避免增殖位错的产生,需根据体缺陷的特性严格控制热处理的时间,或在富镉热处理前先采用欠饱和的热处理工艺条件将体缺陷中过量的 Te 从材料中排出去,即采用两步法热处理技术来避免增殖位错的产生[20]。

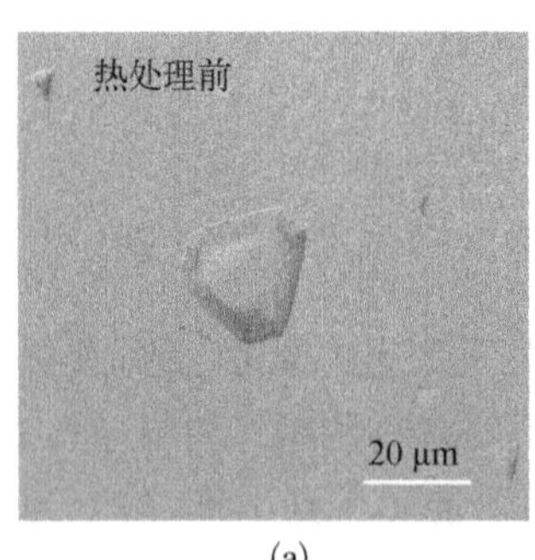

(a)

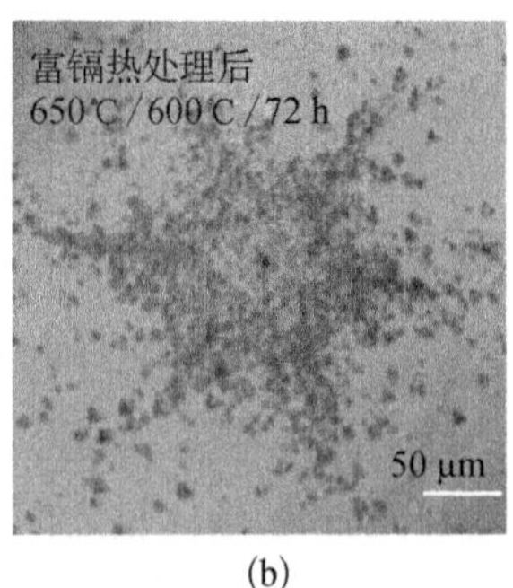

(b)

图 4-23　20 μm 的富碲析出物在富镉热处理后出现位错增殖的情况

(a) 热处理前沉淀物(显露在表面)的腐蚀坑形貌;(b) 热处理后的腐蚀坑形貌。样品为(111)*B* 碲锌镉材料,表面经 Everson 腐蚀剂腐蚀 2.5 min

表面沾污或异物沉积也会给材料表面增加缺陷,表面清洗不当、热处理过程中样品温度低于源材料温度或回流液体掉落到材料表面等问题都会在材料表面形成缺陷。再有,在采用固相源进行热处理时,如果固相源与半导体材料之间存在热失配,材料表面也会受到热应力的作用,并导致失配位错的产生。

综上所述,尽管半导体材料热处理技术的影响力远不及材料生长技术,但是,热处理工艺直接关系到材料性能的好坏,它对材料能否满足应用需求所起的作用并不亚于材料生长技术。和生长技术一样,热处理也有很多的工艺方式和实现方法,其复杂性有时并不亚于生长技术。因此,加强半导体材料热处理技术的研究是材料制备技术走向成功的一个不可或缺的重要环节。

参 考 文 献

[1] Greenberg J H. $P-T-X$ phase equilibrium and vapor pressure scanning of non-stoichiometry in the CdZnTe system. Prog. Cryst. Growth Charact. Mater.,2003, 47: 196 - 238.

[2] Capper P, Shaw D. Activation of arsenic in epitaxial $Hg_{1-x}Cd_xTe$ (MCT). SPIE, 2006, 6294: 62940M.

[3] 陈新强,方维政,杨建荣, 等. 开管汞自密封的碲镉汞材料 N 型热处理装置: CN1178391. 1997 - 09 - 17.

[4] 杨建荣, 徐超. 一种用于制备半导体材料的套管式腔体结构: CN105908254B. 2018 - 07 - 06.

[5] Yang J R. Thermodynamic study of solid-vapour equilibrium in the $(Hg_{1-x}Cd_x)_{1-y}Te_y$ system. J. Cryst. Growth, 1993, 126: 695 - 700.

[6] Tanaka M, Ozaki K, Nishino H, et al. Electrical properties of HgCdTe doped with silver using $AgNO_3$ solution. J. Electron. Mater., 1998,27: 579 - 582.

[7] Vydyanath H R. Lattice defects in semiconducting $Hg_{1-x}Cd_xTe$ alloys: I. Defect structure of undoped and copper doped $Hg_{0.8}Cd_{0.2}Te$. J. Electrochem. Soc., 1981, 128: 2609 - 2619.

[8] Vydyanath H R, Donovan J C, Nelson D A. Lattice defects in semiconducting $Hg_{1-x}Cd_xTe$ alloys: III. Defect structure of undoped $Hg_{0.6}Cd_{0.4}Te$. J. Electrochem. Soc., 1981, 128: 2625 - 2629.

[9] 杨建荣,陈新强,黄根生,等. 开管式碲镉汞外延材料热处理方法: CN1354287. 2001.

[10] Sun Q Z, Yang J R, Wei Y F, et al. Characteristics of Au migration and concentration distributions in Au-doped HgCdTe LPE materials. J. Electron. Mater., 2015, 44: 2773 - 2778.

[11] Brill G, Farrell S, Chen Y P, et al. Dislocation reduction of HgCdTe/Si through *ex situ* annealing. J. Electron. Mater., 2010, 39: 967 - 973.

[12] Stoltz A J, Benson J D, Carmody M, et al. Reduction of dislocation density in HgCdTe on Si by producing highly reticulated structures. J. Electron. Mater., 2011,40: 1785 - 4789.

[13] Uchida H, Soga T, Nishikawa H, et al. Reduction of dislocation density by thermal annealing for GaAs/GaSb/Si heterostructure. J. Cryst. Growth, 1995, 150: 681 - 684.

[14] Sheng F F, Yang J R, Sun S W, et al. Influence of Cd-rich annealing on defects in Te-rich CdZnTe materials. J. Electron. Mater., 2014,43: 2702 - 2708.

[15] Yang J R, Yu Z Z, Liu J M, et al. Heat treatment of HgCdTe with Cd-Hg source. J. Cryst. Growth, 1990, 101: 281 - 284.

[16] Lee D L. Modeling of optical response in graded absorber layer detectors. J. Electron. Mater., 2006, 35: 1423 - 1428.

[17]　An S Y, Kim J S, Seo D W, et al. Passivation of HgCdTe p-n diode junction by compositionally graded HgCdTe formed by annealing in a Cd/Hg atmosphere. J. Electron. Mater., 2002, 31: 683 – 687.

[18]　Kim Y-H, Kim T-S, Redfern D A, et al. Characteristics of gradually doped LWIR diodes by hydrogenation. J. Electron. Mater., 2000, 29: 859 – 864.

[19]　Galazka Z, Irmscher K, Uecker R, et al. On the bulk $\beta - Ga_2O_3$ single crystals grown by the Czochralski method. J. Cryst. Growth, 2014, 404: 184 – 191.

[20]　杨建荣,徐超,盛锋锋,等. 两步法消除碲锌镉富碲沉淀相缺陷的热处理方法: ZL201410748540.8. 2014 – 12 – 9.

第5章 半导体材料性能参数的测量

由于材料制备工艺可能存在各种各样的波动,所得半导体材料的性能并不一定能够达到设定的要求,只有在进一步确认材料的物理性能后方可用于芯片制造或对原有工艺技术进行研究和改进。从第2章给出的材料性能可以看出,半导体材料的很多性能参数都是纳米级尺度的微观参数,如原子的种类、含量、排列方式(晶格)和原子晶格缺陷等,还有很多参数则是基于固体物理和半导体物理对半导体材料光电性能进行描述的物理参数,如电子能带结构和各种元激发的性能参数。这些性能参数很多都不能直接测量,必须借助于材料性能对外界物理和化学作用的反应和影响以及微观性能参数对材料宏观性能的影响,并借助于专门的测量仪器才能被感知和测量。按照测量技术的原理,半导体材料性能参数的测量大致可以分为以下四种类型,一是利用高分辨率的光学成像技术和显微探针技术直接对材料的微观结构进行观测和测量;二是利用外部光子和电子与材料中电子(包括共有化电子和束缚电子)之间的相互作用,通过测量由其引发的光谱特性、衍射特性、被激发电子的性能以及相互作用的动态变化过程,去感知材料的原子结构、能带结构、缺陷和各种元激发以及跃迁过程等物理性能;三是用电场、磁场和热场改变材料的状态,通过测量材料宏观性能的变化来获取材料的性能参数;四是采用一些破坏性手段来获取材料的性能参数,如利用腐蚀方法将原子尺度的缺陷转化为微米尺度的腐蚀坑,或者用高能离子从材料中轰击出二次离子,然后再进行测量。

由此可以看出,基于固体物理和半导体物理的材料测量技术在材料的微观物理世界和宏观物理现象之间为我们架起了一座桥梁,如果没有基于半导体物理的材料性能测量技术,我们对半导体材料物理性能和制备技术的研究将变得寸步难行。正因如此,半导体材料的测量技术得到了高度重视和大力发展,并已在微电子领域中形成了一个专门学科,测量设备也已形成了一个庞大的产业。测量设备的复杂性并不亚于材料的生长设备,在半导体材料的实验室中或生产线上,几十万或几百万人民币一台的测试设备比比皆是。从理论上讲,全面了解和认识材料各方面的性能可以为我们分析和解决问题提供正确的思路,但在实际工作中,由于测量成本和测量可能引发材料损伤等问题,我们不可能做到对材料的每一个性能参数都进行检测和分析,通常情况下我们会重点关注那些与研究主题或器件性能相关性较大,且受材料制备工艺影响也较大的材料性能参数。

测量技术既可以按测量原理来分类，也可按材料性能参数的属性来分类，相同的材料性能参数可以有多种测量方法，一种测量方法也可测量出材料的多个性能参数。很难说哪种分类方法是最好的分类方法，本章将按材料的基本性能属性对测量技术进行分类，这种做法在实用性上会更好一点。

5.1　几何结构特性的测量

晶片尺寸、厚度和外延层的厚度均可用三轴显微镜（图 5－1）做精确测量，精度可达 1 μm，该仪器也可对材料表面的结构特性和两点之间的横向间距进行精确测量。外延薄膜材料的厚度有两种测量方法，一是通过对外延片进行解理，用一小滴水将衬底一侧粘贴在方块状材料的侧面（解理面朝上），由于外延材料与衬底材料在折射率上存在差异，采用微分干涉相差显微镜可直接观察到外延层（图 5－2），并完成对层厚的测量，微分干涉相差显微镜的原理见 5.6.1 节。如果两者折射率差异很小，也可尝试用化学腐蚀技术来显示外延层；二是采用红外透射（或反射）光谱技术进行测量（测量原理和方法详见 5.2 节），在已知材料折射率的情况下，根据光谱干涉条纹（在材料透光波段）的周期可计算出外延层的厚度，这是一种非破坏性的测试技术，也是在线检测的常用技术。当外延薄膜为量子阱或超晶格结构时，材料结构的测量需借助电子显微镜或者利用材料晶格对 X 光的衍射效应，其测量原理和测试方法见 5.5.2 节和 5.6.5 节。

图 5－1　三轴显微镜

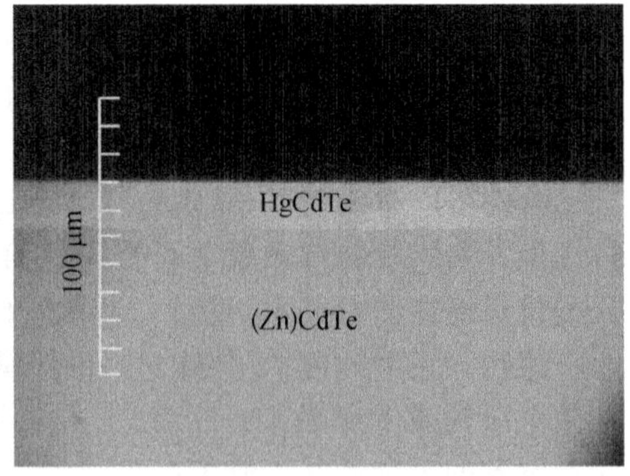

图 5－2　采用微分干涉相衬显微镜测量 CdZnTe 衬底上 HgCdTe 外延层的厚度

材料表面的面形也有多种测量手段。体晶材料的成品片和外延材料均为表面平整度和粗糙度很好的材料，表面的面形可以采用迈克尔逊干涉仪进行测量，采用单色光源的迈克尔逊干涉仪称为激光干涉仪，而采用可见光宽谱段光源的干涉仪为白光干涉仪，白光干涉的对比度随着光程差的增大而降低，因此，适合于表面面形相对更好的材料。图 5-3 是激光干涉仪测量材料面形的原理图，材料表面的起伏将导致反射光与参考光之间出现不同的位相差，通过测量两束光之间的干涉图像，并根据数学模型即可反演出材料表面的面形。

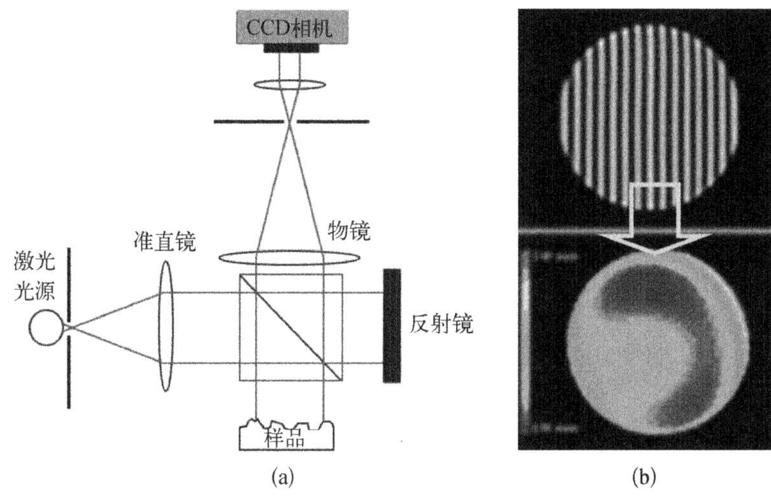

图 5-3 迈克尔逊激光干涉仪的原理(a)和晶片表面的测量结果(b)

图(b)上图为仪器的测量结果，下图为反演后得到的表面面形

对于大尺寸薄膜材料，有时会受应力的作用而产生较大的形变，这类材料的表面结构、表面面形和弯曲度可采用单点高差测量加面分布扫描技术进行测量，相应的测量仪器称为轮廓仪，半导体材料一般都使用非接触式的轮廓仪，高差的测量可采用激光干涉和共聚焦定位等方法。关于共聚焦的原理我们将在 5.6.2 节中专门介绍。

台阶仪也是一种表面面形测量的常用设备，它利用接触式探针位置的上下移动来测量表面高度的起伏，通过探针沿水平方向的移动来测量材料表面的起伏，进而给出表面面形的一维分布图，图 5-4 给出了探针的实物照片和测量结果。探针上可安装不同类型的位移传感器，如电感位移传感器、压电位移传感器或光电位移传感器，这些传感器能够对接触式探针高度的位移量进行测量。尽管探针与表面接触的

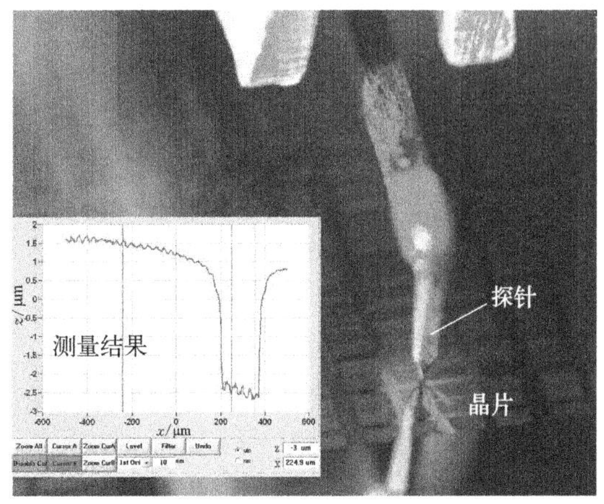

图 5-4 台阶仪中的探针和测量结果

压力很小,但它并不是一种完全无损的检测技术,更多地用于实验研究和工艺陪片的测量。基于同样的原因,接触式的轮廓仪和三坐标仪也很少用于半导体材料的面形检测。

5.2　光学性能的测量

半导体材料光学性能的测量方法分为几何光学测量法和光荧光测量法,几何光学测量法主要是通过测量光入射到材料后产生的透射光、反射光和散射光的特性,来获取材料的折射率和吸收系数等材料光学性能参数,并利用其光谱特性获得材料的禁带宽度、外延厚度和载流子浓度等方面的参数或信息。光荧光测量法利用入射光将材料中的电子激发到其他更高的能级,通过测量激发态电子回落到基态或低能级位置时所发射光子(荧光)的强度和波长,获取材料的发光特性和更丰富的能带结构参数。

光学特性测量有三个重要的组成部分,即光源、光谱分光器和探测器,针对不同的材料特性(主要是禁带宽度)和应用需求选用不同波段的光源、探测器和分光器。如卤素灯常用作可见光的光源,红外波段则使用碳化硅和其他一些陶瓷材料制备的光源。常用的探测器则有可见光波段的 Si 探测器、近红外的 InGaAs 探测器、红外波段的 HgCdTe 探测器和 TGS 热释电探测器等。光谱分光器也有三种类型,即棱镜分光、光栅分光和傅里叶分光。图 5-5 给出了棱镜和光栅分光的原理图,测量时通过转动棱镜或光栅将不同波长的光送入狭缝(图 5-6)。傅里叶分光计的原理稍微复杂一点,它使用一个叫做迈克尔逊的干涉系统,图 5-7 是傅里叶分光计的原理图,假定从光源出射一束波长为 λ 的光束 $P(\lambda)$,经准直镜到分束器后分为两束光,其中一束投射到定镜后再回到分束器,并穿过分束器成为出射光的

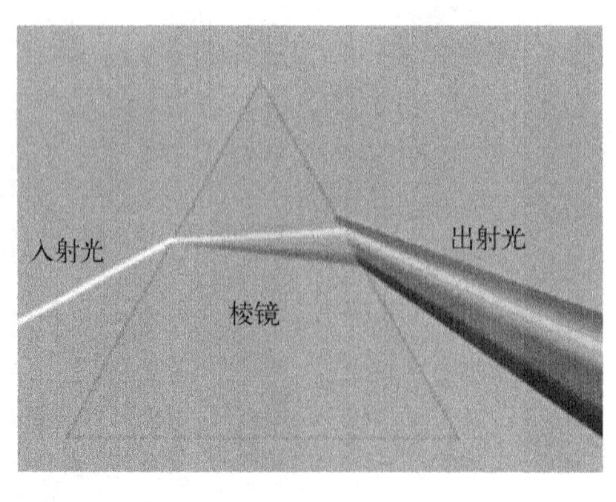

(a)

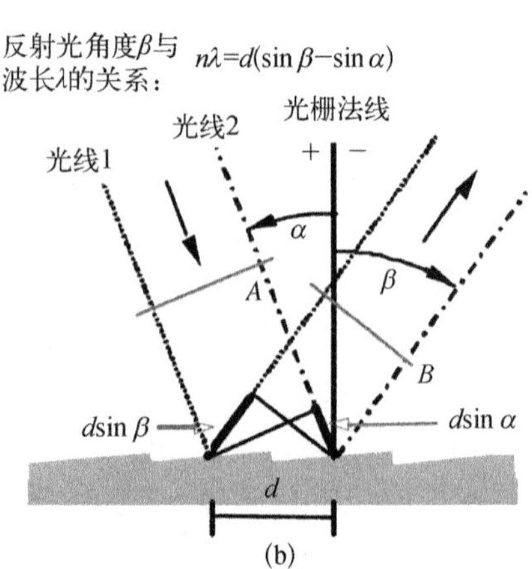

(b)

图 5-5　棱镜分光(a)和光栅分光(b)的原理

一部分，另一束光投向动镜，反射后经分束器后成为另一束出射光，由于动镜的位置随时间来回摆动，两束出射光的位相差将随动镜的摆动而发生周期性的变化，设动镜的摆动速度为 v，相干后出射光的强度 I_λ 将按以下公式随着时间发生周期性的变化：

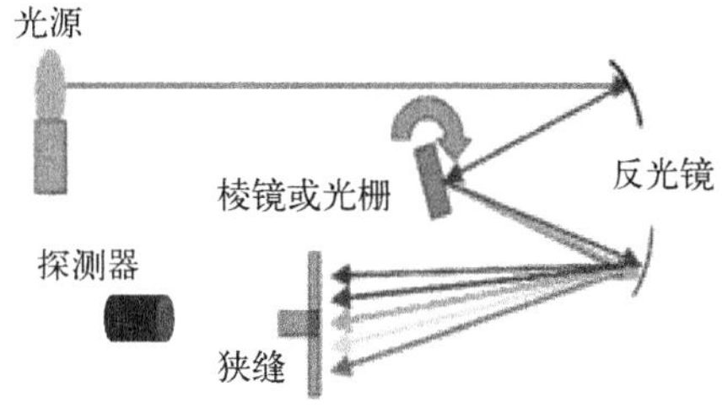

图 5-6 棱镜和光栅实现分光测量的方法

$$I_\lambda(t) = \frac{1}{2\pi}A(\omega)\exp(-\mathrm{i}\omega t) \tag{5-1}$$

式中，光强的变化频率 ω 为

$$\omega = \frac{4\pi v}{\lambda} \tag{5-2}$$

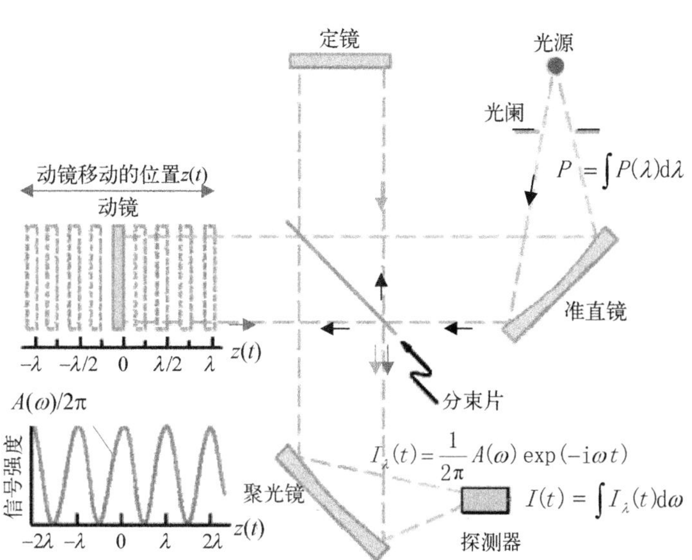

图 5-7 由迈克尔逊干涉仪和动镜组成的傅里叶分光计的原理图

如果光源中包含不同波长的光，通过积分可以求得经过傅里叶分光计后的光源强度为

$$I(t) = \frac{1}{2\pi}\int A(\omega)\exp(-\mathrm{i}\omega t)\,\mathrm{d}\omega \tag{5-3}$$

也就是说，经过迈克尔逊干涉仪后，光源中不同波长的光束信号将转化成不同频率的时域信号，其强度 $A(\omega)$ 与光源中波长为 λ 的分量 $P(\lambda)$ 成正比关系。在把

光源的频谱信号转化为时域信号后，我们就可以用探测器测量出射光信号强度 $I(t)$ 随时间的变化曲线[①]，并通过傅里叶变换求得出射光强度的频谱分布：

$$A(\omega) = \int I(t)\exp(\mathrm{i}\omega t)\,\mathrm{d}t \tag{5-4}$$

从而实现对光源强度的频率（或波长）分布测量。

在傅里叶分光计后面放入被测样品后，我们可以测量出透射光或反射光的时域信号：

$$I'(t) = \frac{1}{2\pi}\int A'(\omega)\exp(-\mathrm{i}\omega t)\,\mathrm{d}\omega \tag{5-5}$$

并转化为光信号强度的频谱分布：

$$A'(\omega) = \int I'(t)\exp(\mathrm{i}\omega t)\,\mathrm{d}t \tag{5-6}$$

进而获得材料透过率（或反射率）的频谱分布，即光谱曲线：

$$T(\omega) = \frac{A'(\omega)}{A(\omega)} \tag{5-7}$$

傅里叶光谱仪的光谱分辨率主要取决于探测器采样的时间精度，其波长分辨率一般可以做到小于 1 nm，波数分辨率 $\Delta\nu$ 在 1 cm^{-1}左右。波长测量值的准确度则取决于动镜速率的定标精度和采样时间的精度等因素。

5.2.1　透射光谱的测量

透射光谱测量一般要求材料呈片状，并要求材料正反面都具有较好的平整度和粗糙度，粗糙度应远小于测量光的波长，经过抛光的半导体晶片一般都能够满足这一要求。测量时，入射光垂直入射到样品表面，穿越样品后形成透射光，透射率光谱（也简称透射光谱）是透射光强与入射光强之比（透过率）随波长（或波数 $\nu = 1/\lambda$）变化的关系曲线。图5-8 给出了入射光、反射光和透射光在片状材料上传播的示意图，假定透射光的各分量之间具有相干性，厚度为 d 的片状材料的透过率与材料折射率和吸收系数的关系为

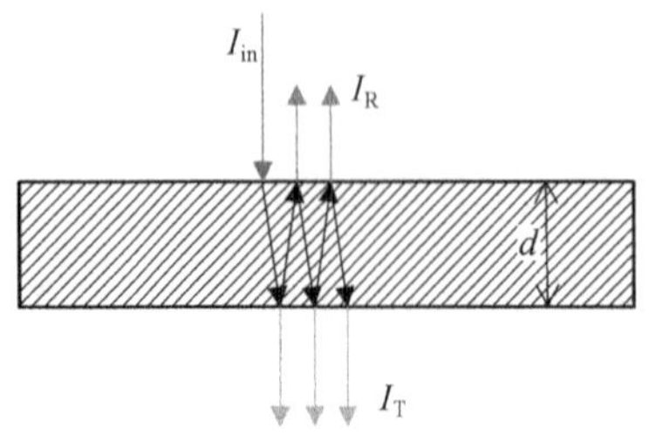

图 5-8　入射光、反射光和透射光在片状材料上传播的示意图

① 探测器信号为能够探测到的光子数

$$I_{\mathrm{T}}=\frac{(1-R)^2}{[\exp(\alpha d/2)-R\cdot\exp(-\alpha d/2)]^2+4R\sin^2(\delta+\varphi)} \quad (5-8)$$

式中,

$$R=\frac{(n-1)^2+K^2}{(n+1)^2+K^2}$$

$$\delta=2\pi nd/\lambda \quad (5-9)$$

式中,反射率 R 是光垂直入射到材料表面后所形成的反射光的强度与入射光强度的比值。对于半导体材料(折射率为 2~5)而言,即使是在吸收系数 α 较大的吸收边区域,消光系数 K 对反射率 R 的影响通常也是可以忽略不计的。式(5-9)中的 δ 是经样品上下表面反射而引入的相位差,φ 为反射系数的相位差(对特定样品为固定值),我们把干涉导致的透过率随波长 λ 发生周期性变化的条纹称之为干涉条纹,根据干涉条纹的周期可以计算出样品的厚度:

$$d=\frac{1}{2n\Delta(1/\lambda)}=\frac{1}{2n\Delta v} \quad (5-10)$$

对于常用的光谱仪,光程差小于 100 μm 时,光与光之间具有较好的相干性,大于 500 μm 后基本上就看不出干涉条纹了。当透过率曲线有干涉条纹时,通过对式(5-8)求平均,可以获得样品透过率的平均值:

$$I_{\mathrm{T}_0}=\frac{(1-R)^2\exp(-\alpha d)}{1-R^2\exp(-2\alpha d)} \quad (5-11)$$

对于大多数半导体材料(折射率不是特别大的条件下),在材料吸收边两侧的波段范围内,分母中的第 2 项可以忽略不计,即式(5-11)可以简化为

$$I_{\mathrm{T}_0}=I_0\exp(-\alpha d) \quad (5-12)$$

常用的半导体薄膜材料大都是带有宽禁带衬底的外延材料,其透射光强度仍可采用式(5-12)来描述(I_0 有所不同)。图 5-9 是一个非常典型的半导体材料透射光谱曲线,整个透射光谱可以分成三个区域,即透光区($E\leqslant E_g$)、吸收边区($E\approx E_g$)和完全吸收区($E\geqslant E_g$)。在透光区,吸收系数很小,如不存在样品平行度、表面平整度、粗糙度和

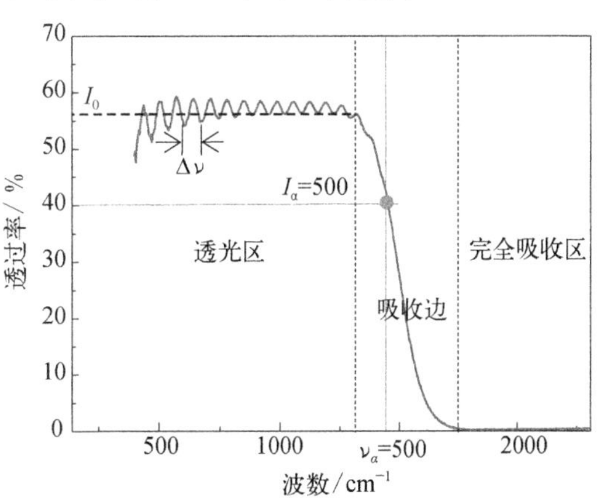

图 5-9 典型的半导体薄膜材料的透射光谱

自由载流子吸收等方面的问题,可直接根据式(5-11)求得材料在该波段的折射率。如果存在自由载流子吸收,材料的透过率将随波数减小而减小,如果存在表面粗糙的问题,透过率将随波数增加而减小。在吸收边区域,吸收系数随波数增大而增大,透过率则随之减小。根据第 2 章对材料性能的介绍,各种材料的吸收系数与禁带宽度 E_g 和测量光的波长具有固定的关系,将这一关系代入式(5-12),可从理论上计算出透过率的光谱曲线,将计算结果与实验测量曲线进行拟合,即可获得作为拟合参数的材料禁带宽度 E_g。

在批生产的常规工艺中,用拟合吸收边法测量材料的禁带宽度或组分会显得非常繁琐,简化处理的方法是将固定的吸收系数与材料的禁带宽度相关联[1],譬如,将吸收系数定在 500 cm^{-1},在由干涉条纹确定材料厚度后,根据式(5-12)可计算出系吸收系数为 500 cm^{-1} 时的透过率 I_{500},并在吸收边上找出透过率为 I_{500} 时的波数 ν_{500},然后,根据 ν_{500} 与禁带宽度的经验公式,得出材料的禁带宽度 E_g。Hanson-Schmit 在测量 $Hg_{1-x}Cd_xTe$ 材料的禁带宽度时就是这么做的[2],他们直接将 ν_{500} 所对应的光子能量定义为材料的禁带宽度,并给出了这一禁带宽度 E_g 与材料组分 x 的经验公式。尽管对 E_g 做这样的规定缺乏严格的科学依据,由此得到的禁带宽度和材料组分只不过是与该测试方法相对应的材料特征参数,但作为对材料组分进行控制的测量方法,这样的处理方式在应用上并无瑕疵。

被测材料干涉条纹的形状和幅度与样品的折射率、厚度、表面粗糙度和材料性能及其分布的均匀性密切相关。材料折射率越大,干涉条纹的幅度就越大。样品太薄(如 1~2 μm),在所测量波段内有可能形成不了一个完整振荡周期,太厚(一般大于 500 μm)则会因光谱分辨率不够(大于条纹的振荡周期)而导致干涉条纹消失。

当材料光学参数存在纵向非均匀分布时,如果分布具有特定的规律,即可用一些特征参数的函数来表征,吸收边区域的透过率曲线可根据多层膜系传递矩阵法[3]进行模拟计算,由此可以得到这些特征参数和材料性能参数的纵向分布曲线。该方法已在 HgCdTe 液相外延材料上获得应用[1],由此可获得材料界面组分互扩散区的特征厚度和互扩散区外材料组分梯度等重要参数,现已成为测量外延材料组分纵向分布的常规技术。

5.2.2　反射光谱的测量

在测量到的反射光信号中,表面直接反射的光信号一般远大于穿越材料后在材料底部产生的反射光,这意味着反射光谱受材料表面的影响较大,而对材料吸收特性的敏感度不如吸收光谱,这导致反射光谱的应用范围远小于透射光谱。但是,反射光谱在某些方面也具有特别的用途,例如,它是检测半导体材料抗反射膜性能的最直接的方法。还有,它可以测量异质结构材料中宽禁带材料(如外延材料的衬底)的厚度,图 5-10 给出了异质结构材料的透射光谱和反射光谱的示意图,从中我们可以看出,在透射光谱中,反映宽禁带衬底材料信息的谱段(E_g1 至 E_g2)是缺失的,如果外延层是多层结构,或者外延层表面沉积了不透光的金属层,从透射光谱上将更难获得(或者无法得到)外延材料的信息。图 5-11 是 HgCdTe/CdTe/GaAs 外延材料反射光谱(从衬底表面入射)的一个测量结果,从图中可以看出,由于存在多层结构,干涉条纹的结构在长波波段比较复杂,但在短波波段,衬底的干涉条纹则非常清晰,这一测量技术在对衬底进行减薄时特别有用。

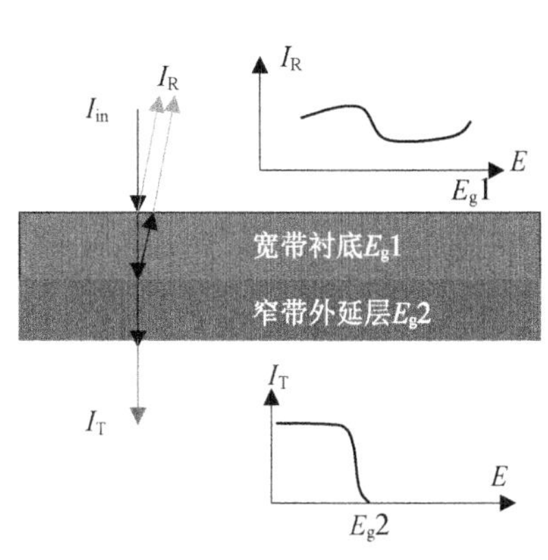

图 5-10 异质结构材料透射光谱特性与反射光谱特性示意图

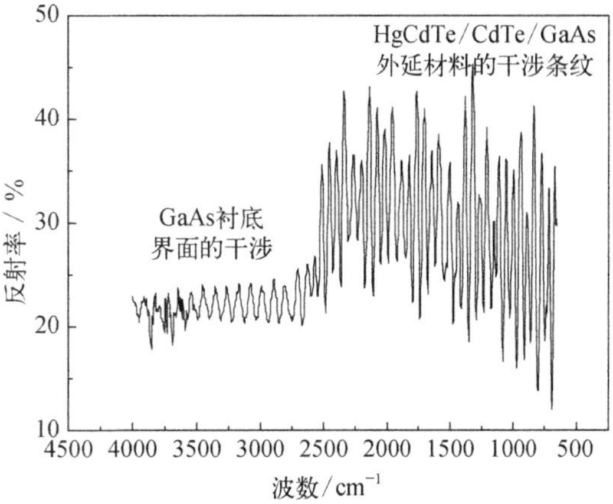

图 5-11 HgCdTe/CdTe/GaAs 外延材料的反射光谱(测量光从 GaAs 衬底表面入射)

除了材料的镜面反射光谱外,粗糙表面的漫反射光谱也能用于材料性能的测量,测量方法有傅里叶法、积分球法、光纤法和光学系统法等,其中光纤法在分子束外延工艺中可用于材料生长温度的实时监测。

5.2.3 椭圆偏振光谱的测量

椭圆偏振光谱不同于上面介绍的透射或反射光谱,它是利用偏振光束经材料表面(或界面)反射(或透射)后,其偏振特性发生的变化来测量材料性能参数的一种技术。反射式椭圆偏振光谱突破了普通反射光谱无法精确测量材料光学参数的局限性,也突破了透射光谱对测量波段范围的限制,因此,它的应用范围更加广泛,并能用于外延薄膜生长过程的实时监测。图 5-12 是椭

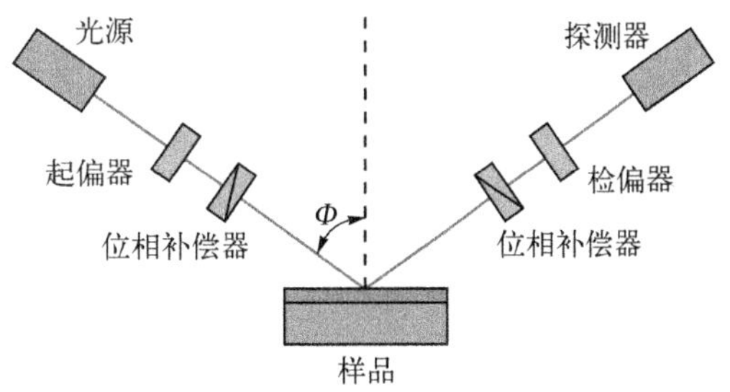

图 5-12 椭圆偏振光谱测量装置的示意图

圆偏振仪测量装置的示意图,它由光源、起偏器、相位补偿器、检偏器和探测器 5 个部分组成,通过调节起偏器和相位补偿器的角度,可以将入射光转换成不同性质的椭圆偏振光。在常规的测量装置中,相位补偿器为 1/4 波片,图 5 - 13 给出了某椭圆偏振仪的实物照片。下面我们以常见的外延材料为例,来看一下反射光偏振特性的变化规律,以及如何利用这一特性来测量材料的性能参数。

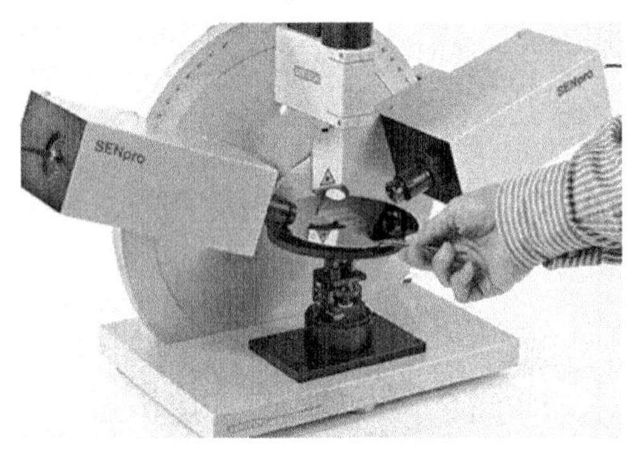

图 5 - 13　圆偏振仪的实物照片

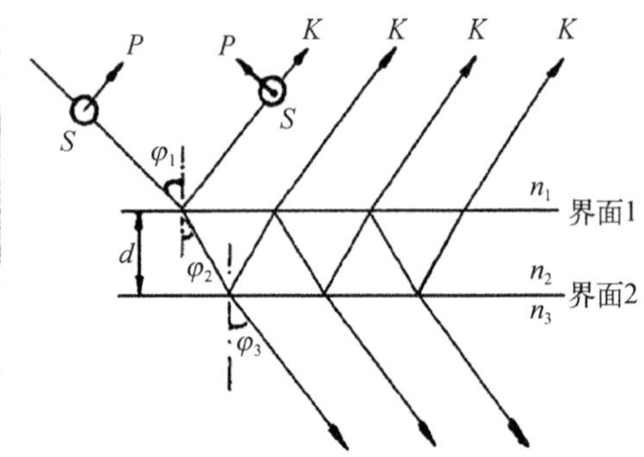

图 5 - 14　入射光在双界面结构材料中传播的示意图

图 5 - 14 为入射光在双界面材料体系中传播的示意图,折射率为 n_1的区域为空气层,n_2的区域为厚度为 d 的薄层材料,n_3的区域为无限厚的衬底材料(或衬底厚度对光的吸收已足够大),P 和 S 为椭圆偏振光电场矢量的两组相互垂直的偏振方向,P 分量落在入射光与样品法线组成的入射面内,φ_1 为光的入射角。根据多光束干涉的公式,P 分量、S 分量的总反射率和相位变化量分别为

$$R_p = \frac{r_{1p} + r_{2p}\exp(-2\mathrm{i}\delta)}{1 + r_{1p}r_{2p}\exp(-2\mathrm{i}\delta)} \tag{5-13}$$

$$R_s = \frac{r_{1s} + r_{2s}\exp(-2\mathrm{i}\delta)}{1 + r_{1s}r_{2s}\exp(-2\mathrm{i}\delta)} \tag{5-14}$$

$$\delta = \frac{\pi}{\lambda}2(n_2 + \mathrm{i}K_2)d\cos\varphi_2 \tag{5-15}$$

其中,r_i 为反射光电矢量分量的振幅的反射系数,它是 n_i、n_{i+1}、φ_i 和 φ_{i+1} 的函数,折射率实部和入射角之间满足方程:

$$n_1\sin\varphi_1 = n_2\sin\varphi_2 = n_3\sin\varphi_3 \tag{5-16}$$

在椭偏测试技术中,习惯于用反射率的 P 分量与 S 分量的比值 ρ 来衡量反射光的偏振特性,即

$$\rho = \frac{R_p}{R_s} = \tan \Psi e^{i\Delta} \tag{5-17}$$

式中，$\tan \Psi$ 和 Δ 分别为反射光的相对振幅衰减和相位偏移量，亦称椭偏角参数，它们与入射光和反射光的振幅 A 和位相 β 的关系为

$$\tan \Psi = \left(\frac{A_p}{A_s}\right)_r \Big/ \left(\frac{A_p}{A_s}\right)_i \tag{5-18}$$

$$\Delta = (\beta_p - \beta_s)_r - (\beta_p - \beta_s)_i \tag{5-19}$$

根据式(5-13)~式(5-19)，可以求得椭偏角参数（Ψ, Δ）与材料折射率、消光系数和材料厚度之间的关系，即根据 Ψ 和 Δ 的实验测量值，可获得材料的性能参数。当薄膜材料对入射光的吸收足够充分时（即入射光的波长远小于半导体材料的禁带宽度），多光束干涉效应将不存在，材料的介电常数与椭偏角之间将具有如下关系：

$$\varepsilon = \varepsilon_0 \sin^2\varphi\{1 + \tan^2\varphi[(1-\rho)/(1+\rho)]^2\} \tag{5-20}$$

实际测量时一般采用消光法来测量 Ψ 和 Δ，即通过旋转起偏器，使反射光成线偏振光，当检偏器的光轴垂直于偏振方向时，探测器检测到的信号达到最小（即消光），因产生消光的角度有两个，用这两组椭偏角参数（Ψ, Δ）计算出的材料参数的平均值作为测量值，可有效地消除测量的系统误差。

此外，在实际测量时，经常会遇到多层结构的薄膜材料，即使是单层膜，由于材料表面无法做到理想状态，表面损伤层也相当于一层性能特殊的表面层，这样，对薄膜反射特性进行计算时会多出一组可变参数。为此，实际测量时一般都会对椭偏角参数（Ψ, Δ）做光谱扫描，并通过对光谱曲线的理论拟合来最终确定各层材料的各项性能参数，图 5-15 是用椭圆偏振光谱技术测量碲镉汞材料椭偏角参数的一个实验结果。

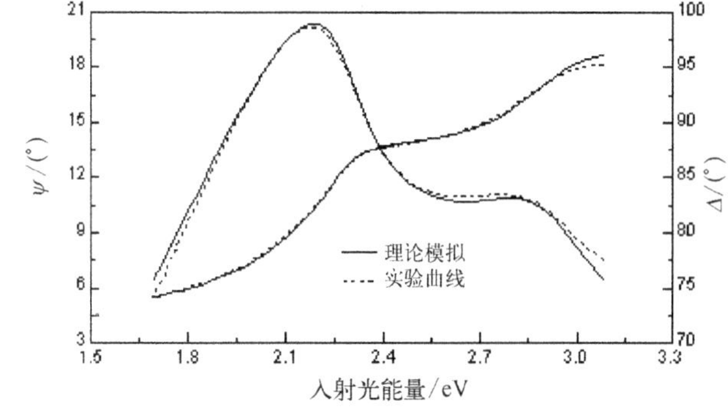

图 5-15 碲镉汞材料的椭圆偏振光谱及其拟合曲线

5.2.4 散射光谱的测量

偏离反射定律的反射光被定义为散射光，光的散射分为弹性散射和非弹性散射。弹性散射是指散射光与入射光的光子在波长或频率上完全相同，一般发生在粗糙的材料表面，散射光的特性与粗糙表面的微粒尺寸 a 有关。当表面微粒线度小于十分之一波长时，散射光的强度与波长的四次方成反比，这样的散射称为瑞利散射。而当微粒线

度接近或大于波长λ时，散射光的强度将随 a/λ 发生起伏，偏振度则随之减小，这样的散射称为米氏散射，米氏散射可用于检测亚微米尺度的材料表面缺陷(见 5.4.3 节)。

非弹性散射是光与材料内元激发相互作用的结果，它也有两种基本的类型，即布里渊散射和拉曼散射(图5－16)。布里渊散射是入射光与材料内弹性波(声学声子)和磁振子等元激发发生相互作用后产生的散射，反射光频率大约发生 0.1 cm^{-1}(波数)的变化。拉曼散射是光子与材料中的光学声子发生作用后产生的散射，散射光发生红移的效应为拉曼斯托克斯效应，反之，则为反拉曼斯托克斯效应。半导体材料中的元激发(尤其是靠近基态的低激发态)往往与材料的原子结构、组成、杂质浓度和应力等特性密切相关，通过测量散射光频率的位移量，即材料中元激发的频率 ω，可以获得许多有用的材料性能参数。例如，根据拉曼散射的测量结果可以清楚地区分出单原子层石墨烯和多原子层石墨烯。拉曼测量的设备由激光光源和光谱仪组成，采用激光共聚焦的方法，可实现材料微区拉曼光谱的测量。当把被测材料沉积在金属材料的表面时，光与金属表面电子形成的等离子激元可大幅度增强拉曼效应，亦称表面增强型拉曼散射(SERS)。

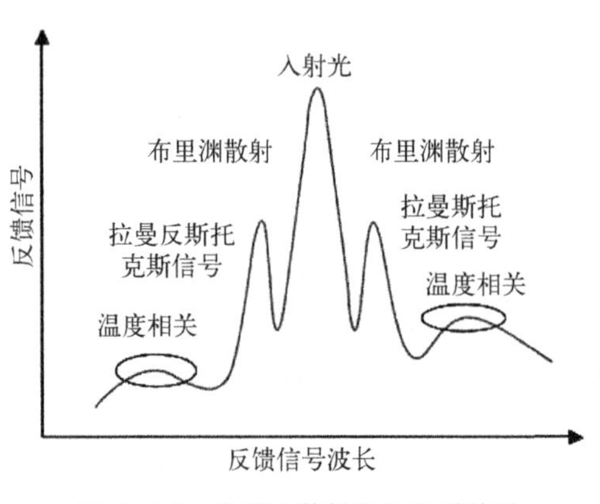

图 5－16　非弹性散射光的光谱特性

5.2.5　光荧光光谱的测量

光荧光是光致发光的俗称，它是材料中的电子从外界光源获得能量，跃迁至激发态，并通过辐射复合(跃迁至基态或其他较低的能级)而发光的现象。利用光荧光测量材料性能是一种无损的测量技术，应用非常广泛。图 5－17 是光荧光光谱测量的原理图，其光源的光子能量应大于被测材料发生辐射复合的能级差，因受吸收系数的影响，测量参数主要反映的是材料表面层(厚度为穿越深度)的性能，激发光源的波长越短，入射角越小，越能反映材料近表面的特性。光荧光光谱经常被用于测量和研究材料的禁带宽度(带间复合)、杂质能级(杂质与本征能带间的复合和 A-D 对复合)和激子束缚能(激子复合)等材料性能参数(图 5－18)，带间复合的发光强度也可用于评价材料非辐射复合(俄歇复合和 SRH 复合等)的强弱。

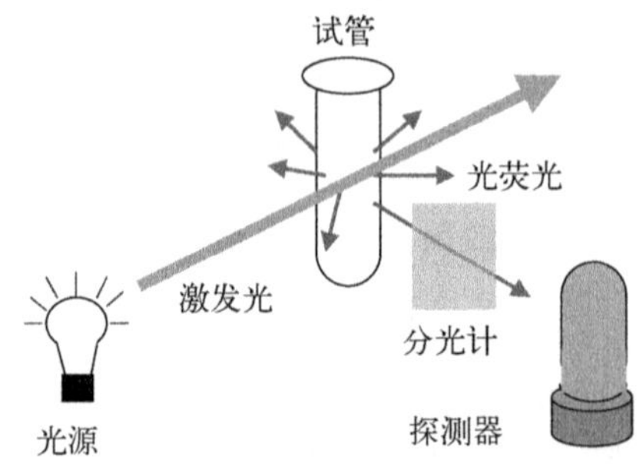

图 5－17　光荧光光谱的测量原理

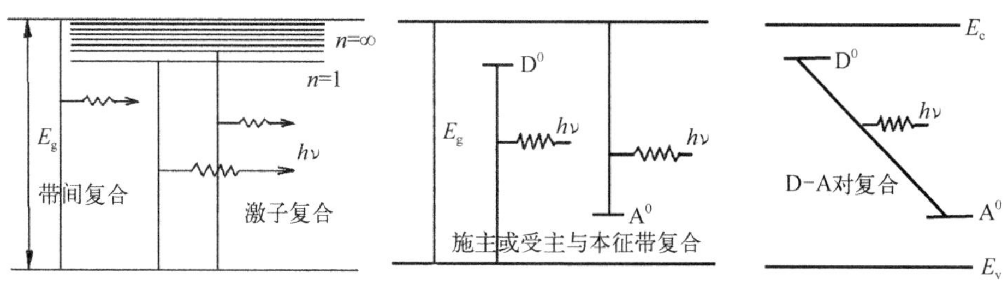

图 5-18 用光荧光光谱测量材料内发生的辐射特性,以获取材料的能带结构和缺陷能级等性能参数

5.2.6 阴极荧光光谱的测量

荧光可以通过光激发产生,也可通过电子激发产生,由电子激发产生的材料发光光谱称为阴极荧光光谱(cathodoluminescence spectroscopy, CL),它是利用电子束将半导体材料价带上的电子激发到导带,并通过探测被激发电子重回价带时(或通过间接跃迁的方式重回价带时)发出的光来获得半导体材料的特征光谱,进而获得材料禁带宽度、激子能量和缺陷能级等信息。图 5-19 是在 ZnO 纳米线上测量到的 CL 光谱。

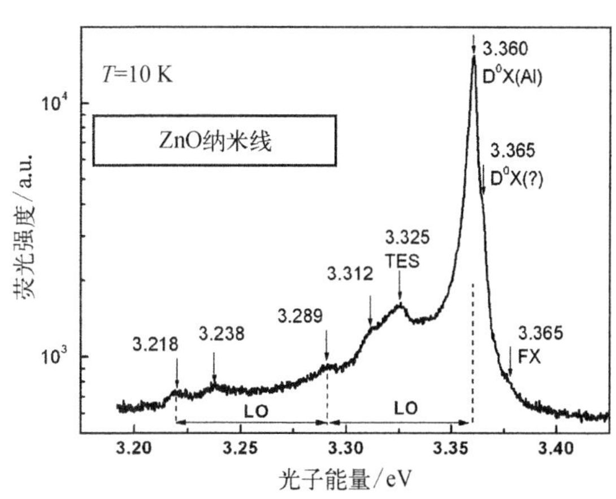

图 5-19 在 ZnO 纳米线上测量到的 CL 光谱

CL 光谱通常是扫描电镜附属的一个测量模块,它利用扫描电镜的电子束作为激发源。利用电子束特有的聚焦能力和扫描能力,它能在进行表面形貌分析的同时,在指定区域(微区)对半导体材料的发光特性进行测量,尤其适合于各种半导体异质结、量子阱、量子线、量子点等材料发光性能的研究。CL 光谱还能通过调节入射电子的能量,使电子进入到样品的不同深度,从而观测到样品表面以下的材料性能,缺点是高能电子有可能对表面产生损伤。

5.3 电学性能的测量

光子与电子的相互作用与材料的光学性质相关,而自由载流子或束缚电子在实空间的迁移和 $\boldsymbol{k}$ 空间的非辐射跃迁则与材料的电学性质有关。材料电学性能的测量就是对材料中电子迁移和跃迁所产生物理效应进行测量,并由此得到衡量材料电学性能的相关参数。

5.3.1　电阻率的测量

理论上讲,将半导体材料加工成截面积均匀的长条样品(长度 $L \gg$ 面积 S 的平方根),并测量出样品的 $I-V$ 曲线,即可根据公式:

$$R = \frac{V}{I} = \rho \frac{L}{S} \tag{5-21}$$

测量出材料的电阻和电阻率。但是,这样的测量技术在实际应用中有很大的局限性。首先,它是一种破坏性的测量技术,其次,为了保证测量精度,需耗费较多的材料和加工成本,再有,它无法对材料电阻率的面分布进行有效的测量。因此,在实际工作中,材料电阻率的测量经常采用四探针法和二探针扩展电阻法。

1. 四探针电阻率测量法

在四探针法中,四根探针可以是直线排列,也可以是方形排列。以直线排列的四探针为例[图 5-20(a)],图中四根探针之间的距离分别 S_1、S_2 和 S_3,测量时在探针 1 和 4 之间施加恒定的电流 I,并测量出探针 2 与 3 之间的电压 V,当样品尺寸和厚度数倍大于探针的间距时(相当于样品为半无限大),探针 1 和 4 可以看作是点电流源,其周边电力线的分布近似为球面对称分布[图 5-20(b)],电场的大小可用式(5-22)来描述:

$$E = \frac{I\rho}{2\pi r^2} \tag{5-22}$$

式中,ρ 和 r 分别为材料的电阻率和离开探针的距离。通过计算探针 2 和 3 处电

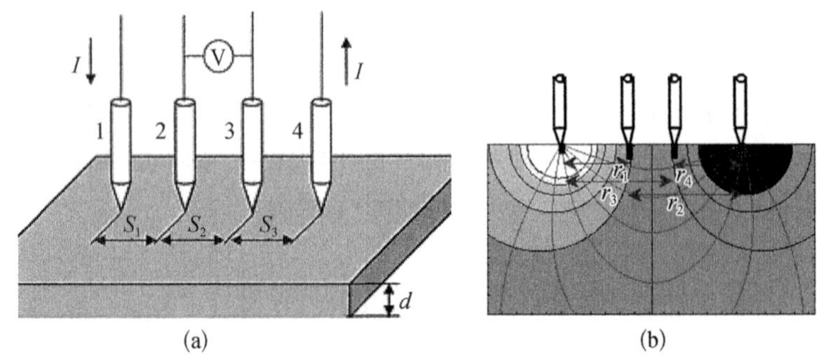

图 5-20　四探针法测量材料电阻率的方法

(a) 四探针的位置;(b) 探针周围的电场与电位分布

位,即可得到材料电阻率与测量值之间的关系:

$$\rho = C\frac{V}{I} \tag{5-23}$$

式中,

$$C = \frac{2\pi}{\frac{1}{S_1}+\frac{1}{S_3}-\frac{1}{S_1+S_2}-\frac{1}{S_2+S_3}} \tag{5-24}$$

对于薄膜材料或有 pn 结隔离的表面扩散层材料(材料厚度远小于探针间距的 1/2),电阻率的计算公式将改为

$$\rho = 2\pi d\ln\left[\frac{S_1 \cdot S_3}{(S_1+S_2)(S_2+S_3)}\right]\cdot\frac{V}{I} \tag{5-25}$$

如果采用方形排列,上述计算公式需做相应的修改。当探针为等间距时,上述公式可做相应的简化。在半导体器件工艺中,薄膜的电阻率也经常使用方块电阻来评价:

$$R_{\square} = \rho/d \tag{5-26}$$

四探针法测量时应选择合适的电流,并避免光的照射,以防止电注入或光注入在材料中激发出大量的非平衡载流子或引起材料温度的升高。另外,选择探针与材料表面的接触方式和接触压力也很重要,既要保证接触电阻不会因振动而增大,也要尽量减小接触对材料产生损伤。在测量宽禁带的高阻材料时,则要注意表面金/半接触是否会形成肖特基势垒,以及肖特基结对测试结果的影响。测量低阻材料时,要注意是否存在接触电阻对测量结果的干扰。

2. 二探针扩展电阻法

根据点电流源电场分布式(5-22),由间距为 r 的二探针(点接触式)测量出的扩展电阻 R ($R = V/I$) 约为

$$R = \frac{\rho}{2\pi r_0} \tag{5-27}$$

式中,r_0为探针与半导体材料的接触半径,触点以外到半径为 r 的材料对电阻的贡献只占到总电阻的 r_0/r,对于接触半径在 20 μm 左右探针,测量到的电阻主要反映了接触点附近 100 μm 范围内的材料电阻率,因此,根据二探针法测量出的材料电阻率为样品表层材料的电阻率。由于探针在与半导体材料接触时会产生一定的形变,实际接触面更接近于半径为 a 的圆盘,扩展电阻也更接近:

$$R = \frac{\rho}{4a} \tag{5-28}$$

其中，

$$a = 1.1\left[\frac{1}{2}Fr_0\left(\frac{1}{E_1} + \frac{1}{E_2}\right)\right]^{1/2} \tag{5-29}$$

式中，F 是探针的压力，E 为两种材料的杨氏模量。

基于扩展电阻的特点，二探针扩展电阻法可用于测量材料电阻率的微区分布，例如，我们可以用这一方法对表面扩散层的电阻率分布进行测量，测量时将表面扩散层磨出一个斜面，并按一定的步距移动探针，测量出电阻随位置的变化，进而求得材料电阻率的深度分布，或进一步推算出材料的载流子浓度分布。扩展电阻测量法的误差主要来自探针与半导体材料之间的接触势垒和有效接触半径的波动。

当测量半导体材料电阻率的接触电极不满足欧姆接触条件，且接触电阻不可忽略时，材料电阻率的测量值将受到电极接触电阻的影响。反映接触电阻特性的参数为比接触电阻率，它是单位电流密度变化在电极两端形成的电压差（dV/dJ）。比接触电阻率常采用传输线模型进行测量，具体又分为矩形传输线模型、圆环传输线模型和圆点传输线模型三种测量方法。

3. 非接触式电阻测量法

探针法的优点是电阻率的测量精度很高，但也有比较大的局限性，扩展电阻法的探针会对材料表面产生损伤，探针法虽不破坏测试样品，但金/半机械式接触对测量区域的材料表面性能仍会产生一定的影响。为了不对材料的质量造成影响，半导体工艺线上的在线检测大都采用非接触的测量方式，常用的测量方法有涡电流测量法、时域电荷测量法和介质谐振器法。此外，热波法、微波反射法和表面光电压法也可用于材料电阻率的测量，这些方法将在其他章节中进行介绍。

涡电流测量法是用高频线圈产生的交变磁场作用于半导体材料（图 5-21），使材料内部产生涡电流（eddy 电流），涡电流的大小及产生的电能损耗与材料的电阻率相关。仪器的输出信号正比于损耗在材料上的电能，因能量损耗的极大值出现在金属和绝缘体之间的某一特征电阻率的位置，材料电阻率的确定还需借助线圈工作频率与输出信号的关系来判定。涡电流法选用的线圈振荡频率有一定的范围（$10^5 \sim 10^{11}$ Hz），具体范围由被测材料的特性来决定。

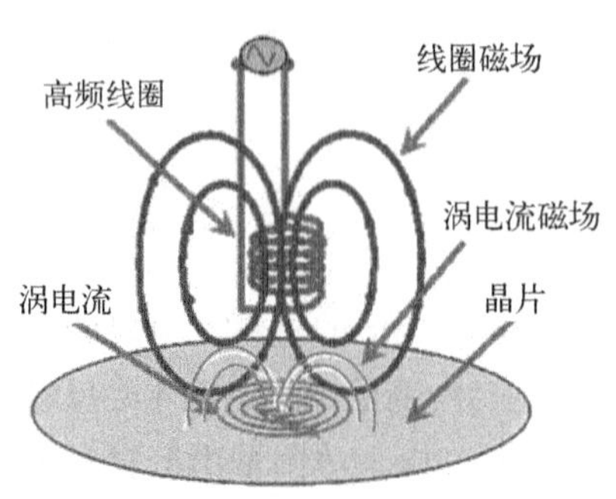

图 5-21　涡电流法测量材料电阻率的原理图

时域电荷测量法（TDCM）和介质谐振器法

(DR)也是两种常用的晶片电阻率及其面分布的在线检测方法[4-5]。时域电荷测量法将晶片置于金属平板之间,在脉冲电压信号的作用下,测量平板电容上电荷量随时间的变化,其变化规律与晶片的电导率(在介电常数的虚部中起主导作用)相关,该方法对电阻率在 $10^6 \sim 10^9 \Omega \cdot cm$ 之间的材料有很高的测量精度。介质谐振器法则是将晶片嵌入微波谐振器,晶片电导率的大小将影响到谐振器的特性参数(共振频率和 Q 因子),介质谐振器又分为分离式谐振器和单柱式谐振器两种,前者适用于电阻率在 $10^2 \sim 10^4 \Omega \cdot cm$ 之间的材料,后者适用于电阻率在 $10^{-5} \sim 10^2 \Omega \cdot cm$ 之间的材料。

5.3.2 载流子特性的测量

电阻率是材料的重要电学参数,但决定材料电阻率内在性能物理参数是材料中的载流子浓度和迁移率,它们之间的相互关系为

$$\sigma = \frac{1}{\rho} = nq\mu_e + pq\mu_h \tag{5-30}$$

式中,σ 为材料的电导率。载流子浓度和迁移率对其他材料电学性能参数以及半导体器件的性能都有很大的影响。测量材料载流子浓度和迁移率的经典方法是霍尔效应测量法,也有其他一些方法可用于材料载流子浓度的测量,如表面光电压法、$C-V$ 法、透射光谱法和热波法等,再结合材料电阻率的测量,可进一步获得载流子的迁移率。

1. 霍尔效应测量法

霍尔测量技术的发展已很成熟,高端设备可实现深低温(1 K 以下)和强磁场(超过 20 T)条件下的测量,常规测试设备则已能做的非常简单,即由一个样品架、一块永磁体(磁场强度可达 1 T)和一台笔记本电脑组成,需要时增加一个可加热的样品架或可灌液氮的样品槽,用于不同温度下材料电性能的测量。

霍尔效应的具体表述为,当外加磁场和电流成直角时,在材料中与电流和磁场相垂直的方向上会产生电场 E_H,电场的强度与电流 I 和磁场强度 B 的乘积成正比,即

$$E_H = \frac{V_H}{w} = \frac{R_H IB}{wd} \tag{5-31}$$

式中,V_H 为样品两端的霍尔电压,R_H 为霍尔系数,w 和 d 分别为样品的宽度和厚度。以长条形样品的标准测量法为例[图 5-22(a)],霍尔电压 V_H 为 AB 两端的电压。霍尔测量是在稳态条件下进行的,此时,运动速率为 $\boldsymbol{v}$ 的载流子受到的洛仑茨力等于霍尔电场对载流子的作用力,即

$$F = q(E_H + v \times B) = 0 \tag{5-32}$$

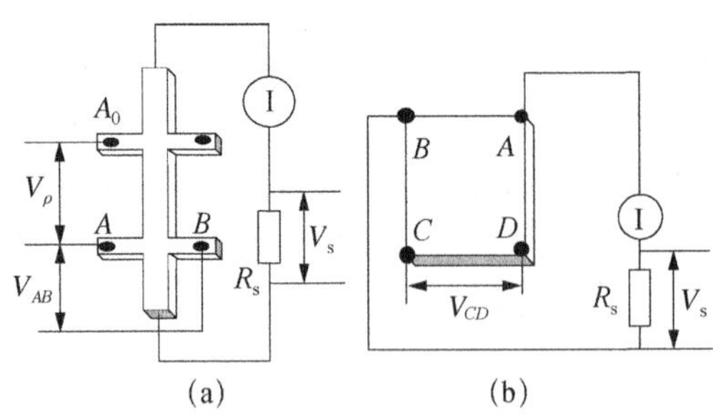

图 5-22　霍尔测量的样品结构和样品上电极的位置

(a) 标准测量法的条状样品；(b) 范德堡测量法的方形样品

霍尔测量中的另一个测量参数为材料的电阻率或电导率，它是通过测量图 5-22(a) 中样品上 A_0A 之间的电压 V_ρ 获得的，即

$$\rho = \frac{S}{L}\frac{V_\rho}{I} \tag{5-33}$$

式中，S 和 L 分别为长条形样品的截面积和长度。

在进行霍尔测量时，还有两个经常使用的参数，即霍尔浓度 C_H 和霍尔迁移率 μ_H，它们是根据测量值霍尔电压和电导率推算出来的参数，霍尔浓度与霍尔系数的关系为

$$C_H = \frac{1}{qR_H} \tag{5-34}$$

如果考虑到磁场对材料能带结构影响，式(5-34)将改写为

$$C_H = \frac{r}{qR_H} \tag{5-35}$$

式中，修正系数 r 一般在 0.5 到 1.5 之间，当磁场足够高时，r 接近于 1。霍尔迁移率 μ_H 的定义为

$$\mu_H = R_H\sigma \tag{5-36}$$

伴随霍尔效应产生的还有爱廷豪森效应、能斯脱效应和里纪-勒杜克效应，为了消除这些效应对测量结果的影响，需对不同电流和不同磁场方向下的霍尔电压进行测量，并取这些测量值的平均值为材料霍尔电压的测量值：

$$V_H = \frac{1}{4}[V_H(+I,\ +B) - V_H(-I,\ +B) + V_H(-I,\ -B) - V_H(+I,\ -B)] \tag{5-37}$$

由于标准测量法使用的长条样品对材料形状和结构尺寸均有一定的要求，样品制备也比较麻烦，为了解决这一问题，范德堡提出了在四重对称性较好的一般样品上进行霍尔参数测量的方法，俗称范德堡法[6]。试样可以是方形的[图 5-22(b)]，也可以是圆形的，试样上的四个电极对称地做在样品的四个角上。

测量时先在 AB 之间通电流 I，测霍尔电压 V_{CD}，按照正电流正磁场、负电流正磁场、负电流负磁场和正电流负磁场四种组合测得 V_{CD1}、V_{CD2}、V_{CD3}、V_{CD4}，并由此得到霍尔系数 R_{H1}：

$$R_{H1}=\frac{1}{4}(V_{CD1}/V_{s1}-V_{CD2}/V_{s2}+V_{CD3}/V_{s3}-V_{CD4}/V_{s4})R_s d/B \tag{5-38}$$

然后，在 CD 之间通电流，测霍尔电压 V_{AB}，得到霍尔系数 R_{H2}：

$$R_{H2}=\frac{1}{4}(V_{AB1}/V_{s1}-V_{AB2}/V_{s2}+V_{AB3}/V_{s3}-V_{AB4}/V_{s4})R_s d/B \tag{5-39}$$

R_{H1} 和 R_{H2} 差值小于 10%说明样品具有较好的横向均匀性，其平均值：

$$R_H=\frac{1}{2}(R_{H1}+R_{H2}) \tag{5-40}$$

即为材料霍尔系数的实验测量值。

电阻率的测量方法是，分别在 AB 和 AD 之间通电流，测量相应的另外一对电极在正电流和负电流下的电压 $V_{CD}(+I)$、$V_{CD}(-I)$、$V_{BC}(+I)$ 和 $V_{BC}(-I)$，求得材料的电阻率为

$$\rho_1=\frac{\pi}{4\ln 2}[V_{CD}(+I)+V_{BC}(+I)+V_{CD}(-I)+V_{BC}(-I)]\frac{df}{I} \tag{5-41}$$

式中，f 为修正因子。然后，在 CB、CD 之间通电流，求得材料的电阻率为

$$\rho_2=\frac{\pi}{4\ln 2}[V_{AD}(+I)+V_{AB}(+I)+V_{AD}(-I)+V_{AB}(-I)]\frac{df}{I} \tag{5-42}$$

取电阻率测量的平均值为材料的电阻率：

$$\rho=(\rho_1+\rho_2)/2 \tag{5-43}$$

修正因子 f 由式(5-44)确定：

$$\frac{Q-1}{Q+1}=\frac{f}{0.693}\operatorname{arccos}h\left[\frac{1}{2}\exp\left(\frac{0.693}{f}\right)\right] \tag{5-44}$$

式中的 Q 值为

$$Q_A=[V_{CD}(+I)+V_{CD}(-I)]/[V_{BC}(+I)+V_{BC}(-I)] \tag{5-45}$$

或

$$Q_B=[V_{AD}(+I)+V_{AD}(-I)]/[V_{AB}(+I)+V_{AB}(-I)] \tag{5-46}$$

修正因子 f 是评价样品对称性(含电极特性)好坏的参数,理想状态下的修正因子为 1,正常样品的修正因子应大于 0.9,如该因子偏离 1 过大,测量值的有效性将值得怀疑。在实际测量过程中,样品和电极分布的对称性一般不会对修正因子产生严重的影响,主要问题常常出在电极欧姆接触不良所引起的不对称性上。

采用范德堡法时,电极尺寸要小,位置要尽量靠边缘,四个电极的分布应尽量对称。如采用焊接方式引出电极引线,电极尺寸应控制在亚毫米尺度,薄膜样品(厚度在微米数量级)的尺寸一般要求大于 5 *mm*×5 *mm*。

霍尔测量得到的是霍尔浓度和霍尔迁移率,它们并不一定等于材料中的载流子浓度和迁移率,两者之间的关系可以分 4 种情况来讨论。

(1) 单一载流子导电的情况

单一载流子导电时,材料的载流子浓度和迁移率就等于测量到的霍尔浓度和霍尔迁移率,根据霍尔电压的极性可以进一步判定载流子的导电类型(电子导电或空穴导电)。

(2) 电子与空穴同时起作用的情况

当电子与空穴对霍尔效应同时起作用时,载流子浓度和迁移率与霍尔参数的关系为[7]

$$R = \frac{1}{q}\frac{(\mu_h^2 p - \mu_e^2 n) + \mu_e^2\mu_h^2(p-n)B^2}{(\mu_h p + \mu_e n)^2 + \mu_e^2\mu_h^2(p-n)^2B^2} \tag{5-47}$$

$$\rho = \frac{1}{q}\frac{\mu_h p + \mu_e n + \mu_e\mu_h(\mu_e p + \mu_h n)B^2}{(\mu_h p + \mu_e n)^2 + \mu_e^2\mu_h^2(p-n)^2B^2} \tag{5-48}$$

由于半导体材料的电子迁移率一般远大于空穴迁移率,当 P 型材料的本征载流子浓度较高的时候,作为少数载流子的电子就有可能对霍尔参数产生影响。为了消除少数载流子的影响,可以通过降低样品温度来减小少子浓度,或者根据公式把磁场加大,以降低少子的影响。图 5－23 是通过降温和增加磁场来测量 P 型碲镉汞材料载流子的实际例子。从理论上讲,我们也可以通过测量霍尔参数随温度或磁场的变化关系,并根据霍尔参数与温度和磁场的依赖关系,通过拟合求出载流子浓度和迁移率,但所得材料参数经常会有很大的误差。

(3) 多种载流子导电的情况

多种载流子导电的情况会出现在多能谷(多个导带极小值)的半导体材料中,当载流子浓度较高时,不同能谷中有可能同时拥有数量可观的载流子,不同能谷中的载流子因有效质量的不同而导致迁移率出现差异。对于两种以上载流子同时起导电作用的材料,可通过测量材料迁移率谱来分析材料中载流子的性能(包括导电类型、浓度和迁移率)[9],迁移率谱的计算公式为

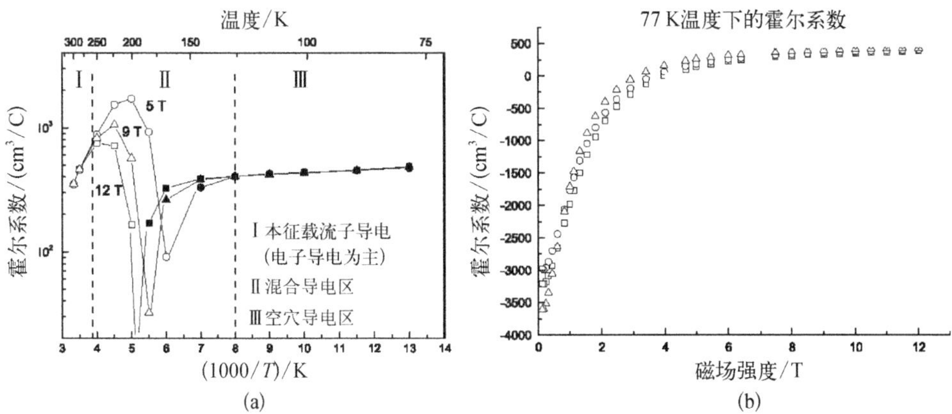

图 5-23 碲镉汞材料霍尔系数随温度(a)和磁场(b)的变化曲线[8]

$$\boldsymbol{\sigma}_{xx}(B)=\int_{-\infty}^{\infty}\frac{s(\mu)}{1+\mu^2B^2}\mathrm{d}\mu \tag{5-49}$$

$$\boldsymbol{\sigma}_{xy}(B)=\int_{-\infty}^{\infty}\frac{s(\mu)\mu B}{1+\mu^2B^2}\mathrm{d}\mu \tag{5-50}$$

式中，$\boldsymbol{\sigma}_{ij}$ 为材料的电导率张量，s(μ)称为迁移率为 μ 的电导率密度谱，亦称迁移率谱，其表达式可写为

$$s(\mu)\propto\sum{}_j n_j q\mu_j\delta(\mu-\mu_j) \tag{5-51}$$

当材料中存在某种迁移率为 μ_j 的载流子时，在迁移率谱上将出现一个峰。

根据 *Boltzmann* 方程，导电率张量和霍尔参数的关系为

$$R(B)=\frac{\sigma_{xy}/B}{\sigma_{xx}{}^2+\sigma_{xy}{}^2} \tag{5-52}$$

$$\rho(B)=\frac{\sigma_{xx}}{\sigma_{xx}{}^2+\sigma_{xy}{}^2} \tag{5-53}$$

通过测量材料霍尔参数 R 和 ρ 与磁场强度的关系，可从实验上得到若干组不同磁场下的导电率张量，通过引入一定的算法(如熵最大计算法)即可计算出材料的迁移率谱[10]。

需要注意的是，材料电学参数的不均匀分布和界面(尤其是表面)区域材料电学性能的差异也会对材料的霍尔参数产生影响，因此，对材料迁移率谱测量所得到的结果以及各种载流子的起源需做认真的分析和确认。

(4) 电学性能纵向非均匀分布的情况

半导体材料经常存在纵向分布不均匀的情况,如果是整个材料的导电都是同种类型的载流子为主,理论上可将材料分割成 n 层薄片,每一层材料的霍尔系数和电导率用 R_j 和 σ_j 表示,将第 1 层到第 j 层合在一起后,整个材料的霍尔系数和电导率用 $R(j)$ 和 $\sigma(j)$ 表示,则它们之间的关系为[11]

$$R(j+1) = \frac{\{\sigma^2(j)R(j)(1+\sigma_{j+1}{}^2R_{j+1}{}^2B^2)d(j)+\sigma_{j+1}{}^2R_{j+1}[1+\sigma^2(j)R^2(j)B^2]d_{j+1}\}d(j+1)}{[\sigma(j)d(j)+\sigma_{j+1}d_{j+1}]^2+\sigma_{j+1}{}^2\sigma^2(j)[R(j)d_{j+1}-R_{j+1}d(j)]^2B^2} \tag{5-54}$$

$$\sigma(j+1) = \frac{[\sigma(j)d(j)+\sigma_{j+1}d_{j+1}]^2+\sigma(j)^2\sigma^2{}_{j+1}[R(j)d_{j+1}+R_{j+1}d(j)]^2B^2}{d(j+1)\{\sigma(j)d(j)+\sigma_{j+1}d_{j+1}+\sigma_{j+1}\sigma(j)[\sigma_{j+1}R^2{}_{j+1}d(j)+\sigma(j)R^2(j)d_{j+1}]B^2\}} \tag{5-55}$$

如果每一层又有多种载流子参与导电,非均匀材料霍尔参数的计算公式又将改写为[12]

$$R = \frac{\sum_{k,j}\frac{d_j}{d}\sigma_{kj}^2R_{kj}(1+\mu_{kj}^2B^2)^{-1}}{\left[\sum_{k,j}\frac{d_j}{d}\sigma_{kj}(1+\mu_{kj}^2B^2)^{-1}\right]^2+B^2\left[\sum_{k,j}\frac{d_j}{d}\sigma_{kj}^2R_{kj}(1+\mu_{kj}^2B^2)^{-1}\right]^2} \tag{5-56}$$

$$\sigma = \sum_{k,j}\left(\frac{d_j}{d}\right)\sigma_{kj} \tag{5-57}$$

式中,j 代表每一层,k 代表载流子的种类。从原理上讲,采用表面腐蚀剥离的办法,并运用上述公式可以将非均匀材料每一层的霍尔参数都测量出来,但应用这一方法时一定要考虑实验测量结果的误差,产生误差的因素包括霍尔测量本身的误差、剥层技术对厚度的偏差、腐蚀产生的表面层效应和边缘效应等。

如果非均匀材料中存在 *pn* 结,*P* 型层与 *N* 型层之间会有势垒和回形电流存在, *Larrabee* 等采用等效电路模型对材料霍尔参数进行了理论计算[13],但是,在实际应用中,等效电路中的参数很难确定,由此造成分析结果存在很大的误差。尤其是针对 *P* 型薄膜半导体材料,由于电子迁移率远高于空穴迁移率,由表面氧化层、损伤层或表面态(或界面态)所生成的反型层很容易对 *P* 型薄膜材料的测量结果产生显著的影响,判断这一影响是否存在的依据是其霍尔参数与均匀材料的特性是否相吻合。

根据以上对材料霍尔参数的介绍可以看出,霍尔浓度仅仅是一个测量参数,霍尔浓度、载流子浓度、施主浓度、掺杂浓度是四个不同的材料性能参数,它们之间的关系为

1）只有当材料电学性能呈均匀分布时,材料才具有单一的性能参数,霍尔参数与材料性能参数之间才具有对应的关系;

2）只有当霍尔参数不随磁感应强度变化而变化时,霍尔浓度才等于载流子浓度,即

$$n,\ p = \frac{1}{qR_{\mathrm{H}}} \quad \mu_{n,\ p} = \frac{R_{\mathrm{H}}}{\rho} \tag{5-58}$$

3）只有当材料中载流子浓度远大于少数载流子浓度时,载流子浓度才等于电子浓度或空穴浓度;

4）只有当材料中施主和受主相互补偿可以忽略时,载流子浓度才等于施主浓度或受主浓度;

5）只有当测量温度下载流子浓度不随温度变化时,即载流子冻出效应可以忽略时,电离的施主浓度或受主浓度才等于掺杂浓度。如果此时(低温下)施主或受主已不再完全电离,施主(或受主)浓度(即霍尔浓度)也将不再等于材料的杂质浓度,霍尔浓度随温度的变化将与施主(或受主)能级(亦称激活能)呈指数关系,这一关系的测量结果常被用作判定杂质能级的依据。

霍尔效应除了常用的接触式测量方式外,也可采用非接触式的测量方式,例如,从微波的反射信号中也可测量到材料的霍尔效应,并计算出材料的载流子浓度和迁移率,测量的原理和方法见 5.3.5 节。

2. 其他测量方法

除了霍尔效应测量法外,通过在半导体材料表面制备 *MIS* 结或肖特基结,并通过测量结的 C－V 曲线也可对材料的载流子浓度进行测量,C－V 曲线与材料载流子浓度的关系在半导体物理中有详细的论述。但是,这些方法对材料而言也都是破坏性的,不能满足工艺线对材料进行在线检测的要求。工艺线上经常使用的方法有涡电流测量法、微波反射法和表面光电压法,对高掺杂浓度的材料(如离子注入后的表层材料),光透射法和热波法是常用的在线检测方法。光透射法利用载流子带内跃迁相关的吸收与载流子浓度的关系,通过测量特定波长处的材料透过率来测量材料的载流子浓度,测量方法与前面介绍的透射光谱测量法相类似。热波法的基本原理是热波效应,常用于对材料缺陷的检测,该方法将在材料缺陷性能测量部分进行介绍。

5.3.3　表面光电压测量技术

表面光电压(SPV)是固体表面的一种光生伏特效应,是光致电子跃迁的结果,表面光电测量技术就是测量光致材料表面电压来分析材料性能的一种测量技术,是研究半导体性能参数的一种有效途径。表面光电压测量技术可用于测量材料的载流子浓度、少数载流子的扩散长度、少子寿命以及与少子寿命相关的杂质浓度等材料电学性能参数。

图 5－24 是表面光电压测量装置的原理图,它由金属探针、光源和电子学系统所组成。金属探针被放置在样品上方且非常靠近材料表面的位置,常用的电极有 Kelvin 和 Monroe 两种类型,图 5－25 是由 Kelvin 探针构成的电学测量系统的示意图,由于金属电极(通常为 Au 探针)与半导体材料在功函数上存在差异,当振动的电极靠近材料表面时,半导体材料表面的能带将发生弯曲[图 5－26(a)],形成表面接触电势 V_s,并引发空间电荷区。与此同时,探针电极上将产生电流,随着探针的振动,形成一个交变的电流输出信号 I_{ac}。如果在 Kelvin 探针上施加一个偏置电压 V_b,并使其等于表面接触电势 V_s,探针上的输出信号将减小到零。此时,若有一束稳定的光源(光子能量大于禁带宽度)照射到材料表面,它所激发出的载流子将在内电场的作用下发生迁移,使材料表面处的能带和空间电荷区发生改变,即在材料表面形成光电压 δV_s[图 5－26(b)],Kelvin 电极上又将输出一个与光电压大小相关的交流信号。通过调整偏置电压,将输出信号再次减小到零,光电压的大小将与偏置电压相关联。光电压的测量也可使用另一种方式,即使用调制盘调制入射光束(图 5－24),在固定的金属探针上输出一个与交变的光电压相关的交流信号。

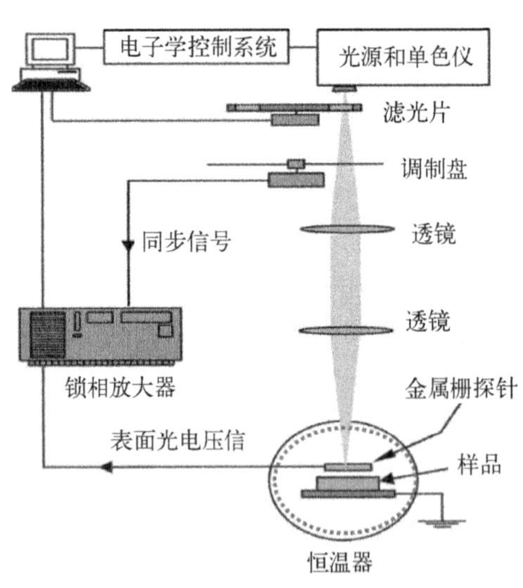

图 5－24　表面光电压测量装置的原理图

除了上述介绍的稳态测量法之外,对光电压的测量还有一些其他方式,如瞬态法、光谱法和显微分布测量法等。瞬态法是测量光照停止后表面光电压随时间的变化曲线,它可获得材料的少子寿命;光谱法是测量表面光电压随入射光波长的变化关系,它可用于研究材料的功函数、杂质能级和电离状态等特性;显微分布测量法主要用于检测材料中缺陷的性质、分布和密度等材料性能参数。

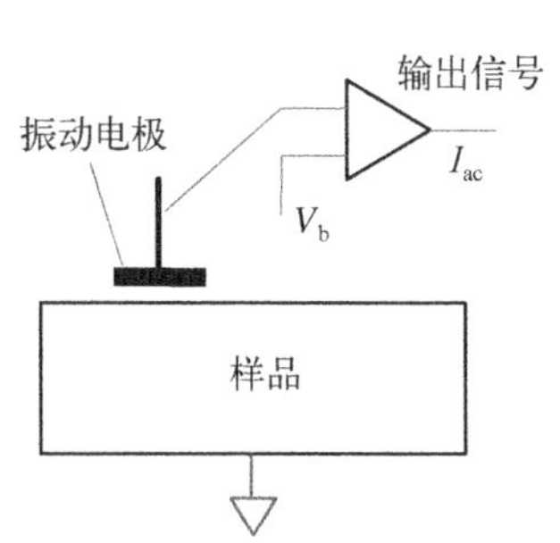

图 5-25 Kelvin 探针构成的电学测量系统的示意图

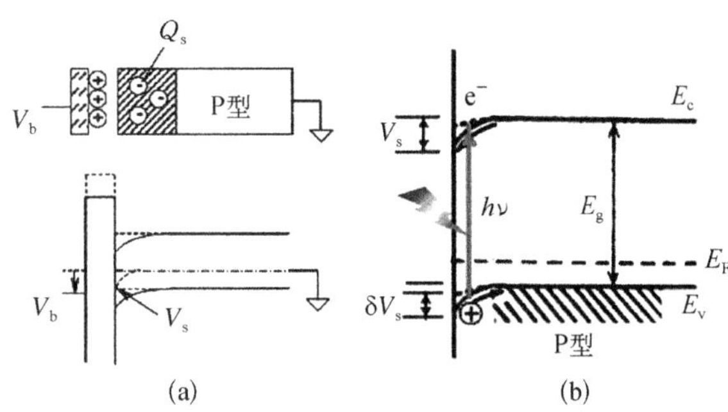

图 5-26 材料表面光电压的形成机理

5.3.4 光电导衰退法测量技术

光电导衰退(PCD)测量技术是测量半导体材料少子寿命的一种最直接的测量技术,它采用脉冲激光照射材料表面,能量大于材料禁带宽度的注入光子将在材料中以本征激发的方式激发出非平衡载流子,通过测量脉冲过后材料电导率随时间的变化曲线,来分析载流子的复合机制,并推算出材料的少子寿命。图 5-27 是测量装置的示意图,测量用的样品为长条材料,激光照射在样品的中间区域,材料两端加一定的偏置电压,从样品一端的电极上引出测量信号(如电流信号)。为避免扫出效应对测量结果的影响,激光照射的区域与信号引出电极之间的距离应当大于数倍的少子扩散长度。

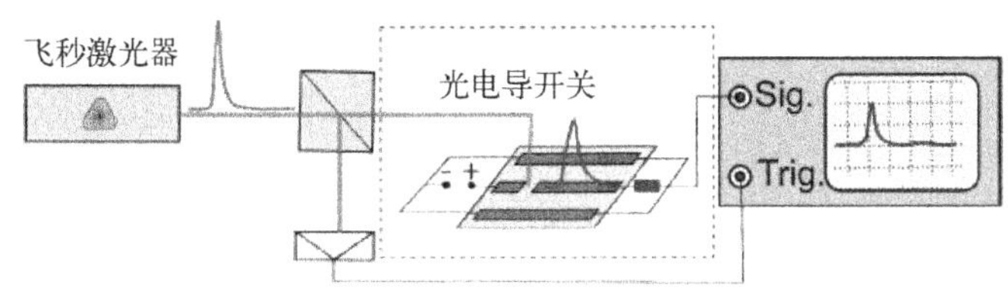

图 5-27 材料光电导衰退测量的原理示意图

在小注入条件下,非平衡载流子浓度的复合速率与非平衡载流子浓度成正比,而与少子寿命 τ 成反比,即

$$\frac{\mathrm{d}\Delta p(t)}{\mathrm{d}t} = -\Delta p(t)/\tau \tag{5-59}$$

由此可得到非平衡载流子浓度的衰退规律为

$$\Delta p(t) = (\Delta p_o)\exp(-t/\tau) \tag{5-60}$$

这将导致材料电阻率发生相应的变化:

$$\Delta\rho = -q\Delta p(t)\rho_0^2(\mu_n + \mu_p) = -q\rho_0^2\Delta p_0\exp(-t/\tau) \tag{5-61}$$

在恒定偏置电压下，测量信号的变化量将正比于式(5-61)中载流子浓度的变化量，通过测量样品电流的衰退曲线即可获得材料的少子寿命 τ。

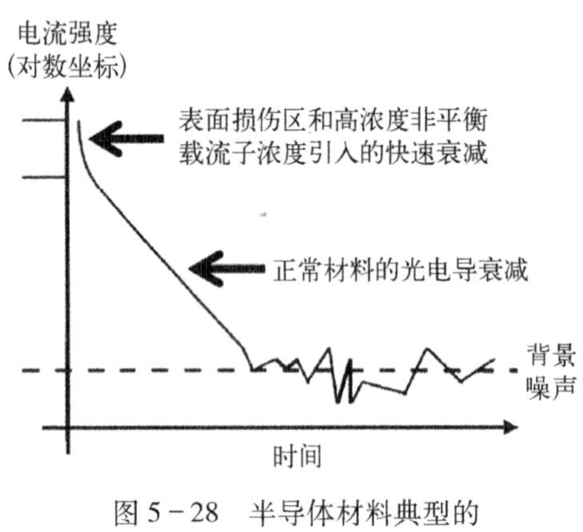

图 5-28　半导体材料典型的光电导衰退曲线

图 5-28 是典型的材料光电导衰退曲线，在曲线的开始阶段，一般存在一个快速下降的过程，起因是材料表面存在损伤区或存在一些快复合中心的缺陷，这一复合机制通常被称为高阶复合机制。接下来，光电导呈指数衰减的过程反映了材料的主要复合机制，该衰退曲线的时间常数即为材料的少子寿命。

光电导衰退测量对激光有一定的要求，首先，为了准确地测量出非平衡载流子衰退的规律，激光脉冲的下降沿时间必须远小于少子的寿命(一般要求小于少子寿命的 1/5)。目前激光脉冲的时间已能做到皮秒甚至飞秒数量级，测量的极限精度主要受制于测量仪器的时间分辨率。其次，选择合适的波长也非常重要，为了从价带上激发出电子，激光的光子能量应大于材料的禁带宽度，但又不能过大，否则材料表面层对激光的吸收将增加，表面复合对测量结果的影响也将增大。表面复合一般用表面复合速率 S 来评价，它对少子寿命测量值的影响为[14]

$$\frac{1}{\tau_{\text{meas}}} = \frac{1}{\tau_{\text{bulk}}} + \frac{S}{d} \tag{5-62}$$

式中，d 为样品厚度，测量时 d 应小于入射光的穿越深度($1/\alpha$)。

由于表面复合对测量结果的影响很大，测量时样品表面应做去损伤和钝化处理，或通过沉积固定电荷为材料少子构筑一个势垒。例如，在 Si 材料表面用热氧化法制备 SiO_2 钝化层，或在无损伤的纯 Si 表面涂上碘酒。对于外延材料，如果界面复合很小，也可采用衬底入射的方式进行测量。对初次测量得到的结果，需根据激光波长、材料掺杂浓度与测量值之间的相关性进行判断对表面复合的影响进行分析。此外，测量时还需注意背景光辐射对测量结果的影响，尤其是在使用红外光进行测量时，背景辐射的影响更不能被忽视[14]。

5.3.5　微波反射法测量技术

微波反射法早年曾被用于测量半导体材料的电阻率[15]，图 5-29 为微波反射测量装置的原理图。微波信号经环行器和介质波导入射到样品表面，由于样品和

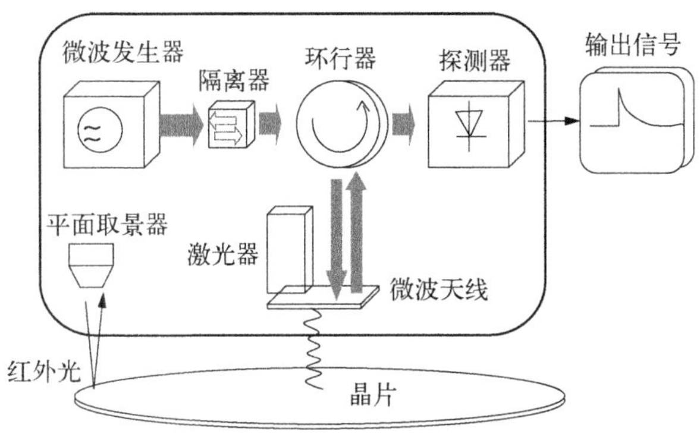

图 5-29 微波反射法测量装置的结构图

介质波导的阻抗相匹配，部分微波辐射功率将反射回介质波导，并经环行器传输到探测器。根据电磁波理论，反射信号的强度与材料的电阻率相关，因此，利用这一特性可以实现对材料电阻率的测量。如果在样品表面增加一束脉冲激光，通过对光照后微波反射信号衰减过程的测量，可获得材料的少子寿命，这样的测量技术被称为微波光电导衰退测量技术(μPCD)。

与直接测量光电导衰退的测量技术相比，微波反射测量技术不需要专门制备测试样品，大大降低了测量的复杂性，提高了测量工作的效率。非接触式的测量方式能更好地满足工艺线对无损检测的要求，并能实现材料少子寿命面分布的测量(空间分辨率为 2~4 mm)，具有面分布扫描功能的微波反射光电导衰退测量技术已成为半导体材料少子寿命测量的主流技术。与普通的光电导衰退测量技术一样，测量时需要根据材料的禁带宽度和吸收系数选择合适的光源，并对表面复合的影响加以特别的关注。

微波反射法不仅可以测量材料的载流子浓度和少子寿命，通过给样品施加磁场，微波反射法也可利用材料的霍尔效应对材料的迁移率进行测量，这种技术被称为微波霍尔测量技术，或非接触式霍尔测量技术。该测量技术的基本原理在 20 世纪 50 年代被提出[16]，材料的霍尔效应会产生一个与主信号在相位上相差 90°的微波反射信号，通过计算可以发现这一信号与材料载流子的迁移率相关，微波霍尔测量技术正是通过测量这一分量来获得材料载流子迁移率的。图 5-30 为该测量方法的原理图。微波霍尔测量技术的优点是非破坏性，可以测量出材料载流子迁移率的面分布，缺点是测量值与材料迁移率的关系很复杂，受测量条件的影响也很大，需要通过定标才能准确测定载流子的迁

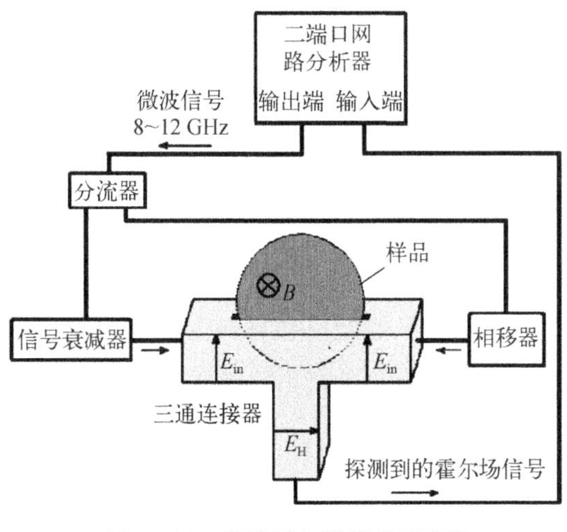

图 5-30 微波霍尔测量的原理图

移率,误差也大于接触式的霍尔测量技术。

5.3.6　光束诱导或电子束诱导电流的测量

少子寿命是非平衡载流子复合过程的弛豫时间,在空间上,非平衡载流子则会发生扩散,复合过程将导致其浓度随扩散距离呈指数式下降,其特征长度(浓度降为激发区的 1/e)为材料的少子扩散长度 L,是衡量非平衡载流子迁移能力的一个重要参数,扩散长度的平方等于少子寿命 τ 和少子扩散系数 D 的乘积。为了测量少子扩散长度,人们发明了光束诱导电流或电子束诱导电流的测量技术,它利用了材料内 pn 结的光生伏特效应与光生载流子所在位置的相关性以及这种相关性与少子扩散长度之间的依赖关系。

图 5－31(a)为光束或电子束诱导电流测量的原理图,当光束(LB)或电子束(EB)入射到 pn 结及附近区域时,所产生的非平衡载流子有一部分将通过扩散进入耗尽区,通过内建场的作用在 pn 结的两端产生光伏效应(δV_F),并在 P 型材料两端的电极之间产生电压或在外电路中产生诱导电流(IC),因此,该技术被称为 LBIC 和 EBIC 测量技术。LBIC 与 EBIC 区别仅在于激发源的不同,电子束的光斑要小于激光束,对非平衡载流子受激位置的控制精度相对要高一点。

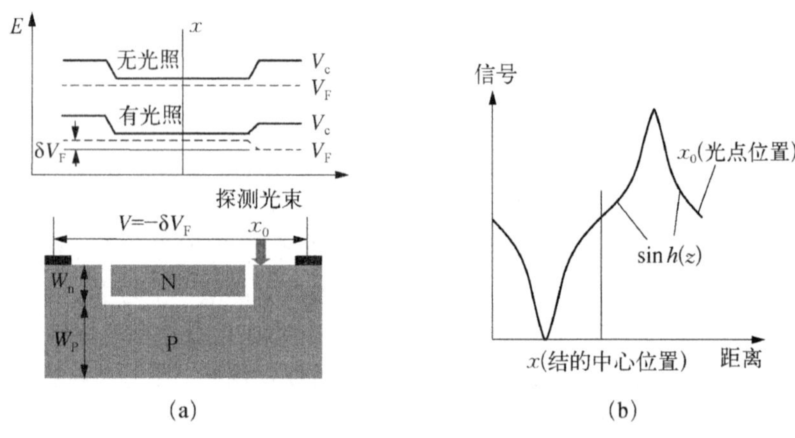

图 5－31　LBIC 测量的原理图

(a) 样品的结构和相应位置上的能带结构;(b) 典型的测量结果

由于进入耗尽区的少子数量与入射光离耗尽区的距离和材料少子扩散长度有相关性,通过入射光对 pn 结附近区域进行扫描,可得到诱导电流随入射光位置的变化曲线[图 5－31(b)]。当测试满足以下条件时:

1) N 区和 P 型层的厚度远小于样品侧向的长度;

2) 扩散到 pn 结边缘的少子瞬间就被 pn 结所隔离;

3) 入射光在 pn 结上产生的偏压远大于热电压 kT/q。

随着入射光横向穿越 pn 结,LBIC 电流的变化将呈现双曲正弦函数 $\sin h(z)$,变量 z 与光束位置 x_0、pn 结中心位置 x 和少子扩散长度 L_s的关系为

$$z = \frac{x_0 - x}{L_s} \tag{5-63}$$

通过对实验曲线(去除光电压为零且不变的部分)进行拟合,即可获得不同导电区域的材料少子扩散长度。

与光电导衰退测量技术一样,LBIC 测量也需选择合适的波长,并尽量减小材料表面复合的影响。不仅如此,对 pn 结的钝化也很重要,表面漏电会减小 LBIC 的输出信号。如果 pn 结的漏电流以扩散电流为主,少子扩散长度 L_s与 pn 结的特征参数(零偏结阻抗 R_0、电阻率 ρ 和结区材料的厚度 W)之间将满足如下关系[17]:

$$L_s = \sqrt{R_0 A \left(\frac{\rho_p}{W_p} + \frac{\rho_n}{W_n}\right)^{-1}} \tag{5-64}$$

即 LBIC 测量技术也可用于 pn 结漏电流的测量和分析。

当材料因缺陷导致局部电学参数反型时,面扫描的 LBIC 技术也可用来对材料导电性能的非均匀性进行检测[18]。

除了采用图 5-31 所示的测量方式外,也可将 pn 结的光电流信号作为诱导电流,光束则改为中央垂直入射的方式,即通过测量探测器的量子效率来测量材料的少子扩散长度。以正面入射为例,若选用合适的波长,使光束在材料中的穿透深度($1/\alpha$)远大于结深而又远小于吸收层的厚度,且少子扩散长度小于样品厚度的 1/3,则探测器的内量子效率 η 与少子扩散长度 L 的关系为

$$\eta = \left[1 + \frac{1}{\alpha(\lambda)}\frac{1}{L}\right]^{-1} \tag{5-65}$$

通过测量量子效率 η 与入射光波长 λ 的关系,在已知材料吸收系数 $\alpha(\lambda)$ 的情况下,将测量结果与式(5-65)进行拟合,即可获得材料的少子扩散长度。该测量技术特别适用于测量使用透明电极的光伏电池材料的少子寿命。

5.3.7 深能级瞬态谱的测量

在抑制了辐射复合和俄歇复合之后,半导体器件的性能将受制于材料中与 SRH 复合(借助于深能级缺陷的复合机制)相关的少子寿命,为此,我们需要经常了解材料中深能级缺陷的能级和密度,而深能级瞬态谱(DLTS)正是测量这些参数的有效手段。DLTS 虽然不能直接测量出材料的少子寿命,但其测量结果可以用于对材料少子寿命的计算和评价。如果与深能级缺陷相关的辐射复合概率较大,也可使用光荧光光谱来判断材料深能级缺陷的特性。

深能级瞬态谱利用了 pn 结偏置电压切换过程中深能级缺陷激发或俘获电子所引发的物理效应。图 5－32 是用瞬态谱测量 N 型材料中施主型深能级缺陷（电子陷阱）的原理图，测量前需将样品制备成 p^+n 结，做成高浓度 P 型层的目的是让 pn 结的耗尽区主要落在被测量的 N 型材料区，反之，如要测量 P 型材料中的深能级，则需将材料制备成 n^+p 结。测量时先给 pn 结施加一个作为参考点的初始偏置电压 V_R，随后施加一个正向偏置的脉冲 V_P，用以改变耗尽区的宽度（耗尽区减小），如图 5－32 中的右下图所示，达到平衡后将正向偏置撤去，此时新增耗尽区内的施主型深能级缺陷将因能级位置高于费米能级而发生电离（丢失束缚电子），电离产生的电子也将在内建场的作用下向 N 区发生迁移。由于电子陷阱发射电子的过程要慢于电子迁移的过程，pn 结的结电容随时间的变化规律将与电子陷阱的数量和陷阱上束缚电子激发的弛豫过程相关，而弛豫过程与温度的依赖关系又与施主的能级位置有着直接的关系。因此，从理论上讲，通过测量瞬态的结电容 C 随时间 t 和温度 T 变化的关系 $C(t, T)$，即可获得深能级缺陷的密度和能级位置等材料性能参数。

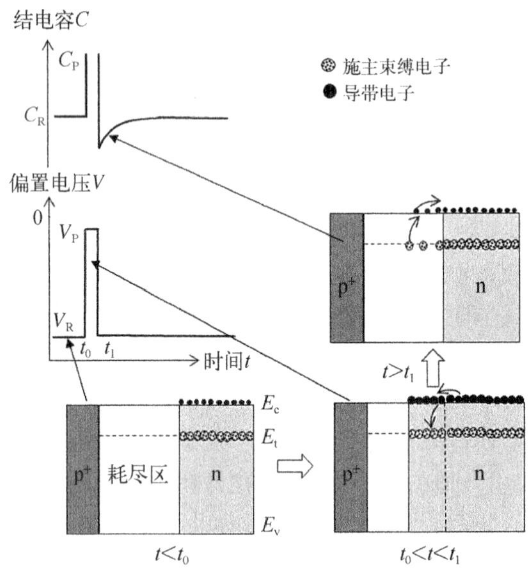

图 5－32　DLTS 测量的原理图

测量时首先要选择一个合适的温度，温度过低，陷阱不能发生电离，温度过高，陷阱电离的速度很快，两者都会导致结电容的弛豫曲线很快进入平衡态（图 5－33），也就是说结电容的弛豫特性与材料陷阱上束缚电子的发射率密切相关。在选取合适的温度范围后，结电容的弛豫特性在某一温度下的不同时间窗口（t_i, t_{i+1}）（亦称发射窗口）上也是不一样的，每个发射窗口的 DLTS_i 信号：

$$\mathrm{DLTS}_i(T) = \Delta C_i(T) = C(t_{i+1}, T) - C(t_i, T) \tag{5-66}$$

可用指数函数（5－67）来描述：

$$C_i(t, T) = \Delta C_{0,i}(T)\exp\left[-\frac{t - t_i}{\tau_e(T)}\right] \tag{5-67}$$

式中，DLTS_i 弛豫曲线的幅度 $\Delta C_{0,i}(T)$ 与样品温度相关，并将在某一特定温度

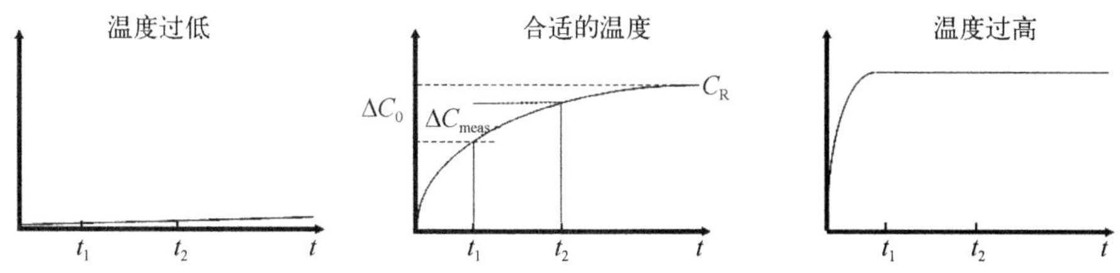

图 5-33 温度对深能级瞬态谱测量中结电容弛豫曲线的影响

$T_{i,\text{ peak}}$下达到极大值[图 5-34(a)],此时,在该发射窗口上测量到的电子发射率:

$$e_n(T)=\frac{1}{\tau_e(T)}=\frac{\ln\dfrac{C_i(t_{i+1},\ T)}{C_i(t_i,\ T)}}{t_{i+1}-t_i} \tag{5-68}$$

其中,对应于该温度下陷阱上束缚电子的发射率,这也是 DLTS 测量最基本的原理。

通过测量和分析不同发射窗口的 DLTS_i 弛豫曲线,可获得陷阱束缚电子的发射率 e_n与温度的关系[图 5-34(b)],并可根据公式:

$$e_n(T)=e_0\exp\left[\frac{-(E_c-E_t)}{kT}\right] \tag{5-69}$$

求得陷阱的能级位置 E_t。

陷阱缺陷的密度 N_t也可根据 DLTS 的测量结果,并采用以下计算公式进行估算:

$$N_t=-2N_D\frac{\Delta C_0}{C_R}\left[1-\left(\frac{C_R}{C_p}\right)^2-\frac{2\lambda C_R}{\varepsilon\varepsilon_0 A}\left(1-\frac{C_R}{C_p}\right)\right]^{-1} \tag{5-70}$$

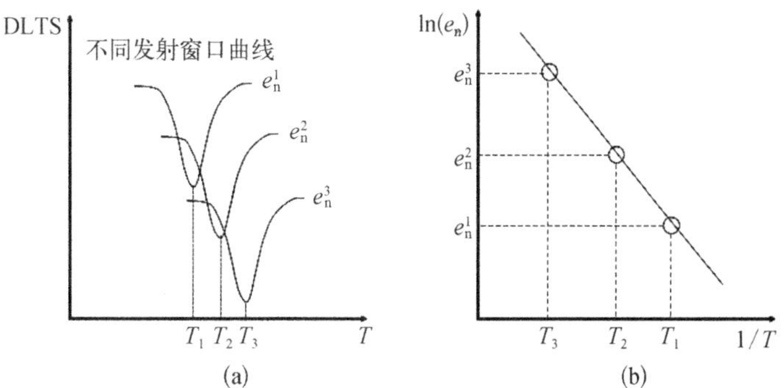

图 5-34 不同时间窗口下 DLTS 信号随温度的变化(a)
及其束缚电子的发射率与温度的关系(b)

式中，C_R 为不加偏置时的结电容，C_p 为偏置脉冲顶部所对应的结电容，ε 和 ε_0 为材料的介电常数，A 为 pn 结的面积，λ 为费米能级 E_F、陷阱能级深度 E_t 和掺杂浓度 N_D 的函数：

$$\lambda = \sqrt{\frac{2\varepsilon\varepsilon_0(E_F - E_t)}{q_0^2 N_D}} \qquad (5-71)$$

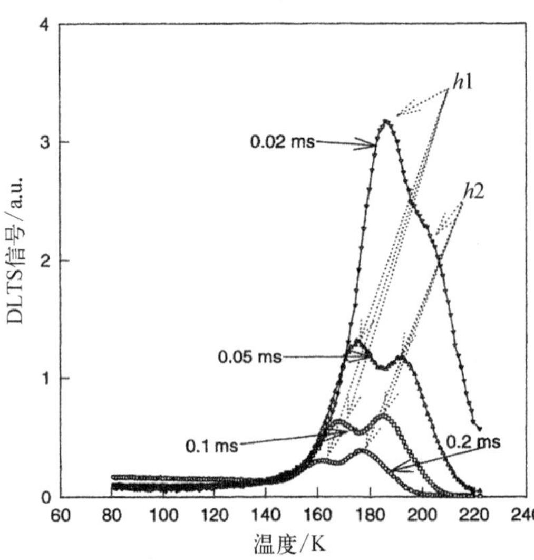

图 5－35　组分为 0.32 的 In 掺杂碲镉汞分子束外延材料的深能级瞬态谱[19]

以上简单介绍了含电子陷阱的 N 型半导体材料深能级瞬态谱的测量原理，对于其他导电类型或陷阱类型的材料，测量方法与此类似。如果材料中有多种陷阱缺陷，图 5－34(a) 所示的变温曲线会呈现多个峰值，根据相应的原理，可以同时测定多个陷阱的能级位置，如在组分为 0.32 的 In 掺杂 N 型碲镉汞分子束外延材料中就观察到了两个能级位置不同的陷阱缺陷（图 5－35）[19]。

5.3.8　角分辨光电子能谱的测量

影响半导体材料电学参数性能的重要因素是材料的能带结构和电子在能带结构中的分布，亦称材料的电子结构，在对材料（尤其是新材料）特性进行研究时，我们需要对材料中的电子结构进行测量和分析，角分辨光电子能谱（angle resolved photoemission spectroscopy，ARPES）是能够对此性能进行测量的主要手段。

角分辨光电子能谱是利用光电效应对材料中电子结构进行测量的一种技术，所谓光电效应就是当一束光照射样品表面时，如果入射光的能量高于某一阈值时，材料表层中的电子会受激发而脱离样品，成为自由电子。由于自由电子的状态与电子激发前在材料中的状态之间存在相关性，通过测量自由电子的特性（动能和动量），即可获取材料中电子在 $\boldsymbol{k}$ 空间的分布特性。

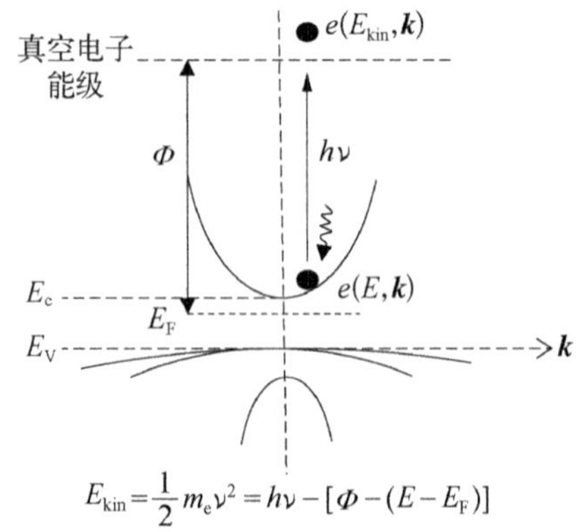

图 5－36　半导体材料光电效应中电子能量和动量在能带结构图上的变化

图 5－36 是半导体材料能带结构的示意图，如果能量为 $h\nu$ 的光子与导带中的电子 $e(E, \boldsymbol{k})$ 发生作用，从理论上讲，只要光

子能量满足以下条件：

$$h\nu \geqslant \Phi - (E - E_F) \tag{5-72}$$

导带中能量为 E 的电子就有可能脱离材料表面，成为自由电子，式中 Φ 为材料的功函数。在这过程中，系统的能量是守恒的，即激发出的光电子动能 E'、材料的功函数 Φ 以及电子的束缚能（$E_F - E$）之和等于入射光子的能量，在已知材料功函数的条件下，通过测量光电子的动能即可得到该电子在材料中所处的能级位置。

由于样品表面沿垂直方向的晶格平移对称性被破坏，光与电子作用的动量守恒仅在平行于样品表面方向上成立。与电子的动量相比，光子的动量可以忽略，即自由电子在水平方向的动量分量等于该电子激发前在 $\boldsymbol{k}$ 空间中的水平分量（k_x，k_y）。

角分辨光电子能谱通过测量不同出射角度的光电子的动能，并根据出射角计算出光电子在水平方向的动量，进而获得晶体中电子在 $\boldsymbol{k}$ 空间分布的色散关系，并通过测量光电子的数量得到电子的能态密度和动量密度，甚至还可以测量出材料的费米面。

图 5-37(a)和(b)分别为角分辨光电子能谱测量方法的示意图和实际的测量装置，入射光的入射面为 $x-z$ 面，对于半导体材料，功函数一般在 5 eV 左右，因此，入射光一般采用紫外或深紫外波段的激光。光电子能量的测量采用半球形电子能量分析器(SDA)，而对电子束流强度的测量则采用电子倍增管。测量时样品放置在超高真空腔体内，探测装置通过法兰连接在真空腔体上，入射光从法兰上的窗口进入。测量对样品表面有很高的要求，如果材料表面存在损伤、固定电荷或其他原因引入的势垒，材料中电子激发到真空所需的能量会偏离式(5-72)，这会给测量结果造成误差。

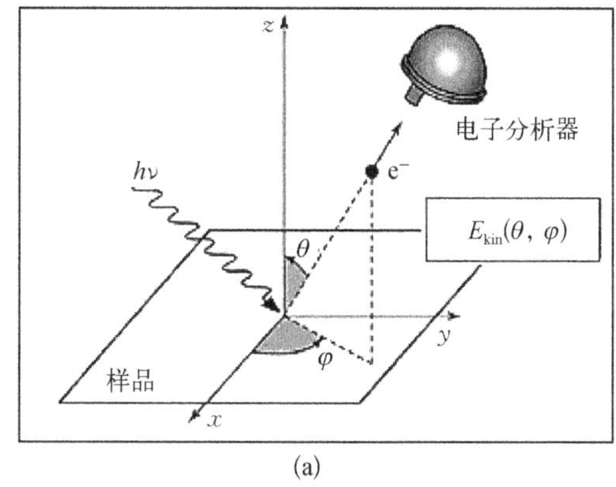

(a)

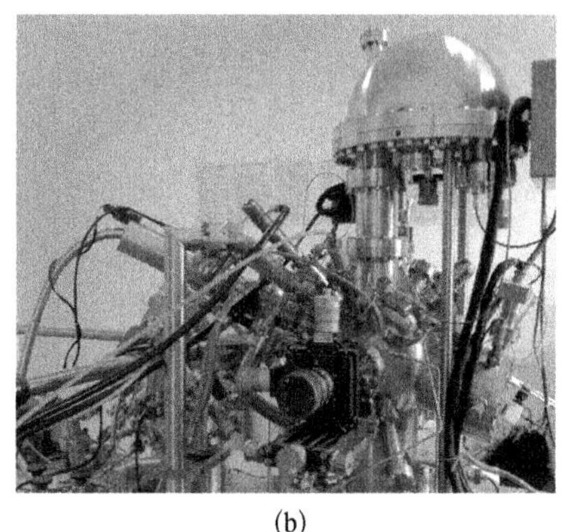

(b)

图 5-37 角分辨光电子能谱测量方法的示意图(a)和测量装置实物照片(b)

5.3.9 界面电学特性的测量

$C-V$ 测量技术是测量半导体材料界面电学特性的有效手段。最关心的界面特性是半导体材料与表面钝化层（或氧化层）之间的界面特性。为了实现 $C-V$ 测量，需要在钝化层表面和半导体材料上制备金属电极（图 5－38），这样的结构也被称为 MIS 结构。在硅材料工艺中，钝化层为 SiO_2 氧化层，此时，MIS 结构变成了 MOS 结构，利用 MOS 结构制备的器件称为 MOS 器件。

$C-V$ 测量的基本方法是在 MOS 结构的两端施加一个偏置电压 V_G，然后，在偏置上叠加一个固定频率的交变电压 ΔV_G，同时测量出电路中的交变电流 ΔI_G，由此计算出 MOS 结构的阻抗 Z，并通过分析，进一步得到电抗和容抗。简单 MOS 结构的电容 C 将由两部分组成：

$$\frac{1}{C}=\frac{1}{C_{OX}}+\frac{1}{C_{SC}} \tag{5-73}$$

式中，C_{OX} 和 C_{SC} 分别为由氧化层和半导体材料构成的电容。通过设置不同的频率和不同的偏置电压，即可获得不同频率下 MOS 结构的电容与偏置电压的关系曲线（$C-V$ 曲线）。测量技术的困难主要来自半导体材料的结电容比较小、MOS 结构漏电对电容性阻抗测量精度的影响以及高频测量时引线产生的寄生电抗等因素对测量结果的影响，好在现有 $C-V$ 测量仪器已做得非常成熟和专业，并能为这些问题提供很好的解决方案。

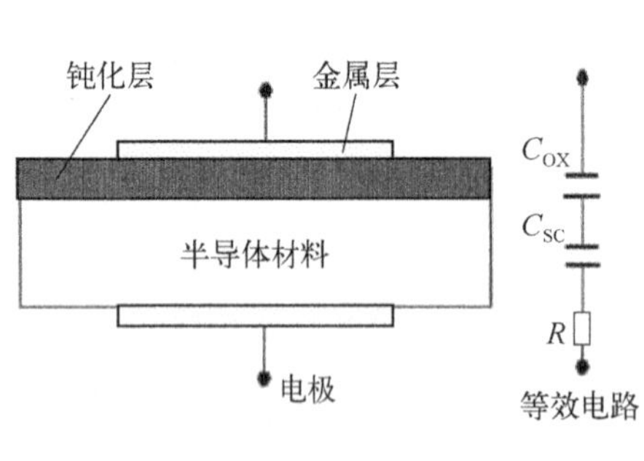

图 5－38　用于 $C-V$ 测量的半导体材料结构

C_{OX} 为钝化层（或氧化层）电容，C_{SC} 为半导体表面空间电荷层电容

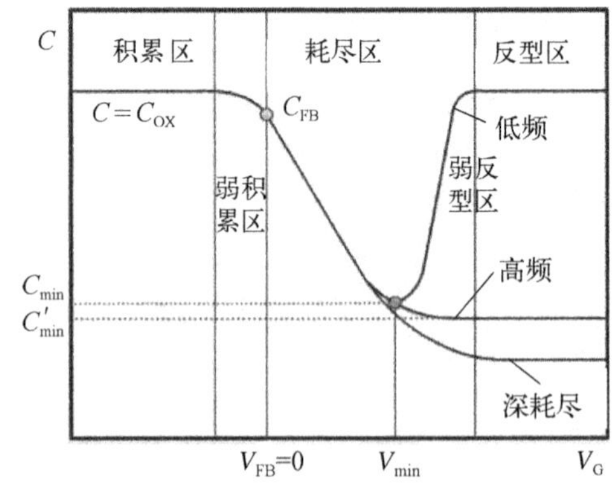

图 5－39　理想状态下 N 型材料 MOS 结构的 $C-V$ 曲线

以 N 型材料为例，理想 MOS 结构的 $C-V$ 曲线如图 5－39 所示。所谓理想的 MOS 结构是指，表面金属的功函数与半导体材料的费米能级相同，半导体材料的金属电极为欧姆接触，氧化层中没有可移动电荷，也没有界面态和表面态。随着偏

置电压的变化，半导体表面将分别呈现载流子的积累、耗尽和反型。以低频曲线为例，根据半导体物理给出的空间电荷层电容的计算公式，在积累区和强反型区，C_{SC}非常大，测量到的电容将等于氧化层的电容 C_{OX}，即

$$C_{OX} = \varepsilon_{OX}\varepsilon_0 d_{OX} \tag{5-74}$$

随着偏置电压的不断增加，半导体表面将从积累区过渡到耗尽区，当偏置电压为零时，半导体材料的导带和价带将不发生弯曲，这时的电容 C 为平带电容 C_{FB}，

$$C_{FB} = \frac{\sqrt{2}\varepsilon_{SC}\varepsilon_0}{L_D},\ L_D = \sqrt{\frac{2\varepsilon_{SC}\varepsilon_0 kT}{q^2 N_1}} \tag{5-75}$$

式中，L_D为德拜长度，N_I为 N 型材料的载流子浓度。进入耗尽区后，空间电荷层的电容为

$$C_{SC} = \frac{\varepsilon_{SC}\varepsilon_0}{x_D} \tag{5-76}$$

式中，x_D为空间电荷层的宽度，相当于平板电容的厚度。当偏置电压使半导体材料表面电势增加到两倍的 V_B($V_B = E_i - E_F$)时，耗尽层宽度 x_D将达到最大值：

$$x_{DM} = \sqrt{\frac{4\varepsilon_{SC}\varepsilon_0 kT}{N_1 q^2}\ln\left(\frac{N_1}{n_i}\right)} \tag{5-77}$$

此时，电容达到极小值 C_{min}。

如果采用高频测量模式，反型层中载流子增减的速率跟不上偏置电压的变化，空间电荷层的电容也就一直维持在耗尽层电容的最小值(图 5-39)。再如果测量用的偏置电压变化十分迅速，快到反型层来不及建立时，耗尽区的宽度将会随着偏置电压的增大而继续增加，即 $C-V$ 曲线将进入图 5-39 中的深耗尽状态。

从理想的 $C-V$ 曲线上，我们可以测量到材料的掺杂浓度和介电常数。但是，由于金半接触势垒、可移动电荷、界面固定电荷、陷阱电荷和界面态等因素的存在，实际的 MOS 结构与理想状态会有各种各样的偏离。反过来，通过测量 $C-V$ 曲线与理想曲线的偏离可以测量出材料的实际状态。譬如，金半接触势垒和界面固定电荷会导致 $C-V$ 曲线平移，界面态和陷阱电荷的存在则会改变 $C-V$ 曲线在耗尽区的形状。为了测量出钝化层中的可移动电荷密度，测量 $C-V$ 曲线时经常会加做 BT 试验，即在负偏置电压下对 MOS 样品进行加热(如 200℃/5 min)，通过测量 $C-V$ 曲线的平移量来得到钝化层中的可移动电荷密度。此外，还可采用瞬态 MOS $C-T$ 法来测量半导体材料的少子寿命，即在偏置电压上加一个阶跃信号(快于少子寿命)，使半导体材料处于深耗尽状态，然后根据电容回到稳定状态的时间来测量出材料的少子寿命。

5.4　缺陷性能的测量

半导体材料缺陷按空间维度的不同可分为点缺陷、线缺陷(位错)、面缺陷和体缺陷,当点缺陷用于调控材料性能时,一般不作为缺陷看待。除了后面将要介绍的透射电子显微镜外,几乎没有其他方法可以对点缺陷进行直接观察,好在点缺陷与材料的光电性能密切相关,通过测量材料光电性能,可以间接地获取材料点缺陷的性能参数。尺度在微米以上的缺陷则可采用光学显微镜和表面特性的显微测量技术进行测量,亚微米尺度的表面缺陷可利用其散射光的空间分布特性进行测量,纳米数量级的缺陷则需使用原子力显微镜、扫描电子显微镜和透射电子显微镜等显微测量技术,而尺度在原子级的线缺陷则需采用化学腐蚀法和热腐蚀法,将缺陷放大后再用光学显微镜进行观察和测量。光学显微镜观察法、化学腐蚀法和散射光激光扫描成像法等方法是工艺线上最常用的检测方法,常见的表面显微特性扫描法有热波法、表面光电压法、X 射线衍射法等。本节将重点介绍化学腐蚀法、热腐蚀法、散射光激光扫描成像法、透射光成像法和热波法。

5.4.1　化学腐蚀法

化学腐蚀是利用化学试剂中的分子或离子与材料表面上的原子发生化学反应,进而将表层原子从晶体表面的格点上剥离出来的一种过程。化学腐蚀剂分为抛光型腐蚀剂(用于材料表面洁净处理)、各向异性腐蚀剂(用于微结构加工)、选择性腐蚀剂(用于材料剥离)和缺陷敏感型腐蚀剂(用于显示材料中的微小缺陷)。缺陷敏感型腐蚀剂对缺陷区域内原子的腐蚀速率要快于正常区域,腐蚀后在缺陷区域会形成腐蚀坑,坑的侧壁逐渐趋向于晶体的慢腐蚀面(通常为低指数面),使腐蚀坑形成特定的形状,它与材料种类、晶向、*A*/*B* 面和腐蚀剂相关。虽然有些缺陷(如位错)对材料结构的影响范围仅限于纳米数量级,但经过一定时间的腐蚀后,腐蚀坑的口径和深度可以达到几微米甚至几十微米的数量级(图 5-40),使原本在光学显微镜中观察不到的位错或其他微小缺陷能在显微镜下进行观察和计数,进而测量出缺陷在材料表面的分布和密度。

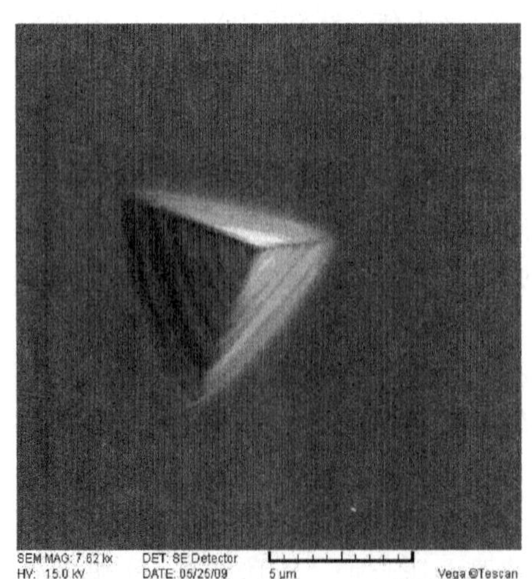

图 5-40　Everson 腐蚀剂在(111)*B* CdZnTe 材料表面形成的位错腐蚀坑

腐蚀坑的坑形与所使用的腐蚀剂和材料表面晶向有很大的相关性。(111)表面的位错腐蚀坑为锥形的三角形腐蚀坑，微小体缺陷的腐蚀坑则为平底的三角形腐蚀坑。对于闪锌矿结构的半导体材料，腐蚀坑的边缘平行于<110>晶向，但仍会存在两种不同的取向。例如，采用常规腐蚀剂在 (111)*B* HgCdTe 外延材料和(111)*B* CdZnTe 衬底材料上形成的三角形腐蚀坑就具有不同的朝向。

严格来说，腐蚀坑密度并不能简单地等同于材料的位错密度，以下这些因素会对两者的关系产生影响。

1. 腐蚀剂的有效性和充分性

基于化学反应的原理，腐蚀剂的选择与材料的种类、表面晶向以及化合物的 *A/B* 面特性密切相关，只有使用腐蚀选择比较高的化学腐蚀剂，即对位错周边区域的腐蚀速率要明显大于正常区域，才能有效地在有位错的地方形成腐蚀坑，不仅如此，腐蚀剂应能对所有位错都有较高的选择比。因此，在实际应用中，不同的半导体材料有着不同的腐蚀剂和腐蚀条件，对于极性和表面晶向不同的材料所使用的腐蚀剂也是不同的（反过来也可用于材料表面晶向的判定）。表 5-1 列出了常用半导体材料的几种位错腐蚀剂，通过查找文献可以获得更多半导体材料的腐蚀剂及其性能[20-21]。除了表面（被腐蚀面）晶向的影响外，位错的延伸方向（走向）与表面的夹角对腐蚀坑的形状和密度也会产生影响，随着夹角的减小，揭示位错的效果会变差，当位错走向平行于表面时，腐蚀方法将不起作用。例如，在(111)外延材料与衬底的界面区域中，一般会存在平行于表面且走向为<110>的失配位错，化学腐蚀法无法对这样的位错进行测量，这类位错的测量和评价需要采用下节将要介绍的 X 光衍射测量技术，即利用失配位错对双晶衍射半峰宽（FWHM）和 X 光貌相的影响来进行测量和评价。腐蚀剂的有效性和充分性很难从理论上加以证明，一般都是经过长期使用，且在测量值与材料性能或器件性能之间的相关性得到验证之后，才逐渐成为公认的标准腐蚀剂。腐蚀剂的配制必须严格按照先后次序，并按规定控制所用试剂的温度。

表 5-1 常用半导体材料的位错腐蚀剂

材料名称	晶 向	腐 蚀 液
Si[22]	(110)	HF : HNO_3 : CH_3COOH (1 : 3 : 1)*
GaAs[23-24]	(111)	$AgNO_3$: HF : HNO_3 : H_2O (40 mg : 16 mL : 24 mL : 32 mL)
	(100)	熔化的 KOH(350℃)
InP[25-26]	(100)	H_3PO_4 : HBr(2 : 1)*
	(111)	HBr : HNO_3(3 : 1)*
CdZnTe[27]	(111)*B*	48%HF : HNO_3 : 乳酸(1 : 4 : 25)*, 2.5 min
HgCdTe[28-29]	(111)	CrO_3 : H_2O : HCl(1.67 g : 5 mL : 1 mL), 1~2 min
	(211)	H_2O : HCl : HNO_3 : $K_2Cr_2O_7$(80 mL : 10 mL : 20 mL : 8 g), 3~5 min

* 指溶液的体积比

2. 腐蚀坑特性的研判方法

虽然缺陷腐蚀坑的起源多种多样，但不同缺陷引入的腐蚀坑在结构上会存在一定的差异，因此，通过对观察到的腐蚀坑进行研判，可以大致分析出哪些腐蚀坑来自材料自身的缺陷，哪些腐蚀坑来自加工工艺引入的材料表面缺陷（如表面损伤和表面沾污等），以及哪些腐蚀坑已是缺陷腐蚀坑在缺陷消失后留下来的痕迹。

深度腐蚀技术是研判腐蚀坑缺陷特性的一种有效手段，深度腐蚀可以采用多次腐蚀法、梯度腐蚀法和动态腐蚀过程实时观察法等多种腐蚀方法。多次腐蚀法可以加深对腐蚀坑缺陷性能的认识，梯度腐蚀法（即样品缓慢插入腐蚀液）则可用于测量材料缺陷的深度分布，而动态实时观察法则是一种最全面的缺陷性能分析方法。虞慧娴课题组首次报道了在碲锌镉材料上用红外透射显微镜实时观察腐蚀坑动态变化过程的结果[30]，通过实时观察腐蚀坑随深度变化，可以测量出缺陷腐蚀坑从产生到缺陷消失的全过程，即测量出缺陷的空间特性和延伸轨迹，从揭示出来的腐蚀坑中区分出材料表面缺陷和体内缺陷，区分出材料中具有穿越特性的位错和局域化的体缺陷及其密度，并能确定位错穿越的长度和方向，绘制出各类缺陷的空间分布图和位错线的取向分布图（图 5－41），增加对微小体缺陷的检测能力，可观察缺陷的最小尺寸可达 100 nm 以下。腐蚀坑动态实时观察法不仅深化了对腐蚀坑特性的认识，同时也弥补了红外透射显微镜无法探测亚微米体缺陷的不足。

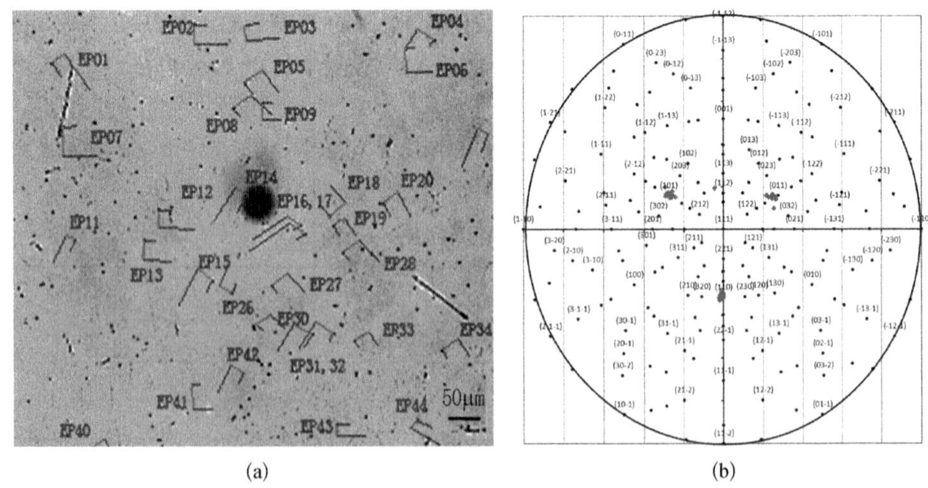

图 5－41　用红外透射显微镜动态实时观察技术测量(111)*B* 碲锌镉材料位错腐蚀坑特性（使用 Nakagawa 腐蚀剂）的实验结果

（a）短线和长线的端点分别为腐蚀坑刚显露时和再经过一定腐蚀时间后腐蚀坑坑尖所处的位置，两者的连线为位错在表面的位置随腐蚀时间发生横向移动的轨迹，背景为腐蚀坑刚露出表面的形貌照片，照片上的其他腐蚀坑为体缺陷腐蚀坑；（b）根据实验结果计算出的各位错的穿越方向在极图上的分布图此外,腐蚀坑形成过程中的化学反应特性(如反应产生的气泡、腐蚀坑横向尺寸增大的速率等)也能被记录下来,为识别腐蚀坑的种类,揭示缺陷的物理特性提供了丰富的实验数据。

3. 位错延伸方向的影响

如果位错延伸方向与材料表面法线成一定的夹角 θ,材料位错密度与位错腐蚀坑密度将呈现以下关系:

$$N_{\text{dis}} = \frac{EPD}{\cos\theta} \tag{5-78}$$

式中,θ 值可根据腐蚀坑上慢腐蚀面的几何结构进行推算,也可通过多次腐蚀测量出的腐蚀深度和腐蚀坑的位移量进行推算,或采用动态腐蚀实时观察法进行精确测量。对于存在多种位错的材料,腐蚀坑延伸特性及其位错密度的测量要分别进行。从式(5-78)也可以看出,化学腐蚀法对于外延材料中平行于表面的失配位错是无效的。

4. 被统计腐蚀坑的数量

由于位错腐蚀坑的尺寸较小,测量时光学显微镜需要使用较高的放大倍数,显微镜视场所观察到的材料面积比较小,视场中的腐蚀坑数量也较少。假定缺陷在表面呈随机分布,根据理论计算[31],位错密度测量值的误差与观察视场中的腐蚀坑数量是有关的,为了保证测量值的精度,被统计的腐蚀坑数量一般不应小于 30 个,必要时应通过多次测量来增加观测区域的面积,以增加观察到的腐蚀坑的数量。

除了能腐蚀位错外,化学腐蚀也能揭示材料中的晶界、孪晶、体缺陷(如沉淀物或包裹物等缺陷)和损伤引入的结构缺陷。材料表面加工损伤的测量也可采用化学腐蚀法,如让材料表面逐步浸入腐蚀液,根据腐蚀坑分布的变化来测量表面损伤层的深度。

对于缺陷密度较高且存在缺陷聚集的材料,腐蚀后的样品可以直接采用照相机拍照的方法对缺陷的性能和分布进行检测。该技术的关键是选用适合的照明光源和拍摄角度。图 5-42 是(111)B CdZnTe 材料表面腐蚀后的宏观形貌,该测量方法既简单又直观,可作为在生产工艺中淘汰质量不合格晶片的检测手段。

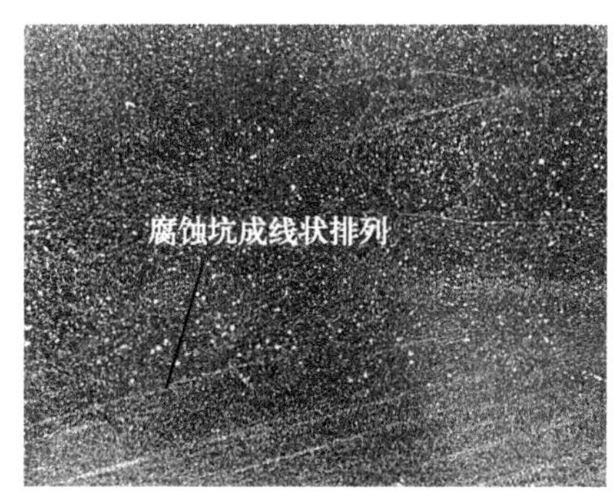

图 5-42 经 Everson 腐蚀剂腐蚀后,用照相机拍摄的(111)B CdZnTe 材料的表面宏观形貌

5.4.2　热腐蚀法

热腐蚀法是利用材料在非平衡热力学状态下缺陷处原子熔化或挥发速率的不同来揭示材料缺陷的一种方法，固-气之间不平衡和固-液之间不平衡都会在缺陷处形成热腐蚀坑，图 5-43 为 CdZnTe 材料表面在固-气和固-液非平衡状态下形成的热腐蚀坑。在未找到合适的化学腐蚀液时，热腐蚀可用于材料缺陷的测量手段，或者作为化学腐蚀法的一种补充手段。

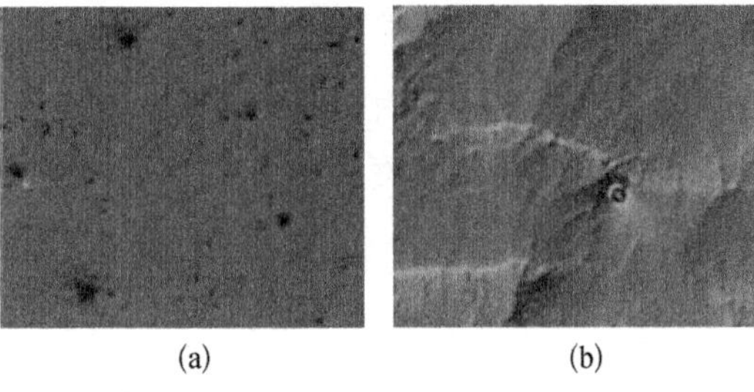

(a)　　(b)

图 5-43　CdZnTe 材料表面的热腐蚀坑

(a) (111)A 表面固-气非平衡形成的缺陷腐蚀坑
(b) (111)B 表面固-液非平衡形成的缺陷腐蚀坑

5.4.3　散射光激光扫描成像法

散射光激光扫描成像法是晶片表面颗粒检测最常用的一种方法，其原理是当激光束（波长为可见光）入射到表面颗粒上时，在反射光的方向之外将出现散射光，通过测量散射光光强随光束与颗粒间相对位置变化的分布，并通过激光束对晶片表面进行扫描所得到的测量结果，来获取晶片表面颗粒的状态信息。由于被测量颗粒的尺寸一般略小于激光束的波长或与其相当，散射光一般符合米氏散射的规律。基于这一规律，并通过对测量结果进行模拟计算，可推算出被测量颗粒的等效半径及其密度和分布。在实际做法上，通常是对照标准颗粒（如已知尺寸的聚苯乙烯乳胶球）的散射光强分布图，使材料表面颗粒的测量结果更加准确。

5.4.4　透射显微镜成像法

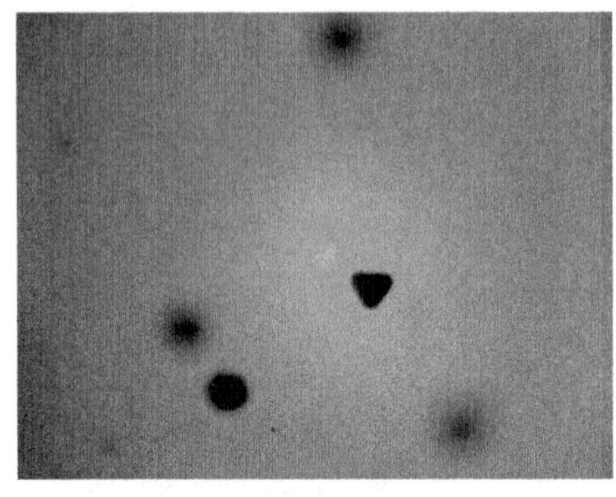

图 5-44　红外透射显微镜在 CdZnTe 材料中所观察到的富碲析出物

透射显微镜成像法是一种非常直观的缺陷观察技术，它利用材料缺陷对光的吸收、反射或折射效应来识别材料中的缺陷。为了能观测到透射光，测量中所选用光源的光子能量应小于材料的禁带宽度。红外光是一种比较常用的光源，相应的测量设备称为红外透射显微镜，常用探测器的截止波长在短波红外波段。根据显微镜的数值孔径和艾里斑的计算公式，显微镜的空间分辨率在放大倍数为 1 000 倍时约为 1 μm 左右，如使用更长的探测波长，分辨率会随之降低。

图 5－44 为红外透射显微镜在 CdZnTe 材料中所观察到的富碲析出物缺陷，照片中缺陷的灰度与被观察缺陷偏离焦面的距离相关，理论上可根据观察到的不同灰度的缺陷数量，计算出缺陷的体浓度和焦面上缺陷的面密度。

将材料减薄到纳米尺度后，可用透射电子显微镜对材料中的线缺陷和体缺陷进行观察，但是，透射电子显微镜存在使用成本高、样品加工难、容易引入加工损伤和视场小（不适合测量缺陷密度）等问题，一般仅在研究缺陷精细结构时使用。

5.4.5　热波法测量技术

热波法的基本原理是热波效应[32]，亦称光热效应，图 5－45 为热波法测量装置的原理图，其中图 5－45(a)采用的是反射方式，它利用一束调制的激光作为泵浦光（光子能量大于材料的禁带宽度）去照射材料表面，激发出的光生载流子将形成等离子波，与此同时，载流子又会通过非辐射复合产生热波，使材料表面温度发生周期性起伏，当热波遇到晶格缺陷（包括施主、受主和其他缺陷）时，材料表面温度会发生起伏。由于表面温度会影响到材料折射率和载流子浓度等性能，进而影响到光的反射率。基于这一原理，通过另一束探测光来测量材料表面反射率的变化，即可获取与材料载流子浓度相关的信息。如果材料表面存在缺陷，反射光的信号就会出现异常，通过移动样品对材料表面进行面分布扫描，即可对材料的表面缺陷进行测量。如果表面载流子浓度来自离子注入，也可根据反射光的强弱推算出离子注入的剂量。

如果采用光子能量略小于禁带宽度的激光作为泵浦光，使泵浦光能够进入材料内部，并在焦点处产生热波效应，通过测量穿越泵浦光焦点区域的探测光的

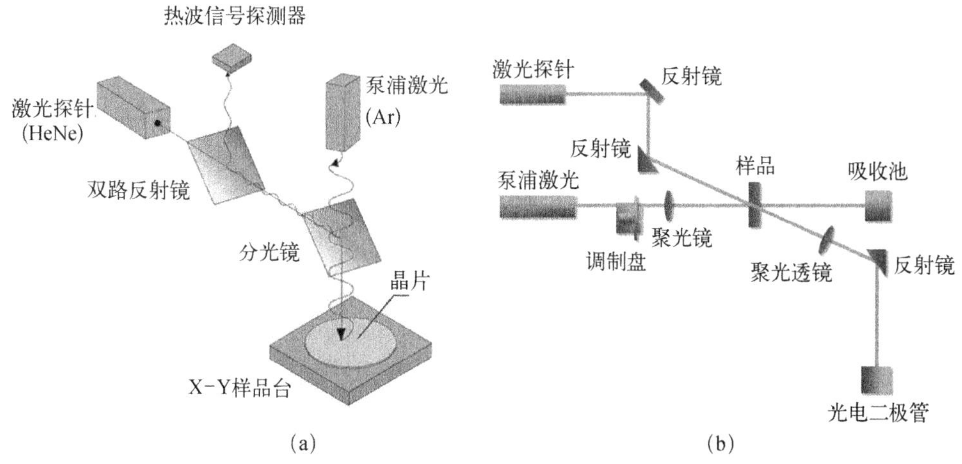

图 5－45　热波法测量的基本原理

(a) 反射测量方式；(b) 透射测量方式

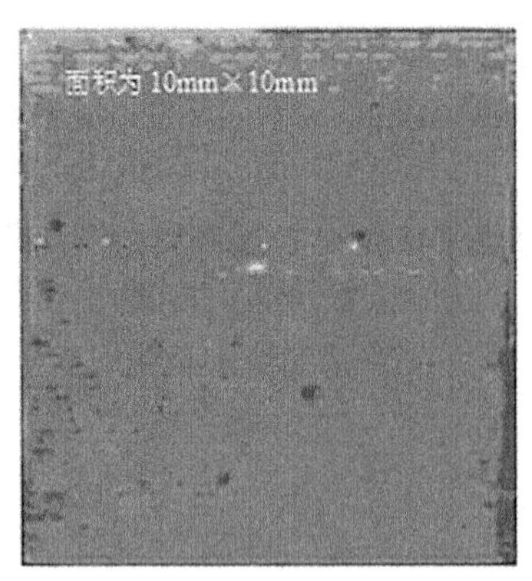

图 5－46　用热波法对 Si 材料内部进行面分布测量的结果

泵浦光的波长为1 064 nm,探测光的波长为1 319 nm,调制频率为495 Hz

透过率,可实现对材料内部缺陷的测量,图 5－45(b)是这一测量方式的原理图。通过对材料同一层面进行面扫描,可获得该层面上材料缺陷的分布(图 5－46),对不同层面进行面扫描,则可获得材料缺陷的三维分布图。

本小节介绍的透射显微镜成像法和热波法与之前介绍过的表面光电压、LBIC 法以及后面将要介绍的显微镜观测法都具有对缺陷进行成像的功能,这些技术不仅可以测量出材料缺陷的位置和空间分布,还能测定缺陷的尺寸,并获得缺陷密度随尺寸变化的分布图。

5.5　材料晶格特性的测量

材料的晶格特性包括材料表面的晶向、晶格结构、晶格常数以及晶格形变和晶格缺陷等。由于晶格格点间的间距大都落在 0.3 nm 到 0.7 nm 之间,一般需要使用波长小于晶格间距的 X 光或电子作为探测的媒质,并利用光子或电子受晶格散射后产生的衍射效应才能测量出材料的晶格特性。晶体的解理面和晶体生长或腐蚀形成的慢生长面(或慢腐蚀面)也可被用于测定晶片的晶向特性,这些特征面通常都是一些低密勒指数的晶面。此外,材料的晶格常数和形变也会影响到材料的一些宏观性能参数,比如说密度、表面面形和弹性模量等,通过相关参数的测量也能了解到材料晶格的某些特性。

5.5.1　晶向测定技术

原子晶面对 X 光或电子产生的衍射效应是材料晶向特性测量的最基本的原理和方法,并能被用于晶片晶向的常规检测(见 5.5.2 节的最后一段),除此之外,晶体的解理面、慢腐蚀面或慢生长面也经常被用于材料晶向的测定。例如,晶体切割会在表面产生很多微小的解理面,即切割形成的粗糙面是由很多微小解理面构成的。经过特定化学腐蚀剂的腐蚀,材料表面会产生很多位错腐蚀坑,腐蚀坑由 3 个或 4 个特定晶面的慢腐蚀面所组成。同样,直拉法生长也会在晶锭表面产生一些慢生长面,并在这些慢生长面的相交处形成生长棱线。通过测量这些特征面(2 个或 2 个以上不同取向的特征面)的空间取向,并借助极图分析技术即可确定材料中各原子晶面的空间取向。由于这些微小特征面的平整度和粗糙度都比较好,通过测量入射光(激光)的反射特性(光线的传播方向)即可测量出特征面的空间取向,基于这一原理发展起来的定向技术也被称为激光定向技术。对于闪锌矿结构的化合物材料,晶片表面的极性(即 *A/B* 面)则可根据化学腐蚀坑在晶片正反面上的差异来确定。

5.5.2　X 光衍射技术

X 光的波长介于 0.01Å 和 100Å 之间,该波段上的光子能量与原子中不同壳层间电子能量的差值相当。一般采用热电子发射产生的高能量电子来激发原子内壳层上的电子,进而利用外壳层上非平衡的电子向内壳层跃迁来获得单色性极好的 X 光光源,再经过准直晶体,形成 X 光衍射测量所需的准直光线,图 5-47 为上述过程的示意图。X 光衍射仪的光源一般采用 Cu 原子发射的 $K_\alpha 1$ 射线,它是由 L 壳层中最高能级上的电子向 K 壳层跃迁时产生的光子(图 5-48),其波长为 1.540 56Å。在所激发的 X 射线中,$K_\alpha 1$ 射线的发光强度也是最大的,其他 X 射线(包括电子轰击原子产生的连续谱线)在经过准直晶体和狭缝后被去除。

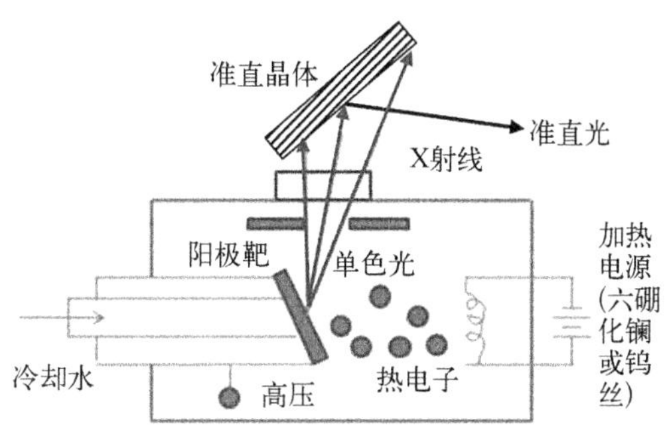

图 5-47　X 光产生的原理图

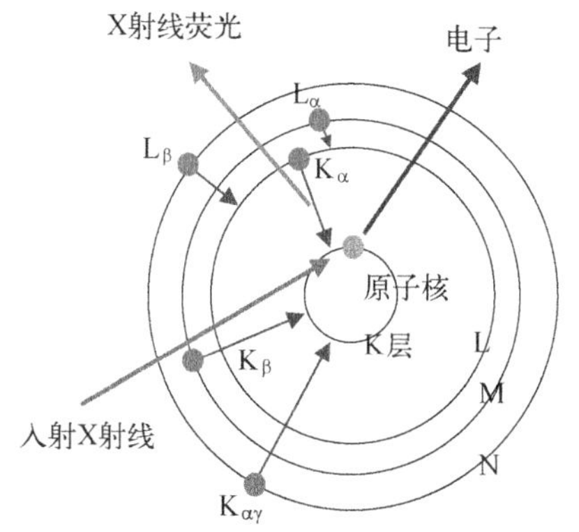

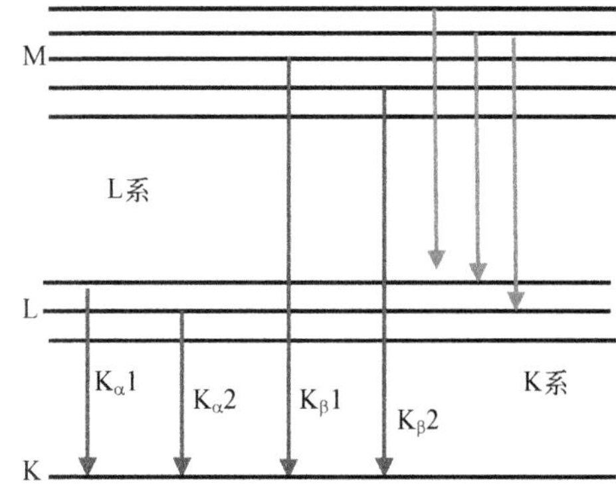

图 5-48　X 射线标识所对应的电子跃迁能级

当把单色、准直的 X 射线入射到材料表面时,光子将受到晶格中各晶面上原子的散射,其中只改变射线方向而不改变能量的散射称为弹性相干散射,它是 X 射线衍射测量技术所利用的物理机理。假定晶面的间距为 d,入射光与晶面的

夹角为 θ，相邻原子晶面所产生反射光的光程差为 $2d\sin\theta$，当光程差为波长 λ 的整倍数时，即

$$2d\sin\theta_B = n\lambda \tag{5-79}$$

反射光将发生相干效应（光强出现极大值），这就是著名的布拉格（Bragg）定律。式中，n 称为衍射的级数，θ_B 称为布拉格衍射角。通过测量反射光强度与入射角、反射角之间的关系，即可获取材料的晶格特性。将式（5－79）改写为

$$2\left(\frac{d}{n}\right)\sin\theta_B = 2d_n\sin\theta_B = \lambda \tag{5-80}$$

由式（2－2）可得等效为 1 级衍射的晶面间距为

$$\begin{aligned} d_n &= \frac{a}{n\sqrt{h^2+k^2+l^2}} = \frac{a}{\sqrt{(nh)^2+(nk)^2+(nl)^2}} \\ &= \frac{a}{\sqrt{H^2+K^2+L^2}} = d_{HKL} \end{aligned} \tag{5-81}$$

式中，a 为晶格常数，(HKL) 被称为衍射指数，因此，晶面 (hkl) 的 n 级衍射也被称为 (HKL) 衍射面的 1 级衍射。

X 光衍射的测量方法有双晶衍射法和三轴衍射法，根据衍射面与样品表面的关系，衍射可分为对称衍射（衍射面平行于样品表面）和非对称衍射，非对称衍射的测量方法常被用于研究材料的位错特性。当材料为多晶（或微晶），且材料晶体结构未知时，被测样品的晶体结构和含量需采用粉末衍射法进行测量。

1. 双晶衍射

图 5－49 是双晶衍射法测量材料晶格特性的示意图，所谓双晶在这里是指测量系统包含了分析晶体和测量晶体，分析晶体（也称准直晶体）由两组对置的理想晶体构成（图 5－50），利用 X 射线在理想晶体上衍射对入射 X 射线进行限束，以提高入射光的准直性和单色性（优于 5×10^{-4}Å），常用的理想晶体是高质量的 Ge 或 Si 材料。

在双晶衍射测量系统中，探测器被放置在沿被测衍射晶面法线与入射光相对称的光路上，假定入射光与被测衍射晶面的夹角为 θ，也称衍射角，探测器所在光路与入射光线的夹角则为 2θ。测量时同时转动样品和探测器（双轴联动），转轴位于入射光与材料表面的交点，且同时垂直于入射光和衍射面的法线，由测试系统对测试条件进行优化来实现，在此条件下，探测器测量到的光强随 θ 角的变化关系（图 5－49 中的左下图）被称为双晶衍射摇摆曲线。

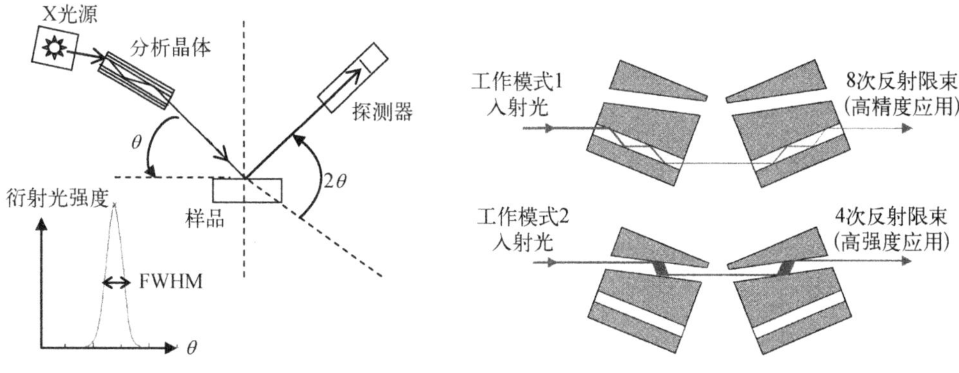

图 5-49 双晶衍射测量的原理图

图 5-50 分析晶体的结构和工作原理图

摇摆曲线的峰值所对应的衍射角为布拉格衍射角 θ_B，对于已知晶体结构的材料，根据布拉格衍射角 θ_B 可以求得衍射面的晶面指数（*HKL*），并求得材料的晶格常数。衍射摇摆曲线的半峰宽（FWHM）包含了材料的本征半峰宽（与衍射面的选取有关）和测量仪器对衍射曲线的展宽，也包含了材料应变和材料缺陷导致的展宽，根据 X 射线衍射的理论，摇摆曲线的总的半峰宽 β 与各种机制所引入的展宽幅度 β_i 之间的关系为

$$\beta^2(hkl) = \beta_0^2(hkl) + \beta_m^2(hkl) + \beta_\alpha^2(hkl) + \beta_r^2(hkl) \tag{5-82}$$

式中，(hkl) 衍射面的晶面指数，β_0 和 β_m 分别为材料的本征半峰宽和测量仪器引入的展宽，β_α 为缺陷引起的摇摆曲线展宽，β_r 则是材料应变引起的展宽。材料的本征半峰宽可根据 X 射线动力学理论进行计算，而双晶衍射的仪器展宽则可运用 Healey 等给出的仪器展宽函数来确定[33]。按照目前的仪器水平，理想晶体的双晶半峰宽一般在 10 弧秒以内，超出的部分与材料的缺陷和应变有关，双晶半峰宽越窄，被测材料的晶格完整性也就越好。

材料位错对双晶半峰宽的影响不仅与位错的密度相关，也与位错的取向有关，位错线对入射 X 光的散射截面越大，位错对双晶半峰宽的影响也越大。例如，界面处的失配位错（大都平行于界面）对双晶衍射的影响非常大，其密度与双晶半峰宽之间往往会存在很好的对应关系。当位错穿越方向与 X 光入射角的夹角较小时，应采用非对称衍射的方式进行测量。位错引入的展宽包括晶格角度旋转所导致的展宽和晶格应变所引起的展宽，如果能够通过建立模型将位错与相应的展宽分量相关联，则可通过提取相应的展宽分量求得材料的位错密度。相比化学腐蚀法，X 射线衍射方法为无损检测方法，可用作产品的在线检测技术。

除了用于评价单晶材料的晶格完整性外，X 光双晶衍射也常常作为分析和评价量子阱和超晶格材料晶体结构的测量方法。图 5-51 为（001）GaSb 衬底上

InAs/GaSb 超晶格材料的(004)双晶衍射曲线,外延材料的 0 级峰在衬底衍射峰的右侧说明超晶格外延材料的平均晶格常数与衬底之间存在负失配,从偏离量可以计算出失配度。超晶格材料的衍射峰越窄,强度越强,看到级数越多,说明材料晶体结构的周期性和完整性控制得越好。根据图 5－51(b)给出的衍射角随各级衍射峰变化的斜率 m,通过计算可以精确地得到超晶格材料的周期。

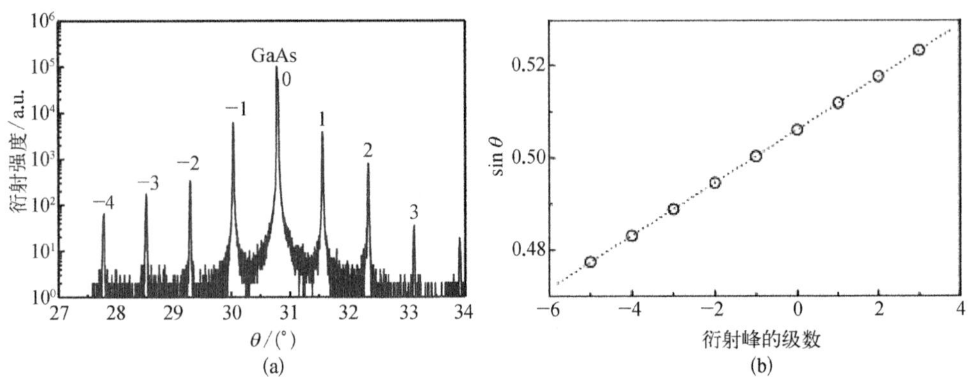

图 5－51　超晶格材料的双晶衍射曲线

(a) (001)GaSb 衬底上 InAs/GaSb 超晶格材料的(004)双晶衍射曲线,最强衍射峰为 GaSb 衬底的(004)衍射峰,0 级衍射峰为超晶格材料平均晶格常数的(004)衍射峰,其他各级衍射峰来自晶面间距等于超晶格周期 $L(L=d_{GaSb}+d_{InAs})$ 的衍射;(b) 各级衍射峰与衍射角的关系

$$L = \frac{\lambda}{2m} \tag{5-83}$$

在进行 X 射线衍射测量时,应对以下几个问题有所了解:① FWHM 的单位为弧秒(arcsec),此处的弧秒就是角秒,它不是 1 弧度的 3 600 分之一,弧度已是弧度制里的最小单位;② 双晶半峰宽与 X 射线的光斑大小有着密切的关系,测量时光斑的大小是由狭缝来控制的,光斑越大,衍射所涉及的材料面积就越大,被测区域发生应变的绝对值和缺陷含量均会增加,双晶半峰宽也随之增加。因此,在对比不同材料晶格完整性的优劣时,一定要关注各自采用的测试条件是否相同;③ X 射线对材料有一定的穿透深度,材料的不均匀性会对 FWHM 产生影响,X 射线的入射角越大,穿透深度也越大。在需要了解材料表面特性时,入射角要尽量小一点,而在需要检测双层或多层晶体薄膜的晶体结构时,入射角则应取得大一点;④ 根据 X 射线晶格散射理论的计算结果,衍射强度与以下公式给出的结构因子相关:

$$|F(HKL)|^2 = |f_j|^2 \cdot \left[\sum_{j=1}^{n} e^{2\pi i(Hx_j+Ky_j+Lz_j)}\right]^2 \tag{5-84}$$

当晶胞中原子的点阵结构和衍射面的晶面指数满足某些特定条件时,衍射强

度的结构因子将等于零，即出现所谓的点阵消光，相应的衍射峰不会出现在衍射曲线上。表 5-2 给出了 X 射线衍射在晶体中发生点阵消光的条件。此外，若结构基元含有多个原子，也会导致消光现象（称为结构消光），例如，在金刚石结构中，晶面指数全为偶数，但 $H + K + L \neq 4n$ 时，衍射强度的结构因子也会等于零。

表 5-2　X 射线衍射在立方晶系中发生点阵消光的条件

点阵结构	出现衍射	衍射消失
简立方结构	全部	无
底心立方结构	H、K 全为奇数或全为偶数	H、K 奇偶混杂
体心立方结构	$H+K+L$ 为偶数	$H+K+L$ 为奇数
面心立方结构	H、K、L 全为奇数或全为偶数	H、K、L 奇偶混杂

对于按指定表面晶向加工的半导体晶片，不加准直晶体的普通 X 光衍射技术常被用于晶片表面晶向与指定晶向之间的偏离量的测量。在晶体定向测量的系统中，入射光、样品表面测量点和探测器被固定不变，样品表面被安放在样品架上一个固定的平面上，通过旋转样品架，记录衍射光强极大值所对应的角度，并通过调节晶片在固定平面内的取向（每次测量旋转 90°），即可准确地测量出晶片表面晶向与指定晶向的偏离度和偏离的取向。

2. 三轴衍射

双晶衍射是应用最广泛的一种测量技术，但该技术也有局限性，它不能区分 FWHM 的展宽是来自应变还是来自不同晶格常数的材料缺陷，为了深入了解材料的晶格特性，人们又提出了三轴衍射的测量方法。

和双晶衍射相比，三轴衍射在探测器前面增加了一组分析晶体（也称准直晶体），使得探测器所探测的反射光被限制在很小的空间立体角范围内，因而能更精细地反映衍射特性的细节。图 5－52(a) 为入射波矢 $\boldsymbol{K}_0\left(\boldsymbol{K}_0 = \dfrac{2\pi}{\lambda}\boldsymbol{k}_0^0\right)$、反射波矢 $\boldsymbol{K}_\mathrm{h}\left(\boldsymbol{K}_\mathrm{h} = \dfrac{2\pi}{\lambda}\boldsymbol{k}_\mathrm{h}^0\right)$ 和晶体的衍射面矢量 $\boldsymbol{h}\left(\boldsymbol{h} = \dfrac{2\pi}{d}\boldsymbol{h}^0\right)$ 满足 Bragg 衍射条件时的关系图，即散射矢量：

$$\boldsymbol{K} = \boldsymbol{K}_0 - \boldsymbol{K}_\mathrm{h} = \boldsymbol{h} \tag{5-85}$$

如果将图 5－52(b) 中的样品绕 O 轴旋转 $\Delta\psi$，或将探测器绕 O 轴旋转 $\Delta\phi$，散射矢量 $(\boldsymbol{K}_0' - \boldsymbol{K}_\mathrm{h}')$ 将偏离晶体衍射面矢量 $\boldsymbol{h}$，即

$$\boldsymbol{K} = \boldsymbol{K}_0' - \boldsymbol{K}_h' \neq \boldsymbol{h} \tag{5-86}$$

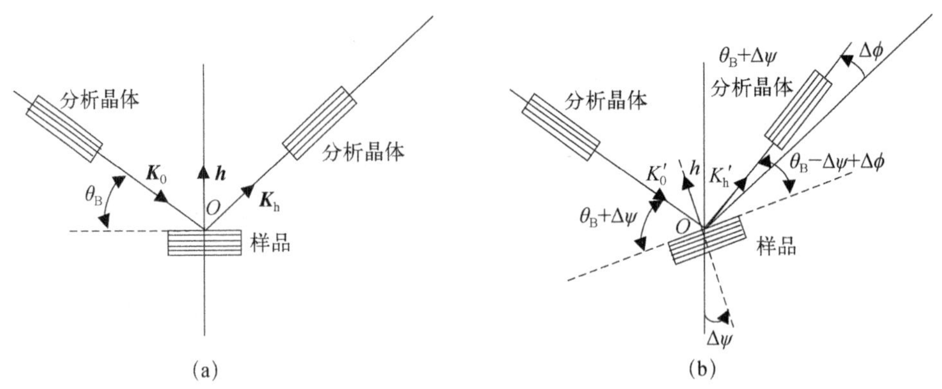

图 5－52　三轴衍射测量和 X 射线在倒空间中矢量分布的示意图

将散射矢量 $\boldsymbol{K}$ 相对晶体衍射面矢量 $\boldsymbol{h}$ 的偏离量定义为散射偏离矢量 $\boldsymbol{q}$，并将上述各矢量统一画在原点为 $\boldsymbol{q}$ 矢量起点的晶体倒空间坐标系中，可得到各矢量间的关系图 5－53，假定偏离量 $\Delta\psi$ 和 $\Delta\phi$ 为小量，从图中可求得散射偏离矢量 $\boldsymbol{q}$ 与实空间偏离量 $\Delta\psi$ 和 $\Delta\phi$ 的关系为

$$q_x = (2\Delta\psi - \Delta\phi)\sin\theta_B/\lambda \tag{5-87}$$

$$q_y = \Delta\phi\cos\theta_B/\lambda \tag{5-88}$$

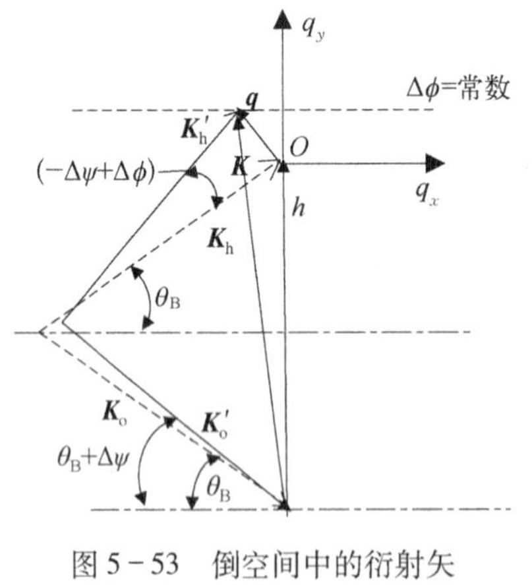

图 5－53　倒空间中的衍射矢量偏离的关系图

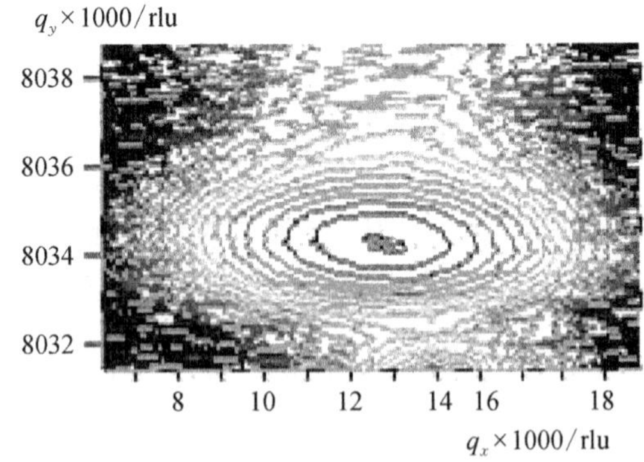

图 5－54　(333)碲镉汞液相外延材料的三轴衍射倒空间矢量分布图

rlu(reciprocal lattice units)为倒空间点阵单位，即 $2\pi/a$ 或 $2\pi/b$ 或 $2\pi/c$

通过对 $\Delta\psi$ 和 $\Delta\phi$ 进行扫描，可得到倒空间(q_x, q_y)散射偏离矢量方向上 X 射线强度的等高线图，这就是 X 光三轴衍射的倒空间矢量分布图，图 5－54 是用三轴衍射测量得到的一个实际结果。从这样的分布图上我们能够得到以下信息：

1) q_y = 常数。这时 $\Delta\phi$ 不变,只对样品偏角 $\Delta\psi$ 进行扫描,如果晶体的取向性非常好,那么扫描结果只有一个尖锐的峰,否则,峰将展宽,甚至出现多个峰,因此,可用于分析材料的缺陷和应力。不同的 $\Delta\phi$ 相反映了不同面间距的晶面在取向展宽上的特性。

2) q_x = 常数。这时 $2\Delta\psi = \Delta\phi$,这相当于对取向为 h 的晶面改变衍射角 θ,当晶体只有单一成分(即一种晶格常数)时,扫描结果应该只有一个尖锐的峰。反之,如果材料中有其他成分(晶格常数不同)存在,则峰将展宽,甚至出现多个峰。该测量结果可用于分析材料的成分特性。

3) $\Delta\psi$ = 常数。这时矢量 $\boldsymbol{q}$ 随 $\boldsymbol{K}'_{\mathrm{h}}$ 矢量旋转,其轨迹为厄瓦尔德(Ewald)球,其切线方程为

$$q_x = \left(2\Delta\psi - \frac{q_y\lambda}{\cos\theta_{\mathrm{B}}}\right)\sin\theta_{\mathrm{B}}/\lambda \tag{5-89}$$

将样品设定在偏离 Bragg 角一定的位置后对分析器 ($\Delta\phi$) 进行扫描,所得曲线在 $\Delta\phi \approx 0$ 处的行为反映了缺陷或表面粗糙度对运动学散射和热漫散射的影响。在 $\Delta\phi = \Delta\psi$ 处是单色器的赝峰,$\Delta\phi = 2\Delta\psi$ 处为动力学衍射峰。当晶体很完美时,动力学衍射峰会很强,而当晶体存在缺陷或表面损伤严重时,运动学散射和热漫散射将加强,而动力学衍射峰则会减弱。对厄瓦尔德球的分析经常被用来检测材料表面的损伤和粗糙度。

4) 等强度线的对称性。倒空间 X 射线衍射的等强度线通常为闭合的环线,对于非理想材料,环线不再是圆环,甚至是多中心的几套环线。材料中的某些微缺陷会对环线的形状(如对称性)产生影响,反过来这些特征也可以用来检测材料中的缺陷。总之,X 光三轴衍射的倒空间矢量分布图包含了非常丰富的信息,掌握和熟练运用倒空间分析技术可对材料的晶格性能有更深入的了解。

3. X 光衍射貌相

对材料 X 光衍射光强的面分布进行测量所得到的图像称为 X 光衍射貌相,对于 X 光吸收较小的样品,也可测量材料透射光的衍射光貌相,其优点是可以对材料内部的缺陷进行检测。图 5-55 给出了实现面分布测量的两种方式,将准直的 X 光衍射扩束后入射到材料表面,并采用 X 射线列阵探测器(常用闪烁晶体加 Si-CCD 组成的探测器)对衍射光的面分布进行测量。当材料中存在缺陷时,所在区域的 X 射线反射光或透射光将偏离衍射条件,并在貌相上显现出来。图 5-56 是采用反射模式对不同晶格失配条件下生长的 HgCdTe/CdZnTe(衬底)外延材料进行 X 光衍射貌相测量的结果,结果显示,随着晶格失配度的增大,X 光貌相中会显现出三重对称的交叉线(crosshatch)形貌,它是由平行于材料表面的<110>失配位错组成的簇团(条状缺陷)造成的。当失配度进一步增大时,过高的失配位错密度

将导致材料生长时产生微晶界，使 X 光衍射貌相呈现马赛克（mosaic）结构。图 5－56（b）中的白点为材料表面上的某种结构缺陷。图 5－57 为从交叉线貌相图上取出的衍射强度的一维分布图，图中衍射强度的波动幅度与失配位错密度具有相关性，其空间分布特性则反映了失配位错密度的空间分布特性。X 光貌相测量是一种无损的缺陷检测技术，已在材料生产和研究中获得广泛应用。

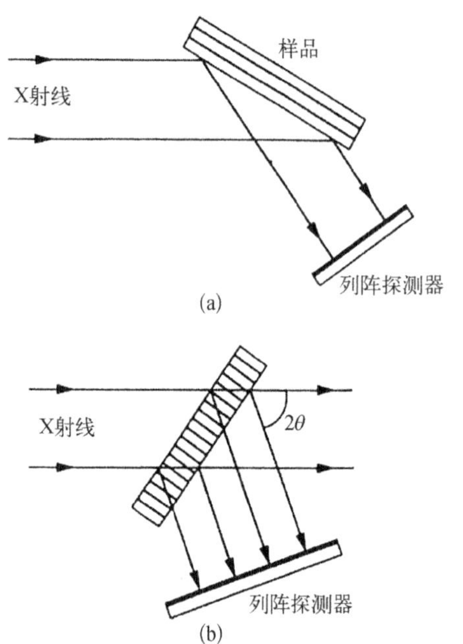

图 5－55　X 光衍射貌相测量的两种方式

（a）反射法；（b）透射法

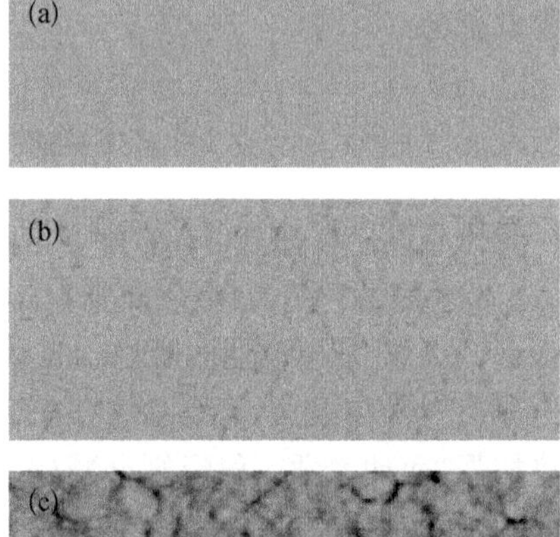

图 5－56　（111）B HgCdTe 外延材料的三种典型的 X 射线貌相图

（a）均匀貌相（晶格失配很小）；（b）crosshatch 貌相（晶格失配较小）；（c）mosaic 貌相（晶格失配较大）；测量采用了反射方式

4．多晶材料的 X 射线衍射测量技术

多晶材料的 X 射线衍射测量技术基于劳厄衍射的原理。劳厄衍射是最早发现的一种 X 射线衍射效应，即用多谱线光源照射晶体时，放置在晶体后面的感光胶片上会出现许多分散的斑点，这些斑点也被称为劳厄斑。

粉末衍射是测量多晶或未知晶体结构时常用的一种技术，测量方法分为照相法和衍射仪法，照相法中又分为德拜法、聚焦法和针孔法。德拜法是最常见的一种测量技术（图 5－58），它把准直 X 射线入射到粉末样品上，感光底片卷成柱状与样品同轴安放，可记录样品的全部衍射线。由于样品中包含了各种取向的晶粒，满足 2θ 衍射条件的衍射线将构成一个锥面，在胶片上形成衍射环。根据这些衍射环的位置可以

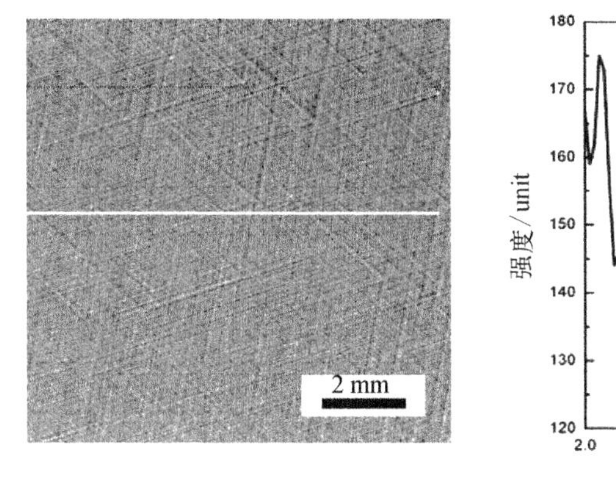

(a)

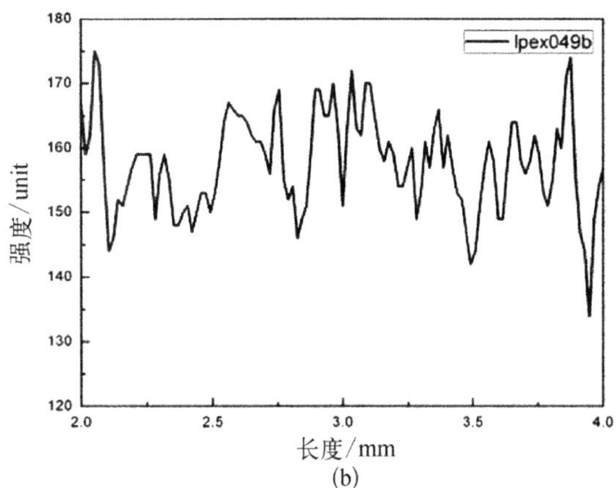

(b)

图 5-57 (111)B HgCdTe 外延材料的 X 光貌相测量结果

(a) X 光衍射貌相图;(b) 沿上图横线截取的一维衍射强度分布图

测量出样品中所含晶粒的晶体结构,根据衍射线的强度,可以对晶体在样品中的含量进行推算。衍射仪法是类似于双晶衍射的测量方法,不同之处在于粉末衍射法的设备不带准直晶体,为普通的 X 光衍射仪,而双晶衍射仪则被称为高精度的 X 光衍射仪。

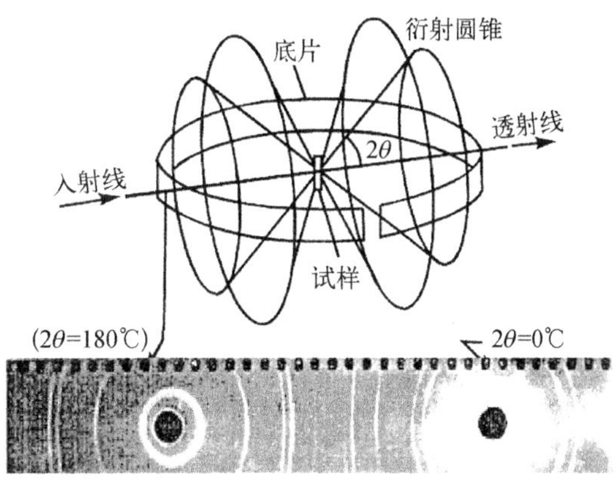

图 5-58 德拜法 X 射线粉末衍射的原理图

显微劳厄 X 射线衍射测量技术(μ-Laue XRD)则是一种测量多晶材料显微结构的技术。它使用来自同步辐射光源的高强度 X 射线,光斑尺寸很小(1 μm 左右),入射到样品后产生的衍射光在荧光屏上成像,也可由 CCD 相机读出。根据测量得到的衍射光图案,可以对微区材料的结构特性和应变特性进行分析。通过对样品进行二维扫描,并结合聚焦离子束剥离(FIB lift-Out)技术的使用,可用于材料显微缺陷特性的检测和异质结材料界面处材料应变特性的测量,该技术也被称为显微 X 射线断层摄影技术。

5.5.3 反射式高能电子衍射技术

电子衍射的原理与 X 光衍射是一样的,不同的是材料对电子的散射截面远大于对 X 射线的衍射截面,测量时一般采用反射模式。电子衍射分低能电子衍射(LEED)和高能电子衍射(HEED),前者的电子能量在 10~200 eV,相应的德布罗意波[$\lambda = h/(mv)$]的波长 0.5Å~1.5 Å,后者的电子能量为 30~50 keV,波长在 0.02 Å ~

0.03Å。LEED 与 XRD 波长相近,也可用于材料表面晶体结构的测量,缺点是测量必须在超高真空的腔体中进行,且不具有类似于 X 射线测量中双晶衍射和三轴衍射的测量功能,这使得其应用范围受到很大的限制。反射式高能电子衍射(RHEED)利用其散射截面大的特点,通过采用小角度(1°~2°)入射,可对穿透深度仅为几个原子层的材料晶体结构进行测量,同时也能对材料表面小岛、台阶等原子级表面结构或缺陷进行有效的测量,并因此成为分子束外延最重要的在线晶体性能检测设备。

图 5-59(a)为高能电子衍射测量系统中入射电子的波矢、晶体的倒易点阵和衍射波矢之间相互关系的示意图。图中 $\boldsymbol{k}_0$、$\boldsymbol{k}_1$ 和 $\boldsymbol{S}_{hkl}$ 分别为入射电子的波矢、衍射波矢和倒易点阵中对应于相邻(hkl)晶面的位移矢量。该系统中入射电子束发生 Bragg 衍射的条件为

$$\boldsymbol{k}_1 - \boldsymbol{k}_0 = n\boldsymbol{S}_{hkl} \tag{5-90}$$

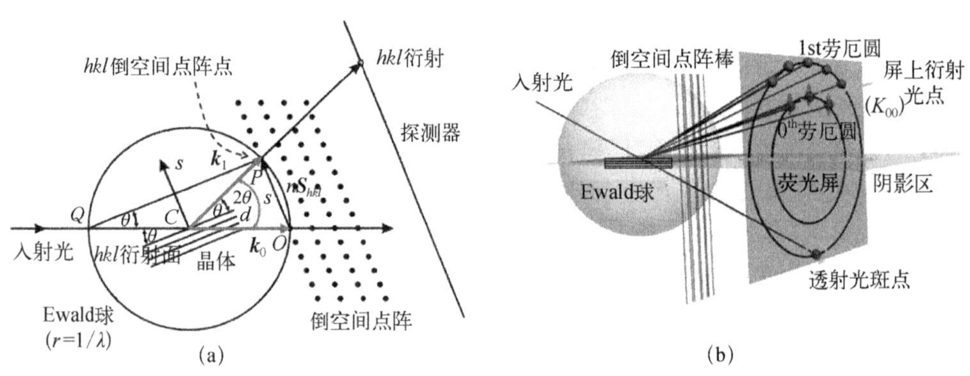

图 5-59　高能电子产生衍射的原理图

(a) 电子束满足衍射的条件;(b) 电子束在屏幕上形成衍射斑的示意图

满足上述 Bragg 方程的衍射电子束 $\boldsymbol{k}_1$ 打到荧光屏上后将形成衍射光斑[图 5-59(b)],它反映了被测材料在其晶格倒易空间中的一个二维截面图,通过旋转样品可以进一步获得晶格倒易空间在三维空间中的结构特性,并通过反演得到晶格在实空间中的结构特性。相同 n 值的衍射光斑将在屏幕上组成劳厄(Laue)环,衍射强度随着级数 n 的增加而快速衰减。

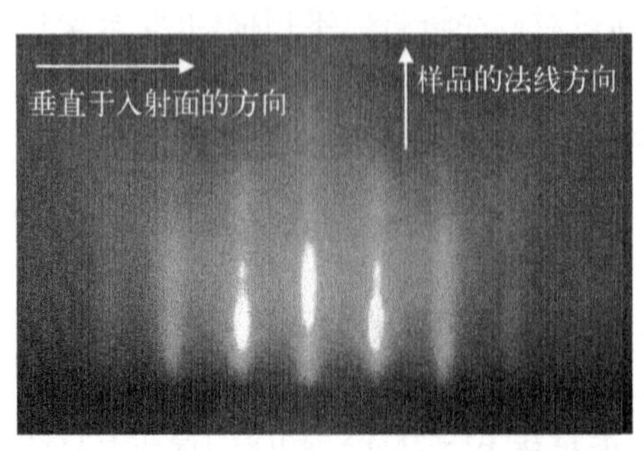

图 5-60　单晶材料的 RHEED 衍射貌相

由于高能电子衍射采用掠入射,穿透深度仅为几个原子层,如果材料表面存在原子级的岛状结构,衍射斑点将发生展宽(图 5-60),表 5-3 列出了 4 种不同形状的表面结构所对应的衍射光斑的形状。

表 5-3　各种材料表面状态所对应的衍射光斑的结构

	岛状结构	衍射斑点的形状
薄　膜	D, t	$1/D$, $1/t$
立方体	$t1$, $t2$	$1/t1$, $1/t2$
小　球	D	$1/D$
针　状		

RHEED 常用于分子束外延生长状态的实时监控，当材料中出现孪晶时，屏幕上会出现两套衍射条纹，当材料中出现多晶时，屏幕上会出现额外的衍射斑点。很多材料在生长过程中还会出现表面原子再构(图 5-61)，这些原子的再构也能被 RHEED 检测出来。对于岛状二维生长模式的外延，衍射斑的强度将随着二维晶核的产生、长大、再成核和再长大而呈现振荡，根据强度随时间振荡的周期可以推算出外延材料的生长速率。对于许多半导体外延材料，初始的岛状二维生长模式将逐渐转化为台阶状的二维生长模式，振荡曲线的幅度会逐渐衰减。为了能测量出更多的振荡周期，需对衍射信号和背景噪声信号进行差分处理，以去除电子束流强度波动对振荡曲线的影响，这一技术也被称为差分式 RHEED 测量技术。此外，人们还发明了高压 RHEED 测量技术，即通过加大电子束流强度，并引入多级差分真空系统技术，使 RHEED 在线检测技术的应用拓展到低真空系统。

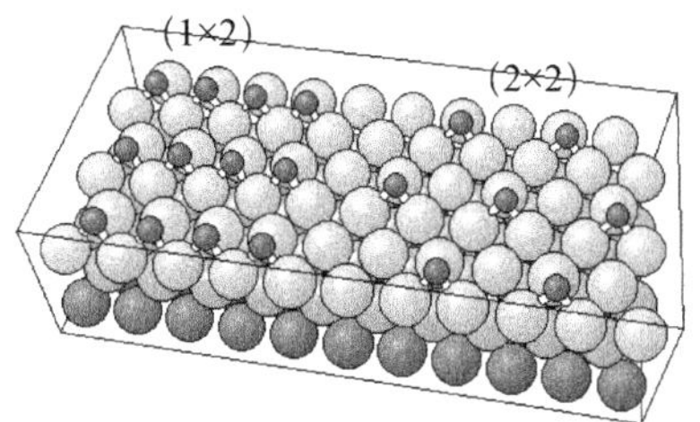

图 5-61　表面原子出现(1×2)和(2×2)再构的示意图

5.5.4　与晶格特性相关的材料宏观性能参数的测量

化合物材料晶格常数的密度测量法。对于已知晶体结构且组分分布均匀的化合物体材料，材料的晶格常数与其密度具有对应关系，使用天平测量出材料在液体(如 CCl_4)中的浮力，即可得到材料的密度、晶格常数和组分，精度可达到 1%以内。

薄膜材料表面形变测量法。当薄膜材料中包含多种材料或不同组分的化合物

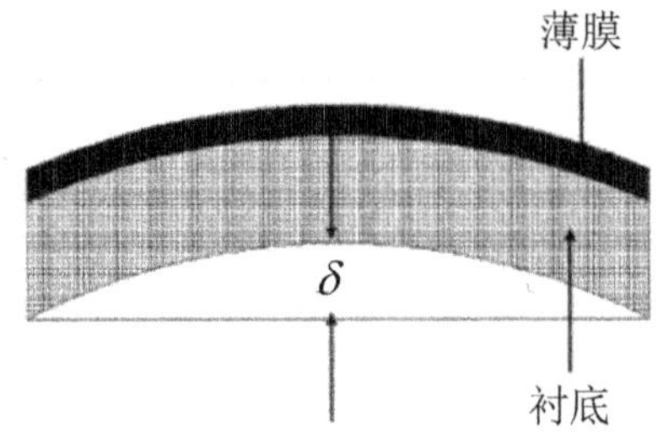

图 5 - 62　薄膜引入的热应力导致晶片形变的示意图

材料时，材料间晶格失配或热失配会导致薄膜材料的晶格发生形变，进而导致材料表面的面形发生变化。以如图 5 - 62 所示的薄膜材料为例，通过对晶片表面面形的测量（测量方法见 5.1 节），可计算出晶片所受应力的大小，具体计算公式如下：

$$\sigma = \frac{\delta}{t} \frac{E}{1 - \nu} \frac{T^2}{3R^2} \tag{5-91}$$

式中，ν 为衬底材料的泊松比，E 为弹性模量，δ 为材料中心的弯曲量，t 为薄膜厚度，R 为晶片半径，T 为晶片厚度。根据材料的弹性模量，可进一步推算出材料晶格形变的大小。

针对多层材料，Hsueh 基于组合杆平衡的条件提出了异质结构热失配应变和应力分布的计算公式[34]。对于外延材料，通过测量表面原子晶格常数的变化，可以更加准确地测量出外延材料中的应力和应变[35]。

材料弹性模量和硬度的测量。根据弹性模量 E 的定义：

$$E = \frac{F}{S} \frac{\mathrm{d}L}{L} \tag{5-92}$$

通过制备截面面积为 S 的标准样品，在设定外力 F 的作用下，采用显微镜或激光测距技术测量应变产生的位移，即可测量出材料的弹性模量。

材料硬度有很多测量方法，如静压入法、划痕法和磨损法等，材料硬度在半导体材料物理性能研究和工艺制备技术中很少被关注。

5.6　显微结构的测量

半导体材料的表面缺陷需要用显微镜进行观察，纳米尺度的缺陷需要用化学腐蚀将其放大到微米数量级的腐蚀坑后再用显微镜进行测量。除此之外，对材料表面的显微形貌和粗糙度的测量，乃至对晶格上原子的直接观察，都需要依靠显微测量技术和设备。最早也是最常用的显微测量设备是金相显微镜（“金相”二字来自早年对金属相结构的观察），后来又逐步发展出了微分干涉相差显微镜、共聚焦显微镜、近场光学显微镜、原子力显微镜和电子显微镜等各种各样的显微镜，空间分辨率也从微米尺度一直延伸到亚纳米，为半导体材料性能的研究和工业化生产提供了强有力的支撑。

5.6.1　微分干涉相差显微镜

微分干涉相差显微镜（different interference contrast microscope, DICM）是在金

相显微镜基础上逐步发展起来的一种先进的可见光显微镜,它是一种可用人眼直接观察的显微镜。普通的光学显微镜是基于几何光学原理的一个放大的成像系统,图 5－63 是一个反射式光学相显微镜的原理图。物体 AB 被置于物镜的焦距位置,反射光线经物镜放大成一个倒立的实像 A_1B_1,实像 A_1B_1 位于目镜的焦距范围内,经目镜放大成人眼可以直接观察的倒立的虚像 $A'_1B'_1$, 借助物镜与目镜的两次放大,可将物体放大到很高的倍数(最大可达 1 500 倍)。由于受光学衍射效应的限制,普通光学显微镜的横向分辨率只能做到 1 μm 左右。

普通光学显微镜是对反射光或透射光的强弱进行成像的,由于染色体对光不产生吸收,仅在折射率和厚度上存在差异,这种显微镜不能用于观察染色体,为了能观察这类物体,Zernike 发明了相差显微镜,即利用环形光阑和相板对光线产生衍射和干涉效应,将各点之间光的相位差转化成振幅差。在此基础上,Nomarski 又发明了微分干涉相差(DIC)显微镜,亦称 Nomarski 显微镜。

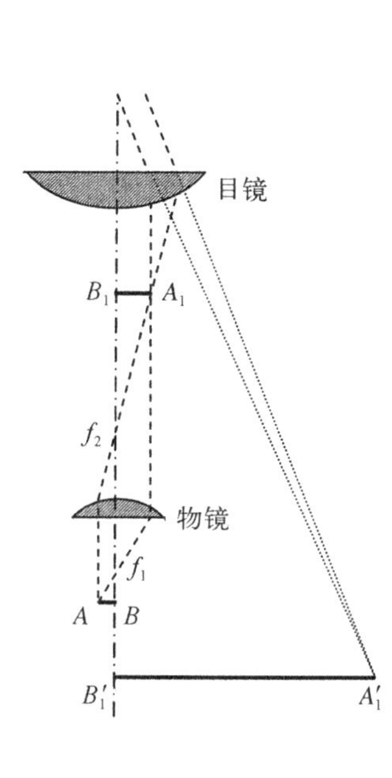

图 5－63 普通光学显微镜成像系统的光路图

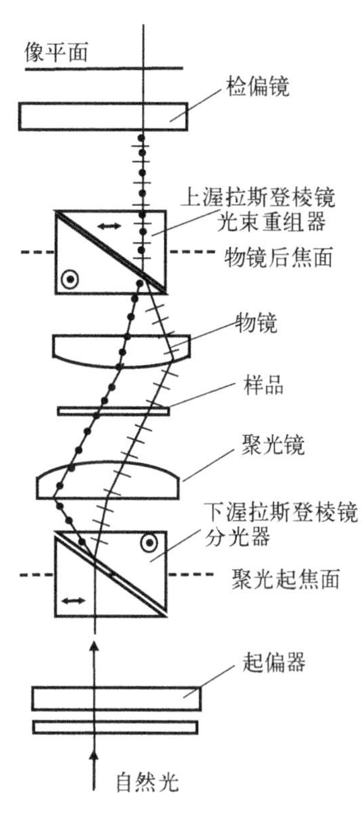

图 5－64 微分干涉相差显微镜的原理(透射方式)

DIC 显微镜的物理原理完全不同于相差显微镜,它由 6 个主要的光学部件组成,即起偏器、Wollaston 分光棱镜、聚光镜、物镜、Wollaston 重组棱镜(亦称滑行器)

和检偏器(图 5－64)。Wollaston 棱镜是其核心部件,由两块光轴相互垂直的方解石晶体构成,利用 o 光和 e 光在折射率上存在的差异,它将入射的线偏振光束(偏振方向与光轴成 45°夹角)分解成偏振方向相互垂直且成一定夹角的两束线偏振光(x 和 y),经聚光镜后形成两束空间位置分离(很小)的平行光。物镜和 Wollaston 重组棱镜则是将两束光合并成相互重叠且与显微镜光轴相平行的一束光,通过检偏器(偏振方向与起偏器垂直)将两束光波中与检波器偏振方向一致的分量提取出来。由于两束光之间存在干涉效应,最后成像的透射光光强将取决于 x 光束和 y 光束的光程差。对于这样一个光学系统,如果样品上某区域内的厚度或折射率存在差异,穿越该区域后的两束光将在光程或相位上产生差异,最终将反映在成像点的光强上。由于成像点的光强与位相差相关,DIC 显微镜对样品厚度偏差的分辨率将远优于 $\lambda/2$,最高可从 1 nm 到 0.1 nm,远高于显微镜的横向分辨率。基于类似的原理,也可做成反射式微分干涉相差显微镜,用于对材料表面的高差进行测量。目前,DIC 显微镜已成为半导体工艺线上或实验室中经常使用的光学显微镜。

使用 DIC 显微镜后,原本观察不到的表面高低起伏被观察到了,其图像在某种程度上包含了材料表面三维形貌的一些信息,大大增强了材料显微结构的检测能力。DIC 显微镜同时也具有普通光学显微镜的观察或拍摄功能(去掉检偏器即可),图 5－65 是普通金相显微镜和 DIC 显微镜对同一物体进行拍摄的效果,从中可以看出,DIC 显微镜清晰地揭示出了普通显微镜看不到的表面形貌,但需要记住的是,这种形貌反映的是材料表面高差(即坡度)的起伏,而不是绝对高度的起伏。

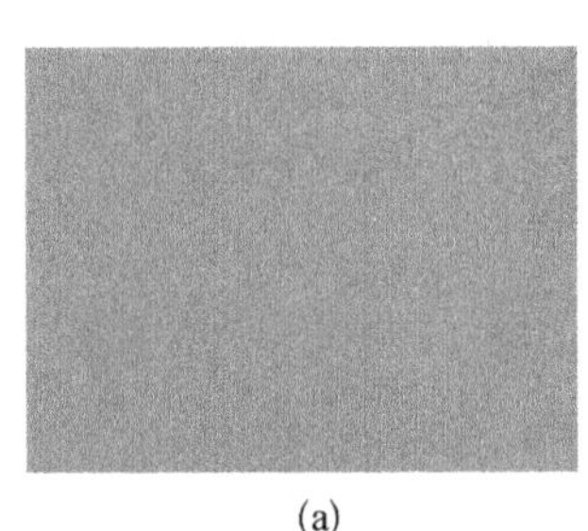

(a)

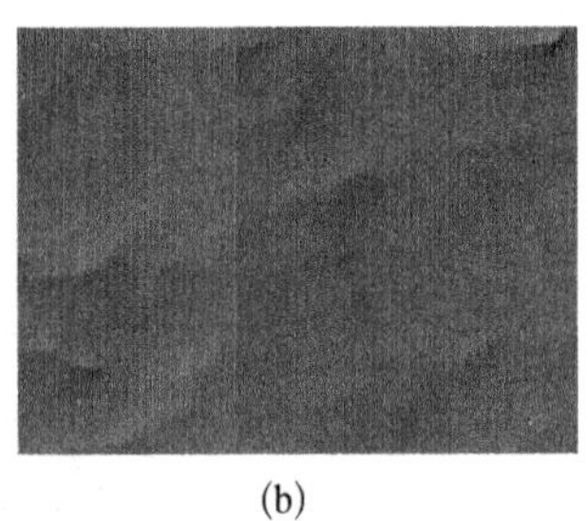

(b)

图 5－65　微分干涉相差显微镜两种拍摄模式的差异
(a) 普通拍摄模式;(b) 带 DIC 功能的拍摄模式

光学显微镜的照明一般都使用柯勒照明,在视场光阑所限定的视场立体角内,它是一个能为被测样品提供各向均匀的照明系统。近年来,基于结构光照明(用经过光栅、微晶列阵调制后的光照射样品)的超分辨率荧光显微镜技术得到了快速发展,但其使用范围仍局限于生物样品。

5.6.2　共聚焦显微镜

虽然 DIC 显微镜的图像包含了材料表面三维形貌的信息,但它给出的图像还不是真实的三维形貌图,共聚焦显微镜(CLSM 或 LSCM)的出现弥补了普通显微镜无法进行三维形貌测量的不足,所以,它也被称为 3D 显微镜。

图 5-66 是共聚焦显微镜测量的原理图。光路中设置了分光棱镜，入射光经透镜后聚焦到样品的表面区域，反射光再经物镜和分光镜后聚焦到探测器前光阑的小孔上，这样，只有当样品表面与入射光焦点重合时，反射光的一部分才能聚焦到光阑上的小孔上，进而被探测器检测到；而另外一部分光经反光镜反射后又聚焦到光源处，这就是所谓的共焦光学系统。在这样的测量系统中，每次测量只对空间上的一个固定点（焦点）进行成像，通过对样品或光学系统进行三维扫描（面分布加纵向聚焦），即可获得样品的三维图像。由于来自焦点以外的光信号对图像的干扰很小，共聚焦显微镜可大大提高显微图像的清晰度和分辨能力，横向分辨率可从普通显微镜的 1 μm 提高到 0.15 μm，纵向分辨率最高可达 10 nm。

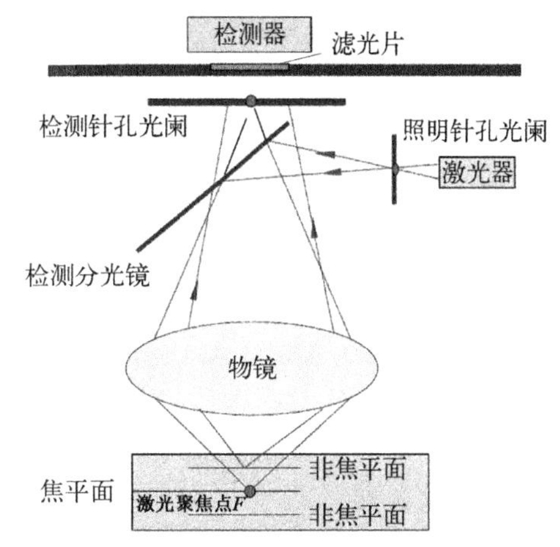

图 5-66 共聚焦显微镜的原理图

除了激光共聚焦显微镜外，还有利用轴向色散技术（多光谱）发展起来的白光共聚焦显微镜，色散技术利用了焦点与波长之间的相关性，使表面面形的纵向分辨率能够获得进一步的提高。

5.6.3 近场光学显微镜

传统光学显微镜是对物体的远程反射光或透射光（光与材料表面作用所产生的辐射场）进行测量的显微镜，受光学衍射效应的影响，显微镜最高的横向分辨率约为测量光波长的 1.22 倍（瑞利判据），显微镜的分辨率不能通过放大倍数增大而任意提高。但是，根据电磁场理论，光与材料表面的作用除了产生辐射场之外，还会产生与表面原子和原子排列结构相关，且束缚在近表面区域的非辐射场，即随表面距离快速衰减的电磁场，俗称倏逝波[图 5-67(a)]。近场光学显微镜（NFOM）正是通过探测材料表面倏逝波的信息来突破衍射极限的一种显微测量技术。

对倏逝波的探测有两种模式，一是用一个尺寸非常小的纳米探针放在离物体表面足够近（几纳米到几十纳米）的地方，采用正入射或背入射的泵浦光照射样品，其反射光或透射光将包含不可探测的倏逝波和与倏逝波相关的传播波，通过探针对传播波的探测，提取出与倏逝波相关的信号，并通过二维扫描，获得到高分辨率的表面形貌图；二是将探针改为纳米光源[图 5-67(b)]，通过物体表面原子结构对纳米光源的散射作用，将倏逝波信息转换为可在远处探测的辐射场，可获得同样的成像效果。

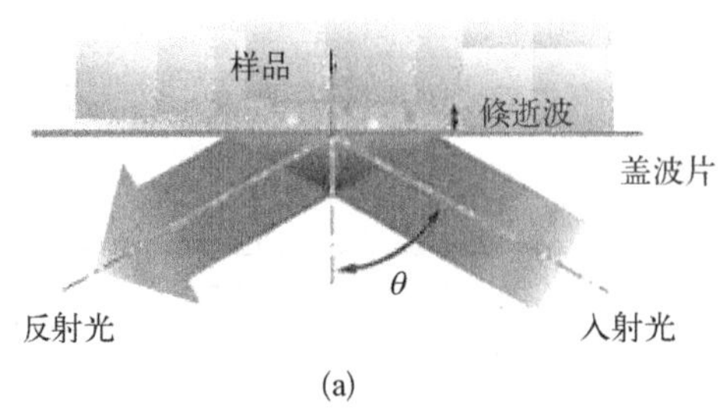

(a)

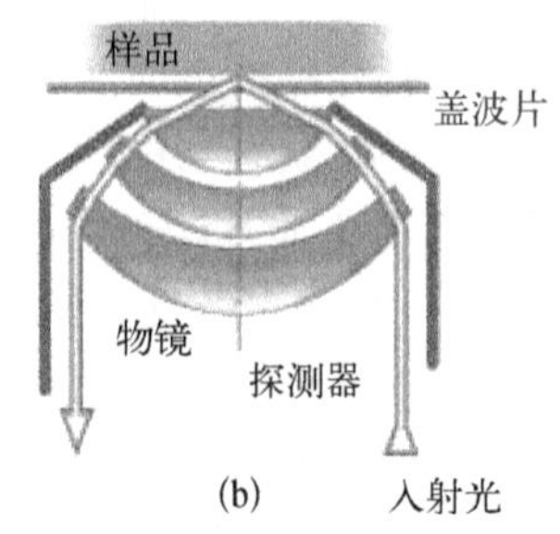

(b)

图 5-67　近场显微镜的原理图

(a) 表面辐射场和非辐射场(倏逝波)的示意图;(b) 对纳米光束与表面原子作用后产生的包含倏逝波信息的辐射场进行测量

如何控制探针与表面之间的距离对于近场光学显微镜能否得到良好的图像是很关键的，现有测量设备是通过对探针的切变力强度、隧穿电流强度和近场光强度的测量来进行控制的。图5-68 是近场显微镜获得的测量结果，材料表面的亚微米结构清晰可见。

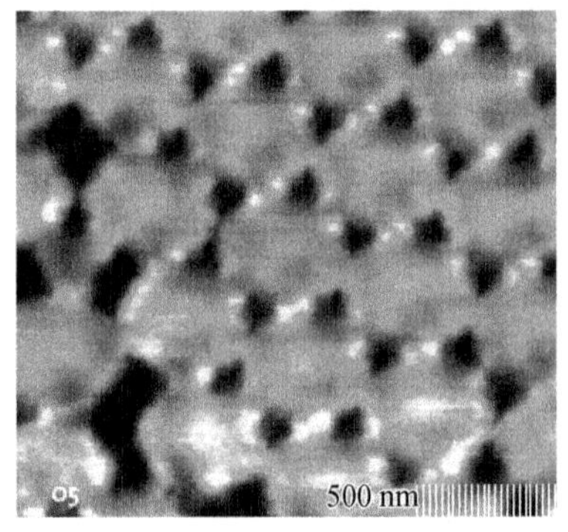

图 5-68　近场显微镜的实拍图像

5.6.4　扫描力显微镜

根据测量方法的不同，扫描力显微镜(SFM)分为扫描隧道显微镜(STM)和原子力显微镜(AFM)，它们是 20 世纪 80 年代发展起来的显微观察技术，这一技术的出现大幅度提升了显微形貌观察技术的空间分辨率，其横向分辨率最高可优于 0.2 nm，纵向分辨率则可优于 0.1 nm。STM 和 AFM 的基本原理是利用探针上原子与材料表面原子之间的相互作用来对探针与材料表面间距或材料表面特性进行测量的。STM 利用的是探针和材料表面原子之间在施加偏置电压后所形成的隧道电流，而 AFM 则是利用了原子间的范德瓦耳斯力，前者适合于导电材料，而后者的应用范围可扩展到高阻材料。

在测量过程中，探针放置在微型悬臂梁的活动端(图 5-69)，探针可以直接与样品表面发生静态接触，也可以跟随悬臂梁做振荡运动，通过测量振幅或振荡的中心位置来感受样品的起伏。探针位置的测量则采用高精度的激光干涉测距技术。对于扫描隧道电流显微镜，既可以恒定隧道电流(即保持探针与表面之间的间距不变)，使材料表面的起伏与压电陶瓷的位移量(或驱动电压)相关联，也可以恒定探针与样品表面之间的距离，将材料的表面起伏与隧道电流的大小相关联。原子力显微镜则有三种的工作模式，分别为轻敲、接触与非接触模式。在轻敲模式下，微

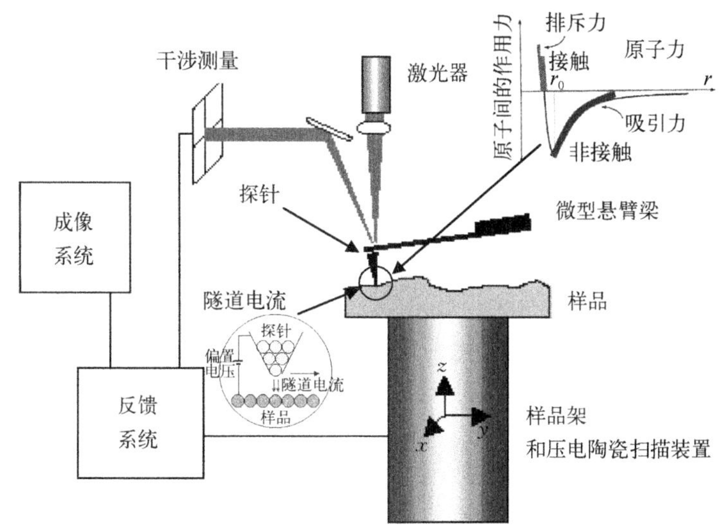

图 5－69 STM 和 AFM 显微镜的基本原理

悬臂在外力的驱动下做受迫振动,振荡的针尖将不断轻敲样品表面,其振幅将与样品表面的形貌起伏相关,以此获得样品的表面形貌;在接触模式下,针尖与样品表面保持接触,通过升降样品来保持范德瓦耳斯斥力(即微悬臂的位置)不变,该模式与 STM 中的恒定隧道电流模式相类似;在非接触模式条件下,针尖在样品表面上方做振荡运动,针尖并不接触样品,但会受到范德瓦耳斯引力的影响。扫描力显微镜对样品的面扫描既可通过驱动样品台来实现,也可通过驱动探针来实现。扫描也是用压电转换器来完成的,压电陶瓷能将毫伏级到千伏级电压信号转换成几十分之一纳米到几十微米的位移。

除了测量表面形貌,扫描力显微镜也可用于检测材料表面上的微小体缺陷。通过使用带电探针或磁性探针,扫描力显微镜还可用来测量材料表面附近电场和磁场的分布特性。前者被称为扫描静电势显微镜(SEPM),用于测量材料表面电荷的微区分布特性;后者则被称为磁场力显微镜(MFM),用于测量材料磁性在表面微区上的分布特性。

5.6.5 电子显微镜

为了突破光学衍射效应对显微观察分辨率的限制,人们很早就想到用电子来探测材料的表面形貌,1938 年第一部扫描电子显微镜由 Von Ardenne 研制成功,跟着(1938~1939 年)西门子公司研制的透式电子显微镜就正式上市,其发展历史比隧道显微镜还早了 40 多年。尽管也受到电子波粒二象性的限制,电子显微镜的理论分辨率仍可高达约 0.1 nm,远高于光学显微镜的极限分辨率(约 200 nm)。

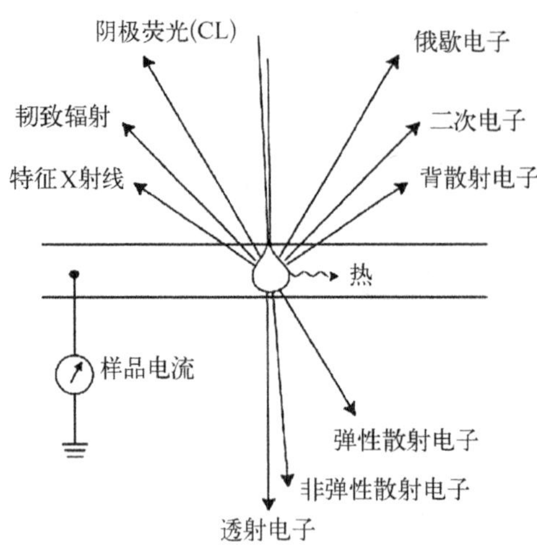

图 5－70　电子束与材料发生相互作用产生的电子和光子

图 5－70 列出了高能电子束入射到材料后，受激发区域产生的二次电子、俄歇电子、X 射线、背散射电子和透射电子，以及在可见、紫外、红外光区域产生的电磁辐射，此外也会在材料中产生电子-空穴对、晶格振动（声子）和电子振荡（等离子体）。

二次电子来自材料表面原子中外壳层上的价电子，它从入射电子与原子的碰撞中获得能量，那些能量大于材料逸出功的电子将从样品表面逸出，变成真空中的自由电子（能量为 0～50 eV），二次电子的产额对材料表面的几何形状十分敏感（表面倾斜度越大，产额越高），而与材料中的原子成分无关，因此，主要用于材料表面形貌的测量，而不能用于材料成分的分析。

俄歇电子首先源于入射电子对内壳层电子的激发，留下的空位被外壳层上电子填充，所释放出的能量再将外壳层上的电子激发成自由电子，上述过程实际上是一个无辐射的跃迁和激发过程，这种具有特定能量的电子称为俄歇电子，由材料浅表面产生的俄歇电子（能量未受到衰减）能谱可直接用来分析原子的成分。

背散射电子是被材料中原子反射（散射角大于 90°）回来的入射电子，其中包括弹性背反射电子和非弹性背反射电子。弹性背反射电子的数量远多于非弹性背反射电子，其产额随原子序数的增加而增加，可以用于原子成分的定性分析。

透射电子是直接穿越材料的电子，而散射电子则是与材料中原子发生散射后穿越样品的电子。散射电子的密度和散射角的大小与原子密度和样品厚度相关，散射电子越多，散射度越大，探测到的透射电子就越少，当样品厚度小到单个原子层时，透射电子的影像将与材料的原子结构相对应。

电子显微镜就是基于高能电子束的上述物理效应发展起来的显微结构测量技术，其中扫描电子显微镜是基于二次电子的显微成像技术，而透射电子显微镜则是基于透射电子的显微成像技术。

1. 扫描电子显微镜（SEM）

扫描电子显微镜所测量的二次电子主要来自深度为 5～10 nm 表层材料中的电子，其产额与原子序数的关系不大，但对材料的表面状态却非常敏感，因而能有效地显示材料表面的微观形貌。另外,入射电子很少被多次反射,产生二次电子的材料面积几乎等同于入射电子的照射面积,所以,利用二次电子成像的分辨率较高,一般可达到 5~10 nm。为此,扫描电子显微镜设置了多个磁透镜,它使电子枪产生的直径约 20~35 μm 的电子束集聚成几个纳米的电子束(亦称电子探针),电子探针再经磁透镜聚焦(磁聚焦)到样品表面上,以排除焦点以外的信号对图像的干扰,从而大大提高了显微图像的清晰度和分辨能力。目前,SEM 的放大倍数已能做到 80 万倍左右,最高的空间分辨率达到了 1 nm。

扫描电子显微镜主要由真空腔体、电子枪、电子聚光镜(静电透镜和磁透镜)、偏转线圈、样品架和二次电子探头组成(图 5－71)。电子枪由场发射电子源提供电子,采用偏置电压对其加速,形成高能电子束,电子束经磁透镜形成束斑为纳米尺度的电子探针,探针在水平方向的位置由偏转线圈的偏置电压来调控,即利用横向磁场的大小控制电子束的位移量,以实现电子束对样品的二维扫描成像。二次电子的探头为闪烁计数器,由闪烁体将电子信号转换成可见光信号,经光导管进入光电倍增管,其输出的电信号可直接驱动阴极射线管在荧光屏上成像,或转化成数字信号后在普通显示器上进行成像。由于所探测到的二次电子不穿透样品,不需要对样品做特殊的处理,对于导电性能不好的样品,需在样品表面镀上一层薄薄的金属导电层,以防止因材料表层出现电子堆积而阻挡后续入射电子的进入。

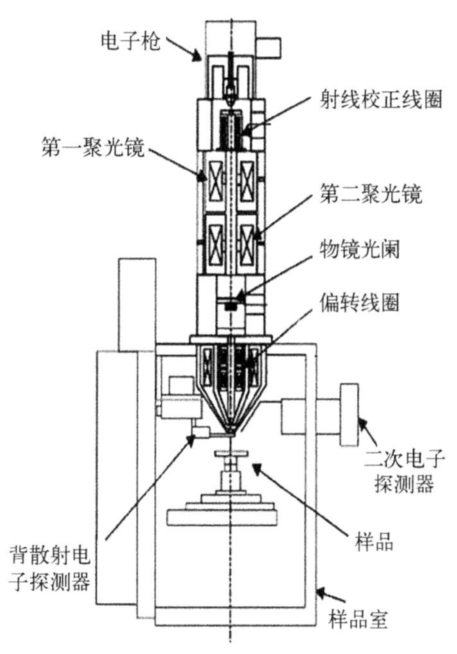

图 5－71　扫描电子显微镜的结构的光子原理

扫描电子显微镜也可对弹性背散射电子进行成像,以获取反映材料成分分布的显微图像。

2. 透射电子显微镜(TEM)和扫描透射电子显微镜(STEM)

基于透射电子的显微结构测量技术既可使用平行电子束照射样品,也可使用聚焦的电子束照射样品,前者为普通的透射电子显微镜,后者则是扫描透射电子显微镜。

透射电子显微镜亦称透射电镜,其最大优点是分辨率极高(可达 0.1 nm),且有以下多种成像模式。

1）明场成像：当电子入射到样品上质量和密度不同的区域时，电子发生散射作用的强弱和散射角的大小会出现差异，透过电子的数量也随之发生变化，散射角较小的电子经过光阑后直接进入探测器形成明场像，早期的透射电子显微镜都是基于这种成像原理；

2）暗场成像：将透射电子中散射角较大的电子用电极板反射至二次电子探头，所得图像则为暗场像；

图 5 - 72　电子束与晶格上原子发生相互作用后产生的衍射图像

3）衍射成像：电子束被样品中原子散射后，透射电子将形成衍射图像，衍射波振幅的分布对应于样品晶体结构上各原子的衍射图像，衍射图像能反映出材料的晶体结构和缺陷特性（图 5 - 72）；

4）相位成像（亦称相衬成像）：当样品薄至 100 Å 以下时，电子可以穿越样品，波的振幅变化可以忽略，材料结构对透射电子的影响主要反映在电子波的相位上，由电子波（散射波和透射波）相位差重构的图像即为相衬图像，相衬图像的识别比较复杂，优点是可以提供更多的样品信息。

透射电子显微镜的出现为从原子层面分析半导体材料的晶体结构、缺陷形态和界面特性提供了最可信的实验手段。

扫描透射电子显微镜（STEM）就是使用电子探针扫描的透射电子显微镜，相比普通的透射电子显微镜，它有如下优点。

1）因电子源的强度增加，STEM 可以观察较厚或衬度较低的样品；

2）由于使用了电子探针，可以实现微区衍射；

3）探针扫描可以提高显微图像的清晰度和细节的分辨能力。

透射电子显微镜的缺点是样品的制备非常复杂，对于缺陷形成能较低的半导体材料，样品制备工艺（研磨、刻蚀和腐蚀等）很容易引入损伤，给测试结果的分析造成困难。其次，随着分辨率的提高，观测的视场越来越小，对于缺陷密度较低的半导体材料来说，用透射电镜（包括其他所有高分辨率显微镜）找到要观察的材料缺陷将变得非常困难，加上测量成本的增加，其应用范围将受到限制，很难作为材料质量的常规检测手段。

从以上的介绍中可以看出，SEM 侧重于对材料显微结构的观察，而 TEM 则侧重于原子结构的观察（分辨率更高），图 5 - 73 为这两种显微镜对半导体纳米线和异质结界面原子结构的测量结果。除了利用二次电子和透射电子进行显微成像外,电子显微镜大都还会配置一些辅助功能,例如,配置X射线光谱仪(EDX),通过测量电子束激发出来的特征X射线,对样品中的原子成分进行分析,或配置电子能谱仪对非弹性散射电子进行测量(电子能量损失谱,EELS),根据电子能量的损失(来自价电子激发甚至声子散射)对材料的表面状态和元素成分进行分析或成像。

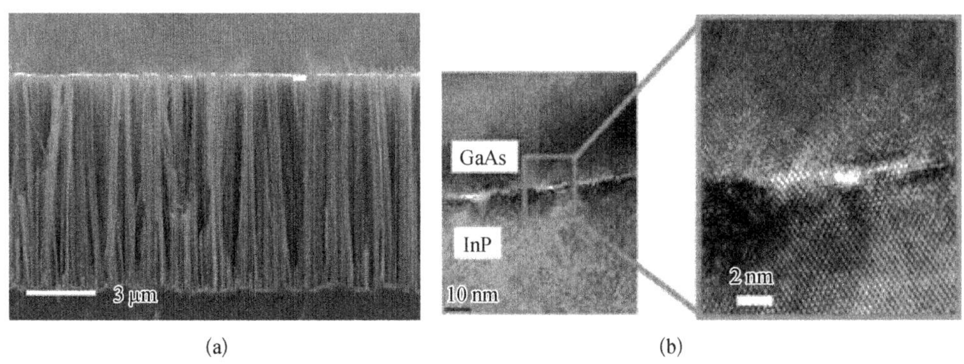

图5-73　SEM和TEM分别用于纳米线和异质结界面结构观察的形貌照片
(a) SEM; (b) TEM

5.6.6　场离子显微镜

场离子显微镜(FIM)主要用于材料表面原子结构和分布的测量,图5-74是该测量技术的原理图,待测材料需有较好的导电性能,并需加工成针尖状的测试样品。测量时样品被加上很高的正电压(加负压为场发射显微镜的工作模式),同时通入成像用的气体(He或Ne,约10 torr),运动到样品针尖上的成像气体原子会受电场作用而极化,进而吸附于针尖表面突出原子的上方,在受到导体表面电场的影

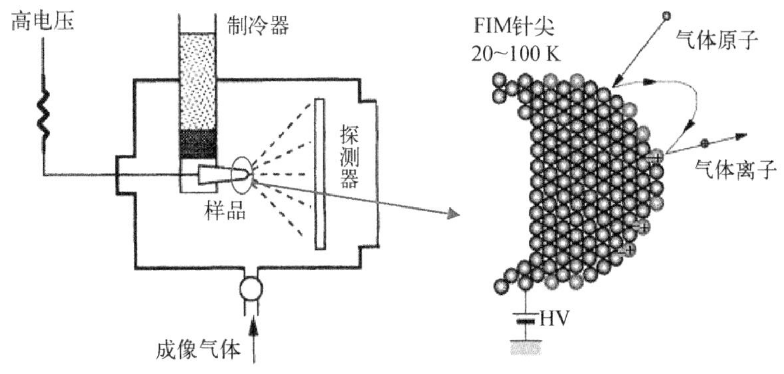

图5-74　场离子显微镜的原理图
(a) 测量装置的示意图;(b) 针尖状样品表面原子和气体成像原子的示意图

响后进一步变形,电子的势垒渐渐减小,这时吸附原子中的外层电子将有机会隧穿至样品内部,使吸附原子离化成“气体离子”,电离后的成像气体离子在电场的作用下将离开样品表面,向阴极一侧加速运动,被多通道电子倍增管捕获,并被投射到荧光屏上或被闪烁探测器记录下来。荧光屏上信号的强弱代表着离子流的大小,也即样品表面电场强弱的分布,而电场强弱的分布又取决于原子分布的形状,因此,所获图像反映了材料表面原子的分布。由于需要低温工作和特殊的样品加工要求,FIM 的使用范围受到了很大的限制。

5.7　原子成分和浓度的测量

在半导体材料的研究和生产中,经常需要对材料中原子成分(元素)及其含量进行测量,如对半导体材料中杂质的分析和对化合物材料组分及其分布的测量等。从原理上讲,对原子种类的鉴别离不开对其固有特性的测量,所谓原子固有特性无非就是原子中电子的特征能级和原子核的质量。电子能级的特征可以从电子跃迁过程所产生的特征光谱和电子脱离原子所需的束缚能上反映出来,而原子质量则可从与荷质比相关的离化原子(离子)的运动特性上反映出来。从测量技术上讲,前者为光谱技术和电子能谱测量(或分析)技术,后者则为质谱测量(或分析)技术。为了让原子中的电子跃迁、原子电离或从材料中分离出测量所需的离子,测量时需要使用高能量的媒介去激发、电离或分离材料中的原子,使其处于激发状态或电离状态,常用的媒介包括声子(热)、光子、电子和高能离子。根据探测媒介和测量原理的不同,现已发展出了各种不同的原子成分分析技术,常用的测量原理及其相应的测量技术有以下四种类型。

1) 用热激发的手段将材料汽化,并利用原子中价电子在不同能级之间的跃迁对入射光的吸收效应和热激发电子的辐射效应,达到识别被测量原子的目的,相应的测量技术分别为原子吸收光谱技术(AAS)和原子发射光谱技术(AES),如果再利用光吸收增强发光(光荧光)效应,就形成了原子光荧光光谱技术(AFS),以上这些测量技术统称为原子光谱技术。

2) 用高能电子或高能 X 射线激发原子内壳层上的电子,并通过探测外壳层电子向内壳层跃迁所发射的 X 射线特征光谱来识别原子的种类,相应的测量技术分别为能量色散 X 射线光谱技术(EDX)和 X 射线荧光分析技术(XRF)。

3) 利用高能 X 射线或高能电子激发的 X 射线将原子内壳层或外壳层上的电子激发成自由电子,并通过测量电子的能量和动量来识别原子的种类,基于这一原理发展起来的测量技术被称为电子能谱分析技术,前者为 X 射线光电子能谱(XPS),后者为俄歇电子能谱(AES),其缩写与原子发射光谱相同,注意不要混淆。

4）用溅射或高温汽化等手段从材料中剥离出气相原子（或离子），并将其尽可能多地转化为离子，再用质量分析器（基于离子在电磁场下的运动特性与离子荷质比的关系，或者特定动能离子的飞行时间）对离子的种类进行甄别，这样的测量技术被称为质谱分析技术。常用的质谱技术包括二次离子质谱（SIMS）、辉光放电质谱（GDMS）、三维原子探针（3DAP）和四极质谱（QMS）等技术。

图 5－75 对以上提及的各种测量技术的原理进行了归纳和总结。

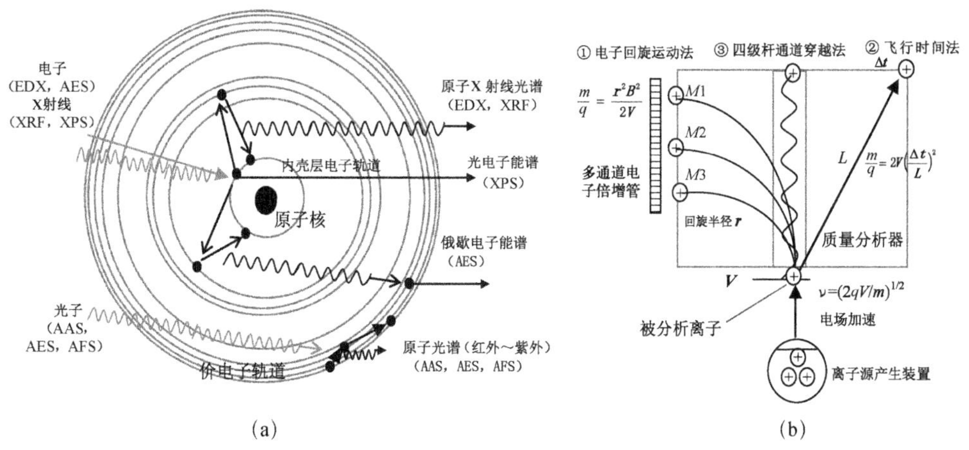

图 5－75　探测原子种类的方法及其物理机理

（a）光谱和电子能谱技术的物理机理；（b）质谱分析技术的原理

除此之外，也可利用高能带电粒子与被测量原子的原子核发生核反应，使原子核成为放射性核素，再通过测量放射性核素的半衰期和活度来确定样品中被分析元素的种类和含量，这一方法被称为带电粒子活化法（CPAA）。这一方法涉及核反应，需在核反应堆的科学装置上进行，一般很少使用。因此，本节仅对前面四种类型的测量技术和方法做详细介绍。

5.7.1　基于原子价电子跃迁的特征光谱测量技术

原子特征光谱测量技术对光谱的测量方法与 5.2 节中介绍的半导体材料光谱性能的测量技术是一样的，既可采用棱镜或光栅分光技术，也可采用傅里叶光谱测量技术，差别仅在于被测对象发生了变化。原子特征光谱测量技术针对的是汽化成原子或分子的气体样品的吸收或发光光谱。为了获得汽化的样品，一般先要用化学腐蚀方法获得含有样品原子的液体，然后采用火焰燃烧或石墨炉加热技术使液体样品汽化，在测量设备中（图 5－76），实现这一功能的模块称为原子化器。如果直接对气体原子或采用电感耦合技术产生的等离子体（ICP）的发射光谱进行测量，这就是原子发射光谱（AES）。如果用紫外光源照射气体样品，使样品的发射光

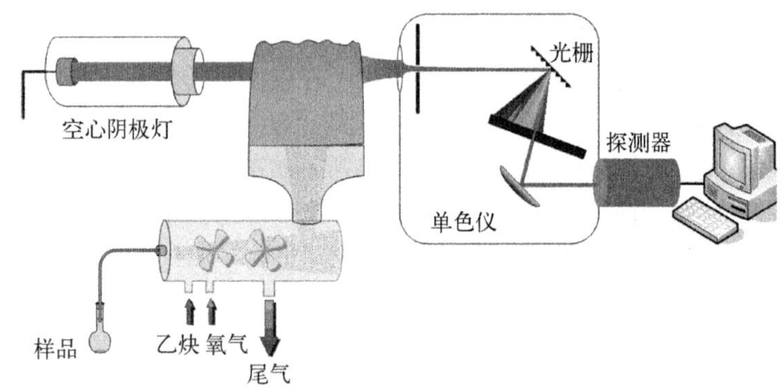

图 5－76　原子吸收光谱仪的工作原理图

谱获得增强,这就是原子光荧光光谱(AFS)。如果用强度远大于热激发光的光源照射气体样品,并通过测量透射光的光谱来获得原子的吸收光谱,这就是原子吸收光谱(AAS),如图 5－77 所示。由于原子发光或吸收主要来自价电子能级之间的电子跃迁,原子光谱仪的测量波段通常选在红外和可见光波段。图 5－77(a)是钠原子的发射光谱,谱线中心位置对应于价电子在 $P_{1/2}$ 态和 $P_{3/2}$ 态与 $S_{1/2}$ 态之间的跃迁[图 5－77(b)],谱线的展宽源于高温气相原子的热运动和原子之间的相互碰撞。

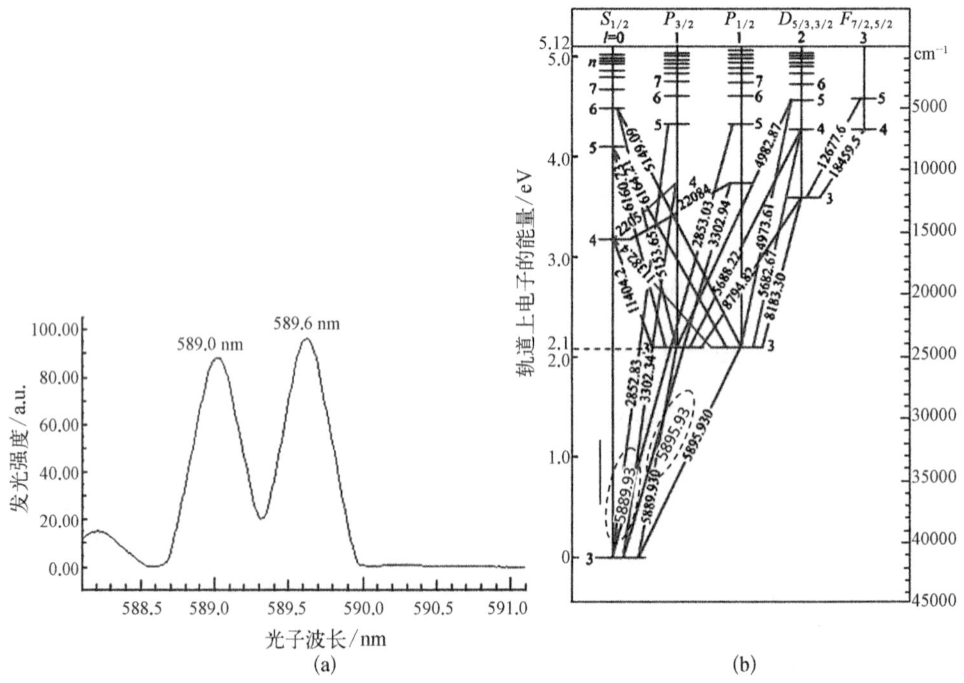

图 5－77　钠原子的发射光谱(a)和电子能级图(b)

除了利用特征光谱识别原子种类外，原子光谱也可通过测量谱线的强度来确定原子在材料中的含量。为了提高含量的测量精度，上述仪器都会根据需要，测定一些标样（浓度已知的样品），通过比对来实现定量分析，测量精度在 10^{-6} 数量级到 10^{-9} 数量级之间。如果采用 ICP 增强技术（ICP-AES），少数元素的测量精度可达到 10^{-12} 数量级。关于 ICP 的原理，在 5.7.4 节中有更为详细的介绍。

虽然三种原子光谱测量技术的原理很相似，但也有各自的特点，其中，AAS 的特点是可测量元素的范围广。AES 的线性度非常好（尤其是采用 ICP 源的 AES），适合于多元素同时分析。AFS 谱线受到的干扰较少，但可测元素范围不如 AAS 和 AES。

5.7.2 基于原子内壳层电子跃迁的 X 射线特征光谱测量技术

原子 X 射线特征光谱测量技术是通过探测原子中电子在内外壳层之间跃迁所产生的 X 波段光子来识别原子种类和含量的测量技术。为了让原子能够发出这样的特征光谱，测量时需用能量很高的 X 射线或高能电子去激发原子中内壳层上的电子，使外壳层上的电子有机会向内壳层跃迁，并同步辐射出 X 射线。使用高能量 X 射线作为激发源的 X 射线特征光谱测量技术被称为 X 射线荧光光谱（XRF）测量技术，用高能电子来激发原子的 X 射线特征光谱测量技术被称为能量色散 X 射线光谱（EDX）测量技术（亦称电子探针）。

图 5－78 为 X 射线特征光谱测量的工作原理图，图中用于激发样品原子的高能 X 射线和电子束分别由 X 射线管和电子枪提供，其原理在前面已有介绍。对激发出的荧光 X 射线的测量有波长色散型和能量色散型两种方法，波长色散型方法是利用晶体对 X 射线的衍射与晶格结构和入射角的关系，通过选用合适晶体，扫描晶体和探测器的角度，来确定 X 射线的波长。能量色散型方法是用半导体探测器

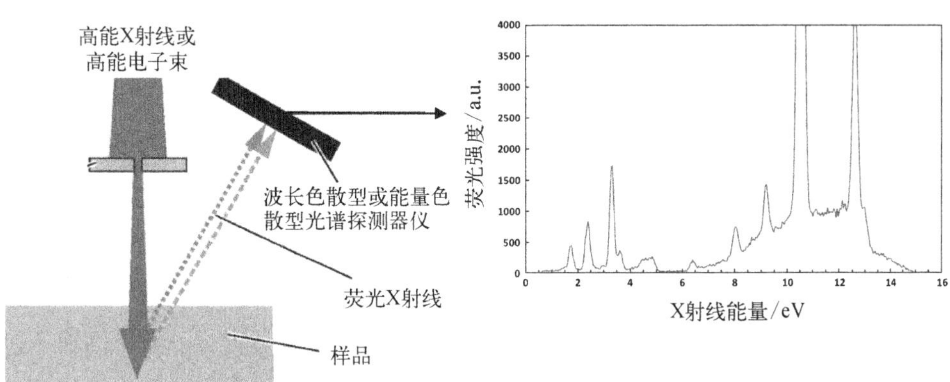

图 5－78 X 射线特征光谱测量的工作原理图

(如 Si 探测器)对 X 光子在探测器中形成的脉冲信号进行测量,根据脉冲的强度(或脉宽)和数量来确定 X 光的波长和强度(多道脉冲分析器)。

X 射线特征光谱测量技术主要用于定性分析,常用谱段在 1 keV 到几十 keV 之间(图 5-79),光谱的分辨率在 150 eV,测量的灵敏度一般在 $0.1\times10^{-6}\sim1\times10^{-6}$,定量分析的精度相对较低,大致在 $1\times10^{-6}\sim10\times10^{-6}$。

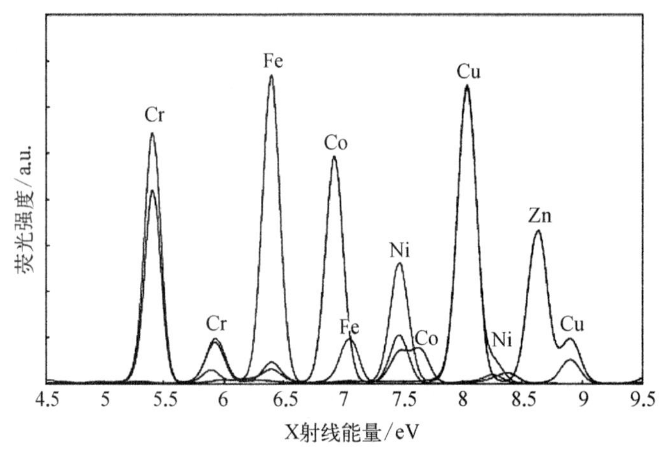

图 5-79　几种金属元素的 X 光特征谱线

5.7.3　基于被激发电子的能谱测量技术

成分测量中常用的电子能谱包括用 X 射线直接从原子中激发出来的自由电子的能谱和用高能电子激发产生的原子特征 X 射线再激发出来的自由电子(即俄歇电子)的能谱,前者为 X 射线光电子能谱(XPS),其电子能谱与入射 X 射线的能量有关,后者则是俄歇电子能谱 (AES),电子能谱与入射电子的能量无关,仅与被测原子的种类相关。由于只有表层 20 Å 埃以内被激发出来的电子能够从材料中逃逸出来,电子能谱测量到的信号只带有表层物质的信息,特别适用于材料表面化学成分的检测和分析。电子能谱测量技术的灵敏度很高(极限灵敏度可达 10^{-18}),但对原子含量的定量分析精度较差,常用于定性分析。相比 AES,XPS 能更准确地测量出原子的内层电子束缚能,提供各种化合物的元素组成和含量。AES 的特点是能够利用电子束的聚焦功能,对材料成分进行定点分析和精细的面分布测量分析,缺点是 AES 的信号比较弱,分析精度不如 XPS。因此,在实际工作中 X 射线光电子能谱和俄歇电子能谱技术可配合在一起使用。

X 射线光电子能谱(XPS)和俄歇电子能谱(AES)与 5.3.8 节中介绍的角分辨光电子能谱(ARPES)在测量的原理上是相似的,不同之处在于 XPS 和 AES 测量的是原子中的电子能级,需使用高能的 X 射线(能量在 keV 数量级)或高能电子,而

ARPES 测量的是半导体材料导带中电子的分布状态，只需使用 eV 数量级的紫外光作为激发光源。XPS 和 AES 测量技术中的电子能量分别为 10^3 eV 和 10^2 eV 量级。图 5－80 是 XPS 检测到的几种金属原子的能量谱，图中横坐标为电子束缚能 E_b，它与入射光子能量 $h\nu$、出射电子动能 E_k 和原子功函数 W 的关系为

$$E_b = h\nu - E_k - W \tag{5-93}$$

如果被测量原子为化合物中的原子或在表面存在氧化层的原子，原子中价电子的能级状态会受到一定的影响，并导致电子束缚能的峰位发生位移，这种谱峰有规律的位移称为化学位移，在对测量结果进行解读时需加以考虑。

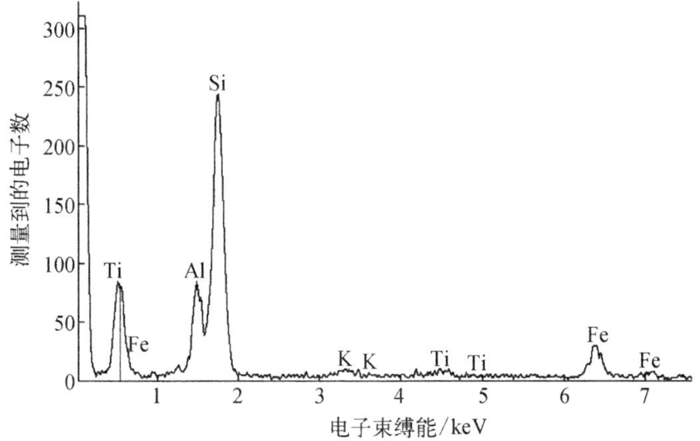

图 5－80　XPS 测量到的几种金属元素的电子束缚能

和 ARPES 一样，XPS 和 AES 也是用电子能量分析器对电子能谱进行测量，能量分析器的基本原理是利用电场或磁场使不同能量（不同速度）的电子发生不同的偏转，或利用调控电场和磁场来控制电子的运动轨迹，并用电子倍增管对电子束流的强度进行探测。能量分析器的能量分辨率可达 meV 数量级，常用的电子能量分析器为静电式能量分析器，有半球形电子能量分析器和镜筒式电子能量分析器两种结构（图 5－81），镜筒式电子能量分析器的灵敏度较高，适用于 AES 中俄歇电子的测量。

除了不能检测 H 和 He 原子外，电子能谱测量对试样没有特别要求。由于电子能谱的测量需在真空腔体中进行，测试系统可以配置 Ar^+ 离子枪，它既可用于材料表面的清洗，也可通过离子刻蚀对材料表面进行逐层剥离，进而实现原子浓度的深度分布测量。

5.7.4　基于质谱分析的测量技术

以上各种测量技术都是基于原子内电子能级特性相关的物理效应，由于测量

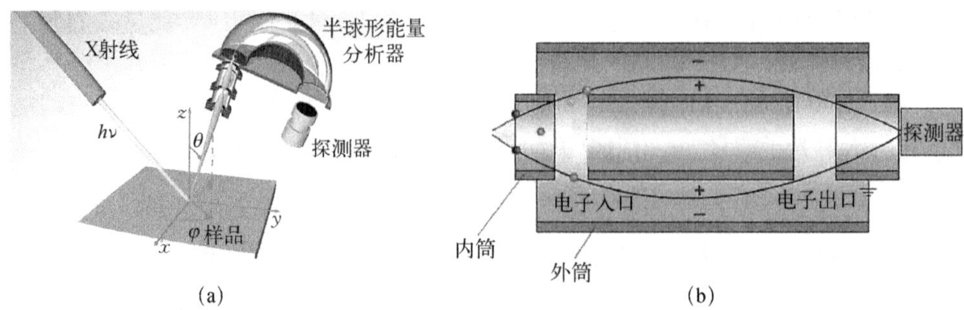

图 5-81　XPS 测量原理和两种电子能量分析器的结构

(a) 使用半球形能量分析器的 XPS；(b) AES 使用的镜筒式电子能量分析器

所涉及的对象是光子和电子，测量技术相对比较成熟，设备不太复杂，测量的灵敏度也比较高，可以满足对材料所含原子进行甄别的需求，但是这些技术在定量分析方面仍有一定欠缺。下面将要介绍的质谱分析技术则在定量分析，尤其是痕量元素的定量分析上更具优势，但相应的测试设备也更加复杂，设备价格也会有数量级的提高。

质谱分析法是一种对材料原子质量进行测量和分析的方法，测量原子质量的基本原理是利用其离子在电磁场中的运动规律与原子质荷比之间的相关性，为此，它需要使用一种称为离子源的装置或技术将材料中的原子分离出来，并转变成用于测量的离子，也就是说，质谱分析技术由离子源产生技术和离子质量分析技术(亦称质量分析技术)两大部分组成。

将离子源产生技术与质谱法相结合是材料成分分析技术的重大突破，在众多的成分测量技术中，质谱分析技术被认为是一种同时具备高灵敏度和高精度的材料成分测量技术。

1. 离子源产生技术

(1) 快离子轰击技术

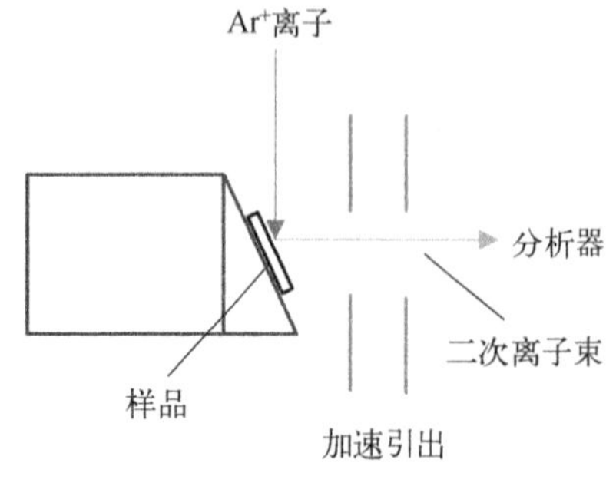

图 5-82　快离子轰击技术的原理

用快离子(高能离子)溅射的方法直接从样品中溅射出离子(图 5-82)，这样的离子称为二次离子，这种方法是产生离子最直接的方法，基于这种方法的质谱分析技术称为二次离子质谱分析技术(SIMS)。在选择轰击样品的离子时，需考虑它对二次离子的产额和在质量分析中对被检测离子的干扰，以提高测量的灵敏度和精度。

该方法的优点是一次离子源还可作为材

料表面层剥离的工具,通过扫描样品和纵向连续轰击,可以方便地获得被测量原子在样品中的分布。

(2) 彭宁离化技术

因受到二次离子产额的影响,SIMS 技术的灵敏度很难做得非常高,如能把从材料中溅射出来的原子通过等离子体产生的彭宁效应转化为离子源,质量分析的灵敏度将大幅提高。所谓彭宁效应就是利用气体中的亚稳态原子与溅射出来的原子发生碰撞,如果前者的激发能大于后者的电离能,碰撞后在前者返回基态的同时后者将被电离。

辉光放电质谱(GDMS)正是基于这样的离子源技术发展起来的质谱分析技术。图 5-83 是辉光放电(GD)产生离子源的原理图,辉光放电发生在一个通有低压(10~1 000 Pa)惰性气体的真空腔体中,腔体内设有一组电极,样品与阴极相连,当在阴极和阳极之间施加一个足够强的电场时,惰性气体原子(如 Ar 原子)将被电离,电离产生的电子和正离子在电场作用下向相反方向加速运动。其中,电子与气体原子的撞击将产生大量处于激发态的原子,同时也会辐射出光子(辉光),在腔体中形成负辉区。电离产生的正离子则撞向阴极(样品),并使其表面原子发生溅射,溅射出来的二次离子很难离开阴极,而中性原子则可通过扩散进入负辉区,通过与电子和激发态原子的碰撞进一步转化为离子。负辉区中的部分离子将越过阳极进入质谱分析系统,其中彭宁效应在被溅射原子的电离并进入质谱仪的过程中起着非常重要的作用。

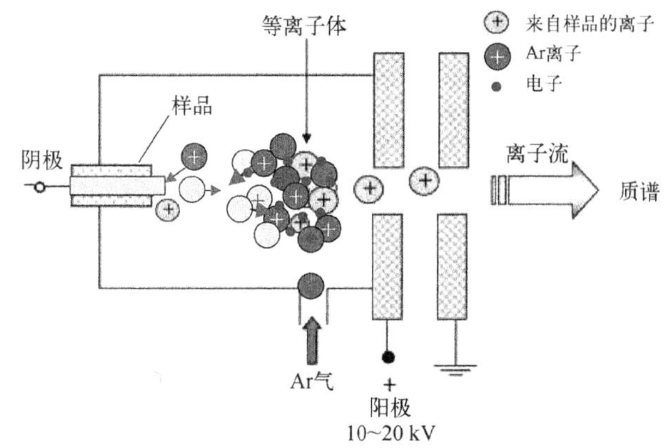

图 5-83 辉光放电产生离子源的原理

(3) 电感耦合等离子体技术

这是一种从电感耦合等离子体(ICP)中截取离子源的技术。ICP 由如图 5-84 所示的炬管产生,炬管内通入携带样品原子的雾化气、工作气体和冷却气体,在炬管的气体出口处设置了一组线圈,并用高频电源进行驱动,在炬管内形成高频高强度电磁场。与此同时,采用电火花技术在金属丝的尖端造成放电,引发 Ar 气原子电离,其离子和电子在高频电磁场的作用下形成反向的感应电流(涡流),通过与 Ar 原子的碰撞,使更多的气体形成离子,同时产生大量的热能,使管内气体的温度急剧升高,在气体出口处形成等离子炬(亦称 ICP 火焰)。被分析的固体样品通过化学腐蚀进入溶体,在 Ar 气的携带下经雾化器后以雾化气的形式进入炬管,并在进入 ICP 火焰后被汽化、原子化和离子化。ICP 离子源为高温常压等离子体,需采用一种由采样锥、截取锥和离子聚焦系统构成的接口技术将火焰中的被检测离子传送到高真空的质量分析器中进行分析。由于 ICP 能使原子充分电离,基于 ICP 的质谱技术具有非常高的灵敏度。

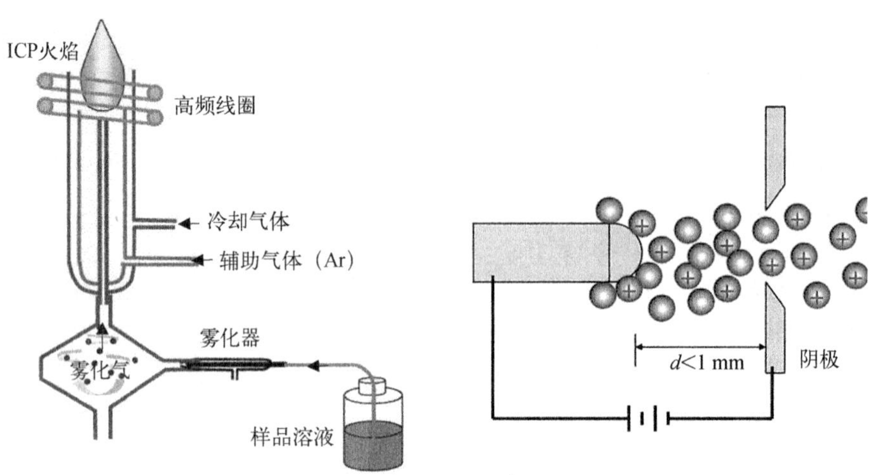

图 5 - 84　用于产生电感耦合等离子体的炬管　　　图 5 - 85　场致电离技术的原理图

(4) 场致电离技术

图 5 - 85 是场致电离原理的示意图,通过缩小电极之间的距离,在电极之间形成强电场,直接将已经汽化的原子或分子电离。除了能让气相原子发生电离外,强场也能使材料表面的原子发生电离,进而在强场的继续作用下产生“场蒸发”效应,使表面离化的原子脱离材料,进入质量分析器进行质量分析。

场致电离技术被用于三维原子探针(3DAP),亦称原子探针场离子显微镜(APFIM),它与 5.6.6 节中介绍的场离子显微镜在测量方法上有很大的相似性,但在测量机理上又有所不同。3DAP 是利用场电离原理发展起来的原子种类及其三维分布的测量技术。图 5 - 86 是 3DAP 的原理图,通过施加脉冲触发信号到针状样品上,利用针尖处的强电场将原子以离子的形式从样品尖端表面蒸发出去,并在电场的作用下进入微通道板质量分析器,微通道板质量分析器由许多尺寸小于 45 μm的玻璃毛细管组成,不同的通道代表着被探测原子的位置,质量分析器采用电子倍增管对离子进行探测,并采用 TOF 技术对离子的质量(即种类)进行甄别。图 5 - 87 是铝合金材料中 Mg 原子和 Si 原子的显微空间分布图。

(5) 其他技术

其他技术还有化学电离技术(CI)、电喷雾源技术(ESI)、大气压化学电离源技术(APCI)和激光电离源技术(LD)等,这些技术在化学和生物学上有广泛的应用,但在半导体材料领域使用很少。

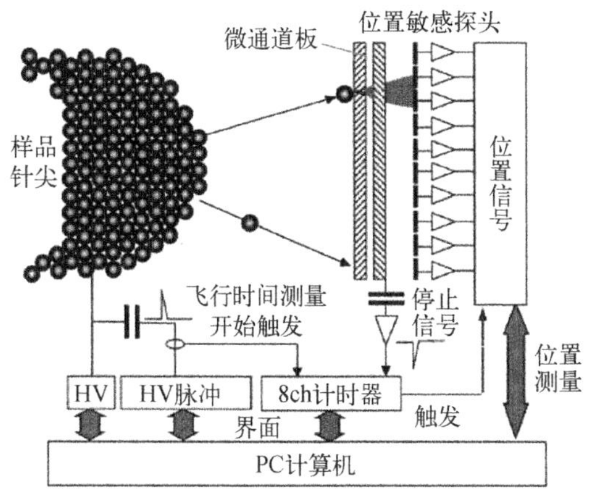

图 5－86 场致电离技术的原理图

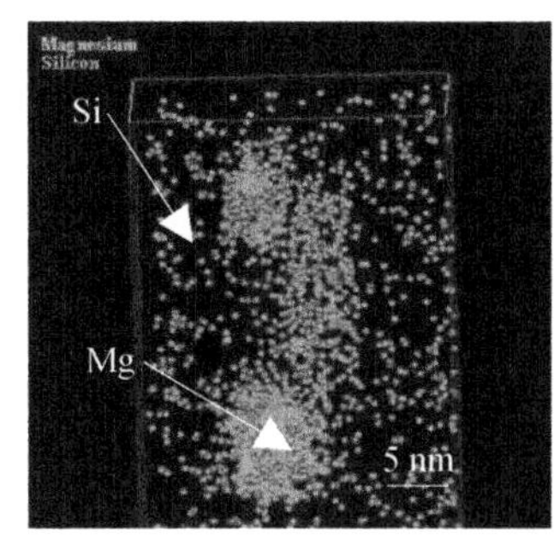

图 5－87 用三维原子探针拍摄到的铝合金材料中 Mg 原子和 Si 原子的显微空间分布图

2. 质量分析技术

对离子质荷比的测量也有很多种技术，测量的基本原理有三种：一是采用离子在磁场或电场中的回旋运动从空间上来分离不同质荷比的离子，这一技术称为离子回旋质量分析技术。基于离子回旋原理的质量分析技术还有离子阱质量分析技术和傅里叶变换质谱分析技术（FT－MS），前者通过施加电压让在回旋器中稳定运动的离子按序脱离回旋器，后者则是通过施加射频辐射来改变原本作回旋运动的离子的运动轨迹，进而达到在高灵敏度下提升分辨率的目的。二是利用固定驱动电压下离子运动速率与质量的关系，通过直接测量离子的飞行时间来测量离子的运动速率和质量，这一技术称为飞行时间（TOF）质量分析技术。三是通过控制交变电场使特定质荷比的离子在穿越四根电极杆构成的通道时维持稳定的振荡状态，也就是说只有特定质荷比的离子能穿越四极杆并被捕获，这一技术称为四极杆质量分析技术。下面我们将一些常用的质量分析技术分别加以介绍。

(1) 磁回旋质量分析技术

在这一测量技术中，由离子源产生的离子首先将在负偏置电压 V 提供的电场作用下作加速运动（图 5－88），使离子的动能（或速度 v）增加到：

$$\frac{1}{2}mv^2 = qV \tag{5-94}$$

进入磁回旋质量分析器后，离子将受到洛仑茨力：

$$F = qvB \tag{5-95}$$

的作用，沿半径为 r 的轨迹作回旋运动，其向心力等于受到的洛仑茨力，即

$$\frac{mv^2}{r} = F = qvB \tag{5-96}$$

由上述方程可以求得离子的荷质比与运动半径 r 的关系为

$$\frac{m}{q} = \frac{r^2B^2}{2V} \tag{5-97}$$

也就是说不同质荷比的离子最终将进入到图 5－88 中多通道探测器的不同通道，从而被探测器甄别出来，探测到的离子强度则与材料中该原子的含量相关。同样，也可通过控制磁场强度，使被测离子进入位置固定的探测器，即通过扫描磁场强度的方式测量出离子的质荷比。

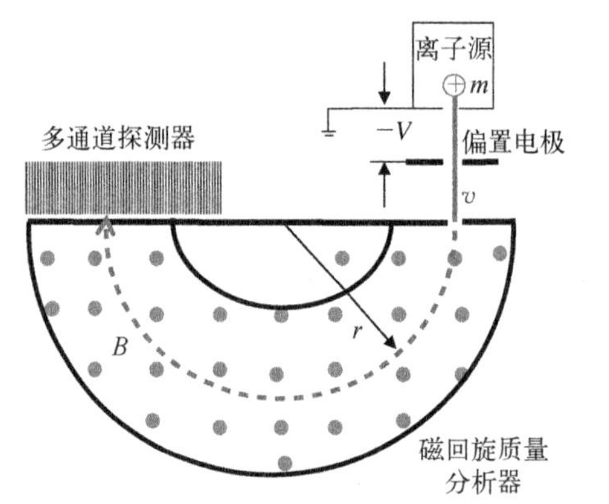

图 5－88　磁回旋质量分析器的原理图

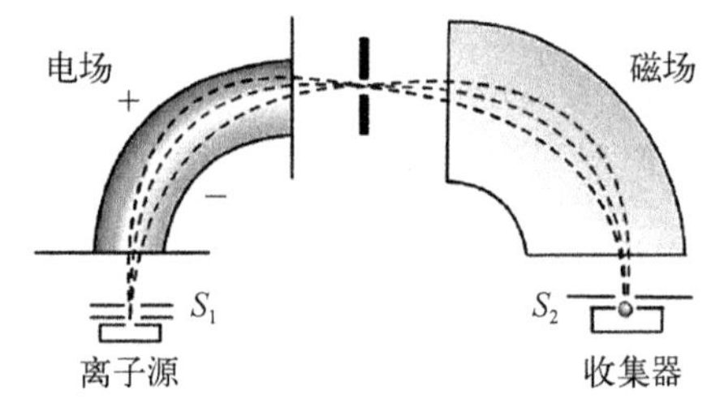

图 5－89　双聚焦质量分析器的原理图

（2）双聚焦质量分析技术

图 5－89 是双聚焦质量分析的原理图。所谓双聚焦就是使质荷比相同，但入射角度或运动速率略有不同的离子，在经过电场回旋和磁场回旋运动后产生的色散相互抵消，重新会聚到探测器的焦点上，进而达到增加探测灵敏度的目的。

（3）傅里叶变换离子回旋共振质量分析技术（FT-MS）

该技术在强磁场的真空腔体上设置了三组相互垂直的平行电极板（图5－90），第一组为捕集板，目的是延长离子在室内滞留时间，第二组电极板用于发射射频脉冲，第三对电极板用来接收离子产生的信号。引入分析室的离子在强磁场作用下将以很小的轨道半径作回旋运动，各离子之间以随机的非相干方式运动，电极上接收不到离子产生的信号。当发射极上施加一个很快的扫频电压时，其中回旋频率与所施加的射频频率一致的离子将产生共振吸收，轨道半径逐渐增大，运动轨迹变成螺旋运动，经过一段时间的相互作用以后，这些离子将作相干运动，产生可被检

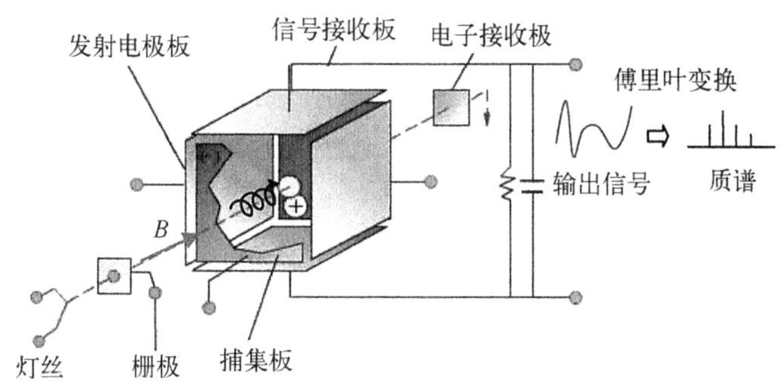

图 5-90 FT-MS 的原理图

出的具有正弦形式的时间域信号(亦称“象电流”),电流的频率与回旋频率相同,大小与这类离子数目成正比。如果腔体中各种质量的离子都能在扫频电压的范围内满足共振条件,那么,实际测得的信号将是各种离子所对应的正弦波信号的叠加,对测量信号进行傅里叶变换后即可得到被分析离子的质谱图。

相比普通回旋质量分析技术,傅里叶变换离子回旋共振质量分析技术具有扫描速度快、分辨率和灵敏度高等诸多优点,灵敏度最大可提高 4 个数量级,最高质量分辨率可超过 1×10^6,而双聚焦质量分析技术在提高分辨率的同时不得不牺牲灵敏度。

(4) 飞行时间质量分析技术

在飞行时间测量的方法中(图 5-91),采用脉冲电压对离子源中的离子进行加速,脉冲结束时离子正好到达栅极且速度为

$$v = \sqrt{\frac{2qV}{m}} \tag{5-98}$$

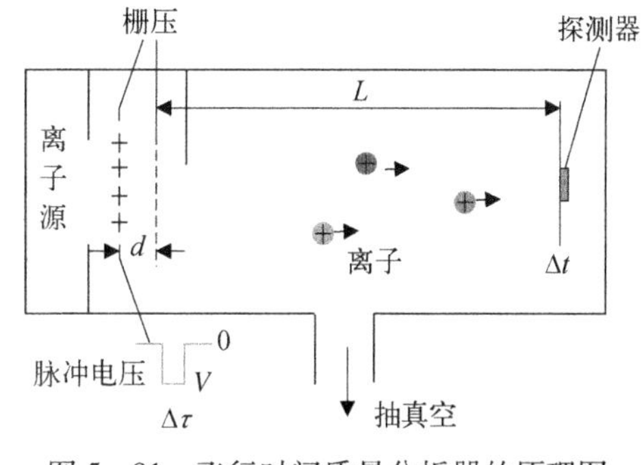

图 5-91 飞行时间质量分析器的原理图

穿过栅电极后,离子将以速率 v 作匀速飞行,若经过时间 Δt 后被探测器测量到,离子的速度为

$$v = \frac{L}{\Delta t} \tag{5-99}$$

进而可得离子的质荷比为

$$\frac{m}{q} = 2V\left(\frac{\Delta t}{L}\right)^2 \tag{5-100}$$

(5) 四极杆质量分析技术(QRMS)

四极杆质量分析技术是在四个电极围成的通道中只让特定质荷比离子通过的

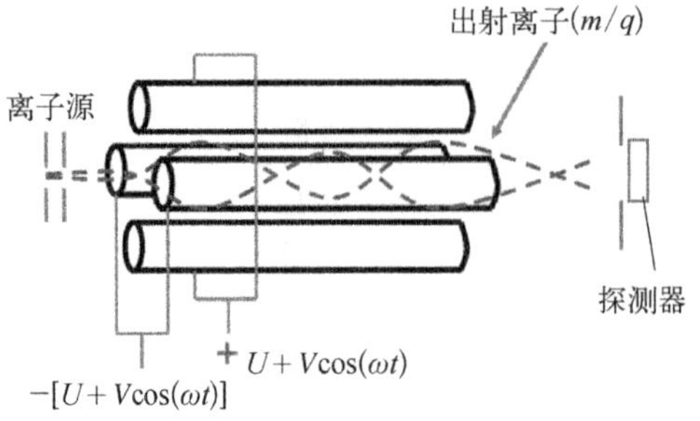

图 5 − 92　四极杆质量分析器的构造

质量分析技术。图 5 − 92 给出了四极杆的结构图和电极调制电压设置的示意图,其中 U 为电极间调制电压的直流分压,V 为频率为 ω 的射频(RF)交流分压。在这样的电场作用下,离子在穿越四级杆的通道时会根据电场的变化而发生振荡,根据计算,选取一组合适的调制电压(U, V),只有特定荷质比的离子可以维持稳定振荡,当振荡的幅度落在通道内时,这些离子就能够通过四极杆,并到达探测器(图 5 − 93)。对于其他质荷比的离子,会因振荡过激或电场牵引不足而触碰电极,在失去电荷后被真空系统抽走,或直接飞出电场控制区而无法到达探测器。在进行质谱分析时,一般是在 U/V 比值固定的条件下,通过扫描 V 来实现,U/V 比值的大小和四级杆的长度可用来调整离子的通过率,进而控制离子的选择精度。

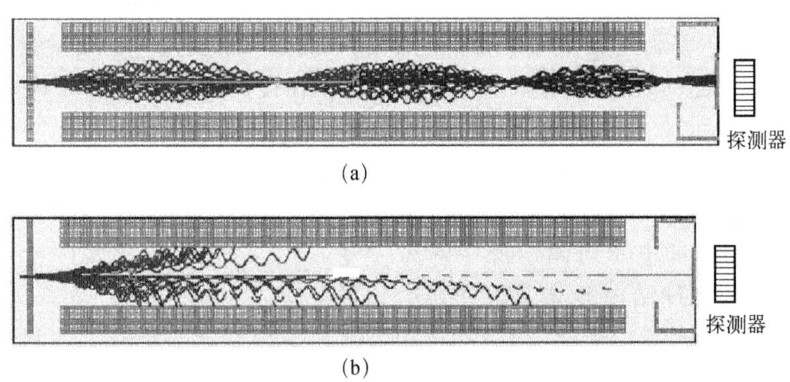

图 5 − 93　四极杆质量分析器的原理

(a) m/q 合适的离子;(b) m/q 不合适的离子

基于以上介绍的离子源产生技术和质量分析技术,可以组合成各种各样的质谱分析技术和质谱测量仪器,质谱仪器一般由样品导入系统、离子源、质量分析器、检测器(或探测器)和数据处理系统等部件组成。仪器的性能由灵敏度、分辨率和定量分析精度来评价,灵敏度是仪器能够检测到的原子浓度的最小值,质量分辨率常用:

$$R = \frac{m}{\Delta m} \tag{5-101}$$

来评价,而仪器的定量分析精度则取决于离子源的稳定性、分析器的线性度和定标技术。为了提高测量仪器的性能和拓展质谱技术的应用范围，离子源还可以和色谱技术联用，多种离化技术可以结合在一起使用，多种质量分析技术也可串联使用。

质谱分析技术不仅仅限于半导体材料的检测，它在金属材料、介质材料、化学材料和生物材料中也有着广泛的应用。在半导体材料领域中，使用最多的质谱测量技术是 SIMS（二次离子质谱）、TOF - SIMS（飞行时间二次离子质谱）、GDMS（辉光放电质谱）、ICP - MS（电感耦合等离子体质谱）、3DAP（三维原子探针）和 QMS（四级质谱）。其中，SIMS 和 TOF - SIMS 的特点是晶片不需加工即可用作测试样品，一次离子既用于产生二次离子，同时也可用作对表面层进行刻蚀，且束斑较小，特别适用于测量材料组分或杂质浓度的空间分布，缺点则是灵敏度和定量精度不是特别高，极限灵敏度在 5×10^{-8}左右。ICP - MS 具有灵敏度高（最高可达 10^{-12}数量级）、检测元素无限制和分析速度快等优点。GDMS 是灵敏度和定量精度俱佳的材料成分测量技术，主要用于对痕量元素（低浓度掺杂原子或剩余杂质）的浓度检测，灵敏度优于 1×10^{-9}（最高可达 10^{-12}数量级）；3DAP 也是一种基于飞行时间的质谱技术，主要用于微纳材料中的原子成分及分布的测量；QMS 除了用于检测材料成分外，也常用于半导体工艺中腔体真空度的检测（检测对象被固定为 He 原子），亦称氦质谱检漏仪。

5.8 热力学特性的测量

材料热力学特性参数包括气相分压、热力学常数、相变温度、相变潜热和热学性能参数等，这些参数反映了材料在制备工艺中的状态和性能，是从事材料制备和生产不可或缺的性能参数，但这些参数与工作状态下的材料物理性能关系不大（除热学特性外）。气相分压的测量主要使用原子吸收光谱（其原理前面已做过介绍），低于大气压的气体压力（真空度）可采用热偶规和电离规进行测量（详见第 6 章）；热力学常数是反映材料缺陷状态、分压和温度之间相关性的性能参数，由材料性能随工艺状态变化的规律来确定，从本质上讲它不是某一固定状态下的材料性能参数；相变温度和潜热的测量主要采用差热分析法和差示扫描量热法；材料的热学性能主要是比热容、导热系数和热膨胀系数，其测量方法与金属和介质材料没有区别。下面就经常用到的一些测量技术作一简单的介绍。

5.8.1 差热分析法

差热分析法（DTA）是通过测量相变潜热对材料升温曲线的影响，来分析和确定材料（或材料中的体缺陷）的相变温度和潜热的一种测量方法，缺陷相变潜热的大小也反映了缺陷在材料中的含量，图 5 - 94 给出了该方法的测量装置和测量曲

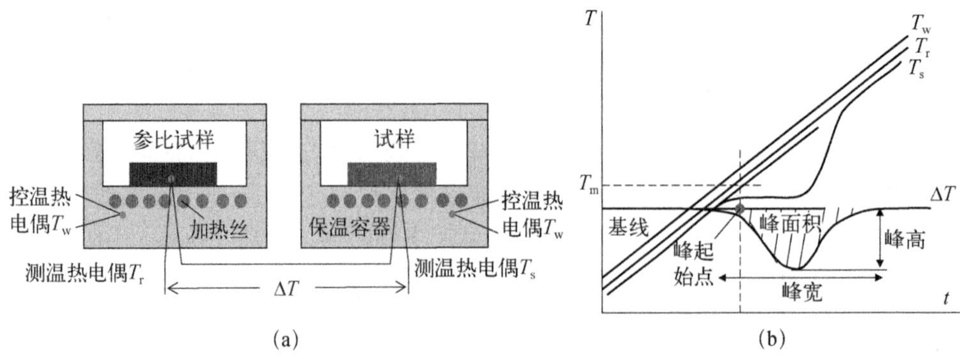

图 5 - 94　差热分析法测量装置和测量曲线的示意图

线的示意图。在测量装置中有两个完全一样的加热容器，其中一个放置热容量与被测样品相近但相变温度相差较大的参比试样，通过使用加热区温度 T_w受控的加热技术对两个容器进行加热，参比试样温度 T_r在被测材料相变点附近的温区中呈匀速上升，当被测试样开始发生相变时，相变潜热(吸热)将导致试样的升温速率放缓[图 5 - 94(b)中的 T_s]。为了提高测量精度，在测量装置中将参比试样的测温热电偶与试样的测温热电偶反向串联相接，直接对两者温差电动势的差值信号进行放大和测量，该信号的大小反映了两个试样的温度差值ΔT($\Delta T = T_s - T_r$)，故被称为差热分析法。图 5 - 94(b)中ΔT 随时间变化的曲线称为差热曲线，差热曲线的特性由基线、峰的起始点、峰宽、峰高和峰的面积等参数构成，它与材料的热力学特性和试样的缺陷特性相关，具体来说：

1) DTA 曲线前后基线的高低差异反映了样品与参比试样在热容量和热导率上存在的差异；

2) 峰的方向与相变是吸热还是放热有关；

3) 峰的起始点反映了相变开始的温度(如熔点)；

4) 峰的形状与加温速率、试样颗粒度等因素有关；

5) 峰的面积则与相变物质的含量和相变潜热相关，也受到加温速率和保护气体等因素的影响；

6) 峰的数量则反映了材料中缺陷种类的多少。

DTA 方法的缺点是相变前的样品升温速率会严重滞后于控温所设定的升温速率，相变结束后又会高于设定的升温速率，这一因素对测量结果的精度会造成很大的影响，结果导致 DTA 只能做定性或半定量的分析。

5.8.2　差示扫描量热法

差示扫描量热法(DSC)是对 DTA 技术进行改进的一种方法，它是采用程序控温技术让试样和参比试样在升温或降温过程中保持相同的温度，通过测量输入到试样和参比试样的能量差随温度或时间的变化来测量材料性能的一种方法。DSC的保温容器有两组加热系统，其中一组是主加热系统，另一组为补偿加热系统。当试样吸热时，试样的补偿加热系统开始工作，为试样提供额外的加热功率。反之，参比试样的补偿加热系统将开始工作，始终保持试样和参比试样的温差ΔT等于零。DSC 曲线为补偿功率随时间或温度的变化曲线，DSC 曲线的基本特征与 DTA 相似，也是由峰的起始点、峰宽、峰高和峰的面积等参数组成，峰形也会受到升温速率、保护气体性质、试样用量和尺寸大小的影响。

对于半导体材料而言，需要特别关注的是许多材料在相变温度下的平衡蒸汽压较高，为了保证材料性能不发生变化，需在测量过程中为材料提供平衡蒸汽压，以防止材料的结构在相变前受到破坏，但是，这会大大增加 DTA 或 DSC 测量装置的复杂性。

5.8.3 绝热量热法

将待测材料放在绝热腔体（如杜瓦）中，并加热到指定温度，然后再让加热丝释放出额定的热量 ΔQ，待系统平衡后记录样品温度的变化ΔT，并根据公式：

$$C_p = \frac{\Delta Q}{\Delta T} \tag{5-102}$$

求得材料的定压比热容。

5.8.4 热流法（或热板法）

图 5－95 是热流法测量材料导热系数的原理图，根据导热系数的计算公式，导热系数：

$$k = -\frac{J_Q d}{\Delta T} \tag{5-103}$$

式中，d 为样品厚度，ΔT 为样品上下表面的温度差，J_Q为通过样品的热流量（J/s）。根据能量守恒原理，热流量 J_Q 可由放置在样品下方的热流量计直接测量出来。为了获得理想的一维热流传输的条件，可在热板和样品四周增加一些辅助加热器，或在热板上下放置两块样品和冷板，构建一个上下对称的温场，这类改进型的测量方法被称为保护性热流法（或热板法）。

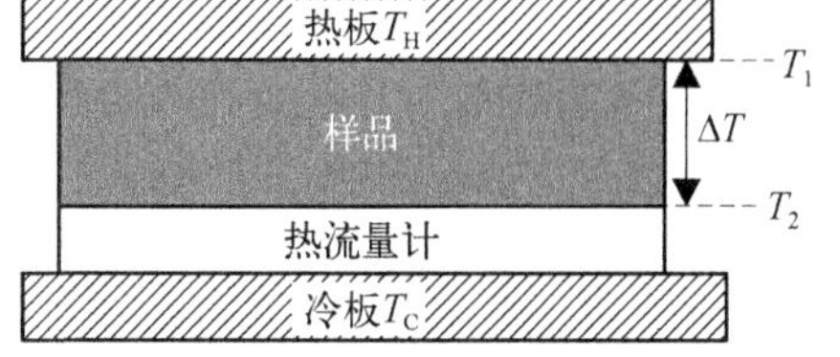

图 5－95 热板法测量材料导热系数的原理图

5.8.5 激光闪射法

这是一种非稳态的测量方法，测量时样品被加热到指定温度后，用脉冲激光对样品前表面进行加热，并用红外探测器对样品后表面的温度及其随时间的变化进行测量，再根据理论模型推算出材料的导热系数和比热容。

5.8.6　热膨胀系数的测量

直接对热膨胀导致的样品长度的变化量进行测量是热膨胀系数测量的传统方法，该方法将样品一端固定在位置不受温度影响的基座上，可以自由收缩的另一端与千分表、光学反射镜（光学测量）或位移传感器相接。如果不能消除基座对样品端面绝对位置的影响，也可采用双端面位移测量技术。对于半导体材料，样品长度不能很长，热膨胀系数又比较小（一般在 10^{-6}数量级），热膨胀位移量的测量需采用光的干涉测量技术和纳米数量级的位移传感器技术。

以上我们从八个方面对半导体材料性能的测量技术和方法进行了介绍，尽管已经比较详细，但也难以做到包罗万象。许多特殊的测量技术，尤其是那些存在于研究论文中的专业性很强的测量技术，在本章中并未涉及，即使是已经涉及的测量技术，我们也仅限于基本原理的介绍，未就测量方法的适用性、样品制备的要求、测试条件的选择、测量精度的保证和测量结果正确性的评价等测量技术的细节问题展开深入的讨论。详细内容还需阅读相关测试技术的专著，例如，光学检测技术在专著《半导体检测与分析》中有非常详细的论述[36]。在定量测量方面，测量技术还会涉及标样的制备和定标技术，尤其是杂质含量的测量，其测量精度完全依赖于定标技术水平的高低和测量仪器状态的控制。再有，在许多测量技术中，材料的性能参数需要根据测量结果，并借助理论模型才能获得，在复杂情况下，所得到的性能参数还需通过进一步的实验（改变工艺条件或测试条件）来证实。总之，要获得一个可信且有用的测量结果，其技术难度和所付出的精力有时并不亚于材料的生长和加工工艺。

在半导体材料的生产工艺中，测试技术的应用还需考虑技术的非破坏性、测量成本和必要性。对材料有破坏性的测量只能用于产品质量的抽检，设备昂贵、维持费用高且费时费力的测量技术一般都不易作为产品性能参数的常规检测技术，对能够通过工艺控制保持稳定的材料性能参数尽量少测或不测，测量点的增加（在线原位无损检测除外）或多或少会导致产品良率的降低。

随着半导体材料学科的发展，半导体新材料和新技术仍在不断涌现，新的测量技术也将不断发展，例如，随着多层掺杂异质结材料的应用越来越广泛，多层材料电学参数的测量与评价技术急待有新的发展；又如，目前常用的材料缺陷检测技术并不适用于二维材料，相关技术的发展将直接影响二维材料走向实用化的进程。与此同时，很多原有的测量技术也仍在不断地改进和发展。材料测量技术既是半导体材料制备技术的一个组成部分，同时它也是一门相对独立的专业学科，需要许多专业人士专门从事这项工作，以推动测量技术不断向前发展。

参 考 文 献

[1] 杨建荣. 碲镉汞材料物理与技术. 北京：国防工业出版社,2012：72.

[2] Hansen G L, Schmit J L, Casselman T N. Energy gap versus alloy composition and temperature in $Hg_{1-x}Cd_xTe$. J.Appl.Phys., 1982, 53：7099－7101.

[3] 林永昌,卢维强. 光学薄膜原理. 北京：国防工业出版社, 1990.

[4] Stibal R, Windscheif J, Jantz W, et al. Contactless evaluation of semi-insulating GaAs wafer resistivity using the time-dependent charge measurement. Semicond. Sci. Technol., 1991, 6：995－1001.

[5] Krupka J, Mazierska J. Contactless measurements of resistivity of semiconductor wafers employing single-post and split-post dielectric-resonator techniques. IEEE Trans. Instrum. Meas., 2007, 56：1839－1844.

[6] Van der Pauw L J. A method of measuring specific resistivity and Hall effect of discs of arbitrary shape. Philips. Res. Repts., 1959, 13：1－9.

[7] Putley E H. The Hall effect and related phenomena. New York：Butterworths,1960.

[8] Tsen G K O, Musac C A, Dell J A, et al. Magneto-transport characterization of *p*-type HgCdTe. J. Electron. Mater., 2007, 36：826－831.

[9] Beck W A, Anderson J R. Determination of electrical transport properties using a novel magnetic field-dependent Hall technique. J. Appl. Phys., 1987, 62：541－554.

[10] Rothman J, Meilhan J, Perrais G. Maximum entropy mobility spectrum analysis of HgCdTe heterostructures. J. Electron. Mater., 2006, 35：1174－1184.

[11] Petriz R L. Theory of an experiment for measuring the mobility and density of carriers in the space-charge region of a semiconductor surface. Phys. Rev., 1958, 110：1254－1262.

[12] Lou L F, Frye W H. Hall effect and resistivity in liquid phase epitaxial layers of HgCdTe. J. Appl. Phys., 1984,56：2253－2267.

[13] Larrabee R D, Thurber W R. Theory and application of a two-layer Hall technique. IEEE Trans. Electron. Devices. 1980,ED27：62－36.

[14] Lee D, Briggs R, Norton T, et al. Automated lifetime monitoring for factory process control. J. Electron. Mater., 1998, 27：709－717.

[15] 褚幼令,汪根荣,朱景兵. 微波反射法测量半导体电阻率与温度的关系. 固体电子学研究与进展,1986, 4：356－358.

[16] Sayed M M, Westgate C R. Microwave Hall measurment techniques on low mobility semiconductors and insulators. Rev. Sci. Instrum., 1975,46：1074－1079.

[17] Redfern D A, Musca C A, Dell J M, et al. Correlation of laser-beam-induced current with current-voltage measurements in HgCdTe photodiodes. J. Electron. Mater., 2004, 33：560－571.

[18] Sewell R H, Musca C A, Antoszewski J, et al. Laser-beam-induced current mapping of spatial nonuniformities in molecular beam epitaxy as-Grown HgCdTe. J. Electron. Mater., 2004, 33：

572 - 578.

[19] Bajaj J, Arias J, Zandian M, et al. Study of deep levels in MBE-grown HgCdTe photodiodes by DLTS. SPIE, 1994, 2225: 228 - 236.

[20] Abbadie A, Hartmann J M, Chaupin J, et al. A review of different and promising defect etching techniques: From Si to Ge. ECS Trans., 2007, 10: 3 - 19.

[21] Clawson A R. Guide to references on III±V semiconductor chemical etching. Mater. Sci. Eng., 2001, 31: 1 - 438.

[22] Schimmel D G. A comparison of chemical etches for revealing (100) silicon crystal defects. J. Electrochem. Soc., 1976, 123: 734 - 741.

[23] Richards J L, Crocker A J. Etch pits in gallium arsenide. J. Appl. Phys., 1960, 31: 611 - 612.

[24] Takenaka T, Hayashi H, Murata K, et al. Various dislocation etch pits revealed on LPE GaAs (001) layer by molten KOH. Jpn. J. Appl. Phys., 1978, 17: 1145 - 1146.

[25] Hubber A, Linh N T. Observation of etch pits produced in InP by new etchants. J. Cryst. Growth, 1979, 46: 783 - 787.

[26] Fornari R, Kumar J, Curti M, et al. Growth and properties of bulk InP doubly doped with gadmium and sulfur. J. Cryst. Growth, 1989, 96: 795 - 801.

[27] Everson W J, Ard C K, Sepich J L, et al. Etch pit characterization of CdTe and CdZnTe substrates for use in mercury cadmium telluride epitaxy. J. Electron. Mater., 1995, 24: 505 - 510.

[28] Schaake H F, Lewis A J. Mater. Res. Soc. Symp. Proc., 1983, 14: 301 - 304.

[29] Chen J S. Etchant for revealing dislocations in Ⅱ-Ⅵ compounds: USA4.897.152. 1990.

[30] Yu H X, Yang J R, Zhang J J. Measurement and evaluation of the defects in $Cd_{1-x}Zn_xTe$ materials by observing their etch pits in real time. J. Cryst. Growth, 2019, 506: 1 - 7.

[31] 杨建荣. 碲镉汞材料物理与技术. 北京：国防工业出版社,2012：62.

[32] 张淑仪. 光热探针检测半导体离子注入计量与均匀性. 微细加工技术,1993，2：23 - 32.

[33] Healey P D, Bao B, Gokhale M, et al. X-ray determination of the dislocation densities in semiconductors using bartels five-crystal diffractometer. Acta Crystallogr., 1995, A51: 498 - 503.

[34] Hsueh C H. Modeling of elastic deformation of multi-layers and external bending. J. Appl. Phys., 2002,91: 9652 - 9656.

[35] 王庆学. 异质结构的应变和应力分布模型研究. 物理学报，2005，54：3757 - 3763.

[36] 许振嘉. 半导体检测与分析. 北京：科学出版社,2007.

第6章　半导体材料制备工艺的基础技术

半导体材料的晶体生长和热处理是材料制备工艺的两个重要组成部分,但并不包括半导体材料工艺技术的全部内容。为了实现晶体生长和热处理工艺,同时也是为了能够制备出满足芯片要求的半导体材料,材料制备技术中还包含了大量的基础性工艺(也称为辅助性工艺)与技术。不同于其他材料的制备工艺,半导体材料工艺对材料纯度和晶格完整性的保持有着极高的要求,这意味着半导体材料工艺对与材料相接触的气体、器皿、工夹具甚至环境都有着特殊的要求,对材料所做的任何加工都有着无损伤的要求。对于高温下进行的材料制备工艺,工艺环境的纯净度必须得到保证,这就要求在工艺过程中频繁使用真空技术、高纯气体保护技术及腔体内材料和器具的清洗处理技术,并为工艺腔体提供合适的温场和温度控制。此外,由于半导体工艺是完全依赖工艺设备来实现,工艺中必然会涉及与设备相关的机械、光学、电子学和过程控制等方面的知识和技术。在本章中,我们将半导体材料制备所涉及的基础工艺技术归纳成以下7个方面,并逐一加以介绍。

6.1　半导体工艺中辅助材料的选用

半导体工艺的辅助材料是指那些有可能与半导体材料或源材料相接触的材料,这些材料(或材料制品)或被用于盛放高纯材料,或被用于对材料进行操作,或被用于构建工艺腔体或腔体内的工夹具。为了保证辅助材料在与半导体材料的接触过程中不产生沾污,材料必须具有非常好的稳定性,在工艺过程中无挥发性,并且构成辅助材料的主要元素应难以通过原子扩散的方式进入半导体材料,即使少量进入也不会对材料的性质产生影响。

根据使用温度的不同,半导体工艺的辅助材料可以分为两类,一类是在工艺腔体内使用的辅助材料,这类材料将在高温下与材料发生直接或间接的接触,为此,它必须具有耐高温的特性,并能在高温下保持良好的稳定性;另一类辅助材料主要用于材料在室温环境下的盛放、传送、加工和封装等操作工艺。很显然,对第一类辅助材料的要求明显高于第二类材料,能够满足这一要求的材料种类并不多,常用的材料有石英(SiO_2,软化点温度在1 700℃左右)、碳材料(C,熔点为3 652℃)和氮化硼(BN,熔点为2 973℃),除了稳定性的要求外,能在半导体工艺中使用的材料还要求有很高的纯度,这使得这些辅助材料的成本大幅上升,并且,使用前还需进行洁净处理。

石英是最常用的一种材料,石英管也是半导体工艺中使用最多的辅助材料

[图 6－1(a)]。石英材料的最大特点是在高于软化点温度下可以拉伸和弯曲，并可以在熔融的玻璃态下将两块石英材料融合成一体，因此易于加工成各种形状和全封闭结构的工夹具和腔体，体材料生长的安瓿、液相外延和热处理的工艺腔体以及各类工艺腔体内的很多工夹具都是石英材料制作的。石英材料的另一个特点是膨胀系数非常小，热应力相对较小，适合在淬火工艺中使用。石英材料还可加工成纤维[图 6－1(b)]，把它填充在工艺腔体中，可起到抑制气体对流的效果。石英材料的缺点是高温加工工艺(玻璃态下的形变)很容易在石英中留下应力，如退火不充分，很容易造成石英器具破裂。另一个缺点是石英在高温有氧状态下会发生析晶现象(生成方石英)，并在降温过程中发生剥离。

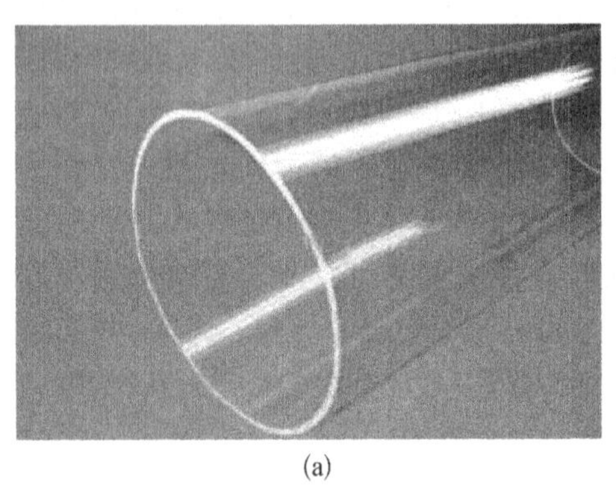
(a)

(b)

图 6－1　石英材料

(a) 石英管；(b) 石英纤维

碳材料分为石墨、玻璃碳和复合碳纤维三种原子结构不同的材料(图 6－2)。石墨中的 C 原子为六边形的层状结构，网层的间距为 340 pm，以范德瓦耳斯力相聚，同一网层中碳原子的间距为 142 pm，每一个碳原子以三个共价键与另外三个碳原子相连，以 sp2 杂化形成共价键。基于这样的原子结构，石墨材料具有易加工的特性，但需要在无氧状态下使用，工艺腔体内的工夹具、发热源(电阻丝或射频感应的发热体)、大容量的源材料坩埚以及精密结构的液相外延生长装置大都使用石墨材料制作。为了消除石墨部件表面容易出现碳颗粒剥落的现象，生长腔体中使用的石墨基座一般都带有 SiC 表面涂层。玻璃碳材料中含有大量的 sp3 杂化的碳原子，呈三维交联结构，在宏观上则呈现微晶尺寸极小的乱层结构，这导致玻璃碳材料具有硬度高和气密性好等特点，是一种类似玻璃结构的碳材料，材料的表面光洁度可以做得很高，作为盛放源材料的坩埚使用时，其管壁与液相源材料几乎不发生任何粘连。复合碳纤维材料是由片状石墨微晶等有机纤维沿纤维的轴向堆砌，并经碳化和石墨化处理后形成的微晶石墨材料，微观结构类似人造石墨，各碳原子之间的排列不如石墨那样规整。复合碳纤维的特点是强度很高，它可用做腔体内承重较大的结构件使用。碳材料也有一些固有的缺点,如加工和碰擦很容易在石墨和复合碳纤维表面产生脱落的小颗粒,玻璃碳的缺点是比较容易碎裂(尤其是在器具的边缘)。

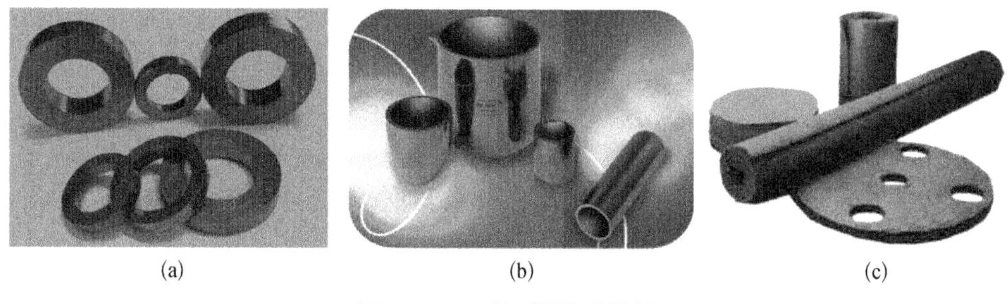

(a)　(b)　(c)

图 6-2　三种不同的碳材料

(a) 石墨;(b) 玻璃碳;(c) 复合碳纤维(CFC)

氮化硼常用于制作盛放源材料的坩埚(图 6-3),其优点是表面结构比较稳定,可采用气相沉积工艺制备,成本相对较低。缺点是 B 原子是某些半导体材料的电活性杂质,此外,若作为体材料使用,成本较高。

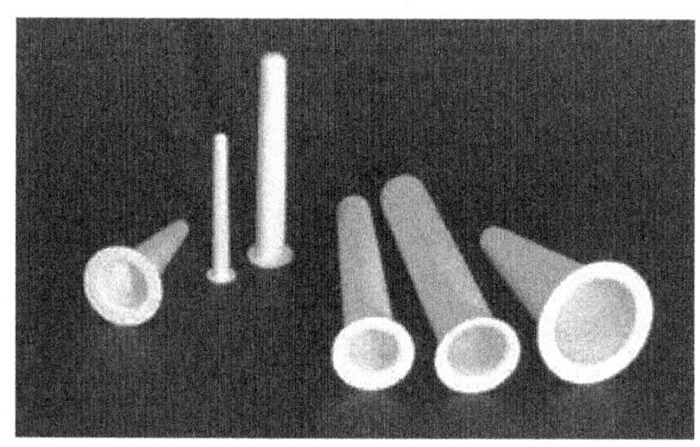

图 6-3　BN 坩埚

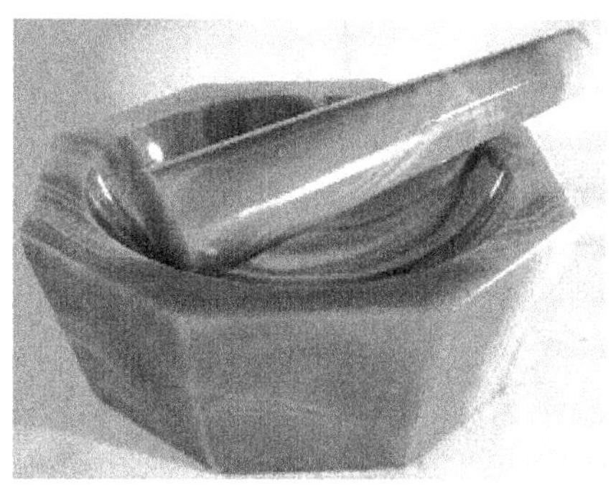

图 6-4　玛瑙研磨钵

在工艺腔体外,辅助材料的选择范围可扩大很多,对材料的基本要求是在室温条件下无挥发、不易剥落且易于做洁净处理。除了已提到的材料外,常用的材料还有不锈钢、聚合物、特种塑料、玻璃、无尘纸和玛瑙等。不锈钢常用于制作生长室的外腔体,为腔体抽真空创造条件;聚四氟乙烯(亦称特氟隆)常用于制作各种用途的镊子、样品架和样品盒,它具有良好的耐腐蚀特性,且不易损坏;无尘塑料袋用于成品材料的封装;玻璃可制作成各种盛放材料或试剂的器皿;无尘纸用于放置材料和擦拭洁净工件;玛瑙是一种硬度非常高的石材,其主要成分是 SiO_2,用玛瑙加工的钵被用于将块状材料研磨成颗粒或粉体(图 6-4)。其他一些特殊用途的材料这里就不再逐一介绍了。

6.2　半导体材料工艺中的净化和纯化工艺

半导体材料对电学性能的要求决定了材料的杂质浓度必须控制在非常低的水平,材料主元素的原子密度一般在 $10^{22}cm^{-3}$数量级,非故意掺杂的杂质浓度一般要求控制在$10^{13}cm^{-3}$到 $10^{15}cm^{-3}$以下,这也是半导体材料工艺对原材料纯度的基本要求,即高纯原材料的纯度应优于 10^{-7}(99.999 99%亦称 7N),目前,Si 材料的纯度最高已做到了 11N。对材料纯度的要求决定了整个半导体材料工艺必须满足相应的净化条件和洁净条件,所有与材料接触的物质都需做净化或纯化处理,一旦发生污染,其后果是相当严重的。半导体材料的净化或纯化工艺与技术主要涉及水的纯化、工艺气体的纯化、环境的净化以及工艺所用材料和腔体的洁净处理。

6.2.1　水的纯化

普通的自来水中含有许多颗粒物和离子,对于半导体材料而言,颗粒物包含大量的杂质原子,而离子大都也是有害杂质,且容易吸附在半导体材料的表面。通过清洗工艺,这些颗粒和离子将对材料表面的晶格完整性造成破坏,并会通过制造工艺进入材料内部,影响材料的电学性能。因此,必须对自来水进行纯化处理,以满足半导体工艺的要求。

半导体工艺用水的处理工艺包含以下三个环节。

1) 初级物理过滤。用多介质过滤器、活性炭过滤器和精密过滤器等过滤装置去除水中的各种颗粒物。

2) 反渗透过滤。用反渗透装置去除水中的各种离子,反渗透膜是一种只能透过溶剂而不能透过溶质的薄膜,稀溶液中的溶剂将透过薄膜向浓溶液一侧渗透,通过在浓溶液一侧加压,渗透的过程将发生逆转,故称为反渗透。

3) 用紫外照射的方法消除微生物,再经后置过滤器过滤后供半导体工艺使用。

经过处理后的水被称为去离子水(DI 水),去离子水的质量可用电阻率来评价,半导体工艺用水的基本要求是在流动状态下,水的电阻率必须大于 18 MΩ · cm,而且需用专用的电导率仪进行测量,对微生物的检测则需使用专门的测量设备。

由于对水的纯度有着非常高的要求,要保证终端用水的质量,水的传送管道和传送方式也非常重要。PVC、PE、PVDF 和特氟龙(teflon)等材料的管子和阀门都可用于去离子水的传送,关键是管子的质量是否能够满足要求。在静态环境下,任何材料都无法维持所承载的水在 18 MΩ · cm 以上,为此,去离子水系统中的水需始终处于流动状态(图 6－5),未被使用的去离子水将流回处理系统,不断地被重复处理。如果使用端口离开水处理系统较远,为了保证去离子水的质量,有时还需要在终端再加装集成式反渗透和过滤装置。从使用角度讲,去离子水主要用在化学清洗后的试剂和残留颗粒物的去除,清洗时间以达到去除效果为准。

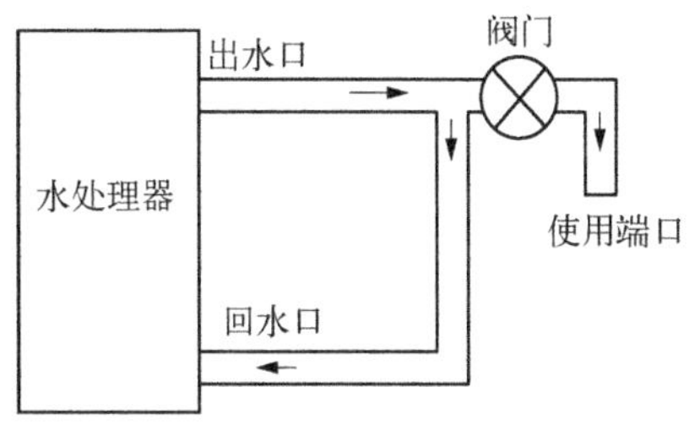

图 6－5 去离子水管道的线路设计

6.2.2 气体的纯化

半导体材料制备最常用的气体是工艺腔体中使用的保护性气体和工作用气体,以氮气、氢气、氧气和氩气的使用量最大,其他还有氦气和作为源材料使用的特种气体。从生产厂家采购的常用气体有工业用气体(纯度为 99.5%)、普通纯化气体(纯度≥4 N)和高纯气体(纯度≥5 N)之分,用 O_2的含量作为检测标准。石英封管用的氧气和氢气使用工业用气体即可,普通干燥箱使用普氮即可,半导体材料生长或热处理工艺中使用的气体则必须是高纯气体。由于半导体工艺用气量非常大,制气厂家将制成的高纯气体冷却成液体,再用低温罐存放和运输,图 6－6(a)为半导体工艺厂房外放置的液态低温储气罐。用量小的气体也可用高压钢瓶(满载时压力在 15 MPa 左右)来供气[图 6－6(b)],为了防止更换钢瓶对气源的污染,钢瓶输出端口与气体输入端口之间应设置吹扫系统(图 6－7)。

工艺气体需通过管道、接头和阀门等气体传输部件进入厂房(或实验室)和设备,为了保证整个工艺线有足够的用气量,输入的气体必须有较高的压力(一般为

(a)

(b)

图 6－6 液态低温储气罐(a)和高压储气瓶(b)

0.6～0.8 MPa）。如采用高压钢瓶供气，可直接使用减压阀将输出气体的压力设置为 0.6～0.8 MPa，如采用液态储气罐，罐子内的气体压力由增压阀来控制，其原理如图 6－8 所示，随着增压阀的开启，罐内的液体将通过汽化器流向罐体上部的出气口，液体经过汽化器（吸热）后将全部汽化，汽化量的大小（即增压阀开启的大小）决定了输出气体的压力。

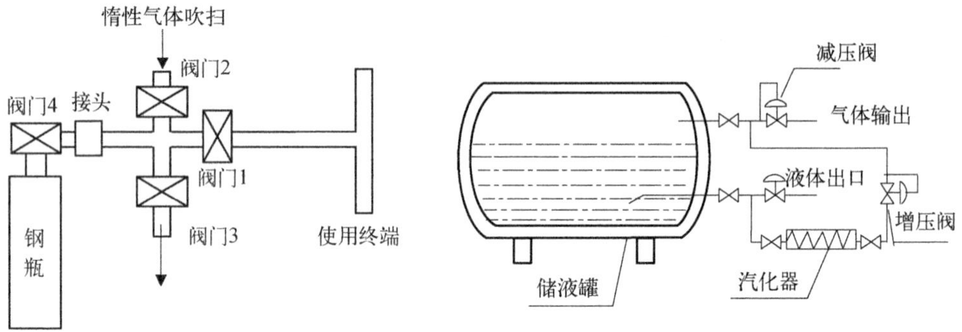

图 6－7　钢瓶与气体输入端之间的吹扫装置

图 6－8　液态低温储气罐气体输出压力的控制原理

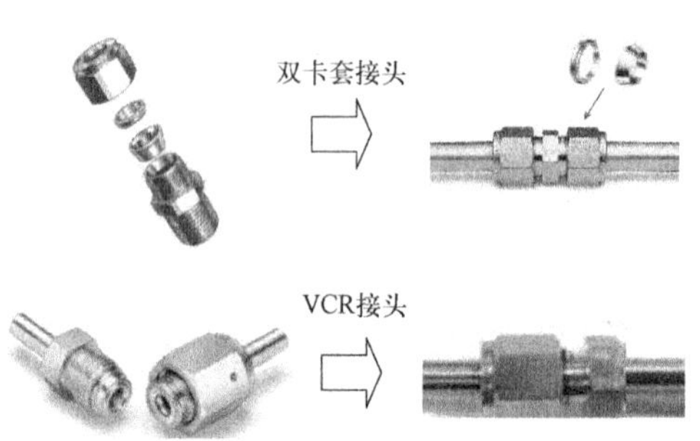

图 6－9　两种常用的不锈钢管接头

高纯气体的传送需要使用内壁经过电解抛光的不锈钢管（EP 管），普通气体的传送一般使用内壁经过酸洗或钝化的不锈钢管（AP 管）即可，尾气传送管道仅对防泄漏有要求。长距离管道应采用焊接工艺来铺设。设备周围和设备内的管道可使用可拆卸式的接头进行连接，常用的连接方式有双卡套式连接和 VCR 连接（图 6－9），前者为不常拆卸的连接方式，后者则为经常需要拆卸（如为了便于维修）的连接方式。为了满足多点使用的需求，在传送管道中还会经常使用三通或四通接头，将气体送向不同的使用点。为了便于控制和维修，接头处一般需要设置阀门，传送过程中的阀门一般采用手动阀门，工艺过程中需要开关的阀门则常用气动阀门或电磁驱动阀门。相比较而言，气动阀门使用得比较多，它是通过控制压缩气体的有无来驱动阀门的开关，气动阀门又分为常开和常闭两种工作模式。如按阀门开关的方式进行分类，气体阀门有针阀、隔膜阀和球阀，针阀可以对气体的流量进行调节。为消除气体可能外泄产生的安全隐患（尤其是在输入高压气体时），同时也是为了保证高纯气体的质量，在氢气和高纯气体管路中需使用全封闭结构的波纹管阀。图 6－10 是常用的一种气动阀门，通过选择压缩气体的接入方式（从顶部或侧面接入），气动阀可实现常开和常闭两种不同的工作模式。将多个气动阀组合在一起,还可以搭建出“多位多通”的组合式气体交换阀门,所谓的“位”是指组合阀门可以给出的不同状态的数量,而“通”则是指阀门与工作系统连接的接口(或通道)数量。当然,也可直接选用集成式的多位多通气动阀。

图6-10　气体管道中使用的气动阀

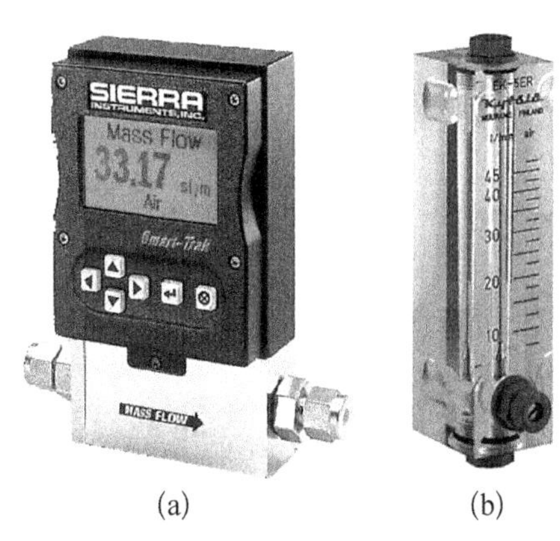

(a)　(b)

图6-11　质量流量计(a)和转子流量计(b)

在气体进入工艺腔体或操作腔体之前,还需根据使用要求对气体进行减压,对于大于常压的工作系统,可直接使用减压器将气体压力调节到所需的压力。如果是常压或负压(需同时使用真空系统)工作系统,气体需使用流量计来导入,即通过控制气体的流量来控制气体的传送,腔体的压力则由单向阀(超过一定压力后自动打开)或真空系统的抽速来控制。高纯气体的流量控制通常使用精度较高且采用电信号调控的质量流量计,普通气体则经常采用手动的转子流量计,图6-11是这两种流量计的外形照片。

尽管已经使用了高纯气源和半导体行业专用的气体传送部件,但是气体的接入过程和传送过程还是会使气体纯度有所下降。与纯水相比,高纯气体没有回流系统。为了保证送入工艺腔体后的气体质量,一般还需对进入厂房或实验室的气体再次进行纯化处理,进入设备后有时还要使用设备自带的过滤器对气体进行纯化处理。氮气、氩气、氧气和氢气都有专用的纯化设备(纯化器),氮气、氩气和氧气主要采用有针对性的高效吸附器(如氧化铝、硅胶和分子筛等)和高效过滤器来除去气体中的杂质、氧、一氧化碳、水汽和尘埃等,也有采用冷凝方式的水汽分离器来去除气体中的水汽。吸附器可使用通氢加热的方式进行再生,通过再生可反复使用。为了使纯化器能够连续工作,气体纯化器一般都设置两套纯化系统,一套再生时,另一套可接着工作。对于氢气的提纯,除了使用普通的纯化技术外,还可使用低温吸附法或钯管扩散法对其进行纯化处理。在氢气使用的终端,尤其是在设备上工艺腔体的前端,钯管纯化器的使用非常普遍,其工作原理是输入钯管的氢气被吸附在钯膜一侧的表面,由于钯的 4d 电子层缺少两个电子,氢分子被电离成两个质子,其半径仅为 1.5×10^{-6}nm,在气体压差的作用下可通过扩散穿越钯膜,流量取决于钯膜的厚度、温度和两侧的压差。当质子从钯膜另一侧逸出时,它又与电子结合并重新形成氢分子。由于未被电离的气体分子或原子不能透过钯膜(由高纯氮气带离钯膜),故可利用钯管获得纯度非常高的氢气,为达到工艺纯净度的要求提供了有效的保障。由于输入气体的纯度较高,钯管的工作寿命也比较长。

对管道中高纯气体纯度的检测主要是使用露点仪,由于对气体的污染主要来自工作环境,而环境中含有大量的水汽,受污染后气体的露点势必下降,因此,可以通过检测气体的露点来评价气体的质量。直接测量露点的仪器为镜面式露点仪,它采用制冷技术使气体在镜面上结露,通过测量反射率的变化来检测露点。半导体设备上常用的露点仪为电传感器式露点仪或晶振式露点仪,电传感器式露点仪采用亲水性介质构成的电容,通过水汽对介质介电常数(即电容容量)的影响来感知气体的纯度,而晶振式露点仪的测量原理则是水汽对晶振固有频率的影响。这类技术对露点的测量精度为±3℃,检测灵敏度最高可达-120℃。

高纯氮气除了用于工艺腔体和操作腔体外,还经常用于材料表面的吹扫,为了杜绝意外引入的颗粒物对材料表面造成破坏,通常都会使用带过滤芯的气枪。

为了保证高纯腔体的纯度和避免气体泄漏造成的危害,尤其是要杜绝有害、易燃和易爆气体的泄漏,必须确保管道、接头以及管路上的所有部件不能存在泄漏,为此,对新建或长时间使用后的气体管道需做检漏和保压试验。检漏的方法:在充压条件下,用专用检漏液滴在接头的缝隙处,通过观察是否冒泡来判断接头是否存在泄漏。保压试验是用阀门切断气源,观察封闭在管道内的气体压力是否发生变化,通常要求 24 h 内管道的压力不发生任何变化。出于安全、维修及便于使用和管理的考虑,厂房内各类管道(包括进气、尾气和压缩气体等)铺设的线路应当统一设计,厂房内各种需要监控和操作的阀门、减压器、检测仪表应尽量做到以面板(亦称汇流排)的方式集中管理,并配有醒目的标识。

6.2.3 环境的净化

半导体的高纯原材料、洁净清洗后的样品和工夹具在进入工艺腔体之前常常会暴露在环境之中,许多工艺(如配料、清洗、装片、取片和材料检测等)也需要在大气环境中进行,为了避免环境对材料表面产生污染,必须对工艺线或实验室的环境进行净化处理。空气净化就是在一定的空间范围内,将空气中的微粒子、有害气体、细菌等污染物排除掉，不论外部空气条件如何变化，工艺间内均能维持符合工艺要求的洁净度、温湿度及合理的气压分布。

环境净化的工作包含三个部分，一是对环境中的空气进行净化，二是防止室内的污染源破坏净化空气的质量；三是杜绝通过接触引入污染。空气净化主要是对空气中的颗粒物尺寸和密度进行控制，主要手段是对空气进行过滤，其次，为了满足工艺的要求，并兼顾工艺人员正常工作的需求，也需要对空气的温度和湿度进行控制。图 6-12 是实现净化厂房的主要设备和运行原理图，室外新风用风机送入初效（过滤大颗粒）和中效（过滤中等颗粒）过滤器，过滤后的空气经温度和湿度调控后送至安装在工艺间顶部的高效过滤器（过滤细小颗粒），高效过滤器出来的空气从上而下流过工艺间内的工作区域，由地板上的开孔进入下层（灰区），再经回风管排出。为了节省能源，其中部分气体被重新送入送风系统（作为腐蚀工艺使用的净化间不设回风，由排风系统全部排出），如果工艺间为某些设备设置了排风，净化空气的回风量会有相应的变化。

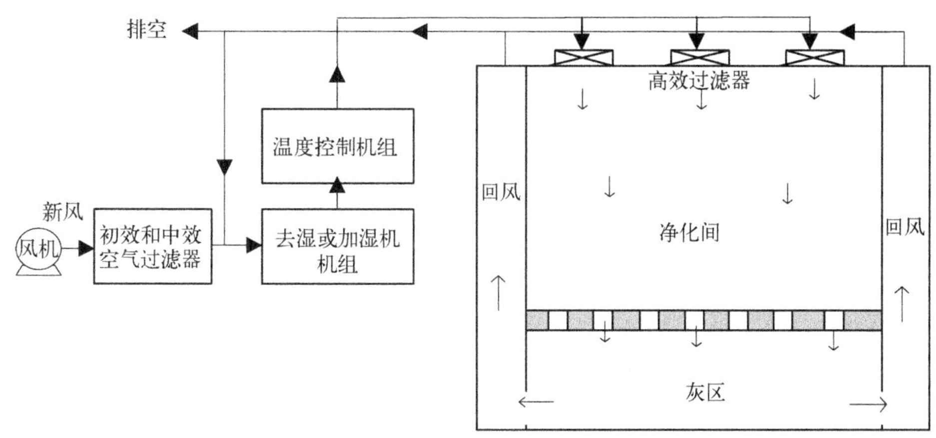

图 6-12 净化厂房或实验室实现空气净化的主要设备和运行原理图

从高效过滤器出来的空气是非常干净的，通过它的流动把工艺间内产生的灰埃（颗粒物）不断地排出去，因此，送风量越大，工艺间空气的净化级别就越高。对工艺间净化级别的评价有两个标准，一个是国际标准组织提出的 ISO14644-1 标准，另一个是美国提出的联邦 209E 标准（表 6-1），它们都是对不同尺寸颗粒物的密度进行了规定，两者之间的对应关系见表 6-2。工艺间实际到达的净化级别可使用尘埃粒子计数器进行现场检测。

有了实现空气净化的条件，还需杜绝工艺间内出现污染源，才能达到规定的净化级别。净化间的污染源主要来自外部进入净化间的人和物。进入净化间的物品必须是符合净化间使用要求的物品，在进入净化间之前物品需经过擦拭或吹扫。

表 6 - 1　衡量空气洁净度的美国联邦标准 FS209E

每立方英寸①内不同尺寸颗粒数的最大值

级　别	0.1 μm	0.2 μm	0.3 μm	0.5 μm	1 μm	5 μm
1	35	7	3	1	—	—
10	350	75	30	10	1	—
100	3 500	750	300	100	10	1
1 000	—	—	—	1 000	100	10
10 000	—	—	—	10 000	1 000	100
100 000	—	—	—	100 000	10 000	1 000

表 6 - 2　ISO14644 - 1 标准和美国联邦标准 209E 的对应关系

ISO 14644 - 1	美国联邦标准 FS209E
ISO 3	1
ISO 4	100
ISO 5	1 000
ISO 6	10 000
ISO 7	100 000

进入的人员必须穿戴净化服、净化帽、净化鞋、净化手套、眼镜和口罩（图 6 - 13），并经风淋设备吹扫后方可进入，人的喷嚏、手部的油脂和脸部（包括眼睛）的挥发物都是非常严重的污染源。

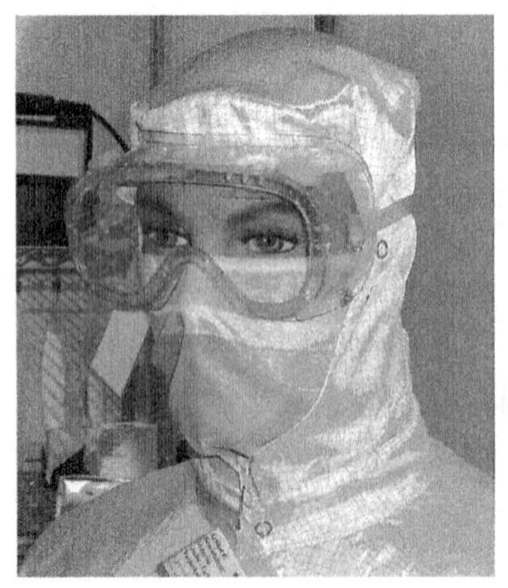

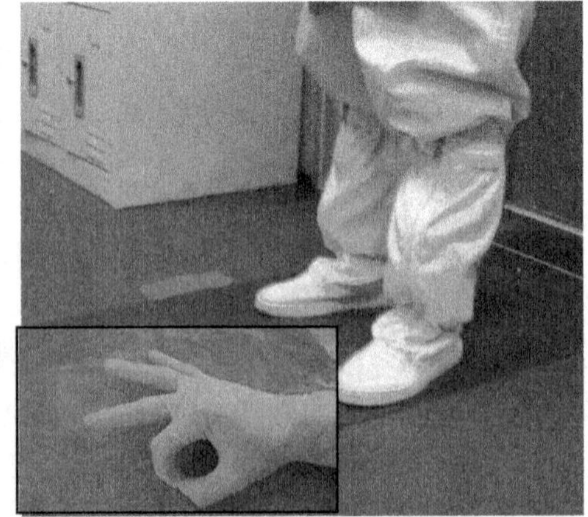

图 6 - 13　人体的净化防护

① 1 立方英寸 = 1.64×10^{-5} m^3

在实际工作中，也可根据工艺需求对局部区域的净化级别进行加强，例如，在自动化很高的生产线上，设备之间可以铺设零级净化管道，以杜绝颗粒物和水汽对产品良率的影响。在一般的实验室中，为了降低运行成本，房间的净化级别可以设置的低一点，如有工艺需要，可通过设置局部净化操作区、净化工作台和氮气操作箱等方式来减少环境对半导体材料的污染（图 6－14）。

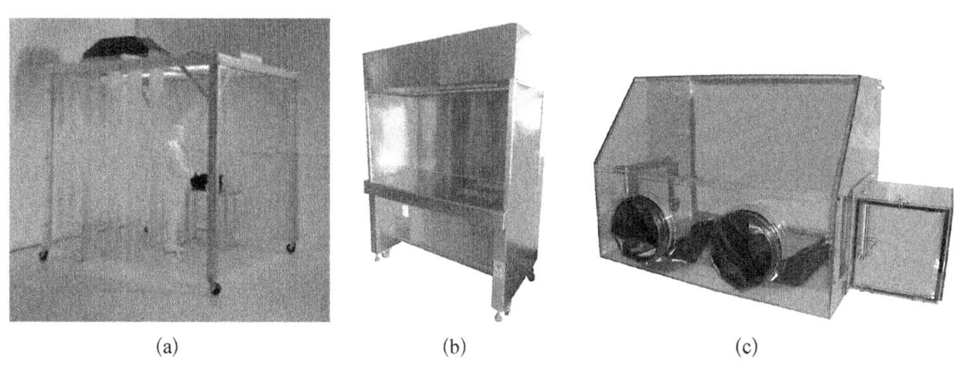

(a) (b) (c)

图 6－14 提高局部区域净化级别的一些方法

(a) 层流罩；(b) 净化工作台；(c) 氮气操作箱

除了空气产生污染外，接触也是引入污染的一个重要途径。工艺间内的物体有着不同的洁净度，半导体原材料、工艺用的工夹具以及和这些物体相接触的用品的洁净度是最高的，工艺腔体外使用的专用工夹具和器具等物品次之，各种设备、常用的工具、非净化的手套等的洁净度则更低一些。在实际工艺中，我们所使用的镊子、手套和工夹具有时会接触不同洁净度的物品，为了防止污染物的传递，必须严格禁止用低洁净度的物体（或部位）去接触高洁净度的物体，只有这样，才能保证半导体制备工艺的质量。此外，许多设备对于半导体工艺而言也是污染源，一般的工艺厂房会设置一些与工艺操作区相隔离的“灰区”来放置真空泵、冷水机和气体压缩机等机组，或将这些机组放置在地板下方的夹层中。有些设备对进样口和操作箱有很高的净化要求，但设备的其他部分又是很大的污染源（如带有冷却风机的炉子），这时就需要在洁净厂房中为其专门设计防污染的隔离装置。

6.2.4 工艺所用材料和腔体的洁净处理

工艺中所用半导体材料的表面很容易受到沾污（附着于表面的有机物、颗粒和化学反应物等），根据工艺对洁净度的要求，使用前常常需要对材料表面进行洁净处理，处理方法为有机试剂清洗和化学腐蚀，这类洁净处理工艺称为湿法清洗工艺。材料表面清洗工艺的流程大致分为三步，一是去除材料表面的油脂、蜡和颗粒物，二是去除吸附在表面的金属离子，三是去除已经与环境中的原子发生化学反应的表面层(一般以氧化层为主)。去除油脂主要是用三氯乙烯,丙酮也有去油脂的功能,为了增加去油脂的效果,也可采用加温(甚至煮沸)和超声辅助的清洗工艺。去蜡的化学试剂也有很多,常用试剂中有乙醚、三氯乙烯和甲苯(毒性较大),市场上也有针对半导体工艺专门配置的去蜡液。去除金属离子主要是用酸,包括盐酸、硝酸、氢氟酸和王水等,根据材料性质选用不同的试剂。表面腐蚀是利用腐蚀液与半导体材料之间发生氧化还原反应来去除材料表面原子层的一种技术,腐蚀液的选择与材料的种类密切相关,半导体材料的腐蚀液大都由氧化剂组成,如硝酸、硫酸和溴等。洁净处理工艺应使用对材料结构缺陷不敏感的腐蚀液,并需要关注工艺条件的波动对腐蚀速率和材料表面性能的影响。

材料清洗工艺经常用在各单项加工工艺开始之前或结束之后,以 Si 材料为例,其标准的清洗工艺是一种称为 RCA 的清洗方法,该方法的工艺条件和清洗效果如下。

1) SPM 常规清洗工艺:用 H_2SO_4/H_2O_2混合液在 120~150℃ 的温度下进行清洗,该溶液具有很高的氧化能力,可去除表面的有机沾污和部分金属;

2) DHF 去氧化层工艺:用 HF/H_2O 混合液在 20~25℃ 的温度下进行清洗,可去除硅片表面的自然氧化膜;

3) APM(SC-1)去颗粒物工艺:用 $NH_4OH/H_2O_2/H_2O$ 混合液在 30~80℃ 的温度下进行清洗,可去除粒子,同时在硅片表面形成新的氧化膜;

4) HPM (SC-2)去金属离子工艺:用 $HCl/H_2O_2/H_2O$ 混合液在 65~85℃ 的温度下进行清洗,可用于去除硅片表面的钠、铁、镁等金属沾污;

5) 去离子水清洗和自旋甩干取片。

针对不同工艺(注入后、钝化前、金属化前和抛光后等)和工艺要求的变化,基于 RCA 的清洗工艺也会相应地变化和改进。例如,使用加入臭氧和氢氟酸的超纯水比 SPM 能更有效地去除有机物和金属污染物,而使用稀释氯化氢的 HPM 则能更好地防止颗粒物在材料表面沉积。

针对实验室使用的半导体材料或样品,其表面处理工艺虽然没有像生产线上要求的那样严格和专业,但也会对材料表面的面形、粗糙度、氧化层等提出较高的要求,为此,以下一些经验值得大家参考:① 整个化学腐蚀过程中不能让样品接触空气,在材料进入不同腐蚀液或清洗液的过程中,必须让材料包裹着原腐蚀液或清洗液进行转移(一般通过快速转移来实现),在浸入无机和有机腐蚀液之前,材料应先分别浸入去离子水和甲醇(或乙醇)试剂;② 材料表面原已存在的点状、线状或片状缺陷(来自损伤、污染或材料自身缺陷等)经腐蚀后会留下表面结构缺陷,即腐蚀无法去除表面原有缺陷留下的痕迹,表面缺陷(除了材料本身的结构缺陷)的去除只有使用抛光工艺;③ 腐蚀时要注意腐蚀产生的颗粒物可能会反过来影响材料的表面特性;④ 化学腐蚀用于表面损伤去除或材料厚度减薄时,随着腐蚀时间增加,材料表面会形成波浪形的形貌,表面平整度和粗糙度均会变差,腐蚀液流动导致的腐蚀液浓度变化和腐蚀残留物表面滞留是产生这一现象的主要原因,腐蚀液和腐蚀工艺的改进可以减缓材料表面形貌质量退化的程度。

除了半导体材料的洁净处理外,高纯源材料和石英、石墨、不锈钢等部件也是半导体工艺中经常需要进行洁净处理的材料。高纯源材料的洁净处理主要是去除材料表面的氧化物,不同的源材料所使用的腐蚀剂是不一样,表 6-3 列出了几种常用源材料的腐蚀剂,表 6-4 给出了石英、石墨、不锈钢材料的清洗方法。这些方法并不是唯一的,能够达到清洗目的方法都是有效的方法。

表 6-3 部分原材料的常用腐蚀液

原材料	腐 蚀 剂	原材料	腐 蚀 剂
In	HCl, HNO_3 : H_2O (1 : 1) *	Ge	HNO_3 : HF(1 : 1) *
Cu	H_2O : HNO_3(1 : 5) *	Si	NH : HF_4(6 : 1) *
Au	HCl : HNO_3(3 : 1) *	Sn	H_2SO_4 : HO_2(1 : 1) *
Al	NaOH 水溶液	Sb	H_2O : HCl : HNO_3(1 : 1 : 1)
Te, Cd	HNO_3+H_2O(稀)	Zn	HCl

* 指溶液的体积比

表 6-4 常用材料洁净处理的方法

清洗步骤	石英和玻璃	高 纯 石 墨	不 锈 钢
1	硫酸 : 双氧水 : 去离子水(1 : 1 : 1) ** 溶液清洗,接着 DI 水清洗	三氯甲烷、丙酮和甲醇清洗,接着 DI 水清洗,如无有机物可省去	三氯甲烷、丙酮和甲醇清洗,接着 DI 水清洗
2	重铬酸钾 : 水 : 浓硫酸(20 g : 40 mL : 360 mL)溶液清洗,接着 DI 水清洗	10% HF 去离子水溶液腐蚀 10 min,或盐酸 : 硝酸(3 : 1) ** 溶液加热浸泡,接着 DI 水清洗并浸泡	盐酸 : 硝酸(1 : 3) ** 溶液腐蚀,接着 DI 水清洗
3	10% HF 去离子水溶液腐蚀 10 分钟去除金属离子,接着 DI 水清洗	每日两次 DI 水加热清洗 15 min并浸泡,直到水溶液呈中性	烘烤除气
4	脱水取片	高温真空烘烤除气	

** 指溶液的体积比

湿法洁净处理工艺需要根据材料本身洁净度和目标洁净度的要求选择试剂的纯度,从较低纯度的试剂开始,逐级提高。按照纯度分类,化学试剂分为化学纯(CP 级纯度≥99.5%)、分析纯(AP 级纯度,≥99.7%)、电子纯(MOS 级纯度,杂质含量≤0.01~10 ppm)和对高纯材料进行纯度测量时所使用的超高纯(EP,杂质含量≤0.1~1 ppb)等不同纯度的试剂,纯度越高,价格就越贵。

为了使湿法清洗更加有效,也可采用刷洗和超声辅助清洗工艺。刷洗工艺采用有弹性和无污染的特氟隆刷对工件表面进行来回刷洗,主要用于器皿的初次清洗。超声波清洗是利用超声波在液体中的空化作用、加速度作用及直进流作用对液体和污物施加直接或间接的物理冲击,使污物层被分散、乳化或剥离而达到清洗目的,超声波的频率在 20 kHz 以上,甚至可以到达百万赫兹数量级。

除了湿法的化学清洗工艺外,也有一些干法洁净处理工艺可用于湿法处理工艺后材料表面残留物的去除,由于材料的洁净度已经非常高,这些工艺需要在工艺腔体中进行。主要的工艺技术:加温烘烤(在真空或高纯气体的环境中)去除表面吸附的气体原子;通氢高温烘烤去除表面氧化物;利用无机气体激发形成的等离子体与表面污染物的化学反应,使其成为易挥发物后被去除;以及使用热处理的手段,将位于材料表面(或表面层中)的重金属离子、碱金属离子和金属离子驱赶至表面覆盖层、体内缺陷中心或材料背面损伤层(吸杂工艺)等。为了实现原子级的洁净表面,对工艺方法和工艺条件的选择是非常重要的。

对工艺腔体进行洁净处理的手段为抽真空和高温烘烤,抽真空可以将腔体打开时从环境中扩散进来的气体排出去,排气结束后将高纯气体引入,多次排气和充气可快速达到净化腔体的目的。在真空或高纯气体环境中进行高温烘烤则能有效地去除吸附在腔体内壁上的残留物(水汽和杂质等)。腔体内低温区的吸附物虽不能有效去除,但其挥发量较小,在真空系统的持续作用下或在流动的高纯气体的保护下,腔体内的超高洁净度仍可以得到长时间的维持。

由此可见,洁净处理工艺也是一项耗费人力和物力的工艺,反过来,环境中的氧气、水汽和其他污染物对材料、工夹具和腔体的沾污则是非常容易,洁净度越高,受环境的污染(包括物理吸附和化学反应)越容易,杂质与表面原子的结合也越牢固。单位时间内单位面积上材料表面黏附原子的数量可根据气体原子的热运动方程和原子表面的黏附系数进行估算。化学污染层(如氧化物)的形成速率在洁净表面也是最大的,随后快速下降,也就是说表面受到污染往往也就是一刹那的时间。因此,在材料制备工艺中,必须对材料清洗后进入工艺腔体前或工艺转换过程中所处的环境和时间进行严格控制,超过时间应重新清洗,并对清洗效果进行评价。化学表面层的形成与材料表面的晶向、化合物材料的原子极性以及所使用的腐蚀剂密切相关,有些腐蚀工艺会在腐蚀过程中故意在材料表面形成氧化层或氢化层,以减少环境对清洗片的污染,所形成的氧化层或氢化层可在工艺腔体中通过加热进行脱附。除此之外,在做材料表面洁净工艺时也需关注化学腐蚀或离子刻蚀对材料表面粗糙度、平整度和表面原子晶格完整性所产生的影响。

6.3 半导体设备的真空技术

抽真空是为工艺腔体提供超纯环境所不可或缺的技术手段,即使是使用高纯流动气体的工艺腔体,因样品传递而进入腔体的空气也需要通过抽真空将其排出腔体外,真空环境为高纯材料的各种制备工艺创造了的基础条件,而超高真空则是分子束外延的基本条件。因此,真空技术在半导体工艺中是一项经常使用的技术,也是保障材料工艺质量的一项重要技术。真空技术包括真空泵、真空测量、真空部件、密封连接和真空系统检测等技术。

6.3.1 真空泵

真空泵是一种能够提高腔体真空度的设备,真空度用气体的压强来度量,真空度越高,对应的腔体内气体压强就越小。真空度的高低一般用以下标准进行划分：低真空：$>10^2$ Pa;中真空：$10^2 \sim 10^{-1}$ Pa;高真空：$10^{-1} \sim 10^{-5}$ Pa;超高真空：$<10^{-5}$ Pa。

低真空和中真空腔体内的残留气体主要是 N_2 和 O_2,气体的流动特性为黏滞流,高真空腔体的主要成分为 H_2O、N_2、CO、H_2 等,气体处于分子流状态,超高真空的主要成分为 H_2、CO 和腔体内材料的挥发物。

实现真空的主要手段是真空泵,真空泵的工作模式有两种,一种是采用将腔体中的气体抽取到外部较低真空度的环境中,另一种是将腔体中的气体分子吸附到固体材料中或表面上。针对不同的起始工作条件和极限真空度的要求,可选用不同类型的真空泵。图 6－15 列出了各种真空泵的起始工作条件和能够达到的极限真空度,所谓极限真空度是指抽速降低到接近于零时的真空度。

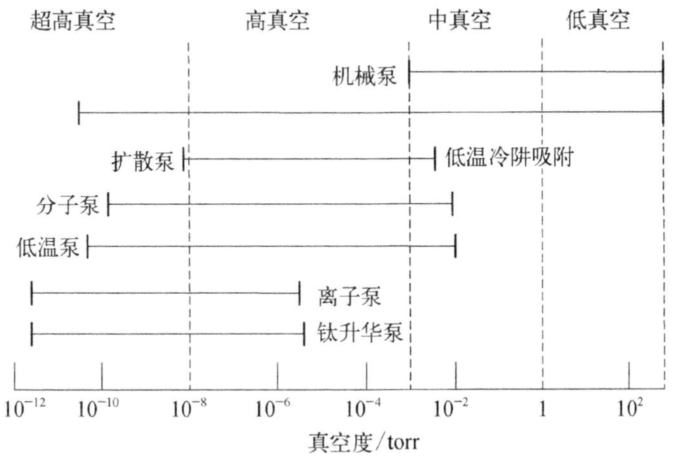

图 6－15 各种真空泵的起始工作条件和极限真空度

由图 6－15 可以看出,使腔体从大气进入真空状态的方式有两种,即使用机械泵和低温冷阱吸附装置。其中,真空机械泵的基本原理是利用转子的旋转,将工艺腔体中的气体放进泵的腔体,然后将其与工艺腔体切断,并把这部分气体压缩后送入出气口,这一过程周而复始,将腔体中的气体排出,使其进入真空状态。旋片式机械泵和罗茨真空泵是最常见的两种机械泵,泵的结构和工作原理如图 6－16 和

图 6－17 所示。旋片式真空泵的最大抽速在 300 L/s,极限真空度在 1 Pa 左右。罗茨机械泵使用两组反向旋转的转子,转子之间以及转子与泵壳之间完全靠绞合实现密封,对称转动改善了系统的稳定性,使泵的转速得以提升,抽速可达 10^3 L/s,极限真空度可达 0.01 Pa。存在的问题是这类机械泵都是利用油在泵内起到冷却、密封和润滑作用的机械泵,为了防止油的挥发物进入真空腔体,使用时需在抽气口增设冷阱或吸附阱。对于纯度要求较高的真空腔体,需要使用无油的真空泵,亦称干式真空机械泵(简称干泵),常见的干泵有干式螺旋真空泵、无油往复式真空泵、抓式真空泵和无油涡旋式真空泵。另一种无油且能对常压气体进行抽真空的设备是利用低温冷阱的吸附泵,冷阱靠液氮冷却,利用气体分子在低温下的凝结或被低温分子筛吸附的原理(图 6－18),将气体抽出工艺腔体。除了作为低真空腔体抽取气体的真空泵使用外,低温冷阱也常被做成夹套,放置在配有高真空机组的工艺腔体的内壁,利用低温表面吸附的原理进一步提升腔体内的真空度。

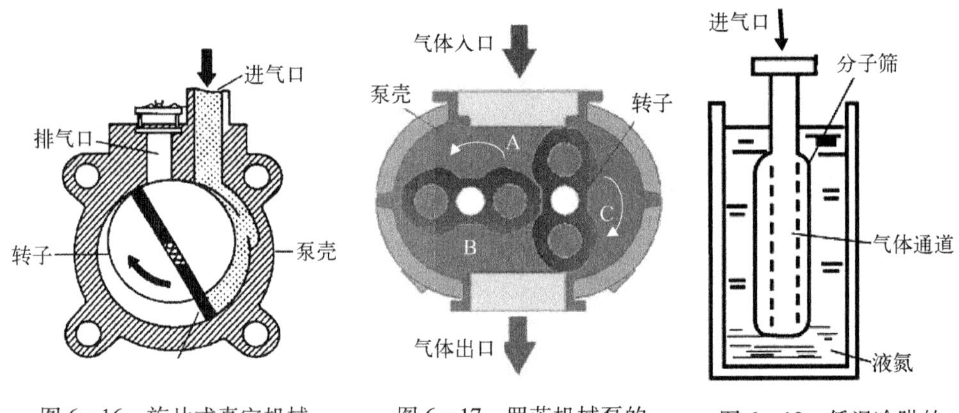

图 6－16　旋片式真空机械泵的原理图　　图 6－17　罗茨机械泵的工作原理图　　图 6－18　低温冷阱的原理图

腔体真空度的进一步提高需要使用涡轮分子泵和扩散泵,这些泵以串联的方式与前级的低真空泵相连,并同时工作。分子泵由多组涡轮片组成,每组由倾斜角度相反的旋转涡轮片和固定涡轮片组成(图 6－19),随着涡轮片的高速旋转(20 000～100 000 r/min),使腔体中的分子将受力向下运动,撞击固定涡轮片后继续向下运动,通过多级涡轮片的作用,上部腔体中的真空度大大高于下方由初级泵提供的真空度。涡轮分子泵的极限真空度可高达10^{-8} Pa,最大抽速可达 1 000 L/s。扩散泵亦称油泵,它通过加热泵

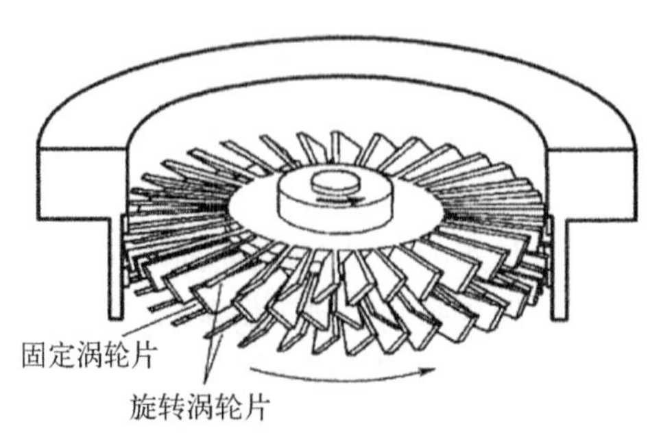

图 6－19　分子泵工作的原理图

内的硅油，使其沸腾形成蒸气，蒸气以极高速度从泵中各级喷口的缝隙喷出，将容器内部的气体分子携带到前级真空泵的作用区域，由前级真空泵抽出，以此达到提高腔体真空度的目的。扩散泵的优点是设备简单、价格低，缺点是极限真空度（10^{-6} Pa）较差和硅油引入的污染，目前在半导体行业已很少使用。

在高真空的基础上进一步提高系统真空度时，需要使用低温泵、离子泵和钛升华泵，超高真空系统中的气体密度非常很低，真空泵的抽速一般也很小。在开始工作的时候，它们以并联方式与分子泵（或扩散泵）一起工作，当腔体进入超高真空的状态后，可通过阀门将分子泵与腔体的连接通道切断，使超高真空泵进入独立工作的状态。低温泵利用氦制冷机制冷冷头，通过冷头表面的活性炭吸附腔体中的残留气体和部件表面的挥发气体，其原理和低温冷阱吸附相似。低温泵的优点是抽速比较大，特别适合于有源材料蒸发的超高真空系统。在长期使用后，低温泵可以通过活化恢复抽速，工作寿命较长。离子泵则是通过阴极发射的电子撞击腔体中的气体分子，由此产生的离子反溅阴极钛（或钽），由于钛（或钽）离子的活性很强，它能以吸附或化学反应的形式将气体分子埋入阴极材料，而反溅出来的钛将在腔体内壁形成新鲜的钛膜，它能俘获活性气体分子（如能让氢原子扩散到钛的内部），而惰性气体则在阴极溅射不强烈的区域被掩埋，图 6－20 给出了离子泵工作原理的示意图，磁场的作用是让电子做螺旋运动，以增加电子与气体分子发生碰撞的概率。离子泵的优点是无污染、无振动、噪声低和使用方便，特别适合于用来长时间维持超高真空系统。钛升华泵主要用于短时间提升腔体的真空度，通常与低温泵和离子泵并联使用，其工作原理为加热钛丝，使钛升华放出钛蒸汽，新鲜清洁的钛膜与活性气体分子形成低挥发性的化合物，并沉积在四周液氮冷却的冷阱壁上。在此基础上，再通过设置冷阱夹套，可获得地面上最高的环境真空度（10^{-11}torr）。

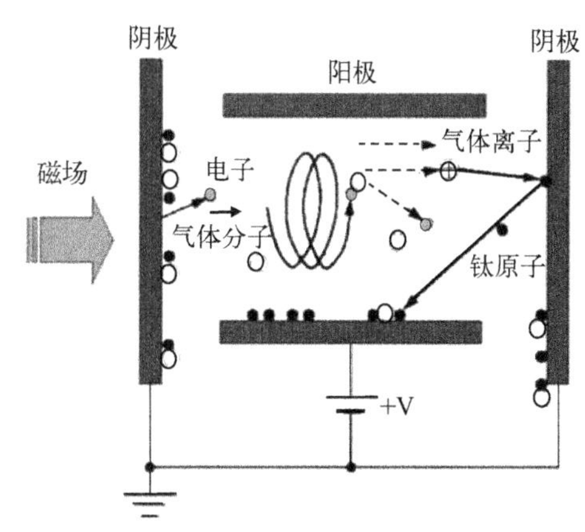

图 6－20 离子泵工作的原理图

6.3.2 真空部件

真空部件是指构建真空系统并能对真空系统的功能或状态产生影响的各种部件，主要包括工艺腔体、管道、阀门、盲板、连接部件（接头）和冷阱等。

真空腔体由不锈钢或石英管制作，前者用于构建尺寸比较大或真空度比较高的真空腔体，后者则用于能够满足排气目的的低真空腔体。真空管道有不锈钢管、橡胶管和真空专用塑料管等，不锈钢管分硬管和软管两种，硬管用于固定腔体之间的连接,软管(亦称波纹管)用于腔体位置可能变动或经常需要拆卸的真空部件之间的连接,而橡胶管和塑料管则用于机械泵与低真空腔体之间的连接,图 6 - 21 给出了三种常见的真空连接软管。

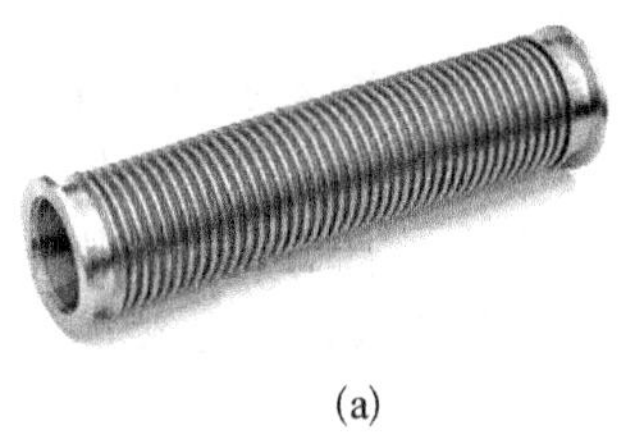
(a)

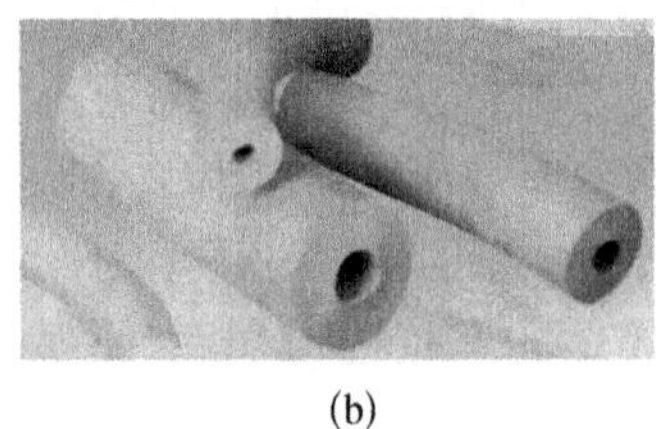
(b)

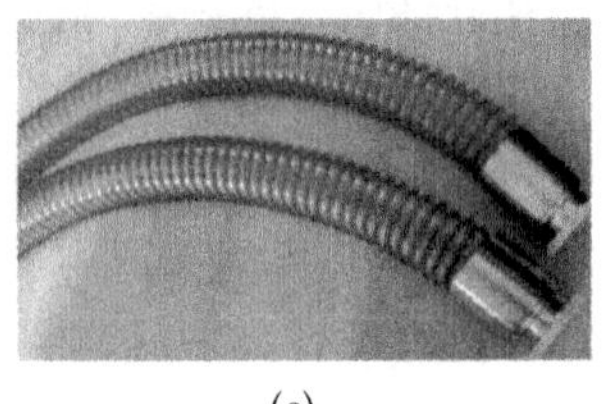
(c)

图 6 - 21　常用的柔性真空管道

真空阀门是用来控制腔体(或管道)之间的连通或隔离的真空部件,常用的真空阀门有两种,即角阀和闸板阀。角阀用于管道之间的连通或隔离,它利用波纹管的位移来密封和打开通道的端面,图 6 - 22 给出了角阀的实物图和工作原理图。闸板阀用于不同腔体之间的连通和隔断,通道的孔径较大,其实物和工作原理图见图 6 - 23,当闸板打开或处在移动状态时,在弹簧片的作用下闸板与阀体的密封面脱开,闸板可在中心板(与波纹管连接)的作用下向右侧打开。阀门关闭时,闸板将移向左侧,当止动机构顶住阀体左侧后,中心板的继续移动将推动滚珠,并通过滚珠挤压闸板,使闸板向外侧移动,同时还通过带动弹簧片,使闸板的中部也受到向外的推力,最终,闸板和阀体的密封端面将通过密封圈实现挤压密封,同时切断闸板阀的通道。基于闸板阀的工作原理,闸板阀只有在两侧压力差较小(小于弹簧片的作用力)的情况下才能被打开,安装时闸板阀上设置密封端面的一侧连接真空度较高的腔体。

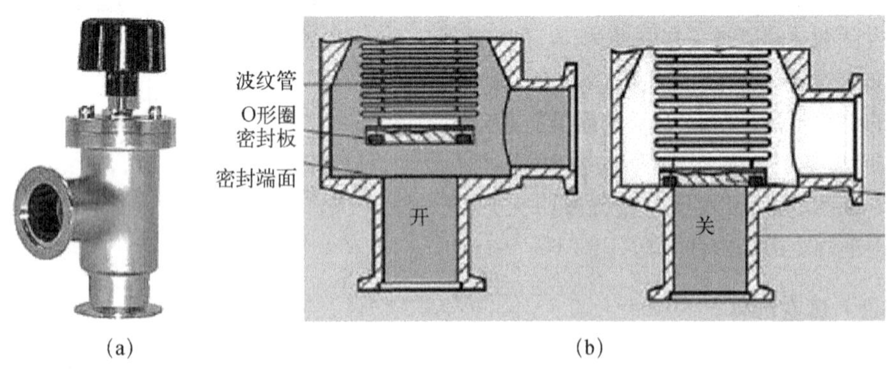

(a)　　　　(b)

图 6 - 22　角阀实物图(a)及其原理图(b)

盲板也是真空系统上的常用部件,用于封闭系统上多余的(或可供拓展的)接口,同时也可在盲板上设置观察或测量所需的光学窗口,或安装供腔内外电学连接用的电极,图 6 - 24 给出各种盲板的实物照片。

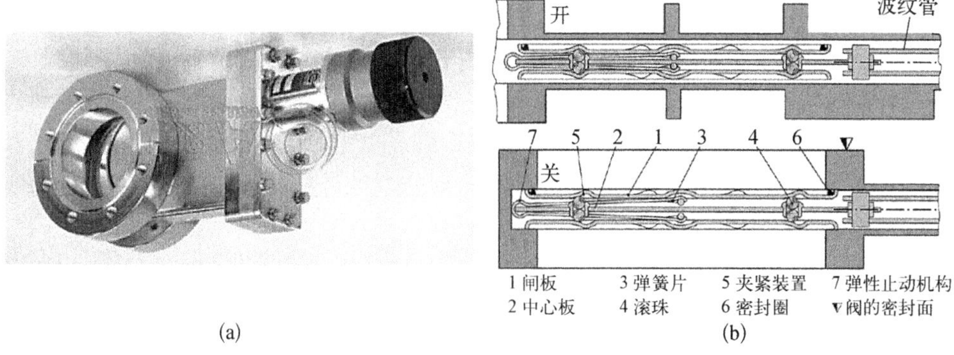

图 6-23 闸板阀(a)及其工作原理图(b)

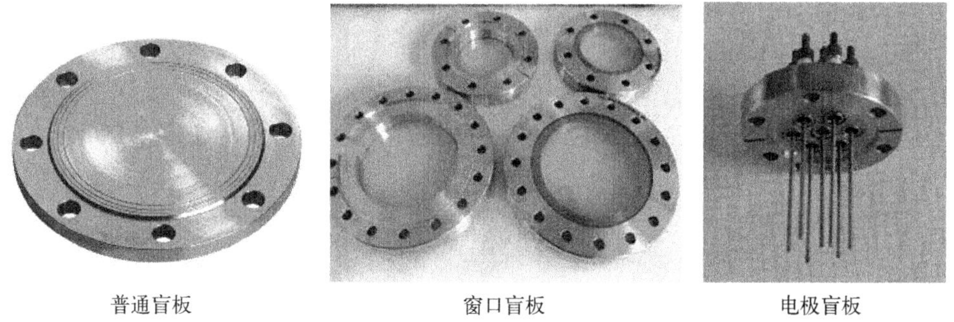

图 6-24 真空系统中常见的盲板

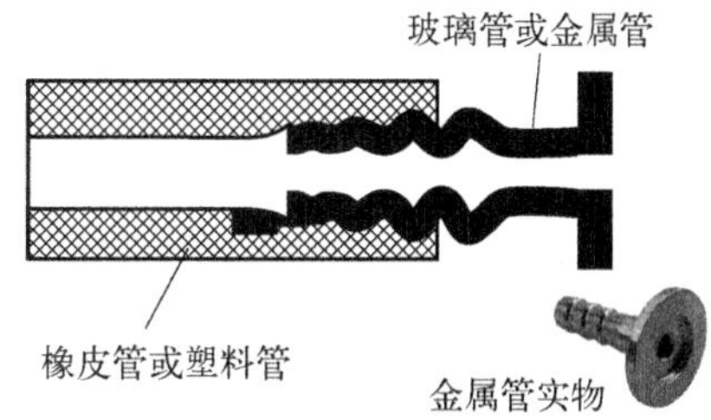

图 6-25 挤压式的真空管道连接

连接部件(简称接头)是连接腔体与腔体、腔体与管道和管道与管道的真空部件,主要有四种类型:一是用管道直接挤压橡皮管或塑料管的连接方式(图 6-25),这种方式成本很低,但管径较小,橡皮和塑料的挥发会产生一定的污染,只限于纯度要求较低的低真空系统使用。二是快卸式连接方式(亦称 KF 连接),用于真空度较低(>0.1 Pa)的前级泵与真空部件之间的连接,除了简单对接外,快卸接头也常用来完成三通和管道变径的真空连接,其优点是拆卸方便,污染较小,图 6-26 是快卸接头的实物和密封连接的原理图,密封面为金属管道的端面,两管道的密封面通过挤压 O 形圈来实现密封,管道端面对密封圈的挤压通过收紧卡套来实现。第三种连接方式也是采用 O 形圈的真空连接方式,主要用于石英管与金属部件之间的真空连接[图6-27(a)],O 形圈套在石英管的外壁,通过旋转卡套挤压 O 形圈,在石英管外壁和金属腔体内壁之间实现密封。金属部件之间也可采用类似方式进行密封连接,图 6－27(b)给出了双 O 形圈密封结构的真空连接方式。第四种连接方式是用于超高真空系统连接的法兰连接方式(亦称 CF 法兰连接),图 6－28 是法兰连接的部件和原理图,图 6－28(a)为带法兰口的一段管道,将两个管道的法兰口面对面地合在一起,中间放置一个如图 6－28(d)所示的密封圈(无氧铜圈或镀银的无氧铜圈),然后用螺丝和螺帽将法兰均匀地压紧,通过法兰上的刀口对密封圈的挤压,在刀口与刀口之间实现密封连接[图 6－28(c)]。由于均匀挤压对保证超高真空的密封性能非常重要,在一些场合,硬对硬的连接很难实现均匀挤压密封圈,为此,可将一侧管道的接口换成活动式的法兰接口(由于刀口与锁紧法兰分开),如图 6－28(b)所示,在对准锁紧螺孔时,一侧的紧固法兰可以转动,大大方便了法兰的连接。

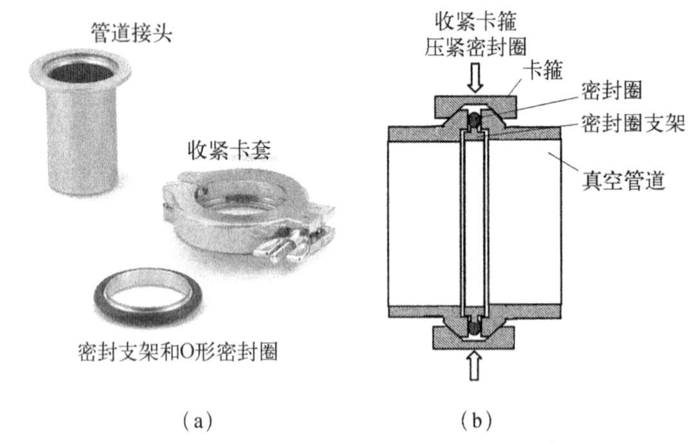

图 6－26　真空管道的快卸方式连接实物部件(a)及连接方式的示意图(b)

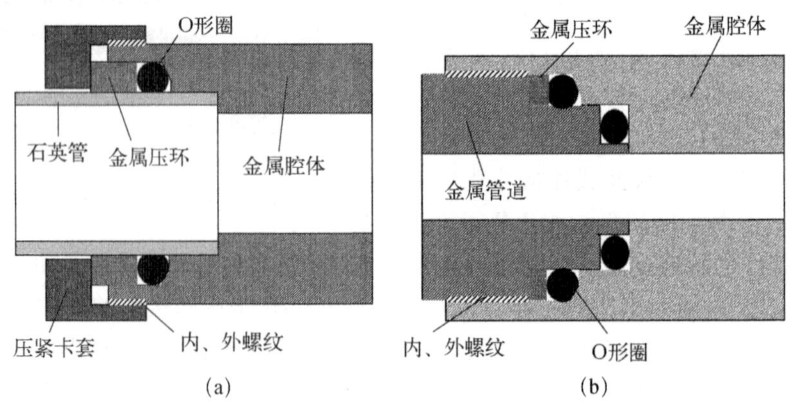

图 6－27　O 形圈管壁密封的方式

(a) 石英管与金属腔体之间的密封;(b) 金属管道与腔体之间的密封

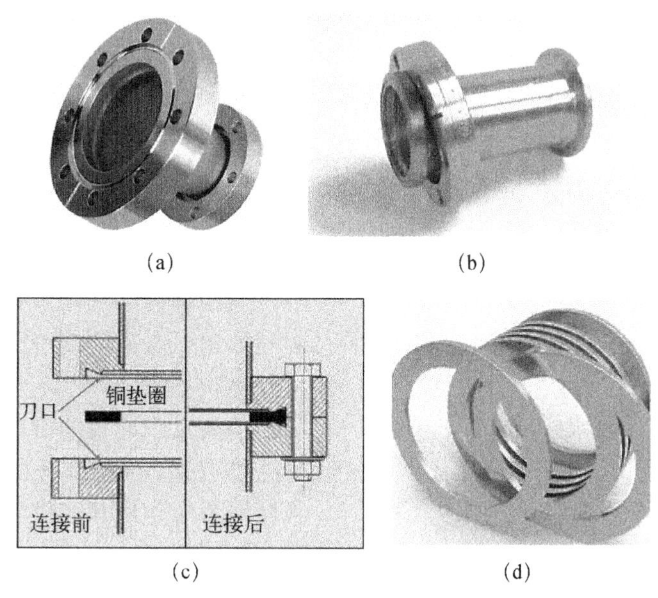

(a)　(b)　(c)　(d)

图 6－28　真空法兰的连接方式

(a) 固定式法兰;(b) 活动式法兰;(c) 连接原方式的原理图;(d) 密封圈

O 形圈、快卸接口和法兰接口的尺寸早已实现标准化,常用部件可从市场采购,构建真空设备时应根据标准进行设计和加工。

以上四种常用的连接方式都采用了固定(或静态)的密封方式,无法满足运动部件与真空腔体之间的密封要求。磁流体密封和 Y 形密封圈密封技术是少数几种能够满足动态密封要求的真空连接技术,磁流体密封件由永磁体、转轴、磁极、磁流体和磁回路组成(图 6－29),由于磁极齿尖处磁场力最强,磁流体将集中于齿尖处,在密封间隙内形成一个"O"形液体密封环,利用磁流体填满间隙而达到密封的效果。每级磁流体密封可承受 0.15~0.2 atm 大小的压差,通过增加磁流体密封的级数,密封装置可承受的压差也随之增加,当可承受压差达到 2.5 个大气压时,腔

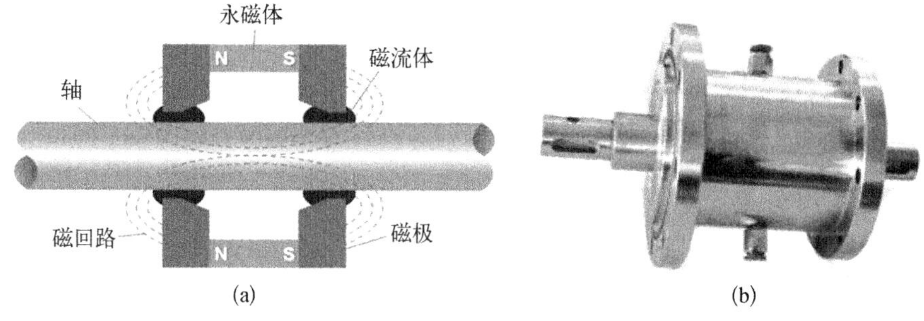

(a)　(b)

图 6－29　磁流体真空动态连接原理图(a)和实物图(b)

体的极限真空度可达到 10^{-6} Pa，泄漏率可进入 10^{-12} Pa · m^3/s 数量级。Y 形密封圈是一种能够实现内壁和外壁同时密封的密封圈（图 6－30），通过调节螺帽的松紧，可改变密封圈挤压内壁和外壁的压力，以达到既能转动和伸缩，又能起到密封效果的目的。与静态密封机构相比，动态密封装置产生泄漏的可能性要大得多，为此一般会在动密封装置的外围增设一个夹套，通过在夹套中流通保护性氮气的方式将微量外泄的气体送入设备的尾气系统，同时也可避免向内泄漏对工艺腔体造成污染。超高真空腔体的运动部件不能采用这种方式，腔内所有部件的运动必须靠磁力的作用和波纹管的移动来实现（见 3.3.2 节）。

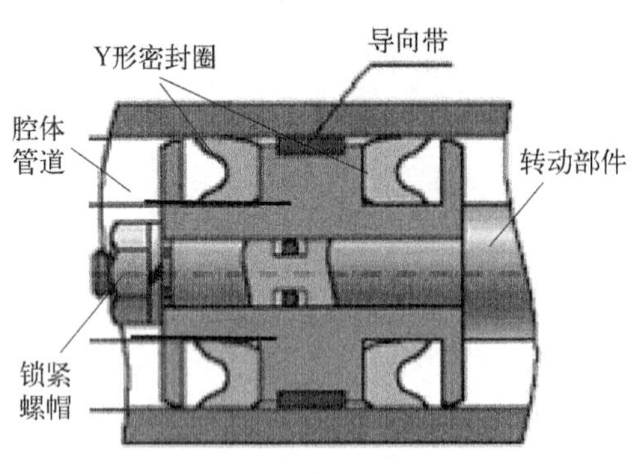

图 6－30　Y 形密封圈动态密封连接的结构示意图

还有一种经常使用的真空部件是冷阱，它既可放置在机械泵的进气口，也可以夹套的形式放置在超高真空的腔体中，相关内容前面已有介绍。

6.3.3　真空系统

真空系统由真空泵、密封的工艺腔体和真空部件（包括管道、接头、阀门和真空规等）组成，按照真空度要求的不同，真空系统也分为普通的真空系统、高真空系统和超高真空系统，图 6－31 给出了这些系统的基本配置与结构。

真空系统中真空泵性能由最大抽速和极限真空来描述，实际真空系统的抽速和真空度则由泵的性能、腔体及真空部件的密封性和部件的放气特性所决定，在抽

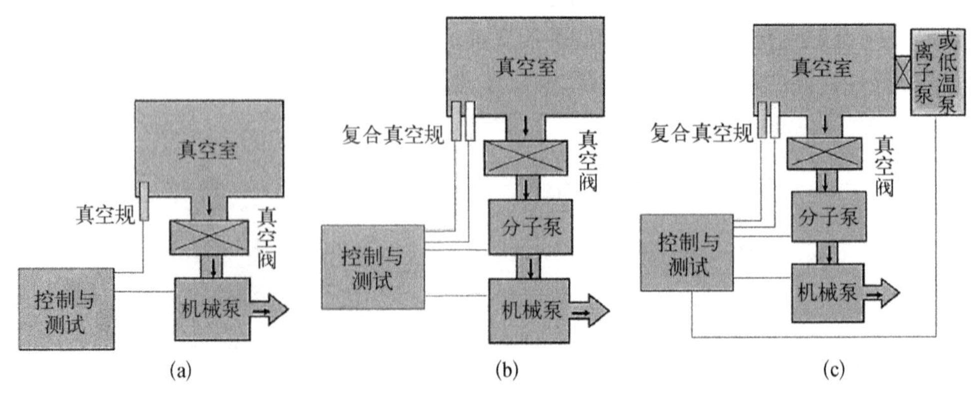

图 6－31　三种典型的真空系统

（a）普通真空系统；（b）高真空系统；（c）超高真空系统

速不为零的情况下，系统中各处的真空度和抽速都是不相等的。以图 6 − 32 给出的最简单的真空系统为例，假定真空泵进气口的真空度为 P_p，经管道连接到腔体入口处的真空度为 P，则泵的抽速 S_p 等于气体在管道中的流量 Q（也称气流率[①]）与真空度 P_p 的比值，即

$$S_p = \frac{Q}{P_p} \tag{6-1}$$

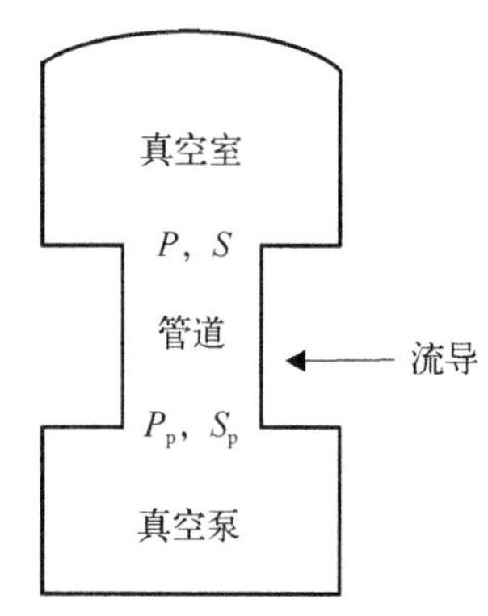

图 6 − 32 真空系统性能的描述

式中，抽速 S_p 是真空系统入口处气体分子或原子流动的平均速率，而管道中的流量 Q 则是单位时间内通过管道中单位截面的气体量，其数值等于单位时间流过的气体体积与压力的乘积（PV），在温度不变的情况下，它反映了单位时间通过单位管道截面的气体原子数量的大小。流量与管道的流导和管道两端的压力差成正比关系，即

$$Q = C(P - P_p) \tag{6-2}$$

式中，比例常数 C 称之为流导，它是单位压力下气体流过管道的流量，反映了气体在真空部件中的流通能力，流导与管道的几何结构、气体种类、流动特性（黏滞流或分子流）和温度相关，管径越大，长度越短，管道的流导就越大，定量计算真空部件的流导需运用流体力学的原理和方法。对于常见的长条形圆管，气体处于分子流状态时的流导计算公式为

$$C = 3.81 \frac{d^3}{L}\sqrt{\frac{T}{M}} \tag{6-3}$$

式中，L 和 d 分别为圆管的长度和直径，T 为温度，M 为气体原子或分子的质量。

根据气体连续性方程，在动态平衡的稳态系统中，系统内各截面上的流量处处相等，即

$$Q = S_p P_p = SP \tag{6-4}$$

由此可以得到泵对腔体的实际抽速（亦称有效抽速）：

$$S = \frac{CS_p}{C + S_p} \tag{6-5}$$

这表明腔体实际抽速被泵的抽速和管道的流导所限制，因此在设计真空系统时，应尽量保证管道的流导大于泵的抽速，以提高系统的实际抽速和极限真空度，

① 在真空泵的说明书中，真空泵的抽速常被用来描述泵抽取气体的能力，即文中的流量或气流率

并缩短腔体达到所需真空度的时间。

当多根管道以串联或并联方式连接真空泵和腔体时，其总的流导 C 分别为

$$\frac{1}{C}=\frac{1}{C_1}+\frac{1}{C_2}+\cdots+\frac{1}{C_n} \tag{6-6}$$

$$C=C_1+C_2+\cdots+C_n \tag{6-7}$$

根据以上公式，在已知真空系统各部分的流导特性、泵出口处的真空度和泵的抽速的情况下，可对真空系统中各处的真空度进行理论计算。如不考虑系统的泄漏、部件的气体挥发和工艺引入的气相负载，系统最终的真空度将等于真空泵的极限真空度。

从理论上讲，泵的抽速 S 和系统的放气率 Q_L（含漏气率）确定之后，真空度随时间的变化关系也就确定了，即

$$P=\frac{Q_L}{S}-\left(\frac{Q_L}{S}-p_0\right)\exp\left(-\frac{S}{V}t\right) \tag{6-8}$$

式中，P_0为初始真空度，Q_L/S 为极限真空度。在初始阶段，腔体中残留的气体量远大于气体部件的放气率，真空度与时间将成指数关系：

$$P=P_0\exp\left(-\frac{S}{V}t\right) \tag{6-9}$$

当系统进入超高真空以后，腔体和管道中表面吸附原子的挥发（其挥发速率与原子的吸附激活能相关）、源材料的蒸发和腔体的泄漏等因素将成为影响腔体各处流量和真空度的主要因素，真空度随时间的变化也将取决于主要气源的放气率 Q_L 与时间的函数关系，图 6－33 展示了各种气源在抽真空的过程中对真空度及其变化规律的影响。

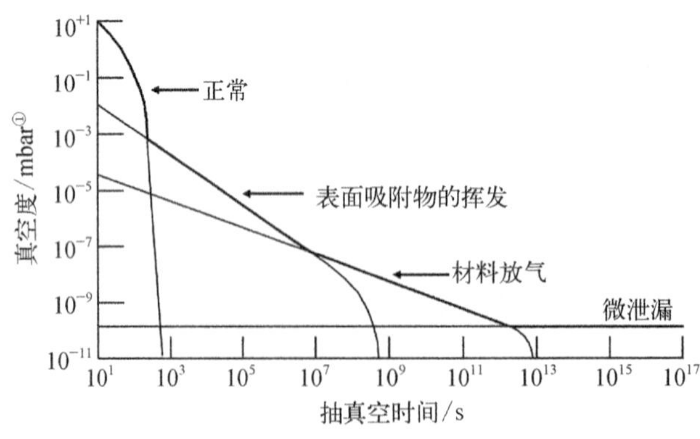

图 6－33　不同放气源对系统真空度随时间的变化规律的影响

此外，进入高真空后，气体特性将从黏滞流状态（克努森系数 k_n 大于 100）转变为分子流状态（k_n 小于 1），管道的流导参数也将发生相

① 1 bar = 10^5 Pa

应的变化。克努森系数 K_n 与腔体直径 D 和分子自由程 λ 的关系为

$$K_n = \frac{D}{\lambda} \tag{6-10}$$

6.3.4 真空度的测量

对真空度的测量有三种常用的仪表，即真空压力表、热偶规真空计和电离规真空计。真空压力表利用系统内外的压力差使表上的弹簧片、弹簧管（亦称波登管）或波纹管发生形变和位移，并带动指针转动，通过定标，可从指针的位置读出系统中的真空度，图 6－34 是利用波登管受压形变测量真空度的原理图。真空压力表给出的读数是相对压力（绝对压力减去大气压力），精度一般不到 1/10 atm，需要通过换算得到真空度（绝对压力），因此仅用于判定系统有无真空或真空的好坏。

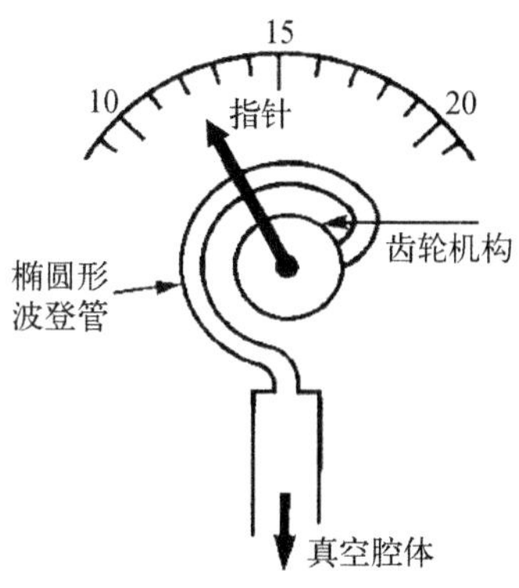

图 6－34 真空压力表原理的示意图

热偶规真空计用于测量中、低真空系统的真空度，由热偶规和真空计两部分组成，热偶规一般采用快卸方式或 O 形圈密封方式接入真空系统（图 6－35），真空计通过连接热偶规的电极来实施测量。热偶规真空计是基于散热条件与真空度相关的原理而发展起来的一种测量技术，在对热偶规上的细灯丝通入恒定电流后，气相环境对灯丝散热造成的差异会影响到灯丝的温度，通过测量灯丝的温度即可得到真空度的测量数据。热偶规的测量范围在 0.1Pa 到 1 个大气压，精度为测量值的 10%左右。

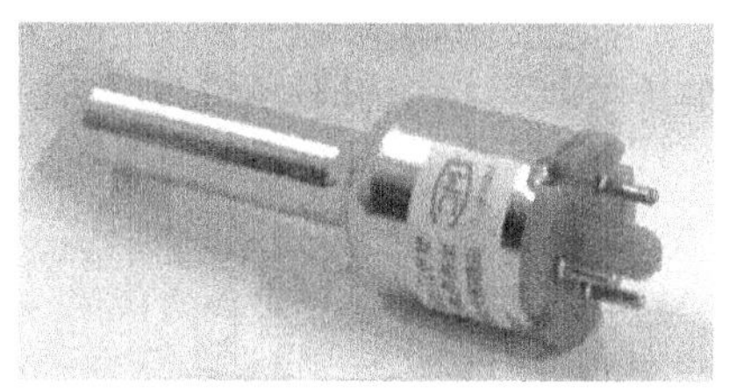
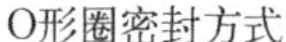
O形圈密封方式

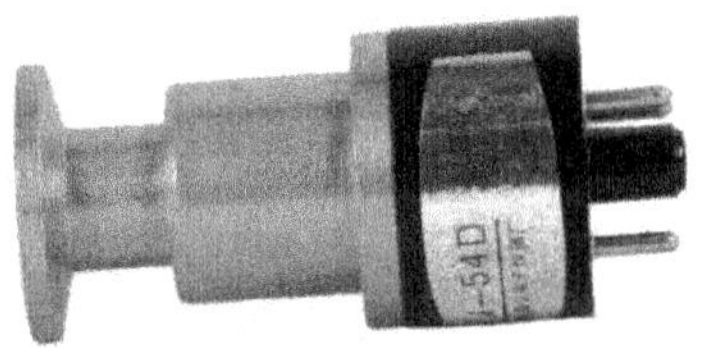
快卸方式

图 6－35 两种接入方式的热偶规

高真空和超高真空系统的测量需要使用电离规真空计，它由相对独立的电离规和真空计组成，其中电离规以法兰方式接入真空系统，测量范围在 $10^{-3} \sim 10^{-11}$ torr。电离规由发射电子的灯丝、栅极和离子收集极组成（图 6－36），

从灯丝加热后发射出的电子在栅极电压的作用下加速，获得动能后的电子通过碰撞使气体中的分子或原子发生电离，产生的离子向收集极运动，被收集极俘获后形成离子电流，电流的大小与气相中的分子或原子密度(即真空度)相关，根据测量到的离子电流即可得到系统的真空度。由于高真空系统大都会同时配置基于热偶规和电离规的真空计，两者组合在一起的复合真空计常常是高真空系统的标准配置。

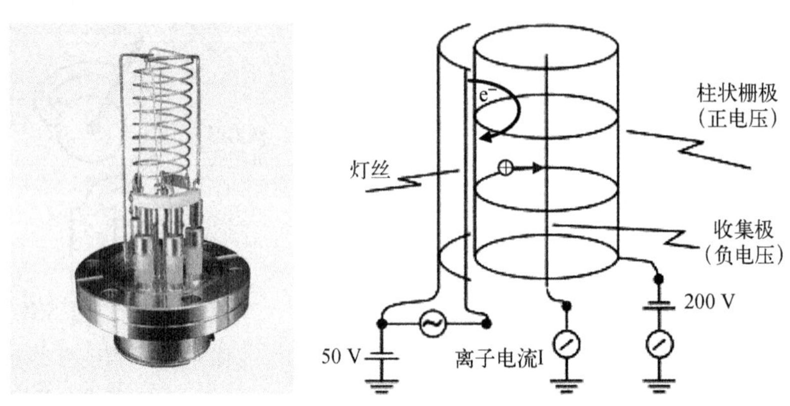

图 6－36　电离规及其工作原理图

6.3.5　抽真空工艺

在半导体工艺中，低真空经常用于常压工艺系统的排气或除气工艺，高真空和超高真空则用于源材料的封管和分子束外延的生长，两种系统的用途不同，相应的抽真空的工艺也略有差异。

低真空系统通常采用反复多次的抽真空工艺，每次抽完腔体内的气体后(真空度达到或接近极限真空)，向腔体中充入高纯氮气，此时，腔内气体中残留的空气被大大稀释，经过多次抽真空和充气之后，腔体中残留空气的浓度将被降低到非常低的水平，最后通过常流高纯氮气或氢气，来实现和维持工艺腔体内气相环境的纯净度。除气工艺的目的是去除材料或部件表面或体内的吸附物，它不仅需要系统达到较高的真空度，同时还要求抽真空工艺维持一定的时间，甚至需要对材料或部件进行加热，使吸附在材料中的杂质得到充分的释放。

对于高真空和超高真空系统，抽真空的目的是要让腔体达到并维持很高的真空度，从图 6－33 所揭示的系统真空度随时间变化的规律可以看出，只有在消除了管壁表面的吸附物和材料的挥发物的条件下，系统才能进入超高真空。为此，在高真空系统开始工作之前，必须先对整个真空系统进行高温烘烤(除气)，即在低真空下或高纯气体保护下对真空系统的主要部件进行加热除气。

抽真空工艺完成后,系统真空度是否达到工艺规定的要求,不仅要看热偶规和电离规测量到的真空度数据,必要时还需根据测量、测量点的位置和泵的实际抽速对工艺腔体所在位置的真空度进行估算,进而判断出真空系统的状态是否满足工艺要求。

6.3.6 真空系统的检漏

系统真空度抽不上去是材料制备工艺中经常遇到的问题,在没有发现真空泵有明显异常的情况下,首先会怀疑真空系统是否存在漏气。漏气分实漏(亦称泄漏)和虚漏,实漏来自腔体和管道材料上的漏孔和连接处存在的缝隙,很容易导致系统真空度大幅下降,虚漏则是来自系统内壁上材料的放气和吸附物的再蒸发,它也会导致系统真空度明显下降,但下降幅度相对小一些(仅对高真空系统有影响)。真空检漏就是要检测出系统中存在的实漏及其所在的位置,虚漏则需通过清洗和除气的方法加以抑制。

由于漏孔和缝隙的尺寸很小且不规则,无法用其几何尺寸去衡量泄漏量的大小,实际工艺中一般都采用漏气速率来衡量漏孔或缝隙的泄漏特性。漏率的标准定义为在室温常压且腔内真空度 P 低于 1.33×10^3 Pa 的条件下,干燥气体(露点低于 248 K)经漏孔或缝隙进入腔体的流量,单位为 Pa · m^3/s。对于动态真空系统,系统的总漏率(即最大允许漏率 q_{total})需满足以下条件:

$$q_{\text{total}} \leqslant \frac{1}{10}PS \tag{6-11}$$

式中,P 为系统工作时要求的真空度,S 为有效抽速。按照这一标准,经粗略估计,高真空系统的漏率不能大于 10^{-9} Pa · m^3/s,超高真空系统的漏率不能大于 10^{-11} Pa · m^3/s。对于静态真空系统,即用阀门切断真空泵后的封闭系统,如果要求系统(体积为 V)的真空度从 P_0上升 P_1的时间不得短于 t,则最大允许漏率 q_{total}需满足的条件为

$$q_{\text{total}} \leqslant (P_1 - P_0)V/t \tag{6-12}$$

检漏工作就是要找出真空系统上能够影响最大允许漏率的所有漏点。

真空检漏有很多方法,如气压检漏、氨敏纸检漏、荧光检漏、电火花放电检漏、卤素检漏、真空计检漏和氦质谱检漏仪等方法。气压检漏法是用检漏液涂在可能有漏的部位(腔体内充有大于 1 atm 的气体),通过观察是否有气泡产生来判断漏点,仅在有大漏的情况下使用。电火花放电检漏用于判断石英管腔体和石英管安瓿内的真空状态,通过气体电离后产生辉光的颜色来判断真空度的高低。真空系统的检漏主要采用真空计检漏和氦质谱仪检漏,其他检漏技术在半导体工艺中用得很少。

真空计检漏法针对的是低真空系统，这里存在的泄漏大都是比较大的漏，检漏时用棉球将酒精、丙酮或乙醚涂在焊缝和接口的缝隙处（一般先不考虑材料上存在漏孔），观察热偶规真空计显示的真空度是否发生突然变化，如有变化则说明此处存在泄漏，真空计检漏能检出的最小漏率在 1×10^{-5} Pa · m^3/s 以上。如果系统真空度非常差，应先使用气压检漏法检漏。

氦质谱检漏仪用于已能抽到较高真空度的系统，它是一种能对真空腔体部件的漏率进行定量化测量的仪器，也可用于真空系统的检漏。氦质谱仪一般采用磁场偏转型（或四极杆型）的质谱分析技术专门检测氦原子的泄漏，检漏的灵敏度为 $10^{-9}\sim10^{-12}$ Pa · m^3/s，如采用两级磁场偏转型的质谱分析技术，检测灵敏度可提高到 $10^{-14}\sim10^{-15}$ Pa · m^3/s。因氦在空气中的含量极低，氦质谱仪检漏具有灵敏度高、干扰小、无污染和安全性好等优点。氦质谱检漏仪由离子源、分析器、收集器、电离规和真空泵机组（机械泵加分子泵）组成，真空机组用于对被检测系统抽真空，如果漏点的泄漏量较大，需额外增加真空机组，以满足氦质谱检漏仪所需要的工作条件。检漏时将氦气注入腔体外的焊缝、接头缝隙等易于发生泄漏的部位（图 6－37），一旦氦检漏仪捕捉了氦气，其漏率的检测数据将增加（严重时仪器将做出报警提示），由此可以确认氦气所在位置存在泄漏点。

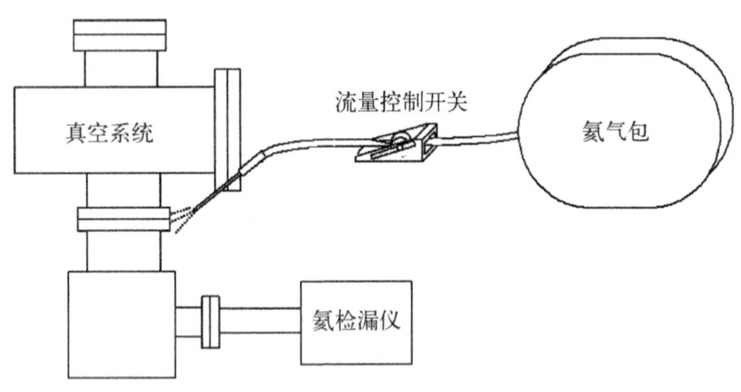

图 6－37　氦检漏仪的工作方式

对于复杂的真空系统，真空部件较多，氦气很容易从一个检测点漂移到周边的缝隙和漏点，检测时需要对被检测部位用铝膜进行包裹，然后将氦气经针头注入铝膜内的被检测部位，如被检部位难以包裹，也可反过来将周围存在的焊缝或接头的缝隙包裹起来。

在真空部件或系统不存在泄漏点，并去除了材料及其表面的吸附气体后，由氦检漏仪测量到的漏率就是真空部件或系统所固有的漏率，该数值不能超过工艺所要求的最大允许漏率。

6.4 半导体工艺中的加热技术

半导体材料结构和性能在室温或更低温度下是稳定的,而材料的生长或性能的调整则都需要在高温下才能实现,因此,在半导体材料的制备工艺中,许多工艺都离不开加热技术。对半导体材料的加热有直接和间接两种方式,直接加热通过光源直接辐照材料或感应线圈引发材料内电子运动来实现,材料本身就是热源,热源间接加热则是利用高温热源(大都为通电的电阻组件)的热传导和热辐射来对材料和工艺腔体进行加热,前者产生的温场主要集中在半导体材料及其附近区域,而后者则更适合对整个工艺腔体进行加热。由于半导体材料的制备工艺需要在纯净的腔体中进行,根据热源所在的位置,加热方式也分为腔外加热和腔内加热两种类型。除此之外,加热还涉及温度的测量与控制技术和温度分布的调控技术。相关技术的主要内容如下。

6.4.1 加热

通过电阻加热产生热源是半导体工艺中使用得最多的加热方法,红外辐射加热和激光加热有时会在快速热处理炉中被采用,电子束加热在材料工艺中用得很少。

电阻加热发出热量的功率 W 由电阻丝(也可是电阻条和电阻片等)的电阻 R 和两端施加的电压 U 所决定,即

$$W = RI^2 = \frac{U^2}{R} \tag{6-13}$$

为了满足材料制备工艺的要求,电阻丝需要有合适的电阻率、耐高温特性、可加工性和长的使用寿命,在腔内使用时还要求不对半导体材料产生污染。制备加热电阻丝的材料有铁铬铝、镍铬合金、二氧化钼(MoO_2)、钽(Ta)、铼合金、碳化硅(SiC)和石墨等,其中铁铬铝和镍铬合金是腔外加热源使用得最多的材料,而钽片、铼合金和石墨等材料则经常被腔内加热器所使用。

腔外加热炉有多种构建方式,对于一般的电阻丝,可以采用直接将其缠绕在炉管上的方式来组成加热器[图 6-38(a)],如需多段温区,可采用分段缠绕的方式,工艺腔体设置在炉管内。温度高于 1 000℃的高温加热炉需使用较粗的加热丝,加热丝的绕制也需要使用专门的设备,制成的加热丝一般被镶嵌在保温材料中,构成加热模块[图 6-38(b)],并通过多个模块的叠加来组成所需温度分布的加热炉[图 6-38(c)]。

加热炉除了需要根据工艺腔体对温度分布的要求设计出一定的几何结构外,

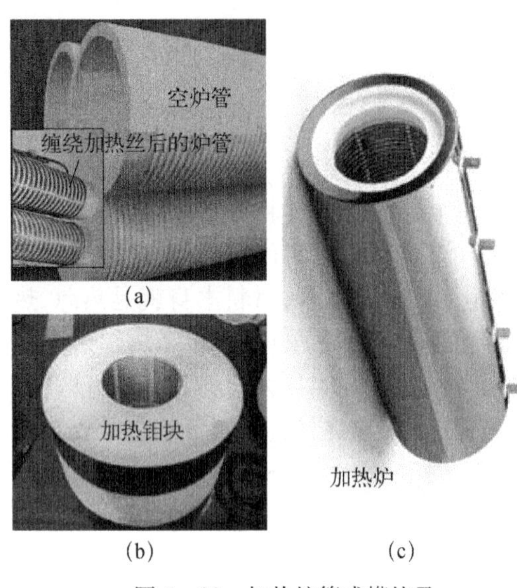

(a)　(b)　(c)

图 6-38　加热炉管或模块及由其组成的加热炉

(a) 电阻丝缠绕方式的加热源;(b) 镶嵌方式的加热模块;(c) 加工完成的加热炉

还需根据工艺所需的最大加热功率(由工艺腔体的最高温度和最大升温速率所决定)对加热模块的电阻或最大工作电压进行设计。电阻丝的电阻由其长度、直径和电阻率所决定,电阻率由其材质所决定,材质由工作温度所决定,电阻丝的直径则取决于工作温度下的使用寿命,而电阻丝的长度则受到炉子直径和温区长短的限制。在实际工作中,有两种技术手段可用于调控加热器的最大加热功率,一是将电阻丝绕制成弹簧丝,再将弹簧丝缠绕在炉管上,电阻丝的电阻可通过弹簧丝的松紧来调节,从而达到调控最大加热功率的目的;二是利用电源变压器来改变电阻丝两端的最大加热电压,进而调节加热模块的最大输出功率,这也是高温加热炉中大直径电阻丝(低电阻)加热模块得以满足使用要求的常用手段。

对于设计和加工好的加热模块,其加热功率的大小将通过模块的工作电压来调节。用可变调压器改变加热模块的输入电压是控制加热功率最直接的方法,但它很难实现高精度的控温要求,也很难按要求实时控制温度的变化过程。继电器也是一种能够对加热功率或工艺温度进行控制的简单办法,其工作原理是,当实际温度低于设定温度时继电器打开,使加热模块输出最大加热功率,超过设定温度后继电器断开,温度设定值越高,加热时间在总时间中的占比越高,输出的平均加热功率就越大。由于加热功率大幅度的波动,这种控制方式也不能对温度及其变化过程实现精确而又稳定的控制。在实际工作中,能够精确控制加热功率的方法是采用可控硅(亦称晶闸管或固态继电器)实时调控平均输出功率的方法,图 6-39(a)是单向可控硅对加热功率进行控制的电路图,其中可控硅部分为 pnpn 结构的半导体晶体管,工作时给控制极电压施加一个与电源相同周期的电压触发信号 V_G,当电源电压处于正向周期时,触发信号将使可控硅导通,电源被加到负载上。负载 R_L 上的电压波形 V_L 将由触发信号与电源之间的相位差所决定[图 6-39(b)],位相差 α 称为控制角,θ 为导通角,施加到负载上的平均功率为

$$P_L = \frac{V_L^2}{R_L} = \frac{[0.45V_2(1+\cos\alpha)]^2}{4R_L} \tag{6-14}$$

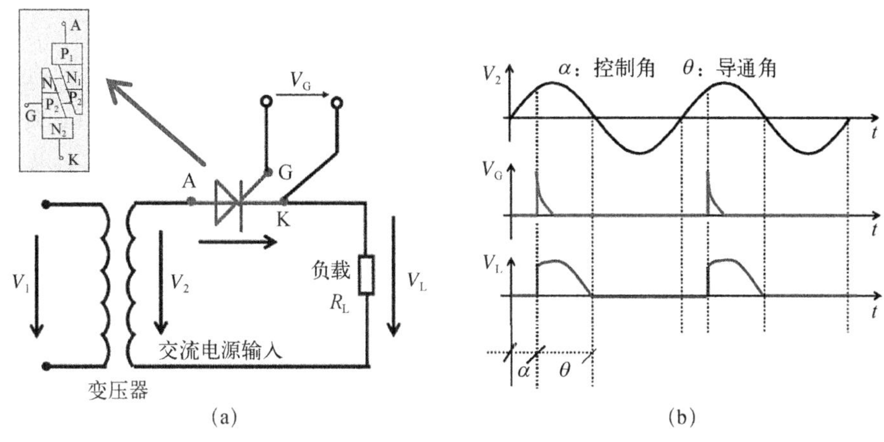

图 6-39 单向可控硅的工作原理

(a) 电路图；(b) 功率输出的波形

触发信号的控制角可通过电子学的方法进行调控。如果采用双向可控硅控制电路，处于反向周期的电源也能利用起来。由于电源的频率为 50 Hz，相对加热系统的温度变化过程而言，这样的功率输出方式可以被看作是随时间不变的输出方式，这种对加热功率的控制方式为温度及其变化过程的精确控制奠定了技术基础。

6.4.2 温场的建立和控制

加热为建立半导体工艺所需的温度和温度分布（温场）提供了热源，但温度的高低不仅仅取决于发热源的输出功率，它还依赖于加热炉（或系统）的保温性能，保温越好，散热越少，所需的加热功率就越小。腔体温度分布也不仅仅取决于加热源，加热系统和工艺腔体一起构成一个完整的热学系统，加热模块发出的热将通过热传导、热辐射（所有物体）、热吸收（被加热物体）和热对流（气相和液相）等方式进行传输。当系统达到动态平衡后，系统内的温度分布达到稳定状态，此时，加热源发出的热量将等于整个系统向周围环境散发的热量，温度的分布将由加热源输出功率的大小和空间分布以及炉子和工艺腔体各部件的分布及其热传输特性（包括热导率、热辐射和热吸收率、热反射、比辐射率和对流等）所决定。

加热源输出功率的空间分布可以通过设计加热源的内部结构和设置多段独立控制的加热模块来调整，以简单的水平双温区管式炉为例（图 6-40），为了获得两段温度独立可控的温区，最少需使用两组独立控制的加热源。由于炉子两个端面未设加热源，端口处将有较大的热量损失，温度会出现较大的下降，为了增加恒温

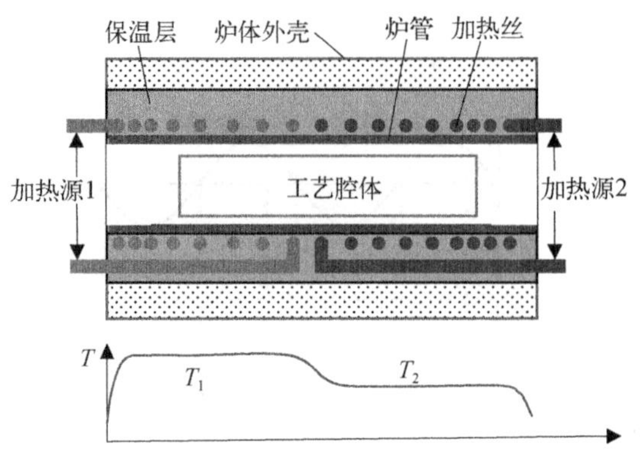

图6-40　双温区水平管式炉的基本结构

区的长度,炉子的加热电阻丝在端口处需要缠得密一点,通过增加端口处的发热功率来补过多的热量损失。利用加热源功率的面分布来调整温场的技术在分子束外延和金属有机气相沉积技术中也有着广泛的应用。

改变炉子的热传输性能也可调整炉内的温度分布,同样以双温区管式水平炉为例,如果两段温区的温度差值很大,高温区会有大量的热量向低温区传输,使得两温区之间的过渡区变得很长,如要缩短过渡区,过渡区的温度梯度必须增加,为此可在两个加热源之间增设低热导率的隔热板和高热导率的散热片。隔热板的作用是减少热的横向传输,散热片的作用则是将高温区的热量从侧面引出炉体。此外,炉管和保温层的设置也会影响炉温的分布,炉管的作用一方面可以为炉丝提供支撑,另一方面能够起到温场均匀化的作用。制作炉管的材料种类很多,如三氧化二铝(刚玉)、氧化镁、二氧化锆、碳化硅和金属的铁铬铝和镍铬合金等,选择炉管时不仅要考虑它的耐温特性,还要考虑其高温下的化学稳定性,尤其是它对石英材料(作为工艺腔体)的析晶不能有催化作用。由于热导率较高,SiC管和金属热管对温场具有较好的均匀化作用,通过在炉管内增设热管或衬套(如卷成圆筒装的镍皮衬套)的方式也可以提高炉内温度分布的均匀性。对加热炉的保温通常采用包裹保温棉的方式来实现,或将加热丝嵌入挤压成形的保温模块来实现,保温材料一般为硅酸铝,保温层越厚,向外流失的热量就越少。从能耗角度看,保温层越厚越好,但是,保温性能越好,炉子的热惯性就越大,对温场分布的限制也越大,改变温场所需的时间也越长,对温度随时间变化的调控能力也就越弱。黄金炉是在降低炉子热惯性时常用的一种技术手段,图6-41给出了黄金炉的抗热辐射炉管和绕制在石英管上的电阻丝加热器的实物照片,通过支架将内表面镀有金膜的玻璃管套在加热器外就构成了加热炉,加热器与黄金炉管之间的空气层起到了阻挡热传导的作用,而黄金炉管的内壁对热辐射具有很高的反射率,对热辐射能起到很好的屏蔽作用。相比使用保温棉做成的加热炉,黄金炉的热容量非常小,能在较短时间内达到所需的加热温度,并进入热平衡状态。

腔体管壁、腔内源材料和工夹具的结构及其它们的热传输特性也会影响腔体内的温场分布,对工艺腔体的设计不仅要满足功能上的要求,同时也要考虑温场上的要求。例如,在水平推舟式液相外延的腔体中,石墨舟的设计既要满足推舟的功能,也要保证衬底温度的均匀性要求。在垂直的加热系统中,炉膛内和腔体内的气

(a)

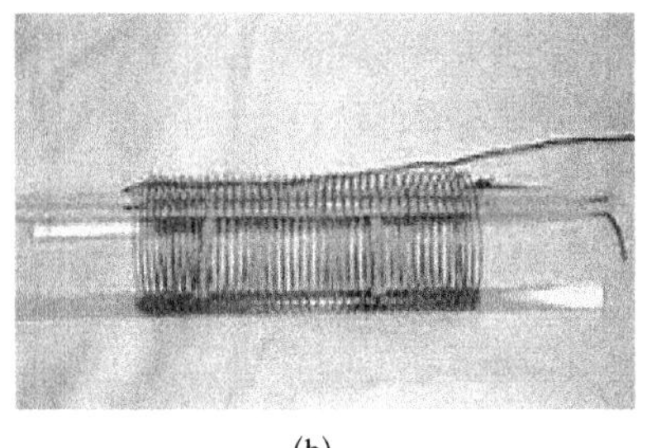

(b)

图 6-41 黄金炉内表面镀有金膜的抗热辐射炉管(a)
及绕制在石英管上的电阻丝加热器(b)

体对流也是影响炉温分布的一个重要因素,在大多数情况下,气体对流对温场的均匀性和稳定性都是不利的,需要采用减小腔内自由空间体积和填塞高纯石英棉等手段来抑制对流。使用垂直系统的优点是其温度分布具有很好的轴对称性。

腔内加热也存在温场的调控问题,例如,为了改善 MOCVD 外延材料的均匀性,除了要对设备中板式加热器的结构进行优化设计外,还需要通过增设反射层、隔热层、导热套和保温座等部件来实现晶片石墨基座及其上方裂解区所需要的温场分布。

由于许多半导体工艺对温度分布的均匀性、对称性和梯度分布特性有着很高的要求,但实际建立起来的温场有时很难满足这些要求,相关技术的研究也时常成为材料制备技术的重要组成部分。此外,制备工艺还对系统温场的可重复性和稳定性有着很高的要求,但在实际系统中,加热和冷却会引发加热丝的膨胀和收缩,甚至会使加热丝发生振动(尤其是在快速升温的过程中),进而导致炉子各部件的结构、性能和控温热电偶的位置发生微小的变化,并造成工艺腔体内实际温度的温场发生相应的变化,因此,必须采取必要的固定措施,以防止加热系统的状态出现波动。

6.4.3 温度的测量

温度测量在半导体工艺中使用得非常频繁,在加热系统中,温度测量是实现温度控制、炉内温场监测和温度失控报警的基础,工艺腔体内的源材料温度、衬底温度和材料相变点的温度都需要进行精确的测量。除了对温度测量的准确性有要求外,材料制备工艺对测量的稳定性和可重复性也有着很高的要求,和加热系统一样,温度测量的准确性和可重复性也将直接影响到工艺的稳定性和可重复性。

从测量原理上看,温度测量分为接触式的温度测量和基于热辐射的非接触式测量。接触式的测温方式有三种,分别为电阻式温度计、pn 结测温管和测温热电偶,电阻式温度计和 pn 结测温管主要用于室温和低温下的温度测量,材料制备工艺中的温度测量主要使用热电偶和热辐射测温技术。Pt、Au 和 Ni 等金属是制作电阻式温度计的常用材料，其阻抗与温度之间具有固定的对应关系。pn 结测温管由半导体材料（如 Si 材料）制备而成，在正向恒流的工作状态下，其两端的压降对温度的变化很敏感。热电偶由两种不同功函数的金属丝组成，按其材料的组成分为 8 种类型，即 K 型（镍铬-镍硅）、N 型（镍铬硅-镍硅镁）、E 型（镍铬-铜镍）、J 型（铁-铜镍），T 型（铜-铜镍）、S 型（铂铑 10 -铂）、R 型（铂铑 13 -铂）和 B 型（铂铑 30 -铂铑 6），使用时将金属丝的两头与另一根材质不同的金属丝的两头焊在一起（图 6 - 43），一端放置在需要测量的位置，另一端保持在恒定的参考温度（如冰点，可由保暖瓶中的冰水混合液提供），根据塞贝克效应，回路中产生的热电动势（接触电动势和温差电动势）将形成开路电压：

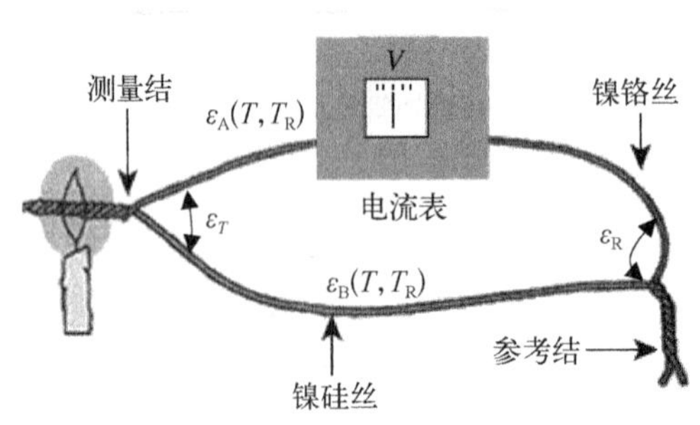

图 6 - 43　热电偶测量温度的原理图

$$V = \varepsilon_T(T) + \varepsilon_A(T, T_R) - \varepsilon_R(T_R) - \varepsilon_B(T, T_R) \tag{6-15}$$

它与测温点的温度有着一一对应的关系。

在实际应用时，一般有两种使用方法，一是在热电偶丝的信号输出端（即图 6 - 43 中参考结打开后的两个端口），用焊接导线的方式将信号引出，两个焊接点同时插入冰点，这样做可节省热电偶丝的使用量；二是采用补偿导线技术来取消设置参考温度的要求，图 6 - 44 是使用补偿导线后的测量原理图，通过选择合适的金属材料制作补偿导线，使环境温度 $T2$ 对接触电动势 $\boldsymbol{\varepsilon}_{T2}$（CA）和 $\boldsymbol{\varepsilon}_{T2}$（BD）的影响与金属 A 和金属 B 在 $T1$ 和 $T2$ 之间形成的温差电动势的影响相互抵消，这时测量值 V 只与测温点的接触电动势相关。热电偶型号的选用主要取决于温度测量的范围，室温和低温常用 T 型热电偶，1 000℃以下常用 K 型热电偶，而更

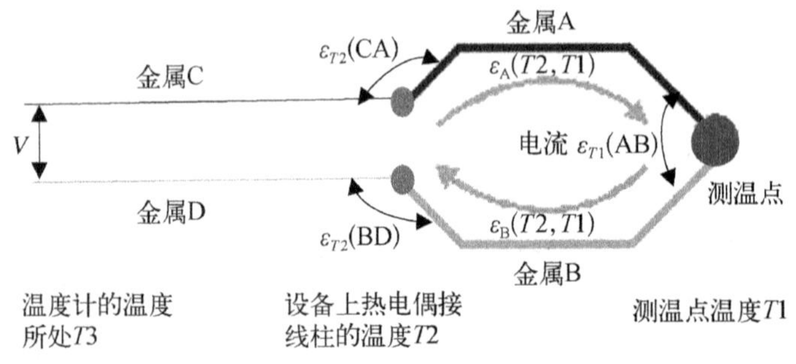

图 6 - 44　使用补偿导线的热电偶测温方法

高温度则常使用 S 型热电偶。常用热电偶一般有两种封装形式(图 6-45),一种是金属封装(使用温度不超过 1 000℃),另一种是陶瓷管封装(可高温下使用)。

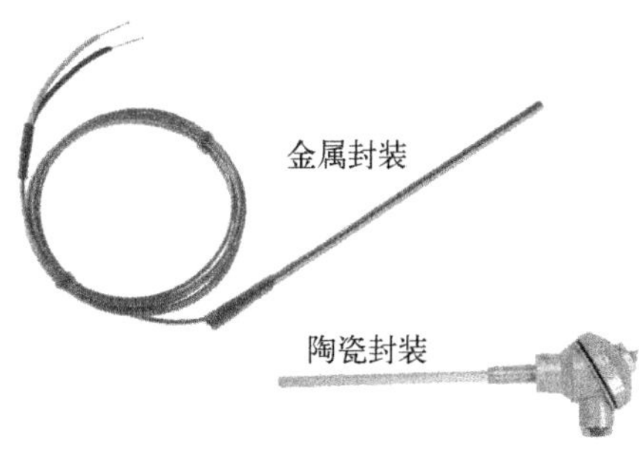

图 6-45 两种不同封装结构的热电偶

接触式测温是一种测量精度高且使用方便的测温技术,其可靠性和稳定性也很好,缺点是为了满足洁净度的要求,热电偶无法与腔内被测物体直接接触,在许多工艺腔体中,插入腔体内的热电偶必须用石英套管进行保护,套管内部与工艺腔体之间必须采用密封隔离,也就是说热电偶只能精确测量腔体内的气相或液相物体的温度以及处于均匀温场中的固体温度。在存在温度分布不均匀的腔体中,热电偶给出的温度与半导体材料的温度会存在一个差值。为了准确得到非均匀温场中的材料温度,必须使用定标技术(如在被测物体的表面放置已知熔点的材料),并通过工艺装置的设计和工艺条件的控制来保证两者温度差值的稳定性和可重复性。

热辐射测温有被动辐射测温和主动辐射测温。被动测温是通过测量物体的热辐射来获得物体的温度,由于实际物体的热辐射特性与黑体是有差异的,两者辐射光子的能量密度的比值称为比辐射率,通常需要经过定标,才能根据光子探测器的测量值推算出物体的温度。由于半导体工艺的温度大都落在 100~1 500℃温度范围内,根据维恩位移定律,物体热辐射的能量密度在光谱上的峰值落在红外波段,因此,基于热辐射的测温装置也被称为红外测温仪。

主动式辐射测温是用光照射被测物体,并利用其反射光的光谱、辐射差分光谱或椭圆偏振光谱与温度的相关性来获取温度信息的一种测温方式,这种技术主要用于工艺腔体中半导体材料的温度测量,相关技术已在 MBE 和 MOCVD 材料生长工艺中获得应用。

热辐射测温的优点是无须与被测物体接触,缺点是需要为热辐射信号提供传送通道,其应用范围也因此受到很大的限制。其次,辐射测温受物体表面特性的影响较大,也容易受到来自其他热辐射源的干扰,温度的测量精度相对较低,需要很好的工艺稳定性和可重复性来保证测量结果的准确性。

6.4.4 温度的控制

在解决了加热、温场设定和温度测量等技术的基础上,最后还需让温度和温场按工艺要求随时间发生有规律的变化,能够让温度按要求变化的技术就是温度控制技术。温度的变化过程可以分为升温、降温和恒温三种类型。升温和降温的速率与加热源的发热功率、散热的大小(包括环境的影响)和系统的热容量有关。如果加热系统和工艺腔体为可分离的两个独立系统的话，通过使用炉子预先加热和炉子快速移开等手段，可以大幅度提升工艺初始阶段的升温速率和结束后的降温速率，但工艺过程中升温和降温的快慢还得依靠系统的加热功率和散热能力来保证。

恒温控制技术包括恒温建立过程和恒温维持过程的控制技术。当要把工艺腔体内工作区的温度变化到另一个温度时，我们一般都会希望变化的过程尽量稳定一点，变化过程的时间尽量短一点。以升温过程为例，增加升温速率势必要求增大炉子的加热功率，这会造成加热源及其附近区域的温度远高于工艺腔体内工作区的温度，如果简单地用工作区的温度作为控制加热功率的依据，我们会发现，当工作区的温度达到设定温度时，即使切断加热功率，受热传导弛豫效应的影响，过热的热源仍将继续向工艺腔体传输热量，使工作区的温度大大超出设定温度。同样，在降温过程中，当工作区的温度低于设定值时，加热源被开启，但加热源的热量并不能很快传送到工作区，工作区的温度仍会继续下降。结果表明，用工作区的温度进行控温，控温点的温度会出现较大的波动，虽然可以通过增加一些算法对输出功率进行调控，但加热和工作区温度之间的弛豫效应依然会对温度的精确控制起到了很大的限制作用。

为了减小工作区温度的波动，我们可以将温度的控制点从工作区移至加热区。图 6－46 给出了水平加热炉内热电偶配置的结构图，在炉子达到热平衡的条件下，工作区 S 点的温度 T_S 和加热区 C 点的温度 T_C 之间具有一一对应的关系。由于 C 点靠近加热源，对加热功率变化的敏感度远高于 S 点，也就是说 C 点到达温度 T_C 的时间要大大短于 S 点达到温度 T_S 的时间。将控温热电偶移至加热区 C 点之后，在工作区温度尚未达到设定值 T_S 之前，我们就可以通过对 C 点温度的控制对加热功率进行控制，并由此实现对工作区温度的稳定控制。因此，在绝大多数半导体工艺的加热系统中，控温点都被设置在加热丝的附近，一般离加热丝 5 mm 左右的距离，具体位置对温度能否得到最佳控制很重要，而工艺腔体中的热电偶仅作为测温使用。

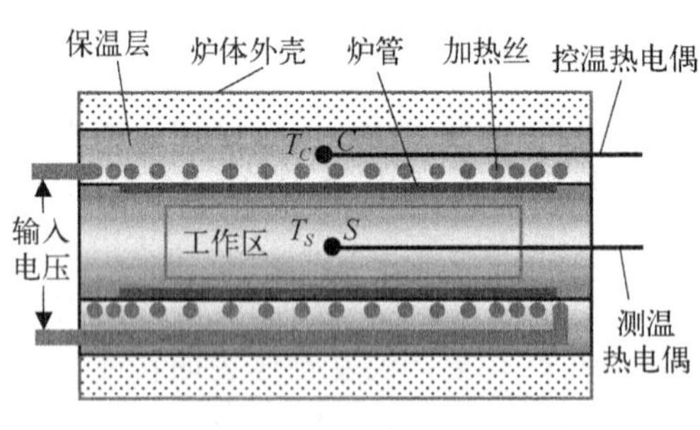

图 6－46　水平加热炉中热电偶设置方式的示意图

为了获得理想的温度变化过程，即快速且稳定地过渡到恒定温度，除了需要优化控温点的位置外，我们还需根据控温点温度 T_C 及其随时间变化的特性参数，实时调整加热功率，这些参数包括实际温度与设定值的温差 ΔT、温度变化的速率 $\mathrm{d}T/\mathrm{d}t$ 和温度波动的幅度 $\int |T - T_0| \mathrm{d}t$。除此之外，加热功率的大小还与系统热负载

的热学特性(热容量、热传导和热辐射等特性)密切相关,这种相关性用一组称之为 PID 的参数来反映。在同时考虑温度的状态特性和负载的热学特性后,加热源的输出功率将取决于以下三个参数,即

$$W_P = P(T - T_0) \tag{6-16}$$

$$W_I = I\int |T - T_0| \mathrm{d}t \tag{6-17}$$

$$W_D = D\frac{\mathrm{d}T}{\mathrm{d}t} \tag{6-18}$$

依据这些参数,并通过一些专门的算法,即可得出加热源的实时输出功率。对于一个实际的加热系统,一般需要通过优化 PID 参数(温控器上的设定参数),才能对温度的变化过程和恒温精度实现最佳的控制。图 6-47 给出了温度控制能力的一些评价参数,温度过冲ΔT_{max}最小、振荡个数 n 最少和恒温状态下的温度波动 δT_S最小代表着温度控制的水平就越高。现在的温控器都带有自整定功能,它能帮助用户自动找出在某一温度下进行恒温控制所需设定的 PID 参数。

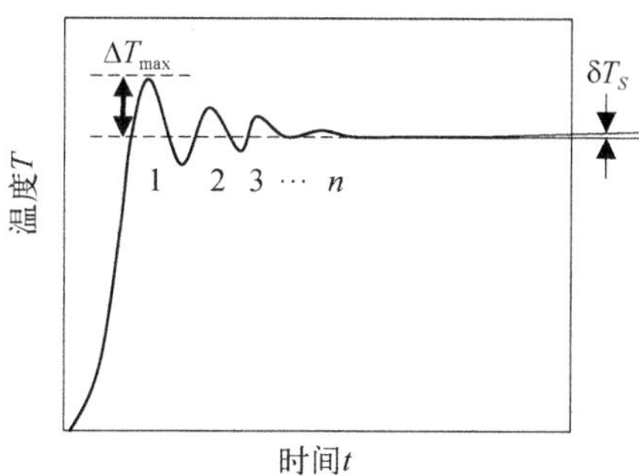

图 6-47 温度控制水平的评价参数

虽然半导体工艺腔体的温场主要由加热技术来控制,但在某些特殊场合也会使用一些冷却技术(水冷或风冷)来调控工艺腔体内的温场分布。另外,在一些工艺设备或测试设备中也会使用到制冷技术来调控温场,有关制冷的原理和技术可查阅制冷专业的书籍和文献。

6.5 源材料的制备技术

源材料制备也是半导体材料工艺中经常涉及的工艺,不管是材料生长工艺还是热处理工艺,我们都需要为材料的生长或所需气相热力学状态提供源材料。单质源材料的制备主要是对材料进行提纯,化合物源材料的制备则需将提纯过的多种单质源材料合成为组分分布均匀的化合物源材料,习惯上我们将从厂家购买的高纯材料称之为原材料。

6.5.1 提纯技术

从大的方面来看,材料的提纯分为化学提纯和物理提纯两种类型,化学提纯的

方法包括热分解、氧化还原、酸碱处理和络合分离等方法，物理提纯则是利用杂质在相变过程中的分凝效应，通过区熔、升华、蒸馏与分馏等技术来实现杂质与提纯物质的分离。在实际工艺中，两种类型的提纯方法也可结合使用。

1. 化学提纯

Si 是应用最广泛的半导体材料，它的源材料提纯主要采用了化学提纯技术。提纯前的粗 Si 来自 SiO_2，所采用的技术为碳高温还原技术，即

$$SiO_2 + 3C \longrightarrow SiC + 2CO \quad (6-19)$$

$$2SiC + SiO_2 \longrightarrow 3Si + 2CO \quad (6-20)$$

通过 C 与 O 的反应获得单质 Si 材料，接着，采用酸浸泡法去除离析在晶粒周围的杂质，即利用酸与杂质形成盐的化学反应去除金属杂质，进而获得 3~4 个 9(3N~4N)的粗 Si。高纯 Si 的制备则采用了三氯氢硅精馏法，其中液体 $SiHCl_3$ 由 HCl 与 Si 的化学反应获取，在通过多级精馏去除高沸点和低沸点的杂质后，再用基于 H_2 还原的化学气相沉积(CVD)技术获得高纯的单质 Si 源材料，这就是目前工业上最常用的改良型西门子法(亦称三氯氢硅法)，图 6-48 给出了该方法的流程图。

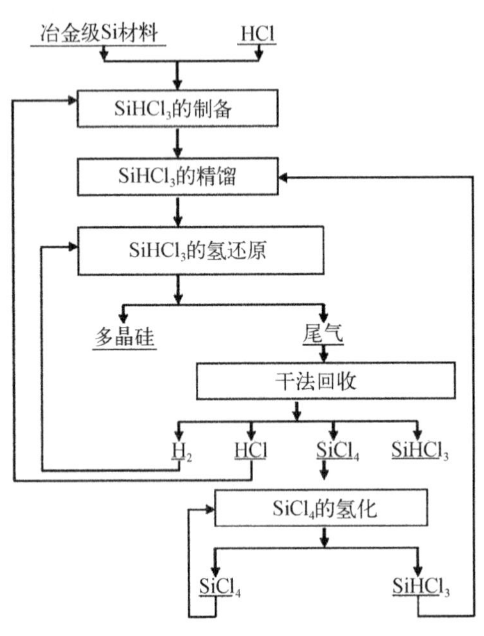

图 6-48　改良西门子法 Si 源材料提纯的流程图

2. 物理提纯

物理提纯常用的方法有定向凝固法、固相升华法、拉晶法和精馏法等。

(1) 定向凝固法

定向凝固提纯法利用的是杂质在固-液两相之间的分凝效应，以图 6-49(a)给出的某种材料的杂质分凝相图为例，原始熔液的杂质浓度为 $a1$，固化温度为 $T1$，当整个熔液按图 6-49(b) 方式非常缓慢地从一侧降温时，温度为 $T2$ 的熔液(过冷状态) 将发生凝固，分凝出杂质浓度为 $b2$ 的固体和浓度为 $a2$ 的熔液，继续降温后，又将分凝出浓度为 $b3$ 的固体和浓度为 $a3$ 的熔液，直至材料全部固化。b_i 与 a_i 之比称为分凝系数，由于杂质分凝系数小于 1，先凝固出来的材料(左侧的材料)含有较

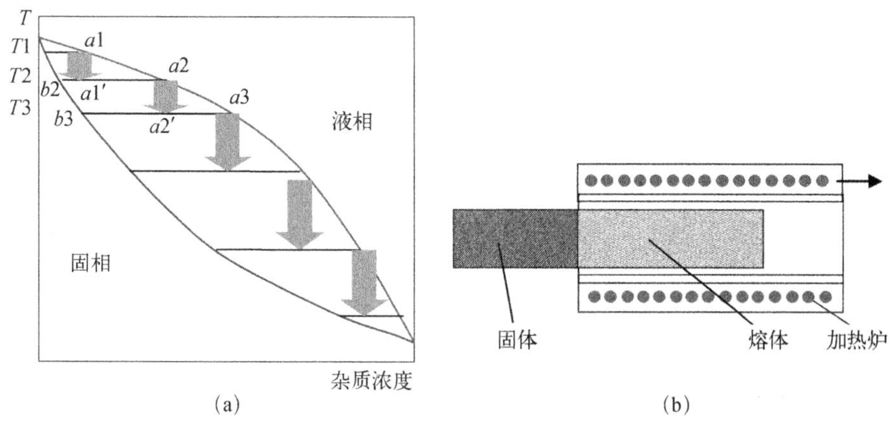

图 6－49　定向凝固法提纯的原理

低的杂质浓度，较多的杂质聚集于材料的右侧，将右侧高杂质浓度的材料从源材料中剔除后，保留下来的材料将比原来的材料具有更低的杂质浓度。假定熔体的长度为无穷大，杂质的初始浓度为 C_0，杂质的分凝系数为常数 k，杂质在熔体中的扩散系数为 D，固液界面的移动速率为 V，则根据扩散方程，当杂质浓度分布在熔体中达到动态平衡后，杂质浓度在熔体中的分布为

$$C_L(z) = C_0\left[1 + \frac{1-k}{k}\exp\left(-\frac{Vz}{D}\right)\right] \tag{6-21}$$

式中，z 为溶体中距离固液界面的距离，而在固体段，杂质浓度则是从 kC_0 逐渐变化到 C_0。如假定溶体长度为 L，且定向凝固速率足够慢，使杂质在溶体中能得到充分混合，则杂质在固体锭条中的浓度分布为

$$C_S = k_0 C_0\,(1 - z'/L)^{k-1} \tag{6-22}$$

式中，z' 为距离锭条头部的距离。

在实际工艺中，经常采用区熔（图 6－50）的方法来进行提纯，为了提高材料提纯工艺的效率，通常采用多段区熔的方式[图 6－50(b)]，并通过去掉两端杂质浓度较高的材料后再进行多次区熔提纯的方式来获得高纯源材料。在分凝系数已知的情况下，以上几种提纯方式都可以从理论上计算出提纯后材料纯度提高的数量级和杂质浓度的分布。

（2）拉晶法

图 6－51 是 Cd 材料拉晶法提纯工艺的示意图。拉晶法的原理与区熔法是相同的，也是利用杂质在固-液两相之间存在的分凝效应，差异只是在工艺的实现方式上，它主要用于金属原材料提纯的最后一道工艺，提纯工艺的效率不如区熔法，

(a)

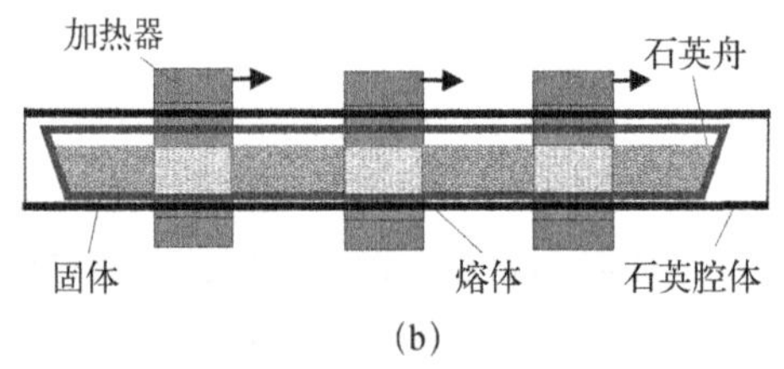

(b)

图 6 - 50　源材料的区熔提纯技术

(a) 单熔区设备;(b) 多熔区工作的示意图

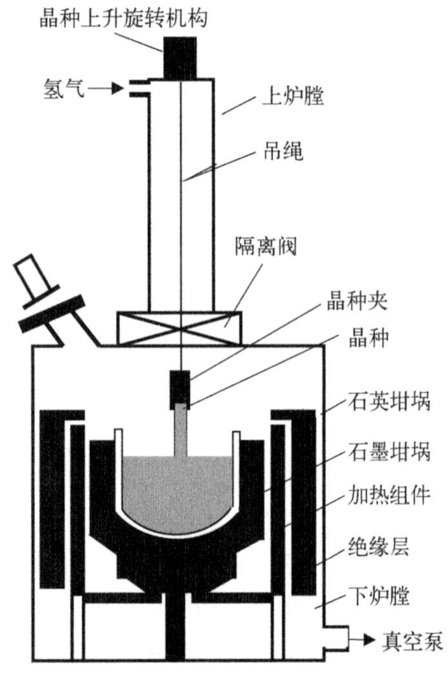

图 6 - 51　Cd 材料拉晶提纯工艺的示意图

但产出的小棒料便于使用。如果采用区熔法,得到的金属锭条无法用敲碎的方法进行分割,用锯条切割则易带入沾污。

(3) 升华法

升华法是将固体原材料升温至略低于熔点的温度,原材料通过升华向低温区迁移并发生沉积,利用低沸点杂质在主元素沉积区未饱和、气-固相变时杂质分凝系数小于 1 或高沸点杂质不升华等物理机理,使高沸点和低沸点杂质不进入沉积区,并使分凝系数小于 1 的杂质浓度降低,从而在沉积区获得高纯度的源材料,图 6 - 52 为升华法提纯工艺的示意图,该工艺也可采用垂直方式。

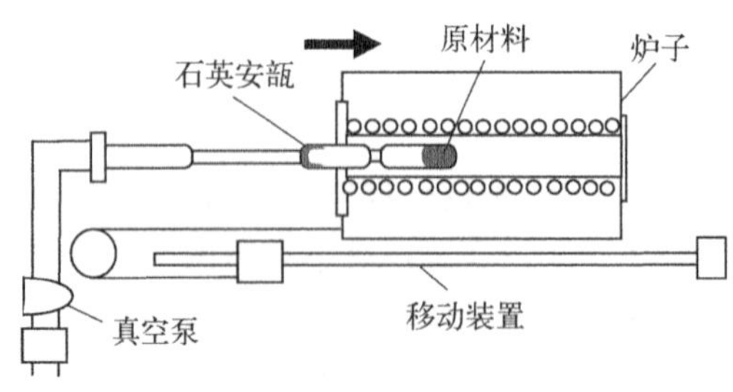

图 6 - 52　升华法提纯工艺的示意图(水平方式)

(4) 精馏法

精馏是通过液体蒸发、气体液化和回流并利用液-气相变中杂质浓度的分凝效应来进行提纯的一种技术,主要用于液相原材料(也包括化学试剂)的提纯,其特点是提纯效果好,工艺灵活,产能高。图 6-53 是精馏设备的结构示意图,它包括精馏塔、冷凝器和再沸器等主要部件。在精馏塔中,液体靠重力持续向下流动,气体则靠压力差持续向上输运。精馏塔中设置了许多隔板,使从上往下流动的液体在隔板上有一定的滞留时间,为气-液两相充分接触,进而为相际杂质充分分凝创造良好的条件。

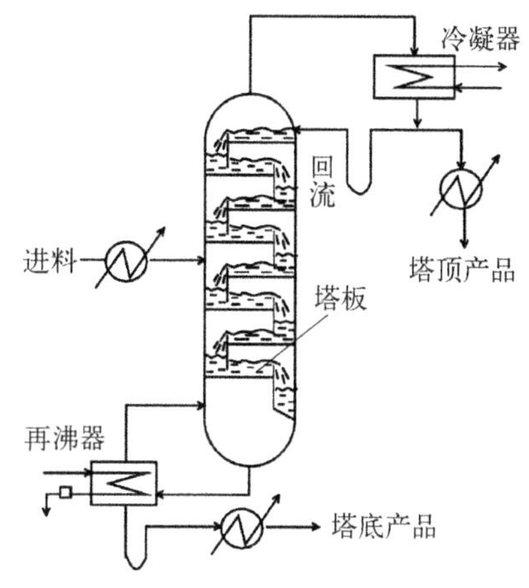

图 6-53 板式精馏提纯工艺的原理和设备的结构

精馏塔的温度呈下高上低分布,原材料从精馏塔的中部进入,进料中的液体与上塔段下来的液体一起沿塔而降,进料产生的气体则与下塔段上来的气体一起沿塔而上。对于低沸点(液-气分凝系数大于 1)的杂质,在由原材料蒸发(液-气相变)产生的气体中,杂质浓度会增加,而在留下的液体中,杂质浓度则会减小。在气体向上输运的过程中,气体将因过冷(或过饱和)而发生液化,并导致杂质在气相中的浓度进一步增加,而由液化产生的液体的杂质浓度相对减小。同样,在液体向下流动的过程中,随着温度的不断增加,液体的蒸发也在不断地进行。这样的过程在每一级塔板上都在发生,结果导致低沸点的杂质在塔底产品中的浓度明显降低,而在塔顶产品(由气体冷凝产生)中,高沸点杂质的浓度大幅度下降。为了让这种杂质分凝过程更加充分,塔顶产生的部分冷凝液被作为回流液返回精馏塔,而部分塔底产品则经过再沸气器回流至精馏塔,继续与气相发生相际杂质分凝。回流的比例是精馏工艺的一个重要控制参数(影响提纯效果和产出量),精馏塔的工作温度和设计的塔板数也会影响杂质的提纯效果。随着原材料的不断补充,整个精馏系统可实现持续工作,塔顶产品和塔底产品得以连续产出。通过多个精馏塔的连用,精馏技术可以同时去除原材料中不同分凝系数的杂质,获得更好的提纯效果。

6.5.2 合成技术

合成工艺是指在高纯原材料的基础上去获得材料制备工艺所需源材料的工艺,在技术上也分为物理合成和化学合成两种合成技术。物理合成是将多种单质原材料制备成组分均匀的化合物源材料,化学合成则是将高纯原材料制备成所需的有机源、金属有机化合物或卤素化合物等。

1. 物理合成工艺

物理合成在封闭的石英安瓿内进行,利用高温熔化形成化合物液体,通过使用摇摆炉使各种原子在液相源材料中均匀分布，并通过快速冷却的方式将液相状态下的组分均匀性在固相材料中保留下来。物理合成工艺由石英安瓿制作、清洗、除气、配料、封管、合成和冷却等工艺步骤组成，安瓿尺寸由所需源材料的尺寸和用量决定，开口端的外径与真空封管系统的接口相匹配。图 6－54 是实验室用的除气和封管系统，图中安瓿与真空系统（由机械泵、分子泵和管道组成）的接口相连，在真空状态下，用电阻炉对安瓿进行加热除气，去除清洗后吸附在管子内壁上的杂质。将按比例配置好的原材料放入安瓿后，重新接入真空系统，经除气后再在真空状态下（或充有一定量高纯气体的负压状态下）用氢氧火焰将安瓿开口端下方的石英管烧熔，并使其闭合，整个工艺过程称之为封管工艺。为了获得好的闭合效果，大尺寸石英管封管时需在管内放置一段石英塞子，封管时将管子的内壁与塞子的外壁熔合在一起（见图 6－55）。封管时则需注意，高温熔合的石英存在很大的内部应力，必须采用退火工艺将形成的应力充分释放，否则，石英安瓿很容易在后续工艺中发生裂管。

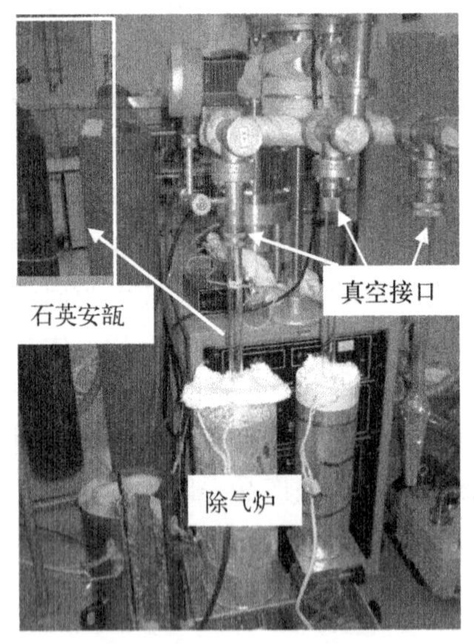

图 6－54　实验室用的安瓿除气和封管系统

图 6－55　大口径石英安瓿的真空封管

配料时需注意，不要将原材料的碎屑放入料管，而是应该用等量的颗粒加以替代，低浓度杂质的配制需采用多级稀释的方法来保证掺杂浓度的精度。

高温合成时要防止化合物合成时的放热反应引发安瓿温度急剧升高，进而造成管内源材料的蒸汽压过高而发生炸管。为此，开始合成时应让安瓿处于梯度温场中，让合成从安瓿的一侧开始，在温度刚开始异常升高时切断加热功率（或维持较低的加热功率），待原材料的合成反应全部结束后再对安瓿温度进行控制（一般控制在熔点以上50℃到100℃),并对安瓿进行摇摆,使熔体组分分布均匀化。最后将安瓿冷却到室温,如液-固相变存在组分分凝,降温时需将安瓿从炉膛中取出,在空气中或水中进行快速降温(淬火冷却)。

2. 化学合成

很多半导体气相外延需使用氢化物、卤化物或金属有机物(MO)作为源材料,如Si材料气相外延使用的硅烷(SiH_4)和$SiCl_4$,Ⅲ-Ⅴ族材料使用三乙基镓(TEGa)、三甲基铝(TMAl)、三甲基铟(TMIn)、砷烷(AsH_3)和磷烷(PH_3)等,这些源材料都需要使用化学合成的方法进行制备。同一种源材料的化学合成可以有很多方式,以硅烷为例,实验室中经常采用Mg_2Si加HCl的合成方式,即

$$4HCl + Mg_2Si \longrightarrow SiH_4 + 2MgCl_2 \tag{6-23}$$

而工业上则常使用:

$$4NH_4Cl + Mg_2Si \longrightarrow SiH_4 + 2MgCl_2 + 4NH_3 \tag{6-24}$$

来合成硅烷。MO源的合成也存在多种技术途径,例如,可以让金属直接与乳代烃反应来形成金属有机物,如:

$$Cl—C_4H_9 + 2Li \longrightarrow C_4H_9Li + LiCl \tag{6-25}$$

也可用活泼金属的格氏试剂(RMX)与金属盐的反应制备稳定的金属有机物,如:

$$2C_2H_5MgCl + CdCl_2 \longrightarrow (C_2H_5)_2Cd + 2MgCl_2 \tag{6-26}$$

由于化学合成所涉及材料的毒性很大,其专业也与半导体物理相隔甚远,这类工作通常都是由厂家或化学实验室的专业人员来完成。

6.6 半导体材料的加工工艺

生长得到的半导体晶锭或外延片需要经过一定的加工才能作为成品片交付芯片工艺使用,常用的材料加工工艺包括锭条的滚圆、晶锭的切割、晶片的划片和倒角、晶片表面的抛光、清洗与腐蚀以及材料的剥离和粘接等。这些加工工艺不仅要在材料尺寸和结构上满足应用的要求,同时还不能对材料(尤其是表面)的晶体质量产生破坏性的影响,因此半导体材料的加工工艺在技术上有很大的特殊性,有些技术也有很大的难度。本节仅涉及宏观尺度的材料加工工艺,微小结构或微纳结构的材料加工工艺属于半导体芯片工艺的范畴。

6.6.1 晶体滚圆

对于制造Si和GaAs这样的标准圆片(亦称晶圆),首先需对拉制的晶体锭条

进行滚圆加工,使其外径达到晶片直径的要求。图 6－56 是晶锭滚圆工艺的原理图,晶锭被类似车床的夹具夹住,并做旋转运动,通过晶锭四周与磨轮之间的摩擦,完成对晶锭外圆表面的磨削,通过磨轮的移动,并运用在线测量技术来控制磨轮推进的位置,使晶锭外径达到规定的要求。

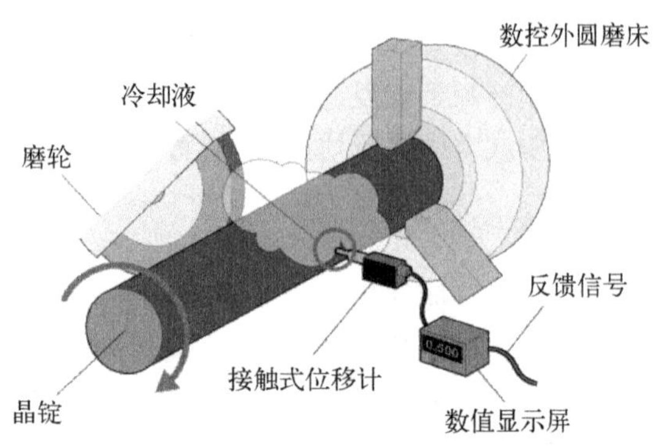

图 6－56　半导体晶锭滚圆的原理图

6.6.2　晶锭切割

晶锭切割有两种方式,一种是内圆切割(图 6－57),它使用高速旋转的环形刀片,用刀片内圆的边(镶有金刚石颗粒)磨削晶锭,晶锭沿刀片的径向向外推进,直至被切断;另一种是线切割方式,通过钢丝带动金刚砂浆液磨削晶锭,设备的种类有钢丝来回运动的拉锯式单线拉丝切割机,也有钢丝循环运动的多线拉丝切割机,图 6－58 是多线切割机的工作原理图。内圆切割的优点是对被切割材料的外形没有特别要求,易于实现高精度的定向切割,缺点是切割对晶片表面产生的应力和损伤较大,刀缝造成的原材料损耗也较大。拉丝切割的优点是切割损伤小,材料损耗小,大批量生产的成本较低,缺点是实现高精度定向切割比较困难。切割时一般使用水解胶将晶锭固定在设备的基座上,这种环氧胶具有室温黏合固化和热水熔化的特性。

图 6－57　半导体晶锭的内圆切割机

图 6－58　半导体晶锭多线拉丝切割的原理图

6.6.3　划片与倒角

将晶片划成规定尺寸的矩形片时需要采用划片工艺,这是在半导体材料和芯片工作中经常使用的一道工艺。划片一般都使用刀片外圆对晶片进行磨削的切割方式，图 6-59 是划片机切割晶圆片的实景图，通过刀片的旋转和晶片的移动来完成对晶片的划切。晶片的固定方式有真空吸片和蓝膜或 UV 膜粘片，真空吸片时，需将被划晶片用低温蜡粘在衬底片（如宝石片、石墨片或普通的 Si 片等）上。蓝膜和 UV 膜为双面具有黏性的塑料薄膜，UV 膜的黏性在紫外光照射后会退化，取片会比较方便和安全，但价格比较高。划片工艺的质量好坏主要体现在切割边的崩边大小和密度，崩边主要出现在切割边与晶片表面的交界处，崩边尺寸可以做到 5 μm 以下，也可能大到几百微米。影响崩边大小的因素很多，如刀片的设计、晶片的固定方法、表面的粘接方式和划片的工艺条件（如转速、推进速度和进刀的幅度等）。崩边的产生容易导致材料边缘掉落碎屑，严重时还会引发裂片，为了减轻或避免崩边对后续工艺的影响，可以在划片后对晶片进行减薄抛光或边缘倒角等处理，倒角工艺是用磨轮对晶片边缘进行磨削的一种工艺。

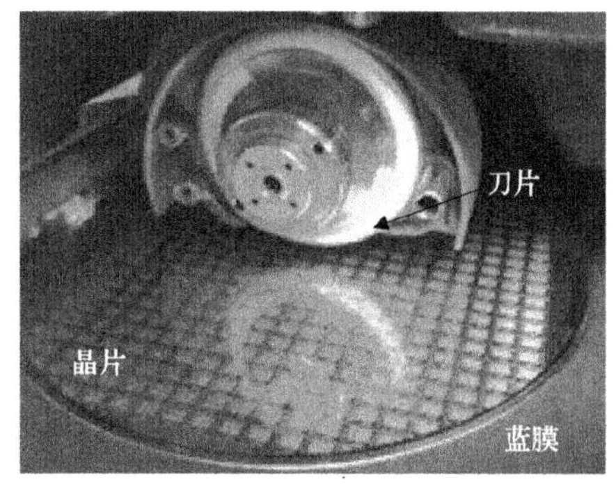

图 6-59　划片机切割晶圆片

近年来，激光切割技术在半导体材料上的应用日趋成熟，主要应用于易碎的半导体材料，并可实现任意形状的切割。切割工艺的参数包括激光束的光斑尺寸、波长、功率和切割速度，针对不同的材料种类和厚度，激光束选用的波段（从红外到紫外）和功率是不一样的。激光切割避免了材料崩边，但热应力导致的边缘损伤和形变问题依旧存在。

6.6.4　表面抛光

晶锭切割在晶片表面会留下锯痕和晶格损伤（深度一般在 30~70 μm），而半导体器件恰恰是做在材料表面 10 μm 左右的表层，因此，去除材料表面损伤，满足晶片厚度要求，并为半导体器件批量化生产提供平整、光亮和无晶格损伤的材料表面是半导体材料加工工艺中必不可少的一个工艺环节（即抛光工艺）。常规的抛光设备由夹持晶片的磨头、抛光底盘和磨料（亦称抛光液或浆料）组成［图 6-60(a)］，其中，磨头为精密的机械装置，具有夹持晶片、稳定晶片姿态、控制晶片压力和实时监测晶片磨抛厚度等功能。在全局平坦化的特种抛光技术中，磨头还可具有超声或兆声功能。在抛光工艺中，晶片表面与抛光底盘相接触，在磨头和底盘之间发生反向旋转运动的过程中，磨料将从晶片侧面或通过底盘上的沟槽进入晶片与底盘之间的接触面，并在磨头施加的压力作用下，被压嵌在晶片的表面。与此同时，磨头和底盘的转动又将驱动磨粒发生横向运动，对晶片表面产生磨削作用［图 6-60(b)］。磨粒的种类与尺寸、底盘的结构与材质、晶片与磨盘之间的压力以及旋转速率等因素决定了抛光的速率(单位时间去除表面层的厚度)、材料的面形和表面晶格损伤的深度。

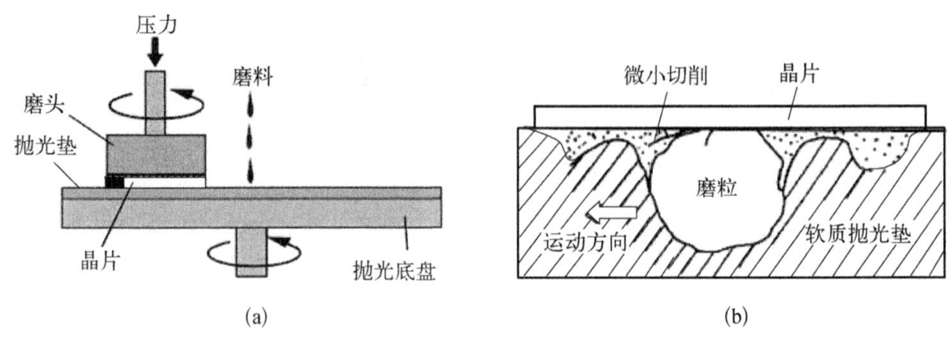

(a)　(b)

图 6-60　晶片抛光的原理图

(a) 抛光机的原理图;(b) 磨粒产生磨削的原理图

使用磨料的抛光工艺也称为游离磨粒的抛光工艺,如将磨粒固定在底盘上,底盘变成了磨轮,这种抛光工艺称为固定磨粒的抛光工艺。除了利用磨粒的磨削完成抛光工艺外,也可使用化学腐蚀的方法进行抛光,晶片的表层材料通过化学腐蚀被剥离,晶片与底盘(表面贴有耐腐蚀的软质抛光垫)之间的摩擦用于抑制腐蚀造成的表面波纹,使材料表面的平整度优于单纯的化学腐蚀工艺。为了兼顾抛光的效率、表面面形和表面损伤,化学机械抛光工艺在抛光工艺中获得了广泛的应用,化学机械抛光工艺的设备与机械抛光相同,差别仅在于它使用了既有磨粒又有化学腐蚀剂的磨料,化学反应可切断材料表层原子与内层原子之间的键合,所形成的反应物用磨粒去除。以 Si 材料为例,可选用氢氧化钠为腐蚀剂,材料表面的 Si 原子与氢氧化钠反应后生成硅酸盐(Na_4SiO_4),生成物用磨料中的二氧化硅磨粒进行磨削。基于这样的原理,相比纯机械抛光,在相同的抛光速率下,化学机械抛光所选用的磨粒尺寸、抛光压力和转动速率均可有所减小。为了获得光洁平整的表面,化学机械抛光中的磨削速率和腐蚀速率应尽量一致,以避免腐蚀过快而产生蚀坑和波纹,或磨削速率过快而产生橘皮和拉丝。影响腐蚀速率的因素是温度和磨料的 pH,影响磨削速率的是压力、转速、磨粒尺寸、磨粒浓度和抛光垫的材质等。

抛光工艺还分为单面抛和双面抛,上述采用磨头夹持晶片的抛光工艺为单面抛光。单面抛光又分有蜡抛光和无蜡抛光,有蜡抛光采用石蜡将晶片反面粘在玻璃制作的抛光板上,抛光板被吸在磨头上;无蜡抛光则是将晶片嵌在抛光板的凹槽中,两者之间用水或有机试剂填充,因范德瓦耳斯力和液体表面张力的缘故,在大气环境中,晶片和抛光板之间存在一定的吸附作用。抛光时磨头起着控制抛光压力、维持晶片自转和稳定晶片横向运动的作用,磨头的好坏将直接影响到晶片总厚度的最大偏离值和表面的平整度。图 6－61 为单面抛光机的实物图。在双面抛的设备中,晶片上下均为抛光盘,晶片放置在随底盘转动而自转的夹环中(图 6－62),这种抛光工艺可以大幅度提高工作效率,并能免除粘片用蜡对材料表面的沾污和后续的去蜡清洗工艺,缺点是不太适合非规则形状晶片的抛光。

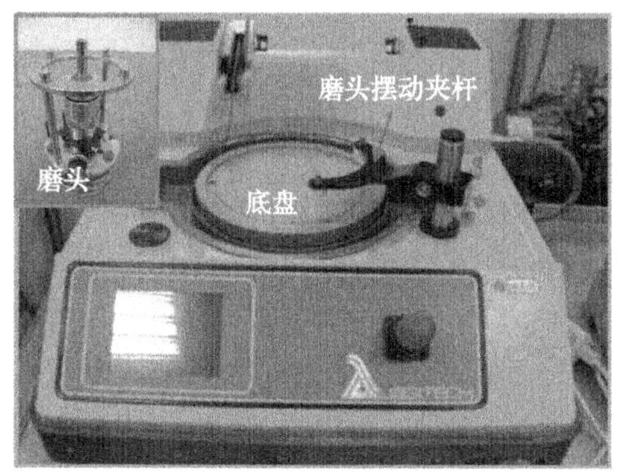

图 6－61 晶片的单面抛光机

图 6－62 晶片双面抛光机

根据抛光后表面粗糙度和损伤层厚度的不同,抛光工艺又被分为粗抛(亦称研磨)工艺、精抛工艺和化学抛光工艺。研磨主要用于材料去除量较大的抛光工艺,如去除较厚的刀痕、较大的损伤层和衬底减薄等工艺,为此,研磨采用颗粒尺寸较大的磨料(10 μm 数量级),较大的抛光压力和磨削速率,抛光底盘采用硬质底盘[图 6－63(a)]或直接使用磨轮进行磨削,抛光盘上的沟槽可增加磨料进入抛光面的数量,有利于加快抛光速率。研磨本身也会对材料表面造成较大的凹凸不平和损伤,凹凸层的高度(平整度)大致在磨粒平均尺寸的 1/30 左右,损伤层的厚度与磨粒尺寸在相同数量级,且与抛光的工艺参数密切相关。如仅作为去损伤工艺使用,抛光量只要控制在抛光损伤层超过材料原有损伤层即可,此时,材料表面残留的损伤层一般在 5～15 μm。精抛一般使用软质的底盘,即在刚性底盘表面贴上抛光布[图 6－63(b)],在软质底盘上,磨粒会嵌在抛光布中,与晶片之间的压力相应减小,如图 6－60(b)所示,加之精抛所选用的磨粒尺寸较小(微米或亚微米),抛光工艺对材料表面造成的损伤一般能控制在 1 μm 以下。抛光布过硬有时会导致抛光表面出现雾状。化学抛光只有应力损

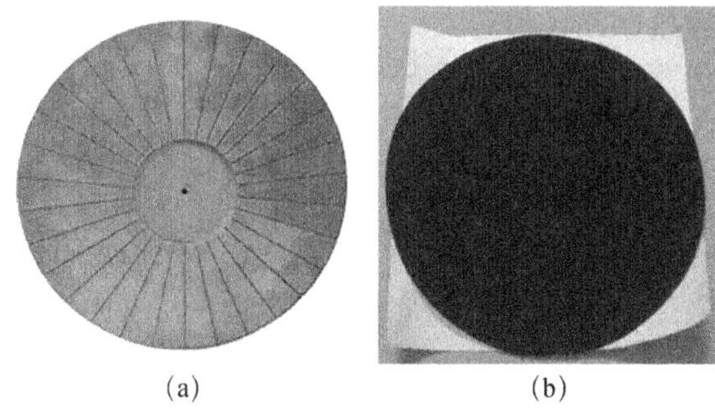
(a) (b)

图 6－63 抛光盘和抛光布

(a) 初抛用的带沟槽的抛光底盘;(b) 贴在抛光盘上的抛光布

伤,不存在磨削引起的微裂纹和微量破碎损伤,因此表面损伤层的厚度非常小。此外,在晶片抛光工艺中也可加入化学腐蚀(亦称刻蚀)工艺,例如,在粗抛前采用化学腐蚀去除损伤层,在粗抛后用腐蚀改善表面粗糙度,利用腐蚀工艺所具有的大批量处理能力来提高抛光工艺的效率,降低加工工艺的成本。

在抛光工艺中,磨料的好坏常常是决定抛光质量的关键因素,磨料的基本特性由磨粒的材料特性、磨粒的浓度(亦称堆积密度)和分散剂所决定,磨粒的材料特性包括磨粒的种类(如金刚石、刚玉和碳化硅等)、颗粒的形状(通常为片状)和尺寸(颗粒的宽度),磨粒尺寸的均匀性也是影响抛光液性能的重要参数。磨粒的浓度以抛光过程中磨粒不发生堆积,且不造成磨削不均匀为标准,在单个磨粒所承受压力不变的条件下,浓度越高,抛光的速率也越大。分散剂是一种化学物品,通过对磨粒表面特性的改性,改善磨粒的亲水性,使含磨粒的磨料成为分散液或悬浮液,防止磨粒在磨料中发生沉积或集聚效应,以增加磨料和抛光工艺的均匀性和稳定性。磨粒尺寸的均匀性也很重要,它可降低大尺寸磨粒所承受的最大压力,减少拉丝的产生。为了避免工艺环境引入大颗粒尘粒,抛光工艺必须使用洁净的工夹具并在一定的净化环境中进行。

抛光工艺的质量由抛光后材料的平整度、粗糙度和损伤层厚度来评价,在给定质量要求的前提下,以提高效率和降低成本的原则来选择具体的抛光工艺。

6.6.5　单点金刚石切削

单点金刚石旋转切削加工技术(SPDT)也可用于半导体材料的表面加工,用以实现粗糙度极小的平面、曲面和特种结构的材料表面加工。SPDT 采用极细的金刚石尖头(单点金刚石),通过旋转刀具或工件直接对材料的表面进行切削,并配合工件或刀具的移动完成对材料面形的加工。由于这种切削技术具有超级稳定的机械系统,切削深度的控制精度可做到 0.1 μm 左右,切削对材料表面层造成的损伤非常小,表面粗糙度 Ra 可优于 0.01 μm。该技术比较适合于薄膜材料表面形貌的改善。

6.6.6　剥离和粘接技术

虽然半导体材料的加工工艺主要是对材料进行“修剪”的工艺,但有时也会涉及对材料进行剥离和粘接(bonding)的加工工艺。例如,在硅 SOI 材料的制备工艺中,需要将表面薄层材料(厚度在微米和亚微米数量级)从晶片上剥离下来,再用粘接技术将其固定在 SiO_2/Si 的表面,形成 Si/ SiO_2/Si(衬底)结构的复合材料;又如,在制备环孔型 HgCdTe 红外焦平面探测器时,需要将外延材料上的 HgCdTe 薄膜转移到 Si 的读出电路上;此外,薄膜转移技术在二维材料上也经常被使用。粘接技术可以使不同性能或功能的半导体材料实现集成,多层粘接技术可以使半导体器件从二维集成向三维拓展。

1. 材料的剥离技术

将薄层材料从块状晶片上剥离出来的方法有很多，其中，注入断裂技术是从体材料上剥离出薄层材料的有效方法，该技术也被称作智能剥离技术。以 Si 材料为例，它是将 H^+ 从表面注入材料内部，在深度为投影射程的位置形成高浓度的 H^+ 层，然后用 500℃ 左右的温度对材料进行热处理，聚集的 H^+ 将产生较大的气压，形成大量的微空腔（气泡），随着气泡的增加和增大，使两侧 Si 材料受力而发生断裂。图 6-64 是采用注 H^+ 断裂技术制备 SOI 材料的工艺流程图。除了使用 H^+ 外，也有用 He^+ 离子注入进行剥离的研究工作。除了用于 Si 材料外，剥离技术也被用于 Ge、SiGe 和 CdZnTe 等材料的剥离。

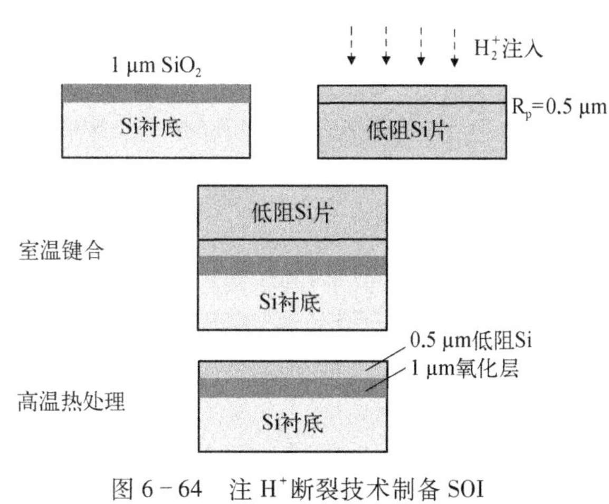

图 6-64 注 H^+ 断裂技术制备 SOI 材料的工艺流程图

外延薄膜材料的剥离大都采用减薄抛光加选择性腐蚀的工艺技术，选择性腐蚀就是所使用的腐蚀剂只对衬底材料有腐蚀作用，而对外延材料或者外延层与衬底之间的缓冲层材料几乎不腐蚀，快慢腐蚀速率的比值（亦称选择比）一般在 10∶1 以上，表 6-5 列出若干种选择性腐蚀剂。尽管有了选择性腐蚀液，但是在去除衬底的工艺中还是需要先用减薄抛光工艺去除绝大部分衬底（留下的衬底越薄越好），以保证剥离后的材料表面具有良好的平整度。如果腐蚀速率很快，也可使用腐蚀、抛光、再腐蚀的衬底去除工艺。如果能将腐蚀工艺分解为氧化和氧化物选择性腐蚀两个交替进行的过程，可有效提高腐蚀深度的控制精度，这一工艺也被称为数字化腐蚀工艺。

表 6-5 若干种选择性腐蚀剂

选择性腐蚀剂	适用的材料体系（斜体为快腐蚀速率的材料）
CF_4/CH_4	Si_3N_4/SiO_2
$HCl : H_3PO_4 : CH_3COOH$	InGaAs(InAlAs)/InP
15 mL HNO_3+15 mL HF+2 g $K_2Cr_2O_7$	HgCdTe/CdZnTe
HCl	In/HgCdTe

在衬底减薄（或去除）工艺中，为了对材料表面进行保护，晶片表面需粘贴在

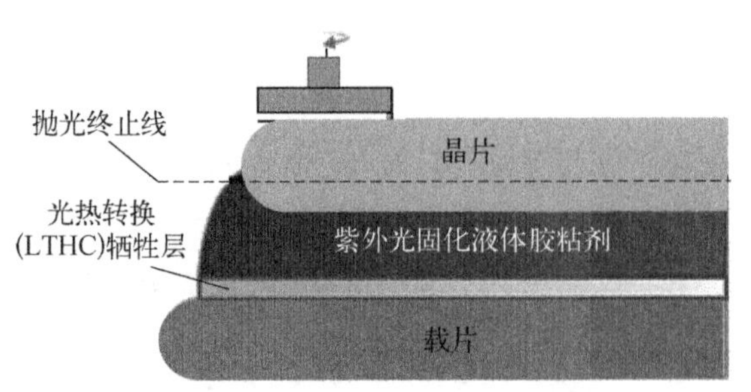

图 6－65　采用牺牲层进行抛光减薄或去除衬底的方法

载片上。同样,也是为了保护材料表面,并方便薄层材料的转移,粘贴材料时经常会在载片和外延材料之间增设一层牺牲层材料,如图 6－65 中所示的光热转换牺牲层,有了牺牲层之后,通过激光照射薄层材料,即可在室温下实现无应力剥离。

对于层与层之间作用力很弱的材料(如石墨、二硫化钼和黑磷等),可以简单地采用机械剥离法,即用胶带贴在用牺牲层固定的材料表面,通过撕胶带的方式将表层材料撕开,通过反复的剥离,可以使衬底表面仅留下单层原子薄膜材料,将牺牲层去除后即可获得二维材料。此外,利用超声波也可从溶液(如氮甲基吡咯烷酮)中的石墨碎片上剥离出石墨烯。但上述这些方法都无法获得尺寸较大的二维材料,所得材料的实用化价值不大。

刻蚀也是一种材料的剥离技术,常用于芯片加工工艺,刻蚀的方法有离子刻蚀、反应离子刻蚀和等离子刻蚀等。为了满足深硅刻蚀的需求,Bosch 公司还发明了由刻蚀-钝化-再刻蚀组成的循环刻蚀工艺,该技术已成为制造 3D 储存器的核心技术。

2. 材料的粘接技术

剥离下来的薄层材料一般都需要粘接在其他材料上进行使用,在实际工艺中,粘接也可能发生在剥离之前。例如,在图 6－64 给出的 SOI 材料制备工艺中,Si 材料在剥离前被粘贴在带着 SiO_2 的 Si 衬底上,衬底减薄或去除却是在粘接工艺之后。粘接工艺一般分为两种,一种是简单的粘贴技术,仅需考虑光的传输特性,另外一种是有电连接要求的粘接技术。

材料粘接也有很多种方法,其中利用水分子实现粘接是最简单的一种方法,它曾用于 GaAs 材料与带金属膜的衬底材料之间的粘接,如图 6－66 所示。用 SiN 进行粘接也是一种常用技术,即在两种材料的表面均沉积一层 SiN 薄膜,合在一起后在加压的状态下进行热处理(150℃/20 h 左右),通过 SiN 之间的熔合实现粘接。SOG(spin-on-glass)粘接技术是一种光传输特性较好的技术,它是一种含 SiO_2 的聚合物材料,它以气凝胶的形式,通过旋转涂

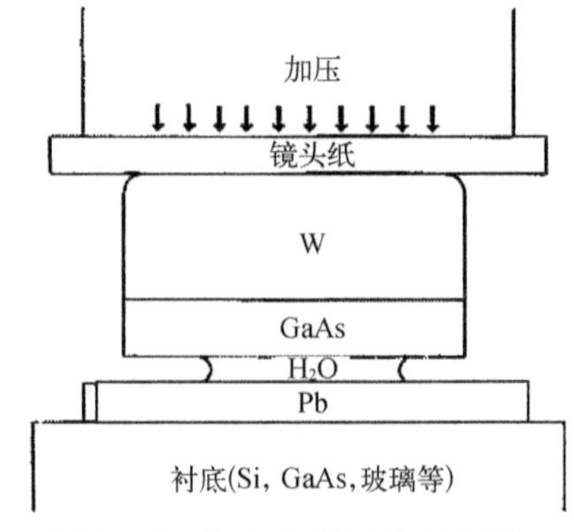

图 6－66　GaAs 材料与带金属膜的衬底材料之间的粘接

胶的方式覆盖在材料的表面,SOG 粘接技术的缺点是加压热处理时的温度较高(1 000℃以上)。还有,通过在硅片和玻璃之间施加强电场,使玻璃中存在的碱金属氧化物分离出氧离子,并在电场的驱动下迁移到界面处,与 Si 材料的表面原子结合,形成 SiO_2,使 Si 材料与玻璃粘接在一起,该技术也被称为阳极键合技术,它也是最早制备 SOI 材料的工艺技术,并在芯片封装技术中获得广泛应用。

利用低熔点的共晶合金也可以实现材料的粘接,金属之间的粘接也被称为键合。低熔点合金材料由 Bi、Pb、Sn、Cd 和 In 等元素组成(见表 6-6)。带有电连接功能的粘接技术主要有两种方式,第一种是通过在薄膜上打孔(刻蚀)并填充金属的方式使该区域内两种材料实现电连通[图 6-67(a)];第二种方式为 In 柱(也可使用其他机械适应性和导电性较好的低熔点合金材料)互联的方式,连接方式如图 6-67(b)所示,即在材料表面需要电连接的位置上生长 In 柱,通过加压使得上下 In 柱之间发生挤压而粘接在一起(亦称冷压焊),或者也可以使用单边 In 柱,将其熔化后与另一侧材料上的电极进行互连。

表 6-6 部分低熔点合金材料及其熔点

组分/%					熔点/℃	组分/%				熔点/℃
Bi	Pb	Sn	Cd	In		Bi	Pb	Sn	Cd	
45	23	8	5	19	47	57	0	43	0	138
49	18	12	0	21	57	0	32	50	18	145
50	27	13	10	0	70	50	50	0	0	160
52	40	0	8	0	92	15	41	44	0	164
54	26	0	20	0	103	0	0	67	33	177
55.5	44.5	0	0	0	124	0	38	62	0	183
29	43	28	0	0	132	20	0	80	0	200

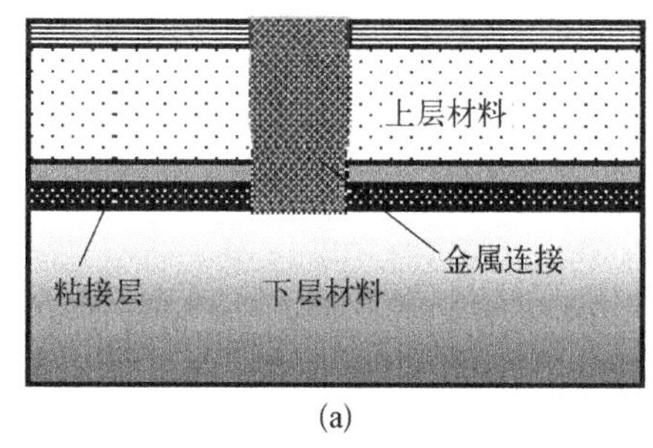

(a)

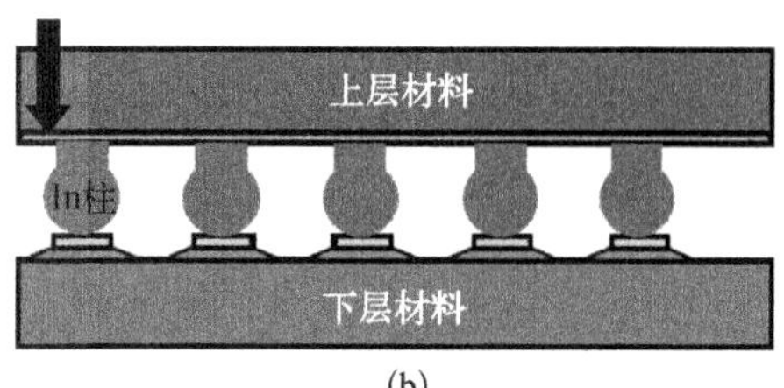

(b)

图 6-67 电连接的粘接技术
(a) 开孔连接方式;(b) In 柱连接方式

3. 薄膜材料的转移技术

剥离和粘接技术为实现薄膜材料的转移奠定了基础。强度好的材料可以采用像智能剥离那样的技术将薄膜材料直接取下来，然后将其放在其他材料上，并用粘接技术形成复合材料，这是一种先剥离后粘接的薄膜转移技术。但是，大多数材料还是采用类似图 6－64 所示的先粘接后剥离的转移技术。如果被转移薄膜的正反表面存在差异，必要时被剥离的薄层材料还需要做二次转移操作。

6.7　其他与工艺相关的辅助性技术

我们将半导体的基础性工艺与技术归纳成以上六个方面，除此之外，我们在从事半导体材料制备工艺的过程中还会遇到很多其他专业的知识与技术。譬如说，在进行材料性能的测量过程中，我们会遇到很多电信号和光信号的处理技术；在使用、维护和研发半导体材料工艺设备的过程中，会遇到许多机械、电机、电器、自动控制和软件方面的专业知识与技术。虽然这些知识与技术分属其他学科和技术领域，但对相关知识与技术有所了解和掌握还是很有必要的。